W0048550

Karin Bodewits
Andrea Hauk
Philipp Gramlich

**Karriereführer für
Naturwissenschaftlerinnen**

Beachten Sie bitte auch weitere interessante Titel zu diesem Thema

Weber, D.

Erfolgreich studieren für Dummies

2013
Print ISBN: 978-3-527-70842-0

Rockstroh, B., Rockstroh, S.

Erfolg in Sicht
Selbstcoaching: Frau und Karriere

2012
Print ISBN: 978-3-527-50630-9

von Hippel, L., Daubenfeld, T.

Von der Uni ins wahre Leben
Zum Karrierestart für Naturwissenschaftler und Ingenieure

2011
Print ISBN: 978-3-527-32908-3

Ireland, K.

Das Überlebenshandbuch für den Job
Über 400 Tipps und Tricks für Beruf und Karriere

2011
Print ISBN: 978-3-527-50586-9

Alle Titel auch in elektronischen Formaten erhältlich.

Karin Bodewits, Andrea Hauk und Philipp Gramlich

Karriereführer für Naturwissenschaftlerinnen

Erfolgreich im Berufsleben

WILEY-VCH

Verlag GmbH & Co. KGaA

Autoren

Karin Bodewits
ScienceMums GbR
Rennbahnstr. 99
81929 München
Deutschland

Andrea Hauk
Freiherr-vom-Stein Str. 27
69207 Sandhausen
Deutschland

Philipp Gramlich
ScienceMums GbR
Rennbahnstr. 99
81929 München
Deutschland

Illustration

Vanessa Czerwenka
Kohlbrennerstr. 16
81929 München
Deutschland

■ Alle Bücher von Wiley-VCH werden sorgfältig erarbeitet. Dennoch übernehmen Autoren, Herausgeber und Verlag in keinem Fall, einschließlich des vorliegenden Werkes, für die Richtigkeit von Angaben, Hinweisen und Ratschlägen sowie für eventuelle Druckfehler irgendeine Haftung.

Bibliografische Information der Deutschen Nationalbibliothek
Die Deutsche Nationalbibliothek verzeichnet diese Publikation in der Deutschen Nationalbibliografie; detaillierte bibliografische Daten sind im Internet über http://dnb.d-nb.de abrufbar.

© 2016 WILEY-VCH Verlag GmbH & Co. KGaA, Boschstr. 12, 69469 Weinheim, Germany

Alle Rechte, insbesondere die der Übersetzung in andere Sprachen, vorbehalten. Kein Teil dieses Buches darf ohne schriftliche Genehmigung des Verlages in irgendeiner Form – durch Photokopie, Mikroverfilmung oder irgendein anderes Verfahren – reproduziert oder in eine von Maschinen, insbesondere von Datenverarbeitungsmaschinen, verwendbare Sprache übertragen oder übersetzt werden. Die Wiedergabe von Warenbezeichnungen, Handelsnamen oder sonstigen Kennzeichen in diesem Buch berechtigt nicht zu der Annahme, dass diese von jedermann frei benutzt werden dürfen. Vielmehr kann es sich auch dann um eingetragene Warenzeichen oder sonstige gesetzlich geschützte Kennzeichen handeln, wenn sie nicht eigens als solche markiert sind.

Umschlaggestaltung Grafik-Design Schulz, Fußgönheim
Satz le-tex publishing services GmbH, Leipzig, Deutschland
Druck und Bindung Markono Print Media Pte Ltd, Singapore

Print ISBN 978-3-527-33839-9
ePDF ISBN 978-3-527-68783-1
ePub ISBN 978-3-527-68781-7
Mobi ISBN 978-3-527-68782-4

Gedruckt auf säurefreiem Papier.

Inhaltsverzeichnis

Einleitung

Ich betrete meine Wohngemeinschaft. Niemand scheint zu Hause zu sein, in der Küche läuft noch der Fernseher. Jemand muss vergessen haben, ihn auszuschalten. Von der Lautstärke her müsste das Max gewesen sein, niemand sonst hält so einen Krach aus. Während ich die Fernbedienung suche, verfolge ich das Geschehen auf dem Bildschirm. Es scheint eine Art Quizsendung zu sein. Ein Herr im Anzug zieht eine Karte und liest seine Frage vier Männern und einer Frau vor, die ihm gegenübersitzen. „Watson und Crick erhielten ihren Nobelpreis für die Aufklärung der DNA-Struktur. Welche weibliche Wissenschaftlerin trug wesentlich zu dieser Arbeit bei, erhielt aber keinen Nobelpreis dafür?" Bereits Sekundenbruchteile später hebt einer der Herren die Hand und sagt: „Emmy Noether!" Die Dame neben ihm zieht die Augenbrauen hoch und sagt mit schockierter Stimme: „Aua, das schmerzt in meinen Ohren! Nicht dass ich denke, dass Emmy Noether keine fantastische Mathematikerin war, aber sie hatte rein gar nichts mit der Struktur von DNA am Hut!" Der Quizmaster fragt mit einer Stimme, die so nüchtern ist, wie sein Tisch an dem er steht: „Sie haben recht, aber wer weiß, wer es wirklich war?" „Ja" entgegnet die Dame, „es war Rosalind Franklin."

Ich schalte den Fernseher aus. Ich bin leicht beschämt, dass ich die Antwort selbst nicht gewusst hätte. Während ich die Einkaufstasche auspacke und anfange, das Gemüse zu schneiden, denke ich darüber nach, wie wohl das Leben dieser Rosalind Franklin aussah. Der belebende Moment, als sie endlich ihre Eltern überzeugen konnte, dass Sie Naturwissenschaften studieren wollte. Die Aufregung, die sie verspürte, als sie das Muster auf der Röntgenaufnahme sah, das durch die DNA-Kristalle erzeugt wurde. Die Trauer, die sie empfand, als sie in jungen Jahren mit Krebs diagnostiziert wurde. Ich schüttele den Kopf und denke: „Wow, die Zeiten haben sich seitdem geändert." Heute spricht uns Frauen niemand mehr das Recht zum Studieren ab, wir können uns eine Welt nicht mehr vorstellen, in der Dinge wie die Struktur von DNA unbekannt sind, und im Labor sind wir vor den meisten Gefahren bestens geschützt.

In den Jahren seit Rosalind Franklin hat sich für Wissenschaftlerinnen viel verändert, und das nicht nur in England. In den 60er und 70er Jahren haben Frauen die Hörsäle erobert, etwas später auch die Doktorandenseminare und heute glaubt man ihnen sogar, dass sie Firmen und gar Länder führen können. Angela Merkel,

Bundeskanzlerin von Deutschland, Sheryl Sandberg, Chief Operating Officer von Facebook oder Indra Nooyi, die Vorstandsvorsitzende von PepsiCo, um nur einige Beispiele zu nennen. Allerdings ist es auch heute noch so, dass es nur wenige Frauen bis an die Spitze schaffen, kein einziger DAX-Konzern wird von einer Frau geleitet, Professorinnen sind immer noch eine rare Spezies. Warum ist das so?

Vielleicht liegt es daran, dass die Männer auf den Chefetagen nur männlichem Nachwuchs helfen und es deshalb Ihre männlichen Altersgenossen einfacher haben, aufzusteigen. Vielleicht sind die Frauen auch selbst schuld daran? Möglicherweise stehen Sie sich selbst im Weg oder sind schlichtweg zu schüchtern, um in eine Führungsposition mit entsprechendem Gehalt vorzudringen. Bilden Sie sich mithilfe dieses Buches eine eigene Meinung, was denn nun die Gründe dafür sein könnten, dass Frauen weniger oft in Führungspositionen anzufinden sind als Männer.

Nicht nur auf diese Frage finden Sie in diesem Buch eine Antwort.

Sie sind Naturwissenschaftlerin, wollen einerseits Karriere machen, aber vielleicht auch nicht auf Familie verzichten? Dann ist das Buch genau das Richtige für Sie, denn es ermutigt Frauen mit naturwissenschaftlicher Ausbildung, sich die Herausforderungen auf ihrem Karriereweg bewusst zu machen, um sie zu überwinden. Während andere Karriereratgeber davon ausgehen, dass gut ausgebildete Expertinnen wie Sie keine beruflichen Probleme haben, bekommen Sie mit diesem Werk speziell für Sie zugeschnittene Tipps. Denn warum sollten Sie keine Hürden zu meistern haben, wie jeder andere auch? Hierbei ist es vollkommen egal, ob Sie bereits im Berufsleben stehen oder noch studieren und sich schon einmal für die Zukunft orientieren wollen.

Die Aufteilung des Buches ermöglicht es Ihnen, genau in dem Kapitel mit dem Lesen einzusteigen, das Sie im Moment am meisten interessiert. Wenn Sie sich auf dem Arbeitsmarkt orientieren wollen, beginnen Sie mit Teil I, als Bewerbungsratgeber benutzen Sie Teil II. Für den Berufseinstieg oder als erfahrene Berufstätige haben wir Ihnen Teil III mit Karrieretipps zusammengestellt. Und falls Sie Ratschläge zur Vereinbarkeit von Familie und Beruf brauchen, lesen Sie Teil IV. Das Buch eignet sich als Ratgeber, aber auch als unterhaltsame Feierabendlektüre.

Zunächst wird eine Reihe an Aufgabengebieten in verschiedensten Berufsfeldern erläutert. So gibt es beispielsweise für eine promovierte Biologin deutlich vielfältigere Einstiegschancen als die klassische „R&D-Karriere". Neben Überlegungen, ob eine Anstellung als Postdoc Sinn macht oder ob es den optimalen Zeitpunkt für eine Schwangerschaft gibt, werden Tipps zu Bewerbung und Vorstellungsgespräch gegeben und viele praktische Situationen im Berufsalltag mit Beispielen aus erster Hand erörtert. Sprechen Männer eine andere Sprache oder warum nimmt mich mein Chef nicht ernst? Welche Position kann ich mir zutrauen? Wie werde ich sowohl meiner Familie als auch meiner Karriere gerecht?

Fakten, Praxistipps und Hintergründe wechseln sich mit persönlichen Zitaten ab. Hierfür wurden zahlreiche Personen über deren Erlebnisse befragt. Seien Sie also gespannt auf den Blick „hinter die Kulissen" und schöpfen Sie aus dem Erfahrungsschatz der interviewten Personen. Hierbei wurde kein Anspruch auf eine wissenschaftlich untermauerte, statistisch haltbare Fallstudie gelegt, sondern auf mit persönlicher Sichtweise eingefärbte Kommentare, die zum Nachdenken anregen sollen. Um die Karriere sowie das Privatleben der beteiligten Personen zu schützen, wurden die meisten Zitate anonymisiert.

Eingestreute Abrisse über Arbeitsrecht sollen für Situationen sensibilisieren, die Berufseinsteigern oftmals gar nicht bewusst sind. Bitte beachten Sie, dass diese Ausführungen eine Rechtsberatung weder ersetzen können noch sollen.

Danke

Allen Frauen und Männern, die uns mit witzigen, interessanten und auch sehr persönlichen Details bezüglich Karriere, Kinder und Beruf gefüttert haben und uns mit Tipps zur Seite standen. Es war eine Freude sich auszutauschen.

Marie Aichagui
Prof. Dr. Sonja-Verena Albers
Martin Bach
Dr. Josefin Bartholdson
Dr. Karin Blechschmidt
Joke Bodewits
Dr. Robert Born
Dr. Eva Bürckstümmer
Dr. Anne Caniard
Prof. Dr. Thomas Carell
Dr. Franz Dettenwanger
Lucie Dolejsi
Dr. Katja Fromknecht
Dr. Veronika Garus
Dr. Michelle Gehringer
Mareike Grees
Myriam Haselberger
Nelly Möhler
Oliver Hibschenberger
Dr. Linda Holste
Dr. Verena Kochan
Dr. Uwe Köhler
Dana Kuppe
Dr. Bettina Lechner

Florian Lechner
Prof. Dr. David Leigh
Prof. Dr. Robert Luxenhofer
Eva Mendel
Dr. Elena Mendez
Dr. Aileen Mitchell
Peter Müller
Nuria Nogueira Iglesias
Dr. med. Omar Qattawi
Dr. Peter Pack
Thekla Pfefferle
Dr. Ursula Redeker
Dr. Maren Reichl
Dr. Andreas Reim
Dr. Veronika Reiter
Stefan Schneele
Dr. Emily Seo
Dr. Kerstin Seyfarth
Dr. Alexandra Stein
Dr. Marian Turner
Jasmin Ungemach
Dr. Sabine van Rijt
Dr. Simon Warncke
Prof. Dr. Lesley Yellowlees

Nicht zuletzt möchten wir auch all denjenigen danken, die nicht namentlich erwähnt werden wollen. Der Beitrag von Ihnen allen bereichert das Buch auf lebendige Weise. Wir freuen uns, dass Sie uns und den Lesern des Buches Dinge anvertraut haben, die einige von uns womöglich der besten Freundin verschwiegen hätten. Tausend Dank hierfür.

Teil I
Wo soll's hingehen? Berufswahl als Naturwissenschaftlerin

Schon als Kind träumte ich davon, die Universität zu besuchen. Ich hatte das Bild vor Augen, wie ich schick angezogen in einem großen Vorlesungssaal sitze und einem Professor mit kleinen Brillengläsern auf der Nasenspitze zuhöre. Alle Studenten lauschen gebannt diesem schlauen Menschen, während er uns ein komplexes Thema darlegt, das nur wenige Menschen verstehen. Wir alle kritzeln einen Block nach dem anderen mit all den interessanten Fakten und Ideen des Professors voll. Abends in einer Kneipe stecken wir dann die Köpfe bei einem Glas Cognac zusammen und diskutieren die neuesten politischen Entwicklungen.

Als Studentin dachte ich, dass wir alle zusammenarbeiten werden, um die Zukunft zu gestalten, denn das war es ja schließlich, was uns erzählt wurde. Das 21. Jahrhundert wird das Jahrhundert der Wissenschaft werden, das Jahrhundert der Biotechnologie. Und die schlauen Professoren in den geheiligten Hallen der Universitäten haben allesamt nur ein Ziel, nämlich unseren Planeten in einen besseren Ort zu verwandeln.

Während meiner Promotion war dann leider nicht mehr alles so idealistisch, wie ich anfangs dachte. Ich musste einsehen, dass ich eine romantisierte Vorstellung hatte, vielleicht hatte ich zu viele Spielfilme gesehen, in denen Oxford und Harvard stets in strahlendem Sonnenschein glänzten. Von meinen Träumen bewahrheitete sich nicht viel.

Doch obwohl Forscher manchmal mehr damit beschäftigt zu sein scheinen, sich gegenseitig zu übertrumpfen, als die Welt zu retten, so ist doch die intellektuelle Freiheit großartig und ich respektiere die leistungsorientierten Werte. Nun, kurz vor der Abgabe meiner Dissertation frage ich mich: „Kann und will ich mich wirklich mein Leben lang einem Fachgebiet verschreiben? Sehe ich mich auch noch in zwanzig Jahren als Professorin vor den Studenten stehen, Publikationen gegenlesen und Drittmittel einwerben?" Ich nicke der Dame an der Copyshop-Kasse freundlich zu, und stecke das Wechselgeld in meine kleine Tasche. „Viel Erfolg" wünscht sie mir, als ich mit einem Stapel gebundener Exemplare meiner Arbeit den Laden verlasse. Im Hinausgehen frage ich mich, ob ich meine Zukunft vielleicht gar nicht im universitären Umfeld suchen sollte, sondern in der Industrie? Ich murmle ein leises „Danke" und betrachte stolz die Arbeit meiner letzten drei Jahre in meinen Armen. „Vielleicht sollte ich es mir zumindest mal anschauen, was man als Naturwissenschaftlerin in der Industrie so machen kann, außer Knöpfe an Maschinen zu drücken und in Meetings zu sitzen", denke ich mir auf dem Nachhauseweg. Denn immerhin habe ich auch schon oft Sätze gehört wie: „„Die Industrie", das ist das wahre Leben, dort wird das Geld verdient, da rauchen die Schornsteine, da sitzen die richtigen Experten, die sich nicht in einem Elfenbeinturm verschanzen."

Wissen Sie was? Ich gehe für Sie und für mich selbst auf eine kleine Entdeckungsreise. Ich werde „die Universität" und „die Industrie" besuchen, um besser zu verstehen, was denn genau hinter diesen beiden Begriffen steckt.

So stehe ich nun also zwischen zwei Gebäuden und kann mich nicht entscheiden, welches ich zuerst betreten möchte. Ich drehe mich zuerst zum Gebäude zu meiner Linken und blicke geradewegs in die Augen einer Steinstatue direkt vor der imposanten Eingangstür. Es ist die Statue von Joseph Black, einem erfolgreichen, schottischen Naturwissenschaftler aus dem 18. Jahrhundert. Während ich in sein mit Moos überwachsenes Gesicht blicke, denke ich: „Cooler Typ, der hat's geschafft". Ich öffne die Tür und trete in das Gebäude ein. Es weht mir ein Geruch um die Nase, den ich bereits aus meiner Studentenzeit kenne. Die Eingangshalle sieht aus wie eine altmodische Bahnhofshalle, bei der die Deckenverzierung vergessen wurde. Eine Restauration und eine frische Lage Farbe wären hier nicht schlecht. Der große, brandneue Flachbildschirm in der linken Ecke, der das Vortragsprogramm ankündigt, zieht meine Aufmerksamkeit auf sich, besonders weil er so gar nicht in das altmodische Gebäude passen will. Wunderschöne, uralte Kletterpflanzen ranken sich über der Eingangstür. Die Stämme sind bereits dick wie Arme. Doch was ist das in dem Pflanzentopf? Die Blumenerde ist von einer schwärzlich glänzenden Substanz überzogen.

Das genügt für einen ersten Eindruck, nicht viel anders als meine eigene Alma Mater. Ich bin jetzt neugierig auf das andere Gebäude. Es sieht weitaus moderner aus. Ich kann mein Spiegelbild in der verglasten Front erkennen. Vor dem Eingang steht ein Stück moderne Kunst, das aus gebogenen Metallrohren besteht, aus denen Wasser läuft. Soll wohl ein Brunnen sein oder zumindest daran erinnern, denke ich mir insgeheim, finde es aber gar nicht so schlecht. Als ich eintrete, sehe ich eine Re-

zeptionistin, die auf der rechten Seite hinter einem Schalter sitzt. Sie schaut auf und fragt, ob sie weiterhelfen kann. Ich sehe mich um. Die beiden einzigen Türen, die von der Eingangshalle wegführen, können nur mit Codekarten entriegelt werden. Es gibt hier auch Pflanzen, doch scheinen diese nicht so alt zu sein wie im anderen Gebäude. Sie machen einen säuberlich gepflegten Eindruck. Im Vorbeigehen werfe ich einen kurzen Blick in die Töpfe. Auch hier befindet sich derselbe vertraute dunkle Film auf der Pflanzenerde. Ich höre die murmelnde Stimme eines Mannes, der an mir vorbeiläuft und meinen fragenden Blick bemerkt: „In jeder Organisation gibt es Leute, die die Pflanzen mit Kaffeeresten gießen."

Bis auf den Kaffeesatz in den Blumentöpfen wirken Universität und Industrie auf mich wie völlig unterschiedliche Welten. Was aber sind die wirklichen Unterschiede und was ist nur Fassade? Ich werde wohl einige Leute aus dem Gebäude hinter Josephs moosigem Gesicht und der schicken Rezeptionistin kennenlernen müssen, um Ihnen einen genauen Eindruck in diese beiden Welten geben zu können.

1

Ein Spektrum an Karrieremöglichkeiten: Uni oder Industrie?

Wer begrüßt die Statue von Joseph Black jeden Morgen, wer arbeitet hinter den verriegelten Türen im anderen Gebäude? An der Universität habe ich einen Termin mit Herrn Professor Schäffer ausgemacht und wurde im Industriegebäude der Abteilungsleiterin eines Forschungslabors vorgestellt. Ich schaue noch mal kurz in meine Notizen, Frau Dr. Klein heißt sie.

1.1
Arbeiten in der Universität

Zuerst habe ich den Termin beim Professor. Vom Haupteingang aus führt ein langer Gang bis ans andere Ende des Gebäudes. Auf der einen Seite des Ganges befinden sich Vorlesungssäle und ein Kaffeeraum, der „Das Museum" genannt wird. Ich frage mich, woher der Name kommt, denn außer den ockerfarbenen Stoffsofas mit wackeligen Metallbeinen wird hier nichts ausgestellt. Ich biege links ab, an der Warenausgabe vorbei und gehe hinauf in den zweiten Stock. Wenn ich den Lageplan von der Eingangstür noch recht in Erinnerung habe, dann muss ich jetzt nochmal links ab, um zu Professor Schäffers Labor zu gelangen. Als ich die schwere braune Tür mit der Nummer 223 sehe, weiß ich, dass ich am richtigen Ort bin.

Ich öffne die Türe und sehe zwei Leute, die an einem Labortisch mitten im Raum arbeiten. Ich grüße und warte, bis sie langsam die Köpfe heben, um mir ein „Hallo" zu erwidern. Ich sehe mich um, ob eine der anwesenden Personen der Professor sein könnte, doch alle scheinen zu jung. „Kann ich behilflich sein?", fragt mich eine junge Frau in weißem Laborkittel, während sie Kolben in einen großen, alten Autoklaven steckt. „Ich habe einen Termin bei Professor Schäffer, wissen Sie, wo ich ihn finden kann?" „Er war gerade noch hier, doch ist er, glaube ich, in sein Büro gegangen. Es ist gleich nebenan." Einen Moment später stehe ich schon vor einer offenen Bürotür. „Ich habe Sie erwartet, treten Sie doch ein, junge Dame."

Karriereführer für Naturwissenschaftlerinnen, 1. Aufl. Karin Bodewits, Andrea Hauk und Philipp Gramlich.
©2016 WILEY-VCH Verlag GmbH & Co. KGaA. Published 2016 by WILEY-VCH Verlag GmbH & Co. KGaA.

Forschung

Er hat eine freundliche Stimme und sieht sympathisch aus. Ich nehme ihm gegenüber auf der anderen Seite seines Schreibtisches Platz. „Wie kann ich Ihnen behilflich sein?" Ich nehme meinen Notizblock aus meiner Tasche und erzähle ihm, dass ich mir über meinen nächsten Karriereschritt nicht sicher bin und dass ich nicht weiß, ob ich an der Universität oder in der Industrie besser aufgehoben wäre. Und wenn ich an der Universität bliebe, was es dann für Stellen für mich gäbe. Er blickt mir in die Augen und sagt: „Gut, bevor wir beginnen, möchte ich Ihnen eines sagen: Ich war noch nie in dem Gebäude auf der anderen Seite der Straße. Natürlich habe ich sie mal besucht, doch habe ich noch nie dort oder in einem anderen Industriebetrieb gearbeitet. Deshalb kann ich Ihnen nur über die Universität brauchbare Informationen liefern." Dann schweift sein Blick von mir weg und er zeigt auf die Wand. Dort hängen mehrere Bilder und Zertifikate. Der junge Schäffer, direkt nach der Promotion mit seinem Doktorhut, dann eine Gruppe Wissenschaftler, die vor einem Gebäude stehen und schließlich, wie er im Anzug eine Präsentation vor einem großen Publikum gibt. Man kann erkennen, dass viele Jahre zwischen seinem Abschluss und der Präsentation liegen müssen. Während seine Augen auf dem letzten Bild ruhen, beginnt er zu erzählen:

> „Die bestimmende Position in der akademischen Forschung ist zweifelsohne die Professur. Der Weg dorthin führt von der Promotion über eine Phase als Postdoc bis zur Gründung einer eigenen Forschungsgruppe im Rahmen einer Habilitation oder Juniorprofessur. Mit wachsender Selbstständigkeit und Projektverantwortung soll auf diesem Weg unter Beweis gestellt werden, ob man auch tatsächlich einen würdigen Professor abgeben kann. Die Haupttätigkeiten verteilen sich auf die beiden Säulen Forschung und Lehre. Ersteres besteht darin, sein eigenes Forschungsgebiet zu finden oder gar zu begründen, ein Labor für die eigene Gruppe einzurichten und Gelder einzuwerben. Die Ergebnisse müssen dann über Publikationen und auf Konferenzen in die Welt getragen werden. Die Lehrtätigkeit besteht hauptsächlich aus Vorlesungen, während Praktika und Klausuren an den Mittelbau und die eigene Arbeitsgruppe durchgereicht werden können. Eine weitere oft ungeliebte und zeitraubende Tätigkeit ist das Administrative, manchmal auch als dritte Säule der akademischen Arbeit bezeichnet, denn viele Gremien verlangen nach der Anwesenheit der Professoren."

Er dreht den Kopf zu mir.

> „Diese dritte Säule kann besonders den Frauen in typischen Männerdomänen viel Zeit abverlangen, wenn diese Treffen einen gewissen Geschlechterproporz verlangen. Eine Regel wie „Zu den Sitzungen des Fachbereichs Informatik muss immer mindestens eine Frau anwesend sein" könnte man auch umformulieren in: „Frau Prof. Röhling muss immer teilnehmen." Und natürlich werden die wenigen Frauen in solchen Positionen für verschiedene Mentoring-Programme und Diskussionen rund um die „Frauen in der Wissenschaft" geladen, wo Sie als Vorbild herhalten sollen. Ich kann mir

gut vorstellen, dass so etwas bis zu einem gewissen Maß Spaß macht, doch kann es auch nerven. Denn man wird als Professor fast ausschließlich für seine Forschungsleistungen bewertet, sodass alle Verpflichtungen in Lehre und Administration oftmals nur als störende Ablenkung empfunden werden."

Er steht auf und steckt seine Schlüssel und sein Handy in die Hosentaschen. Er ist groß, ein wenig unsportlich, aber seine breiten Schultern gleichen den kleinen Bauch wieder aus. „Ich zeige Ihnen noch ein paar andere Leute hier im Gebäude, die gerne mit Ihnen sprechen möchten." Er schließt die Tür hinter uns. An den Wänden im Gang hängen Poster. Er zeigt auf einige von ihnen:

> „All diese Arbeiten wurden auf Konferenzen präsentiert. Einiges ist „wichtig", anderes ist ... nennen wir es mal „eher von der kreativen Sorte". Nach einer kleinen rhetorischen Pause fährt er fort: „Die Freiheit, die ein Professor in Deutschland genießt, ist sehr groß: So gibt es wenige Vorgaben, wie die eigene Forschung und die Arbeitsgruppe aufzubauen sind. Auch ist man durch die Grundversorgung mit „Hausmitteln" nicht zu 100 % von Drittmitteln abhängig. Man muss sich also nicht ständig auf „modische, sexy" Themen stürzen, sondern genießt in der Tat noch etwas der akademischen Freiheit im humboldtschen Sinne."

Wir sind beide für eine Weile still. Dann frage ich vorsichtig: „Und wer ist daran interessiert, diese „kreativen" Arbeiten zu publizieren, von denen Sie sprachen? Gibt's dafür auch Journals?"

> „Klar. Natürlich in einem spezielleren Journal mit geringerem Impact Factor, doch was auch immer einen Neuigkeitswert hat, kann man irgendwo unterbringen. Das ist eines der wenigen Dinge, die ich über unsere Nachbarn auf der anderen Straßenseite weiß: Dort sind sowohl die „wichtigen" als auch die „kreativen" Ergebnisse sehr schwierig zu publizieren."

„Warum das?", frage ich ihn. Er hält vor einem großen Büro mit Glastür an. Innen befinden sich drei Schreibtische, doch sind nur zwei besetzt. Während er reinschaut, sagt er:

> „Die Universität erhält ihre Gelder größtenteils aus verschiedenen Töpfen der öffentlichen Hand und von daher leitet sich der Auftrag ab, das geschaffene Wissen der Öffentlichkeit auch zur Verfügung zu stellen. Und nicht nur das, auch die nächste Generation an Wissenschaftlern wird hier ausgebildet. Selbst eine direkte Interaktion mit der breiteren Öffentlichkeit ist ausdrücklich erwünscht, sei es durch Vorträge, Präsenz in den Medien oder als Experte in Beratungskommissionen für die Politik. Der Uni-Wissenschaftler ist schon von Beginn an eine öffentliche Person, dessen Name im Internet leicht zu finden ist und hoffentlich noch leichter auf zahlreichen Publikationen. Kaum unterschiedlicher könnte die Welt der Industrie sein. Nur die Namen und das Wirken eines kleinen Personenkreises dringen an die Öffentlichkeit. Relevante Erkenntnisse verlassen das Firmengelände fast nur im Schutzmantel von Patenten. Der Kontakt mit der Öffentlichkeit ist

stark professionalisiert, denn die mühsam aufgebaute Reputation soll nicht durch ungeschickte Worte Einzelner beschädigt werden. Und schließlich dürfen die wertvollen Firmengeheimnisse nicht versehentlich ausgeplaudert werden."

Mittelbau

Nach diesen Ausführungen klopft er an die Glastür und eine der Frauen signalisiert, dass wir eintreten können. „Hi Paul, was können wir für Dich tun?", fragt sie. Er entgegnet: „Ich habe diese junge Dame hier, die sich noch nicht entscheiden kann, ob sie an der Uni bleiben soll oder lieber in die Industrie gehen möchte. Vielleicht kann sie bei Euch etwas über die Stellen erfahren, die es hier so gibt." Die beiden Damen lächeln mich an: „Klar, kein Problem." Professor Schäffer wendet sich wieder mir zu und sagt: „Sie wissen ja sicherlich schon, dass man an der Uni mehr tun kann als nur Forschung. Diese Damen können Ihnen mehr darüber erzählen. Frau Graf arbeitet in der Verwaltung und Frau Dr. Kurz ist akademische Rätin. Herr Dr. Dunkel, der den Fensterplatz hat und heute leider nicht da ist, ist unser Experte für Massenspektrometer und einige der Software-Anwendungen im Hause. Ich bin sicher, dass die beiden Damen Ihnen auch einiges über seine Arbeit erzählen können." Er geht zur Tür und sagt beim Herausgehen: „Wenn Sie hier fertig sind kommen Sie doch einfach zurück zu meinem Büro, dann stelle ich Sie noch einer Freundin von mir vor, die an der Fachhochschule, oder kurz FH, Professorin ist." Er verlässt das Büro und geht den Gang zurück.

Bei einem Kaffee erzählen mir Frau Graf und Frau Kurz Folgendes über ihre Berufe: Die Lehre im festangestellten Mittelbau liegt in der Hand der akademischen Räte. Abhängig von der Eigenmotivation können in diesen Positionen darüber hinaus eigene wissenschaftliche Projekte bearbeitet werden. Ein akademischer Rat tut dies im Rahmen der Arbeitsgruppe eines Professors. Wie bei vielen Positionen im akademischen Mittelbau ist es Sache des Einzelnen, hier eine ruhige Kugel zu schieben oder ein wichtiger Leistungsträger am Institut zu sein. Dasselbe gilt für die Serviceabteilungen (z. B. IT, Analytik), die enorm wichtig für das Funktionieren des Instituts sind. Man selbst bestimmt, ob man sich damit zufrieden gibt, 20 Standardproben am Tag zu vermessen (und irgendwann durch einen Probengeber mit automatisierter Software ersetzt zu werden) oder ein Kompetenzzentrum aufzubauen, bei dem die Geräte der Abteilung in internationalen Kooperationen voll zum Tragen kommen. Im erweiterten Bereich der Verwaltung finden sich vielseitige Aufgaben wie Patentverwertung, Technologietransfer, Koordinator (z. B. von Sonderforschungsbereichen (SFBs) oder Graduiertenschulen), Wissenschaftsautor, persönlicher Assistent oder Gleichstellungsbeauftragte. Bei diesen Positionen können Sie noch die Hochschul-Luft atmen, ohne im Labor zu arbeiten. Das Aufgabenspektrum kann extrem interessant und vielseitig sein, leider in manchen Fällen aber auch unterfordernd und eintönig. Viele dieser Positionen sind relativ familienfreundlich und können in Teilzeit erledigt werden.

Frau Graf erzählte mir von ihrer ehemaligen Stelle:

„In meiner früheren Position im Wissenschaftsmanagement im Biologie Department war ich die Person im Fachbereich, die über alles Bescheid wusste. Ich hatte eine breite Palette an Aufgaben: Kurse planen, Gastredner einladen, Professoren bezüglich Fördermittel beraten und bei den Anträgen unterstützen. Darüber hinaus musste ich einen großen Geldtopf verwalten, auf den jeder gerne zugreifen wollte. Ich kannte am Department jeden, auch die Studenten. Ich liebte meine Arbeit wirklich, obwohl es nicht immer einfach war. Jeder kam mit Anfragen auf mich zu, doch ich persönlich hatte keine Entscheidungsgewalt, war also Vermittler, manchmal auch Prell- und Sündenbock. Auch wenn es irgendwo sonst Schwierigkeiten gab, war ich die erste Anlaufstelle. Es ist mir bewusst, dass es manche Leute gibt, die in solchen Positionen eine ruhige Kugel schieben, was dem Ruf des gesamten Mittelbaus enormen Schaden zufügt. Der Job selbst ist aber nicht unbedingt nine-to-five. Wenn etwas Dringendes oder eine Veranstaltung anstand, arbeitete ich auch oft abends und an den Wochenenden. Aber wenn dann ein Antrag bewilligt wurde und ich dadurch ja auch meine eigene Stelle gesichert hatte, wusste ich, wofür ich es getan hatte."

Als ich mich verabschiede, bedanke ich mich: „Es hat mich wirklich sehr gefreut, dass Sie sich die Zeit genommen haben, um mit mir zu sprechen. Ich dachte immer, dass Positionen im Mittelbau eben für diejenigen Leute sind, die es nicht zur Professur geschafft haben, doch jetzt sehe ich es anders. Positiver, denke ich. Ich sehe nun das Potenzial darin." Frau Kurz erwidert: „Im Mittelbau gibt es eine ganze Reihe interessanter Berufe, Sie müssen nur den Richtigen erwischen."

Praxistipp: Im Mittelbau ist es mehr noch als in manch anderer Position anzuraten, während des Vorstellungsgesprächs das genaue Aufgabenprofil zu erfragen und sich dies ggf. sogar schriftlich geben zu lassen. In einer Stellenanzeige wird kaum ein Arbeitgeber schreiben: „Unterstützung der Studenten beim Ausfüllen der Formulare ZX1204–1207, welche u. a. ein Feld „Nationalität" enthalten." Diese bittere Realität würde in der offiziellen Stellenbeschreibung wahrscheinlich im Gewande einer Formulierung wie „Internationalisierung des Forschungsclusters" daher kommen.

Fachhochschule

„Ok, gehen wir rüber zur FH", sagt Professor Schäffer, als ich wieder in seinem Büro bin. Er schaut aus seinem Fenster, „nicht das schönste Wetter heute" murmelt er und nimmt seine Regenjacke. Als er sieht, dass ich keinen Schutz vor dem einsetzenden Regen habe, kramt er einen staubigen Regenschirm hinter seiner Heizung hervor. Offensichtlich stand der dort eine ganze Weile herum. Als wir vor Joseph Black stehen, öffne ich den Schirm und sehe, dass sich darin sogar eine kleine Spinne angesiedelt hat. Sorry Spinne, aber Du musst Dir wohl ein neues Zuhause suchen … Wir gehen schnell zum nächsten Gebäude hinüber.

Professor Schaeffer schüttelt einer gut angezogenen Frau die Hand. „Guten Morgen, Paul, wie geht's denn so? Wer ist denn Deine Begleitung?" fragt sie mit einem freundlichen Lächeln auf dem Gesicht. Das Gespräch dreht sich noch ein paar Minuten um deren Kinder und das Hochschulleben, dann sagt sie schließlich: „Ich nehme an, die Dame kam nicht vorbei, um sich die Geschichten über unsere Kinder anzuhören, sondern um zu erfahren, was ich mache?" Sie beginnt, über ihr Leben als FH Professorin zu erzählen:

> „Wer an eine akademische Karriere denkt, hat dabei oft nur die Universitäten im Blick und vergisst die FHs (heute meist „University of Applied Science" genannt). Die Unterschiede zur Universität sind nicht nur namentlich, sondern gehen deutlich tiefer: Vorlesungen, eigene Forschung im Hause sowie der Mittelbau fehlen fast gänzlich, sodass die Professoren mit dem Begriff Hochschullehrer sehr gut beschrieben werden. Die Lehre ist der Hauptteil der Arbeit und wegen des fehlenden Mittelbaus muss man mehr selbst anpacken. Der Professor muss Erfahrungen und ein großes Netzwerk außerhalb des Hochschulbetriebes mitbringen, da Forschungspraktika und Masterarbeiten sehr oft in der Industrie absolviert werden. Die Qualität der Lehrveranstaltungen (im Seminarstil) muss bei der Bewerbung vor einem gemischten Gremium von Studenten und Professoren unter Beweis gestellt werden.
>
> Meist arbeitet man drei Tage an der Hochschule, ein Tag dient der Vorbereitung sowie einen Tag extern, um seine Industriekontakte aufrechtzuerhalten. Letzteres kann z. B. ein Beratervertrag mit dem alten Arbeitgeber, Gutachtertätigkeit oder eine selbstständige Beschäftigung sein. Man ist also insgesamt flexibel und kann diesen Beruf gut mit familiären Verpflichtungen verbinden."

Wir spazieren noch ein wenig durch das Gebäude und sie zeigt mir die Labore. Momentan gibt es keine Praktika, die Studenten haben Semesterferien. Wir verabschieden uns und ich gehe wieder durch den Regen. Die Spinne ist nicht mehr im Schirm, ich hoffe, sie kann schwimmen.

Ich denke an das Gespräch zurück. Es klingt wirklich nach einer attraktiven Option, an der FH zu arbeiten. Das akademische Umfeld und auch die Lehre haben mir schon immer gefallen, doch hätte ich, denke ich, Probleme damit, mich als Universitätsprofessorin zu sehen und den Rest meines Lebens einem einzigen Fach zu widmen. Professor Schäffer scheint bei meiner Rückkehr meine Gedanken zu lesen und sagt: „Nun, junge Dame, wenn das Ihr Traumberuf sein sollte, dann müssen Sie aber erst etwas Erfahrung von der anderen Seite der Straße mitbringen." Mit einem nostalgischen Gefühl starre ich auf die Statue von Joseph Black. Professor Schäffer tritt heran und fragt: „Wissen Sie, wer er war?" Ich nicke ihm zu. „Gut, dann kann ich Ihnen nicht mehr viel erzählen. Schauen Sie sich doch am besten mal an, was es noch so alles für Möglichkeiten gibt."

1.2
Arbeiten in der Industrie

Die Rezeptionistin tippt ein paar Tasten auf ihrem Telefon und wartet, bis an der anderen Seite jemand abhebt. „Guten Mittag, Frau Dr. Klein, Ihr Besuch ist da." Sie legt den Hörer auf und blickt wieder zu mir: „Sie kommt gleich runter."

Forschung und Entwicklung

Eine junge Dame kommt durch eine der verschlossenen Türen zu mir. Sie trägt flache, braune Schuhe, eine cremefarbene Hose und ein rosa Hemd. Irgendwie eine komische Kombination, aber es steht ihr gut. Sie stellt sich vor: „Susanne Klein, schön, dass wir uns kennenlernen." Aus unserem E-Mail Kontakt weiß ich, dass Susanne die Leiterin eines sechsköpfigen Forschungsteams ist. Wir gehen zu ihrem Büro und sie erzählt mir, was sie mit mir vorhat. „Ich werde Ihnen erstmal ein wenig über meine Arbeit erzählen und Sie dann etwas im Gebäude herumführen und Ihnen einige Kollegen vorstellen. Ich denke, es ist nicht nötig, ich weise Sie aber dennoch darauf hin, dass es nicht erlaubt ist, Fotos zu machen und dass alle Details über unsere Produktion vertraulich zu behandeln sind. Und selbstverständlich können Sie mich jederzeit unterbrechen, wenn Sie eine Frage haben."

Ihr Büro ist schlicht jedoch elegant eingerichtet. Ein grauer Teppich, ein weißer Schreibtisch mit einem Laptop, ein halbgefüllter Bücherschrank und ein Whiteboard auf dem eine chemische Formel gezeichnet ist. Wenn ich mich recht ans Studium erinnere, ist es ein Cholesterin-Derivat. Durch ihr Fenster sieht man die andere Seite der Straße. Ich sehe gerade noch den Ellenbogen von Joseph Black, der Rest der Statue ist hinter einem Baum verborgen. Frau Klein schaut in dieselbe Richtung: „Sie sehen hier das Universitätsgebäude. Ich habe dort meinen Postdoc gemacht, mich dann aber doch für die Industrie entschieden und bin hierher gekommen." Sie spricht langsamer als zuvor und ihre Augen sind noch immer auf das Gebäude gerichtet. Ich kann es nicht genau sagen, fühlt sie in dem Moment Trauer oder Nostalgie? Ich frage leise: „Sehen Sie sich manchmal zurück?" Sie lächelt und dreht mir den Kopf zu. Mit fester Stimme sagt sie:

> „Ich bin sehr dankbar, dass ich die akademische Welt damals verlassen habe. Ich erinnere mich, dass ich große Angst hatte, weil ich wusste, dass kaum ein Weg zurückführt und dass ich vieles von dem, womit ich mich jahrelang beschäftigt hatte, zurücklassen müsste. Allerdings sah ich ein, dass eine akademische Karriere wohl nicht das Richtige für mich sein würde. Von daher, nein, ich bereue es nicht. Ich denke, dass jede der Entscheidungen in der jeweiligen Lebensphase Sinn ergeben hat und ich habe jede davon genossen. Außerdem habe ich die Forschung ja nicht verlassen, ich betreibe sie nur in einem anderen Umfeld."

„Aber es muss doch völlig anders sein, oder?", frage ich.

> „Ich denke, der Hauptunterschied liegt darin, dass die Entwicklungsarbeit in der Industrie zu Einnahmen führen muss und nicht zu akademischem Er-

kenntnisgewinn. Es ist daher typisch, parallel eine Vielzahl kleinerer Projekte zu bearbeiten, anstatt sich jahrelang, so wie an der Universität, an einem Thema festzubeißen."

„Von welcher Art von Projekten sprechen Sie denn?"

„Die Projekte, an denen ich arbeite, drehen sich meistens darum, Produkte zur Marktreife zu bringen. Dafür besuche ich Konferenzen und lese regelmäßig einige Veröffentlichungen, viel weniger allerdings als während der Promotion. Dadurch versuche ich, mit interessanten Entwicklungen in dem Fachgebiet Schritt zu halten, um neue Entwicklungen früh mitzubekommen, die für uns neue Produkte bringen könnten. Die Fragen, die hinter meinen Recherchen stehen, sind: „Was geschieht allgemein in meinem Fachgebiet? Können wir diesen neuen Prozess in unserer Produktion umsetzen? Können wir das lizensieren oder gleich das Patent aufkaufen? Direkt aus der Produktion selbst kommen auch einige Herausforderungen. Manche Probleme treten wiederholt auf, die Produktionsleitung hat aber oftmals nicht genügend Ressourcen, um sie anzugehen. Das müssen wir uns dann ausführlicher und in Ruhe anschauen."

„Fühlen Sie sich intellektuell genauso herausgefordert wie durch Ihre Forschung an der Universität?"

„Ja, definitiv. Ich habe durchaus interessante Projekte an der Hand und intellektuelle Herausforderungen zu lösen. Die Kehrseite ist allerdings, dass ich es auch mit vielen weniger anspruchsvollen Tätigkeiten zu tun habe, rein Administratives und manch dröges Meeting und natürlich nicht zu unterschätzen die Personalverantwortung ... "

Personalverantwortung? Ich bin verwundert, dass bei diesem Begriff nicht nur Aspekte wie „beruflicher Aufstieg" und „Erweiterung der Möglichkeiten" durchscheinen. Klar, wenn man höher kommt, nimmt in der Regel die Personalverantwortung zu, doch jetzt bin ich an diesen „Zwischentönen" interessiert. „Gibt es einen Unterschied zwischen Universität und Industrie, wenn es um Personalverantwortung geht und was für Aufgaben umfasst das eigentlich?", frage ich.

„Unabhängig vom jeweiligen Arbeitgeber verschiebt sich das Aufgabenspektrum in manchmal ungeahnte Richtungen, und das ist nicht nur für Industrieforscher, sondern auch für die Kollegen an der Universität so. Bereits durch die Betreuung weniger Mitarbeiter werden Tätigkeiten im Labor, bei denen man selbst Hand anlegen kann, an den Rand gedrängt. Die Aktivitäten verlagern sich an den Schreibtisch, man muss administrative, koordinierende und gelegentlich repräsentative Arbeiten erledigen. Dafür ist ein breites Spektrum an technischen, zwischenmenschlichen und kommunikativen Fähigkeiten nötig, was die Arbeit meist abwechslungsreicher als die reine Laborarbeit werden lässt.

Also, bis dahin ist Personalverantwortung gleich, egal ob an der Universität oder in der Industrie. Die Zusammensetzung meines jetzigen Teams ist allerdings völlig anders als an der Uni. Als Postdoc war ich Teil eines Teams

aus Doktoranden und Postdocs, leitete es am Ende sogar. Die meisten der
Mitarbeiter und Kollegen hatten dieselbe Ausbildung genossen wie ich …
wir teilten denselben Stallgeruch.
Jetzt besteht mein Team aus technischen Assistenten oder kurz TAs. Das
sollte man nicht wertend sehen, es ist halt einfach ein anderes Arbeiten.
Meine Mitarbeiter haben starke Fähigkeiten im Labor, doch muss ich öfter
und detaillierter erklären, was denn eigentlich der Hintergrund der Experimente ist und warum wir diesmal alles anders machen müssen als beim
letzten Mal. Das theoretische Wissen ist schlicht schwächer. Das kostet natürlich viel Zeit, die von den anderen Tätigkeiten abgeht. Gut, mein Team ist
nicht unbedingt repräsentativ für alle Forschungsteams in der Industrie. Es
gibt natürlich auch Teams, die ausschließlich oder größtenteils aus Akade-
mikern bestehen. Aber, in der Industrie machen die TAs in der Regel einen
größeren Anteil der Mitarbeiter aus.
Dafür bekommt man die geballte Berufserfahrung aus dem jeweiligen Betrieb und die Mitarbeiter arbeiten oft bereits für viele Jahre als Team zusammen. Wie man sich vorstellen kann, hat das Vor- und Nachteile für einen
Teamleiter. Die Doktoranden und Postdocs an der Uni sind meist nur kurz
auf derselben Stelle, sind noch jung und wenig erfahren und müssen sich
erst noch beweisen und etablieren. Auch das mit seinen eigenen Vor- und
Nachteilen!"

Sie schmunzelt. „Nun, das ist ja mal wirklich was anderes als hier und dort einen
Praktikanten zu betreuen", bemerke ich gegen Ende unseres langen und anregen-
den Gespräches über Personalführung.

„Ja", sagt sie.

„Wenn ich es als Ratschlag formulieren soll: Denken Sie davor genau darüber nach, ob Sie eine Stelle mit viel Personalverantwortung haben möchten. Es gibt auch in der Industrie interessante Stellen, wo dies nicht der
Fall ist. Dann würden Sie sich beispielsweise Senior Scientist in einem For-
schungsteam nennen und eigenhändig Projekte bearbeiten."

Sie steht auf und schiebt ihren Stuhl unter den Schreibtisch. Meine Augen bleiben noch ein letztes Mal auf der Strukturformel auf dem Whiteboard hängen,
bevor wir rausgehen. Sie fragt: „Wissen Sie, was das ist?" „Sieht aus wie Choleste-
rin", antworte ich. „Beinahe, es ist ein Derivat davon." Sie verschließt die Tür und
wir gehen den Gang entlang. „Es ist das Vorläufer-Molekül eines menschlichen
Hormons, das wir hier herstellen" fügt sie noch an.

Produktion

Frau Klein muss nun zusehends lauter sprechen, die Räume, an denen wir vorbei-
laufen, werden zusehends größer und sind mit immer mehr und lauter werdenden
Maschinen gefüllt. „Falls Sie jetzt denken, dass es Ihnen gut gefallen würde, ein
großes Team an TAs anzuleiten, dass Publikationen zu lesen für Sie nicht unbedingt sein muss und Sie ein energisches, zupackendes Wesen haben, dann wäre

vielleicht auch eine Karriere als Produktionsleiterin für Sie denkbar?", fragt sie mich. „Hier sind Sie an der richtigen Stelle, um sich Eindrücke aus erster Hand zu holen, Herr Topf wird Ihnen mehr erzählen." Ich schüttle die Hand eines kleinen, aber kräftig gebauten Herrn in sauberer, weißer Schutzkleidung. Er reicht mir einen Besucherkittel und Überzieher für meine Straßenschuhe, bevor ich die heiligen Hallen betreten darf.

Wenn die Industrie so etwas wie das „wahre Leben" sein soll, dann wäre die Entwicklung das Hirn, die Produktion dagegen das schlagende Herz davon. Ich befinde mich nun also am Ort des Geschehens, dort wo die Produkte des Betriebes hergestellt werden. „Hier gibt es eine Menge Kessel und Maschinen, doch wie arbeitet man hier als Mensch, wie sieht das Alltagsleben aus?" frage ich Herrn Topf.

> „Die Haupttätigkeit besteht darin, die Verantwortung für den Produktionsprozess zu tragen und denselben zu verwalten. Dieser muss glatt laufen und das oftmals sogar rund um die Uhr. Dies wiederum geht natürlich nur mit einem entsprechend großen Team aus Ingenieuren und Technikern. Und dann noch die Verantwortlichkeiten für das Senken der Produktions- und Personalkosten bei gleichzeitiger Erhöhung der Produktivität. Das sieht erstmal nach einem gordischen Knoten aus, doch sollten wir uns hier lieber die Hilfsmittel ansehen, mit denen diese Arbeit erfolgreich gemeistert werden kann. Delegieren, Vertrauen und Kontrollieren sind wohl die wichtigsten Instrumente dabei, diese Verantwortung nicht alleine zu tragen, sondern erfolgreich zu verwalten. Und um auf dem Weg zu einem immer (kosten-)effektiveren Prozess nicht zwischen den Anforderungen von Management, Mitarbeiterzufriedenheit und Arbeitssicherheit zerrieben zu werden, hilft nur eine sehr klare und offene Kommunikation.
> Sie sehen, man muss keine gordischen Knoten zerhacken, um eine Produktion führen zu können. Das wäre sowieso zu langwierig für das ständig pulsierende Herz der Firma. Sprechen wir lieber von jonglieren, das kann man in der Regel schon in acht Stunden am Tag schaffen, trotz eines 24-Stunden-Betriebes. Aber auch wenn alles glatt läuft: in kaum einer anderen Position ist man von Pannen so stark betroffen wie hier. In den meisten Abteilungen hat man Tage, Wochen, gar Monate für bestimmte Aufgaben und kann entsprechend planen. Wenn bei uns ein Prozess ins Stocken kommt, muss sich jemand darum kümmern, egal ob um vier Uhr in der Früh oder an Weihnachten. Man muss auch schnell umschalten können: Wenn alles glatt läuft, sind die wichtigsten Eigenschaften eines Produktionsleiters Zuverlässigkeit, Nachvollziehbarkeit und Sicherheit, wenn dagegen etwas schiefgeht, stehen plötzlich Spontanität und Flexibilität im Vordergrund. Man sollte also den potenziellen Arbeitgeber, sich selbst und gegebenenfalls seine Familie fragen, wie die Gegebenheiten sind und ob man das will. Falls ja, dann Ärmel hoch und los!"

„Vielen Dank Herr Topf, es hat mich wirklich gefreut, Ihre Produktion zu sehen und Sie kennenzulernen." Er schaut mich an und lacht:

„Gern geschehen, kein Problem. Ich hoffe, ich habe Sie nicht abgeschreckt, normalerweise habe ich etwas mehr Zeit, aber bei uns brennt gerade die Hütte. Ich weiß gar nicht mehr, wo mir der Kopf steht vor Arbeit. In einem Monat ist Qualitätsmanagement Audit. Gerade bin ich dabei mit drei anderen Kollegen die Dokumente aufzuarbeiten, und das von Prozessen, die teilweise bereits 2011 gelaufen sind! Da waren wir allesamt noch nicht mal in der Firma. Das ist zeitaufwändig, aber machbar, schließlich existieren die ganzen Formblätter von früher noch, wer wann an welchem Gerät gearbeitet hat, wann welche Einzelteile ausgetauscht wurden, wann welche Software aktualisiert wurde und so. Das ist also hauptsächlich ein Zusammensuchen der Fakten. Aber für das Audit müssen die Dokumente halt alle perfekt sein."

Susanne Klein, die Forschungsleiterin, sagt zu ihm: „Ich weiß, wovon Du sprichst, mir läuft auch schon der kalte Schweiß runter. Ich bin mit meinem Team auch gerade dabei, die Sachen zu ordnen." Wir verabschieden uns nun tatsächlich. Ich werde weiter durchs Gebäude geführt. „Ich würde Ihnen jetzt gerne Frau Dr. Helwig vorstellen, sie ist unsere Qualitätsmanagerin. Sie hat ein Büro in der Nähe vom Eingang. Wie Sie gerade von Herrn Topf gehört haben, ist Qualitätsmanagement ein großes Thema in der Industrie."

Qualitätsmanagement

Auf dem Weg erzählt sie:

„Als ich im zertifizierten Umfeld anfing zu arbeiten, speziell in der pharmazeutischen Industrie, traf mich fast der Schlag. Ich durfte kein Ringbuch (so wie ich das an der Uni gemacht habe) mehr für meine Aufzeichnungen verwenden, sondern es musste ein festgebundenes Laborbuch sein, das Seite für Seite durchnummeriert und von Kollegen gegengezeichnet war. Ich musste für jeden „Furz" ein Formblatt ausfüllen – mit Datum und Unterschrift versteht sich! Selbst wenn ich Chemikalien entsorgen wollte, musste ich in einer Liste vermerken, wie viel mL ich wovon, wann, wo, wie und warum in den Kanister gegeben hatte. Alles kam mir extrem umständlich vor; der Sinn der Bürokratie blieb mir lange Zeit verschlossen. Heute sehe ich ein, warum der Aufwand betrieben wird: Stellen Sie sich vor, Sie arbeiten an einem Projekt, für das Sie täglich einen Puffer ansetzen. Nach einiger Zeit kommt jemand zu Ihnen und erklärt, dass ein bestimmter Container der Chemikalie X vom März dieses Jahres verunreinigt war. Wüssten Sie ohne haargenaue Dokumentation, wann Sie aus welchem Chemikalientopf etwas (und wie viel?) herausgenommen haben und von welcher Lot-Nummer und von welchem Hersteller das war? Wenn Sie ein funktionierendes Qualitätsmanagement-System haben, müssen Sie nicht alle Versuche des letzten halben Jahres wiederholen, sondern nur diejenigen, in denen Sie die verunreinigte Chemikalie verwendet haben."

Wir stehen bereits vor dem Büro von Frau Helwig, als sie ihren letzten Satz beendet. Wir betreten das Büro, sie stellt uns vor und entschuldigt sich, da sie noch im Labor benötigt wird. Ich setze mich und schaue mich um. Alles hier scheint in perfekter Ordnung. Alle Ordner sind in einem Regal geordnet und in einem zweiten Regal stehen Bücher, deren Rücken der Farbe nach sortiert wurden. Wenn ich mich nicht irre, sind die Farben sogar in derselben Reihenfolge wie in einem Regenbogen aufgereiht. Frau Helwig trägt ein geschmackvolles, farbiges Kleid und hohe Absätze. Sie trägt eine Brille auf ihrer Nasenspitze, die ihr perfekt steht. Sie schaut freundlich aber streng drein. Von der langen und interessanten Unterhaltung mit ihr kann ich mich noch an Folgendes erinnern: Um Zertifizierungen (z. B. GxP oder ISO) zu erlangen, müssen Richtlinien eingehalten werden. Diese beziehen sich zum größten Teil darauf, wie nachvollziehbar und strukturiert die Dokumentation und die Arbeitsabläufe gestaltet werden. Das sind zum Teil sehr formelle, man könnte sagen bürokratische, Anforderungen. Wenn man allerdings etwas genauer hinsieht, stellt man fest, dass die Regeln dazu recht allgemein formuliert sind, d. h. man kann und muss deren Umsetzung auf den jeweiligen Betrieb zurechtschneidern, und genau darin besteht die Kunst der Qualitätsmanager. Wie kann dies geschehen, ohne dass die Kollegen zu sehr vom eigentlichen operativen Geschäft abgehalten werden? Kann man Barcodes einscannen und die Datenbank arbeiten lassen oder muss man Papiere per Hand abzeichnen lassen? Kann man die Glaubwürdigkeit des Zulieferers am Schreibtisch bestimmen oder muss man ihn zu einem Audit besuchen? Oder kann man gar das Audit verwenden, um bei dem Termin gleich weitere wichtige Dinge zu besprechen, etwa neue gemeinsame Geschäftsfelder, was sich beiläufig im Gespräch ergeben könnte? Und schließlich vielleicht die wichtigste Frage: Wie bekomme ich meine Kollegen dazu, die von mir erarbeitete Infrastruktur auch zu benützen, sie „zu leben"?

Während ich Frau Helwig gegenübersitze, werde ich an ein Buch von Franz Kafka erinnert, das ich vor einigen Jahren gelesen habe. Der Autor beschrieb darin die beklemmende Situation, als hilfloses Subjekt durch eine endlose Bürokratie-Maschinerie laufen zu müssen, ohne jemals zum Ziel kommen zu können. Was würde der Schriftsteller wohl zum regulierten und zertifizierten Umfeld in der Industrie sagen? Würde er sich wundern, dass wir trotz Computer und Internet immer noch Berge an Papier bedrucken, abheften, verstauben lassen und schließlich wegwerfen? Dass wir die Brandlast im Firmengebäude durch Berge an Arbeitssicherheitsdokumenten vervielfachen, je dreifach abgezeichnet durch Hinz, Kunz und Jedermann? Oder würde er bewundern, dass die komplexen Vorgänge, die in heutigen Industriebetrieben ablaufen, so pragmatisch und zielführend dokumentiert und gesteuert werden können? Ich frage sie geradeheraus: „Welche Beweggründe bringen Menschen in diesen Arbeitsbereich?" Sie schaut von ihrem Schreibtisch auf, der Gesichtsausdruck ist glücklicherweise amüsiert, sie hat die Frage nicht missverstanden.

„Bei mir war es zuerst mal eine Notlösung um Familie und Beruf unter ein Dach zu kriegen. Es gab halt mehr Teilzeitpositionen in den Bereichen QM und Arbeitssicherheit. Viele Arbeiten können im Prinzip flexibel, z. B. im Home Office erledigt werden. Und da kleinere und mittlere Firmen oftmals keine spezialisierte QM- bzw. Arbeitssicherheitsabteilung betreiben, kann ich mir vorstellen, meine Dienste in einigen Jahren auch als Freiberuflerin anzubieten.

Es war also keine Entscheidung, die allein von intrinsischem, brennendem Interesse an den Inhalten der Arbeit getrieben war. Allerdings habe ich mich sehr schnell hineingefunden und heute macht mir die Kommunikation mit den verschiedenen Abteilungen viel Spaß."

Trockener Papierkram, um den Sie in der Industrie nicht herumkommen oder spannendes Arbeitsumfeld im Grenzbereich zwischen Recht und Technik? Das müssen Sie selbst entscheiden. Aber mal ganz ehrlich: Für den Party-Small-Talk ist es egal, ob Sie jetzt als Qualitätsmanagerin oder Forscherin tätig sind. Erinnern Sie sich doch mal an die Blicke der Leute bei Ihrem letzten Versuch, auf einer Party von Ihrem Forschungsgebiet zu erzählen, da stand doch sicherlich auch in den Gesichtern in gut lesbaren Lettern geschrieben: „Gut, dass es jemand macht, was auch immer es sein soll, aber noch besser, dass ich es nicht bin. Bitte nächstes Thema!"

Sie deutet auf die beiden leeren Schreibtische in ihrem Büro. „Leider sind meine beiden Kollegen, Linda Schau vom Arbeitsschutz und Herbert van Gooi, unser Experte aus der Zulassungsabteilung, heute beide im Urlaub. Ein wenig kann ich Ihnen darüber aber sagen. Falls Fragen wie „Muss man wirklich überall die Treppengeländer benützen, auch wenn es nur zwei Stufen sind?", „Macht eine „Zero accident policy" Sinn oder ermutigt das nur zur Verschleierung kleinerer Unfälle?" oder „Wird der Mitarbeiter von einer Schutzmaske effektiv geschützt oder werden Unfälle wahrscheinlicher, weil sein Gesichtsfeld eingeschränkt ist?" Sie interessieren, dann könnte für Sie der Bereich des Arbeitsschutzes interessant sein. Sind es eher Fragen wie „Fällt ein chemisch synthetisiertes Biomolekül in den Bereich Chemikalie oder biologische Wirkstoffe?", „Was ist REACH und warum muss das jetzt für viele Chemikalien durchgeführt werden?" dann schnuppern Sie doch etwas tiefer in den Bereich der Zulassungsabteilungen (Regulatory Affairs) hinein."

Susanne Klein betritt wieder das Büro. Sie tauscht ein paar Sätze mit Frau Helwig über das bevorstehende Audit in einem Monat. Während sie sprechen, wandern meine Augen zu einem Poster an der Wand. Es zeigt einen Stierkampf und darunter einen Text: „Nur weil Sie es schon immer so getan haben, heißt das nicht, dass es nicht unglaublich dumm ist."

Medizinische Dokumentation

Zwei Büros stehen noch auf unserem Programm. Susanne Klein hat bereits erwähnt, dass eines davon höchstwahrscheinlich leer sein wird. Dort arbeitet Frau Dr. Fidelio als Medizinische Dokumentarin (Engl.: medical writer). Frau Klein erklärt:

„Es ist ein Beruf, den man sehr gut ausführen kann, von wo aus auch immer man will. Frau Fidelio ist vielleicht einen halben Tag pro Woche im Haus, den Rest erledigt sie von zu Hause aus." Wir blicken durch das Fenster ins Büro, das wie erwartet leer ist. „In dieser Position sind Sie speziell für die Dokumentation einer klinischen oder epidemiologischen Studie verantwortlich. Das sind im Kern die Berichte in regulatorisch konformer Weise sowie die Bereitstellung von Daten für die Behörden. Der Arbeitsbereich kann aber breiter gefasst sein und auch die Auswertung der Daten und Teile der Studienorganisation sowie das Erstellen von Anwenderinformationen und Anträgen umfassen."

während wir die Treppen nach oben steigen.

Marketing, Sales, Business Development, Product Management

Wir hören lautes Gelächter auf dem Gang. Es ist klar, dass die Leute im nächsten Büro bei bester Laune sind. Meine Gastgeberin klopft an die Tür, aber es reagiert niemand darauf. Wahrscheinlich konnten sie uns nicht durch ihren eigenen Geräuschpegel hindurch hören. Als wir dennoch eintreten, begrüßen sie uns: „Susanne, perfektes Timing, schau Dir das mal an." Vier Männer teilen sich ein Büro, sie sitzen alle um einen großen Tisch und machen offensichtlich gerade eine Pause. Einer von ihnen zeigt auf den Bildschirm und lacht: „Susanne, Du dachtest, das Video: „Wir tanzen die Struktur von DNA", wäre schlecht, dann hast Du das noch nicht gesehen!" Als wir auf seiner Seite des Tisches ankommen und auf den Bildschirm sehen können, laden sie das Video erneut. Es ist eine Werbung für eine 8-Kanalpipette. Frauen in engen Laborkitteln und Schutzbrillen tanzen auf einem Strand, während sie von gutaussehenden Jungs angegraben werden, deren Lockmittel nebst den eigenen Körpern die Pipette ist. Ja, es ist zum Schreien komisch,

die jungen Herren im Büro lachen die ganzen drei Minuten, die der Spot dauert und wir lachen mit ihnen. Im Gegensatz zu den anderen Leuten, die wir bislang getroffen haben, tragen diese hier alle einen Anzug. Einer von ihnen hat bereits die Ledertasche seines Laptops in der Hand und sagt: „Sorry Leute, ich hab's eilig. Ich habe einen Termin mit einem potenziellen neuen Kunden." Frau Klein erklärt den verbleibenden drei Herren, warum wir hier sind und sie erzählen allesamt bereitwillig über ihre Arbeit. Sie sind gesprächig und spontan und das ist es wahrscheinlich auch, was man sein muss, wenn man in den Bereichen Sales, Marketing, Business Development oder Produktmanagement arbeiten will. Hier die Hauptaussagen aus den unterhaltsamen Gesprächen: Den Bereich Verkauf (Sales) kann man als den Mittelstürmer der gesamten Firma betrachten, der die wichtigen Punkte einfährt, der die Entwicklung und Herstellung eines guten Produktes zum krönenden und lohnenden Abschluss bringt! Oder als Klinkenputzer.

Was er denn nun genau ist, hängt sicherlich von der Eigenwahrnehmung, der Leistungsbereitschaft, der Position im Unternehmen sowie von dem Produkt ab.

> „Verkauft man ein sehr simples Produkt von der Stange, so wird das Verkaufsgespräch eher um die putzigen Stoffelefanten mit Firmenlogo gehen, die als Geschenk beim Kauf von drei Packungen winken. Geht es um den Verkauf eines völlig neuartigen Laborgerätes für 500 000 €, so wird man über Monate hinweg eher wie ein technischer Berater tief in ein komplexes Projekt beim Kunden eingebunden sein."

In jedem Fall benötigt man für eine Position im Verkauf ein gewinnendes Wesen, da man immer viel Kontakt mit den Kunden haben wird.

> „Würde es Sie eher runterziehen, den ganzen Tag mit einem aufgesetzten Lachen rumlaufen zu müssen, oder aufheitern? Dann wissen Sie, ob eine Sales Position zu Ihnen passt oder nicht."

Man muss für Verkaufspositionen viel Flexibilität und Reisebereitschaft mitbringen. Die Grundgehälter sind in der Regel etwas niedriger angesetzt, um Platz für stark erfolgsabhängige Boni zu machen. Und in jedem Fall, sei es „Klinkenputzen" oder eine komplexe, strategische Verkaufsberatung, eröffnen diese Positionen und das detaillierte Wissen um die Kundenwünsche das Tor zu einer Reihe weiterer Positionen im Unternehmen, besonders im Marketing und Business Development.

Was unter Marketing geführt wird, kommt in vielen verschiedenen Gewändern daher. Zum einen geht es darum, Größe, Farbe und Position des Firmenlogos auf dem Stoffelefanten zu definieren. Aber genauso gehört es auch dazu, messerscharfe Analysen der eigenen Aktivitäten und denen der Konkurrenz zu erstellen. Und dem lieben König Kunde muss mit Psychologie und Datenanalyse auf den Zahn gefühlt werden, ohne dass es dieser zu sehr merkt!

Im Business Development schließlich hat man nichts mehr mit Werbegeschenken oder Grußkarten zu tun, vielleicht hat man sogar gar keinen direkten Kundenkontakt. Es geht darum, neue Geschäftsfelder zu erschließen. Das kann auf vielfältigem Wege geschehen, indem an Ausschreibungen für Großprojekte teilgenommen wird, indem die Firma geographisch oder inhaltlich expandiert oder indem der Konkurrenz das Wasser abgegraben wird. In jedem Fall ist es ein dynamischer und interdisziplinärer Unternehmensbereich, in dem sich Experten mit wirtschaftlichem, technischem und manchmal auch juristischem Hintergrund die Hand reichen.

Der Begriff Produktmanagement weist inhaltlich und begrifflich Überschneidungen zu Marketing und Business Development auf. Eine Aufgabe des Produktmanagers besteht darin, sich neue Produkte auszudenken. Das klingt für einen Forscher erstmal befremdlich, da doch alles Neue aus dem Labor kommt. Allerdings geschehen Entwicklungen im industriellen Kontext meist in der Richtung vom Kundenbedürfnis zur Produktentwicklung hin und nicht, indem man zu einem Ergebnis aus dem Labor eine nützliche Anwendung sucht. Ist das Produkt dann fertig entwickelt, so muss es intern und extern betreut werden. Der Produktmanager tritt dabei oftmals in der koordinierenden Rolle auf: Das Produkt muss durch die jeweiligen Fachabteilungen zugelassen, produziert, weiterentwickelt und vermarktet werden. Und wenn die Firma zu klein ist, um für all diese Aktivitäten eigene Abteilungen zu unterhalten, so muss der Produktmanager als Generalist auftreten und viele der Aufgaben selbst übernehmen.

„Sorry Ladies, ich muss auch gehen. Es war ein absolutes Vergnügen, Sie zu treffen" sagt der Herr, der lieber Greg als Gregor genannt werden will. Bevor er aus der Tür geht, wirft er noch schnell einen Dart auf die Scheibe hinter seinem Schreibtisch. Er trifft das 60-Punkte-Feld. „Wow, ich bin ja nicht abergläubisch, aber der Nachmittag fängt toll an!"

Frau Klein begleitet mich zurück zum Eingang. Ich bedanke mich bei ihr, dass Sie mir so viel gezeigt hat. „Ich habe viel mehr Möglichkeiten kennengelernt, als ich im Vorhinein gedacht habe." Sie erzählt mir, dass sie es sich damals selbst sehr gewünscht hätte, so eine Möglichkeit zu haben, als sie sich nach Alternativen außerhalb der Universität umgesehen hatte. Und dass Sie sich, wann auch immer ihr Terminplan es zulässt, Zeit für solche Gespräche nimmt. „Für uns als Firma ist es ja auch eine gute Gelegenheit, mit zukünftigen Absolventen in Kontakt zu treten.

Die Rezeptionistin hat einen gelben Post-it auf der Rückseite ihres Monitors hinterlassen, auf dem steht: „Bin beim Mittagessen." Während sie die Notiz betrachtet, sagt Frau Klein: „Normalerweise ist hier immer besetzt, doch in der Urlaubszeit können wir die Pausenzeiten nicht überbrücken."

Sie öffnet die Eingangstür für mich und blickt in Richtung der Universität. „Es gibt Tage, wo ich es wirklich vermisse … ich habe immer mein Fahrrad an der Laterne neben der Statue geparkt. Bevor ich reinging, sagte ich dann: „Joseph, pass auf, dass es keiner klaut!" Und es hat geklappt, es wurde nie geklaut. Dort drüben fand ich es richtig gut. Ich arbeitete viel, doch konnte ich kommen und gehen, wann auch immer ich wollte. Aber was soll's, hier bei uns gefällt es mir auch sehr gut. Ich komme zwar immer noch meistens mit dem Fahrrad zur Arbeit, doch genieße ich es auch, etwas mehr Geld in der Tasche zu haben und durch die Festanstellung auch endlich mehr Sicherheit und Planbarkeit."

Als ich dann alleine zum Universitätsgebäude zurückgehe, dorthin wo ich meine Entdeckungsreise begann, denke ich: „Mist, das habe ich vergessen zu fragen:

Wie genau verhalten sich die beiden „Welten" denn im direkten Vergleich zueinander, wenn man Gehalt, Arbeitsplatzsicherheit und Flexibilität gegenüberstellt? Nun gut, ich werde es beim nächsten Mal fragen."

Keine Sorge, liebe Leserin. Sie müssen nicht bis zur nächsten Entdeckungsreise warten. Wir, die Buchautoren, haben mit einer ganzen Reihe Experten aus verschiedenen Bereichen gesprochen, um diese Fragen beantworten zu können.

1.3
Die Arbeitsbedingungen: Gehalt und Befristungen

Beim Besuch im Industriegebäude raunte der Herr neben dem Pflanzentopf der jungen Doktorandin zu: „Der Kaffee in der Industrie schmeckt besser, bessere Bohnen, eine echte Kaffeemaschine. Es ist also nur bei uns eine Schande, den in die Pflanzen zu gießen."

Gehalt

In der Regel ist in der Industrie mehr Geld im Spiel als an der Universität. Das bedeutet größere Forschungsbudgets und bessere Ausstattung. „Also ich gönne mir jetzt einen frischen Espresso" hallt die Verabschiedung vom Pflanzentopf noch nach.

Bei der Diskussion von Gehältern muss man allerdings aufpassen. Es ist ein oft gehörtes und nicht ganz wahres Klischee, dass die Industrie immer mehr bezahlt als die Universität. Bei Vergleichen werden oft hohe Tariflöhne herangezogen, die in Wirklichkeit nicht viele Angestellte erhalten, da ihre Arbeitgeber gar nicht an diese Tarife gebunden sind. Das Gehalt hängt also stark von der Art der Betriebe ab (die großen Konzerne zahlen in der Regel deutlich höhere Gehälter als ein Start-up), dem Fachgebiet (Biologen erhalten meist deutlich weniger als Chemiker) und Ihrer genauen Position: Bietet ein Konzern nur eine befristete Postdocstelle über eine Zeitarbeitsfirma an, so kann man froh sein, von all den Annehmlichkeiten des Branchenführers zumindest die Firmenkantine genießen zu dürfen. Der mittelständische Familienbetrieb wird sich zwar vor extravaganten Einstiegsgehältern hüten, doch werden die treuen Mitarbeiter oftmals mit soliden Gehaltserhöhungen und Zusatzleistungen an die Firma gebunden. Und beim Start-up kann man sich das persönliche Risiko oftmals mit erfolgsabhängigen Boni oder Beteiligungen an der Firma einpreisen lassen. Übrigens müssen die Gehälter in Start-ups nicht immer niedrig sein, das hängt sehr stark davon ab, woher das Geld kommt.

> „Ich begann meine Karriere bei einem Start-up, das von einem Großkonzern finanziert wurde. Das Gehalt war dasselbe wie beim Konzern selbst. Man sagte mir, das sei als Kompensation für das persönliche Risiko anzusehen."

Befristete vs. unbefristete Verträge

Frauen verlassen die akademische Laufbahn sehr oft, weil die Dominanz befristeter Verträge über lange Jahre hinweg zu einer geringen Arbeitsplatzsicherheit und einem kurzen Planungshorizont führt. Dieser Karrierepfad fühlt sich daher für viele an wie ein Tanz auf des Messers Schneide. Bange Fragen bestimmen den Alltag: „Wird der nächste Antrag erfolgreich sein? Kann ich in derselben Stadt bleiben? Was passiert finanziell, fachlich und persönlich, wenn der Vertrag endet und ich schwanger bin? Habe ich dann überhaupt noch eine Chance, jemals vernünftig auf dem Arbeitsmarkt Fuß zu fassen? In der Industrie würde sich doch alles viel sicherer anfühlen. Ich könnte dann endlich ein Haus kaufen, müsste nicht mehr von Vertrag zu Vertrag, von Stadt zu Stadt vagabundieren. Dann schaut doch alles rosig aus, oder?"

> „Ich habe vor sechs Jahren bei einer weltführenden Gruppe promoviert und bin in den Bereich QM/Regulatory Affairs in die Pharmaindustrie gegangen. Leider werden auch hier die unbefristeten Stellen zusehends knapper, weshalb ich jetzt, mit Mitte 30, immer noch auf einem befristeten Vertrag sitze. Wenn ich jetzt noch Kinder bekommen will, ist eine Karriere, wenn überhaupt, nur noch auf der B-Schiene möglich."

> „Man hört mittlerweile immer wüstere Geschichten, wie Nachwuchswissenschaftler ohne Festanstellung herumgeschubst werden. Es kommt sogar vor, dass Postdocs an absoluten Spitzeninstituten entweder Dreimonatsverträge, manchmal gar nur Einmonatsverträge bekommen. Sie müssen also bis zu 12 Mal im Jahr bangen. Einige sind sogar nur auf Technikerstellen befristet angestellt. Das würde sich keine TA gefallen lassen."

In allen Arbeitsbereichen ist die Anzahl an unbefristeten Stellen geschrumpft. In der Industrie allerdings ist der Arbeitsmarkt der Hochqualifizierten noch geprägt von Festanstellungen. Im akademischen Bereich wird immer weniger über „Hausmittel", anstatt dessen immer mehr über Drittmittel, finanziert. Das hat den Wettbewerb belebt, allerdings auch die Planungssicherheit genommen: Hausstellen sind eine langfristig planbare Geldquelle, unbefristete Stellen können dadurch vergeben werden. Drittmittel müssen stets neu beantragt werden, unbefristete Stellen sind damit also gar nicht möglich. Man kann es nicht beschönigen: Für promovierte Wissenschaftler gibt es an der Universität immer weniger Festanstellungen.

1.4
David oder Goliath: vom Start-up bis zum Großkonzern

„Die Industrie", das kann ein 2-Mann-Start-up genauso wie ein internationaler Konzern mit 100 000 Mitarbeitern sein. Wir geben zu, dass die Zusammenfassung all dieser Firmen unter dem Dach eines einzelnen Begriffes eine starke Verallgemeinerung darstellt. Deshalb möchten wir mit Ihnen die Achse vom Zwerg zum Riesen beschreiten, um prinzipielle Unterschiede erkennen zu können. Im Prinzip gelten diese Punkte nicht nur für Industriebetriebe, doch sind die Effekte hier am besten zu erklären und auch die Unterschiede am größten: Es hat noch niemand von einer 2-Mann-Universität gehört.

Für größere Firmen zu arbeiten, bedeutet spezialisierter zu arbeiten. Welches Start-up kann sich schon eine Marketing-, Verkaufs- und Business Development-Abteilung leisten? Diese Aufgaben müssen die wenigen Mitarbeiter unter sich aufteilen und ihre Fähigkeiten als Generalisten entwickeln. Das heißt zwar einerseits, dass viele Dinge improvisiert werden müssen, die bei großen Firmen von erfahrenen Spezialisten erledigt werden können, doch kann ein Start-up dadurch auch ungemein schnell agieren: „Ja, mach ich" im Gegensatz zu „Ich leite das an die entsprechende Abteilung weiter".

> „Ich habe in einem Start-up gearbeitet und fand es wirklich sehr spannend, all diese verschiedenen Aufgaben zu erledigen. Ich war also nicht nur an der Entwicklung neuer Produkte beteiligt, sondern ging auch auf Konferenzen, um unsere Firma zu repräsentieren und zu möglichen Kunden zu sprechen. Ich kümmerte mich um Werbung und betreute die neuen Geschäftskontakte langfristig, ich war also auch irgendwie die Marketing- und Business Development Abteilung neben meiner Hauptaufgabe in der Entwicklung. Ich liebte es, all diese Schritte nachzuvollziehen und miterleben zu können. Allerdings musste ich auch selbst die Glasgeräte spülen und die Mülltonnen rausbringen, es war also auch immer recht uneffektiv. Jetzt arbeite ich für eine große Pharmafirma, ich kann und muss mich auf meine Kernaufgabe, die Produktentwicklung, konzentrieren. All die anderen Aufgaben werden von anderen Spezialisten in ihren Fachabteilungen erledigt."

Denken Sie jetzt, die ganzen „Zusatzaufgaben" im Start-up würden Ihnen viel Spaß machen und Ihr Arbeitsleben bereichern? Dann überlegen Sie sich, ob Sie lieber Generalistin in einer kleinen Firma werden wollen, oder Spezialistin in einem Konzern, etwa in Verkauf, Forschung oder Business Development?

Eine Firma wächst und altert mit ihren Mitarbeitern. Daher findet man in Start-ups auch sehr junge Leute in verantwortlichen Positionen, die Hierarchien sind naturgemäß flach. Bei etablierten Firmen findet sich eine gemischte Altersstruktur, in der die Verantwortung mit dem Alter zunimmt.

Ein Start-up lebt oftmals von Monat zu Monat, das Geld der einen Finanzierungsrunde ist eigentlich schon aufgebraucht, doch die Gespräche mit den Investoren der nächsten Runde ziehen sich hin! Das ist nichts für schwache Nerven, zumal man im Misserfolgsfall mit fast leeren Händen dasteht. Niemand kennt den Namen einer Pleite gegangenen Start-up-Firma, was Ihnen die Bewerbungen auf die nächsten Stellen erschweren kann. Und selbst im Erfolgsfall kann es für Sie zur Entlassung kommen: Die Firma wird mit großem Gewinn für die Investoren an den Branchenriesen verkauft, für den aber nur die Patente interessant sind. Bei mittelständischen Familienbetrieben ist die Arbeitsplatzsicherheit wohl am höchsten. Großkonzerne bieten in der Regel sichere Arbeitsplätze, zumal sich für hervorragende Mitarbeiter immer eine alternative Stelle innerhalb der Firma findet. Doch bei Massenentlassungen („Umstrukturierungen") aufgrund von Konzernumbau oder Kosteneinsparungen kann es jeden treffen.

> „Ich arbeitete bereits drei Jahre bei einer recht neuen Firma, die stetig
> wuchs, auf zuletzt knapp 20 Mitarbeiter. Das Gehalt war für so eine kleine
> Firma sehr gut, selbst bei den größeren Firmen zahlte man zu der Zeit kaum
> mehr. Und so kaufte ich für meine vierköpfige Familie, die bald fünfköp-
> fig sein würde, eine geräumige Eigentumswohnung. Es war wie im Film:
> Alle Papiere unterzeichnet, noch nicht einmal eingezogen, da wurden wir
> von der Hiobsbotschaft eingeholt: Kündigung, die Firma würde Pleite ge-
> hen, man habe sich übernommen und da noch keine schwarzen Zahlen ge-
> schrieben werden, könne man ohne Investor nicht weitermachen. Es waren
> bange Wochen, glücklicherweise fand sich in allerletzter Minute doch noch
> ein Geldgeber, sodass wir das Ruder rumreißen konnten. Ja, fast filmreif war
> das schon, doch gehe ich das nächste Mal lieber in einen langweiligeren
> Film."

Wo sind die Weiterbildungsmöglichkeiten am besten? In der Industrie nimmt die Mitarbeiterentwicklung sehr unterschiedliche Stellenwerte ein, wie an zwei Kommentaren verdeutlicht werden kann:

> „Ich arbeite jetzt seit über drei Jahren bei diesem Start-up und durfte nur
> einmal auf eine Messe, weil ich dort an unserem Stand arbeiten musste.
> Richtung Fortbildung: absolut nichts."

> „Alle Mitarbeiter bei uns erhalten bei Firmeneintritt eine dreimonatige Ein-
> führung, während der man in Intensivkursen alles von der Pike auf lernt,
> was man im Betrieb benötigt, Labor, Produktion, Theorie. Und ganz reißt
> das nie ab, wir haben auch im laufenden Betrieb weitere Schulungen, am
> Standort oder extern, wie auch immer es am besten ist."

Größere Firmen haben es in der Regel etwas einfacher, Ihnen gute Weiterbildungsmöglichkeiten zu bieten. Man kann das allerdings nicht verallgemeinern:
Der zweite Kommentar stammt vom begeisterten Mitarbeiter eines mittelständischen Betriebes, welcher insbesondere wegen seines exzellenten Weiterbildungs-
angebots einen Arbeitgeberpreis nach dem anderen abräumt.

1.5
Wieso ich geblieben oder gegangen bin

Bevor Sie die Geschichte Ihres eigenen Lebens weiterschreiben, hören Sie sich
doch einige Geschichten von Leuten an, die die Universität verlassen haben, oder
eben nicht.

Hier wurde die Universität verlassen, um in der Industrie Produkte entstehen
zu sehen:

> „Die akademische Forschung hat mich nicht glücklich gemacht, schlicht
> und ergreifend. Ich bin eine Person, die recht engmaschig Ziele und Erfolgs-

erlebnisse benötigt. Die akademische Arbeitsweise verlangt eine gewisse Geduld und sehr viel Aufopferung. Ich wollte in einem Gebiet arbeiten, in dem man die Ergebnisse seiner Arbeit schneller sieht. In der Produktion ist das der Fall, Charge für Charge."

Eine Hochschulforscherin sieht das von der anderen Seite und würde die Akademie nur unter bestimmten Umständen verlassen:

„Ich könnte mir vorstellen, die Wissenschaft zu verlassen. Ich bin allerdings eine passionierte Dozentin, ich arbeite liebend gerne mit Studenten zusammen und kann sie für eine Karriere in der Wissenschaft faszinieren, nicht nur in der akademischen, sondern auch in der Industrie und in der Lehre. Ich bin auch eine erfolgreiche Wissenschaftlerin, die innovative Denkansätze verfolgen kann. Wenn ich den Schritt tue und die Wissenschaft verlasse, dann aus rein finanziellen Gründen und um für mich Sicherheit zu erlangen. Ich habe nichts dagegen für eine große Chemiefirma zu arbeiten, allerdings kann man bei solchen Arbeitsplätzen nicht immer seine eigenen Interessen und Ziele verfolgen."

Ganz ähnlich sieht es diese Dame:

„Die Gründe, um in der Wissenschaft zu bleiben, sind für mich klar: Ich werde dafür bezahlt, dass ich meine eigenen Interessen verfolge. Das akademische Umfeld ist stimulierend, kreativ und frei. Das ist aufregend, aber natürlich auch beängstigend. Es gibt viele Leute, die nicht ins System passen, weil sie mit der Freiheit nicht umgehen können, sich Projekte ausdenken, die relevant für sie selbst sind und für die man auch Mittel einwerben kann, das fällt vielen schwer. Man benötigt viele Fähigkeiten, um es hier zu was zu bringen: Gute Ideen, gute Kooperationspartner, einen hervorragenden Präsentationsstil, man muss umgänglich sein und junge Menschen für die Wissenschaft begeistern können. Ich mach es nicht fürs Geld, ich mach es um meine Leidenschaft zu befriedigen."

Andere wiederum sagen, dass man sehr wohl in einer Position außerhalb der Wissenschaft aufgehen kann. Diese Dame beispielsweise hat Ihr Glück in der Beratung gefunden:

„Ich bin sehr dankbar, dass ich die Wissenschaft verlassen habe. Ich hatte damals große Angst, weil ich wusste, dass es keinen Weg zurück geben würde, dass ich nicht einfach dort weitermachen könnte, wo ich nach jahrelanger Arbeit aufgehört habe. Eine akademische Laufbahn war allerdings wirklich nicht das Richtige für mich. Ich kann mich erinnern, dass ich in meinem ersten Jahr als Beraterin oftmals denken musste: „Also so fühlt es sich an, in seinem Beruf aufzugehen." Es war so ein anderes Gefühl verglichen mit dem letzten Jahr meiner Doktorarbeit. Ich sage damit nicht, dass es für jeden die richtige Entscheidung ist. Mein Mann ist noch in der Wissenschaft und für ihn ist es sicherlich der richtige Weg. Für mich aber war es die goldrichtige Entscheidung, die Forschung aufzugeben und als Beraterin anzufangen. Und dabei war es etwas, das ich ein halbes Jahr vor dem Ende meiner Promotion noch nicht einmal auf meinem Schirm hatte."

Doch nicht nur, dass einige der Wissenschaft den Rücken wenden, viele wenden sowohl der Universität als auch der Industrie den Rücken und versuchen sich auf gänzlich anderen Gebieten:

> „Während meiner Studienzeit absolvierte ich zwei lange Praktika in der Industrie und musste für mich schlussfolgern, dass Forschung in so einer Umgebung absolut nicht das Gelbe vom Ei für mich ist. Es gefiel mir nicht, wie die Leute arbeiteten. Man hatte sehr wenig Einfluss auf die Konzeption der Experimente. Und die Ergebnisse, die wir produzierten, schienen einem starken, sagen wir mal, „politischen" Druck innerhalb der Firma ausgesetzt zu sein. Es fühlte sich sicherlich nicht an wie unabhängige Forschung. Für mich war dies der Grund, industrielle Forschung als Berufsziel auszuschließen."

Wahrscheinlich ist es aber vollkommen egal, ob man sich für eine Universitäre oder Industrielaufbahn entscheidet, solange man in der Tätigkeit aufgeht und Spaß an der Sache hat. Prof. Dr. David Leigh, University of Manchester, bringt es auf den Punkt:

> „Ob ich jetzt Professor an der Uni bin oder der Shootingstar bei einem Pharmariesen, als Gewinner macht es auf jeden Fall Spaß zu arbeiten, egal wo. Als „Verlierer" wäre ich hingegen viel lieber in der Industrie, das ist an der Uni schlicht verheerend."

Zu guter Letzt gibt Ihnen Dr. Marian Turner, Senior News & Views Editor bei Nature noch folgenden Tipp mit auf den Weg:

> „Die Forschung zu verlassen ist kein Scheitern, ebenso wenig wie dadurch Ihr Studium hinfällig wird. Herauszufinden, dass etwas anderes besser zu Ihnen passt, ist ein Erfolg und kein Scheitern. Die Fähigkeiten, die Sie bis dahin gelernt haben, werden für Sie wertvoll sein, egal wo Sie letztendlich abbleiben. Eine Laufbahn zu verlassen, die Sie jahrelang verfolgt haben, fühlt sich erstmal angsteinflößend an. Aber wenn Sie den Schritt einmal gewagt haben, werden Sie überrascht sein, wie viele Optionen sich auf einmal auftun und wie relativ einfach es ist, zwischen ihnen zu wechseln. Und nichts muss für immer sein. Wenn Sie ein paar Jahre draußen sind, dann aber die Laborarbeit und die Forschung zu sehr vermissen, dann suchen Sie nach einem Weg zurück. Verwenden Sie die Fähigkeiten, die Sie in der Zwischenzeit gelernt haben als Ihr Alleinstellungsmerkmal, das Sie von denen unterscheidet, die durchgehend in derselben Umgebung geblieben sind."[1]

---

1) In diesem Kapitel werden nur einige exemplarische Berufe aus Uni und Industrie beschrieben. Mehr und detailliertere Beschreibungen finden Sie unter www.naturalscience.careers.

2
Sie haben es in der Hand: Entscheidungen beeinflussen den Karriereweg

Es ist Montagmorgen um 9 Uhr. Die Sonne scheint und ich sitze an meinem Laptop im Garten. Ich werde ein wenig geblendet, doch nehme ich das gerne hin. Diese wenigen Tage im Jahr, an denen ich von zu Hause aus arbeiten kann und gutes Wetter habe, sind selten und es ist wunderschön, beides miteinander verbinden zu können.

Zufall oder nicht, aber gerade als ich den Sicherheitsbericht öffne, an dem ich momentan arbeite, fällt mir ein, dass ich die Sonnencreme vergessen habe. Natürlich ist meine normale Tagescreme bereits mit Nanopartikeln aufgemotzt, sodass sie einen Lichtschutzfaktor 15 hat, aber es kann ja nicht schaden, zusätzlich eine richtige Sonnencreme aufzutragen. Auf dem Weg ins Badezimmer, zur fast schon heiligen, orangen Flasche, muss ich an die Liste „20 Zeichen, dass Sie schon über 30 sind" denken, die gestern bei meinen Bekannten die Runde im Internet gemacht hat. Punkt 6 war: „Sie sind zu einem Sonnencreme-Kontroll-Freak mutiert, um Jahre der Vernachlässigung wiedergutzumachen." Na, das bin dann wohl ich.

Jetzt passt aber alles. Ich habe einen Kaffee und ein Glas Wasser am Tisch und kann endlich loslegen. Ich gönne mir nur noch zwei kurze Minuten für den Status Update bei Facebook. Als ich achtlos durch Fotos von Babys, Kuchen und Urlauben klicke, sticht mir etwas ins Auge. Ein Wissenschaftsmagazin startet einen Wettbewerb für „Nachwuchstalente im Wissenschaftsjournalismus". Das sieht doch interessant aus. Ich liebe das Schreiben, das war schon immer so. Ich war eine der wenigen im Chemie Department, die ihre Promotion gerne zusammenschrieb. Mein Traum war schon immer, vom Schreiben zu leben, doch ist dieses Gebiet so hart umkämpft, dass ich nie einen realistischen Einstieg sah.

Ich öffne den Link zur Homepage des Wettbewerbs. Das sieht toll aus. Es gibt sogar fünf Themen, aus denen man wählen kann, man muss sich also nicht einmal selbst um ein heißes Thema kümmern. Perfekt! Einsendeschluss ist in nur vier Tagen, das könnte ich ja noch schaffen, wenn auch sehr knapp, besonders wenn noch jemand gegenlesen soll. Weiter unten dann: „Einsendungen von Studenten, Doktoranden und Postdocs sind willkommen." Mist. Hätten sie noch eine Liste angefügt: „20 Zeichen, dass Sie die Kriterien NICHT erfüllen" dann könnte ich wohl das Kästchen „Ich habe seit fünf Jahren keine Universität mehr betreten" anklicken. Enttäuscht schließe ich das Fenster und widme mich dem Sicherheitsbericht.

Karriereführer für Naturwissenschaftlerinnen, 1. Aufl. Karin Bodewits, Andrea Hauk und Philipp Gramlich.
©2016 WILEY-VCH Verlag GmbH & Co. KGaA. Published 2016 by WILEY-VCH Verlag GmbH & Co. KGaA.

2.1
Wann ist der optimale Zeitpunkt für die richtige Entscheidung?

2009 zeigte Susan Boyle der Welt, dass es nie zu spät ist, die eigenen Träume zu verwirklichen und schaffte es in die Endrunde von *Britain's Got Talent*. Obwohl Sie vom Aussehen her gegenüber einer Madonna oder der jüngeren Beyonce Knowles einen gewissen Rückstand hatte, wurde ihr ein Plattenvertrag angeboten, mit 47 Jahren. Man muss ihr zugestehen, sie ist sehr talentiert und die Plattenfirma muss sicherlich nicht mehr in Gesangsstunden investieren. Außerdem rührte sie mit ihrem Überraschungsauftritt die Werbetrommel, indem sie die Aufmerksamkeit und Neugierde von Millionen Menschen rund um die Welt gewann. Hätte aber jemand im Vorfeld in die Karriere eines 47 jährigen Möchtegern-Stars investiert? Wohl eher nicht.

In den Naturwissenschaften ist dies nicht anders. Mit einem Talent wie Susan Boyle schaffen Sie es wohl immer und überall zu Erfolg, egal, zu welchem Zeitpunkt Sie durchstarten wollen. Allerdings müssen Sie die Möglichkeit erhalten, Ihr außergewöhnliches Talent auch unter Beweis stellen zu können und manchmal sind diese Möglichkeiten rar. Aber wenn Sie zu den Ausnahmetalenten gehören, werden Sie es schon schaffen.

Nun aber zu den „normalen" Fällen. Ein gewisses Timing muss in die Gleichung mit aufgenommen werden, da den meisten Menschen ein Start in eine neue Karriere mit 47 Jahren schwerfällt. Muss man sich irgendwann festlegen, auf welchem Stuhl man sitzen will? Und wenn ja, wann?

Es gibt einige Berufe, in die Sie besser früh einsteigen, Patentrecht zum Beispiel. Es ist sehr unwahrscheinlich, dass Sie eine Ausbildung zur Patentanwältin mit 47 beginnen können, vor allem wenn Sie davor nichts mit der Thematik am Hut hatten. Eine Interviewpartnerin erzählte uns:

> „Mit 33 habe ich mich bei Patentanwälten beworben. Ich habe Angebote
> erhalten, doch sagte man mir, dass ich zu den ältesten Bewerbern zähle.
> Wenn man bedenkt, dass die meisten Bewerber promoviert sind und ei-
> nige schon Berufserfahrung mitbringen, ergibt sich ein ganz schön enges
> Zeitfenster für den Einstieg."

Oder nehmen Sie Management-Berater. Wenn Sie mal ein paar Fotos von deren „Junior Consultants" finden, den Berufseinsteigern in dieser Branche also, dann suchen Sie doch mal nach Falten in den Gesichtern. Unschwer zu erkennen, dass hier eine andere Altersstruktur vorherrscht als bei Arbeitgebern wie dem Vatikan. Falls Ihre Ambitionen in solchen Bereichen liegen, dann können wir Ihnen nur raten, einen zügigen Einstieg zu suchen. Mit einer Arbeitserfahrung, die als „relevant" eingestuft wird, können Sie natürlich auch noch später in höheren Positionen einsteigen.

Es gibt aber auch Karrieremöglichkeiten für Naturwissenschaftler, bei denen das Alter kaum ein Ausschlusskriterium darstellt. Das ist der Fall, wenn Sie in die Politik wechseln, als Quereinsteigerin ins Lehramt gehen, Trainerin werden oder sich selbstständig machen.

Wie gelingt der Wechsel von der Universität in die Industrie?

Jeder Naturwissenschaftler in der freien Wirtschaft hat mindestens einen Blick über den Zaun gewagt, selten nach dem Master, oft nach der Promotion und manchmal auch nach dem Postdoc. Doch bis wann kann man den Grenzübertritt wagen? „Ein bisserl was geht immer" wie die Physiker so schön sagen. Allerdings wird es zusehends schwieriger, desto länger man sich ausschließlich in Uni-Laboren aufhält. Der Arbeitgeber in der Industrie will lieber die Zielstrebigkeit einer schnellen Promotion ohne Publikationen sehen als die Detailverliebtheit einer perfekt abgerundeten Sieben-Jahres-Promotion.

> „Unabhängig ob Mann oder Frau, sollte man nicht zu lange warten; lange Zeit in der akademischen Forschung (z. B. 4 Jahre Doktorarbeit und 4 Jahre Post-Doc) sind ein echter Negativpunkt. Natürlich gibt es hart arbeitende und erfolgreiche Forschungsgruppen (erfolgreich im Sinne von Publikationen). Trotzdem ist der Druck in einer Firma, die ja oft um's wirtschaftliche Überleben ringt, in der Regel größer. Wenn man sich zu sehr an die akademische Arbeitsweise gewöhnt hat, ist der Anfang in der realen Wirtschaftswelt umso schwerer"

verrät uns Dr. Peter Pack; Partner und Geschäftsführer, EMBL Ventures. Die Erfahrung, dass der Absprung in die Industrie nach Jahren wissenschaftlicher Arbeit in der Universität mühsam erkämpft werden muss, wurde uns auch von anderer Seite berichtet:

> „Drei Jahre Promotion, fünf Jahre Postdoc und eine weit größere Anzahl Publikationen, das war meine Ausgangslage. Es war recht schwierig, noch eine vernünftige Stelle in der Industrie zu bekommen. Ich habe es aber geschafft. Ich arbeite jetzt als Senior Scientist in der Industrie und ich mag meinen Beruf. Ich musste aber insgesamt etwa 100 Bewerbungen schreiben und muss auch zugeben, dass mein derzeitiger Arbeitgeber nicht gerade an einem Traumstandort ist."

Da beide Welten im Austausch stehen, ist es möglich, die Universität als Hauptarbeitgeber zu haben und dennoch regen Kontakt mit der Industrie zu pflegen: in Kooperationsprojekten, in Start-up-Firmen oder in einer Rolle als hauptberuflicher Brückenbauer wie etwa im Technologietransfer. In solchen Fällen bleibt man länger oder gar lebenslang attraktiv für einen Grenzübertritt in die Industrie.

Wechsel zurück an die Universität

Der Weg von der Industrie zurück an die Universität wird mit fortschreitendem Alter ein immer größerer Schritt. Zwei Archetypen kennt man hier: Zum einen den Star der Entwicklungsabteilung, der mit viel Rückenwind des alten Arbeitgebers schnell eine schlagkräftige Arbeitsgruppe aufbaut. Und zum anderen die „Verzweiflungstäter", die aufgrund ihrer Lebenssituation jeden Strohhalm packen müssen, wie uns eine Interviewpartnerin erzählt:

„Ich war über zehn Jahre Laborleiterin bei einem Pharmariesen. Mein Partner musste dann für eine Stelle in eine strukturschwache Region umziehen und ich zog mit. Die beste Chance, die ich nun habe, ist an der Uni als wissenschaftliche Mitarbeiterin eingestellt zu werden. Ich bin bereit das zu tun, doch ist es natürlich ein Rückschritt."

Kommen wir also zurück zur Frage, ob und wann man sich denn festlegen muss. Die richtige Zeit für eine Entscheidung gibt es nicht. Es ist eine sehr persönliche Abwägung, wann für Sie der richtige Zeitpunkt gekommen ist. Wenn Sie zum Beispiel Ihr Glück in einer akademischen Laufbahn suchen, aber auf einer der Sprossen nach oben ausrutschen, dann ist es unvermeidbar: Sie machen dann Ihren Berufseinstieg in eine Position außerhalb der Universität später als die meisten Ihrer Kommilitonen. Sie müssen sich in so einem Fall im Klaren darüber sein, dass es in einigen Bereichen dann immer schwieriger für Sie sein wird, je älter und spezialisierter Sie geworden sind. Genauso kann Ihnen aber andersrum auch die Industrie-Laufbahn die Türen der Universität versperren, wenn Sie zu einem späteren Zeitpunkt die Meinung ändern. Allerdings werden wir sehen, dass es immer Wege gibt, seine Karrierepfade zu verändern oder zu wechseln, sodass man nie wirklich von „zu spät" sprechen kann.

Praxistipp: Egal, wo in Ihrer Karriere Sie sich gerade befinden oder als Nächstes sein wollen, bleiben Sie aktiv! Nehmen Sie an außerplanmäßigen Aktivitäten teil, tragen Sie sich für Weiterbildungsangebote ein und halten Sie die Augen offen, wo Sie sonst noch über den Tellerrand blicken und Ihre Fähigkeiten erweitern können. Das hilft Ihnen, die Türen für weitere Positionen in der Zukunft offen zu halten. Halten Sie sich dafür Freiräume offen. Diese müssen Sie aber sehr aktiv verteidigen: gegenüber Ihrem Betreuer, der immer irgendwelche Aufgaben für Sie bereithält, mehr aber noch gegenüber dem Gruppenzwang Ihrer Kollegen, die nur übers Labor zu reden scheinen.

2.2
Richtungsänderungen: das C und D auf dem Weg von A nach B

Es ist trotz aller Warnungen soweit gekommen: Sie erkennen nach vielen Jahren intensiver Forschung, dass Sie scheinbar die einzige Person sind, die sich dafür interessiert, warum ein Papagei und ein Kanarienvogel unterschiedlich singen. Falls das zutrifft und Sie nicht die weltweit einzige Professur auf diesem Gebiet erhascht haben, dann befinden Sie sich in einer Sackgasse und es wird Zeit, ein neues Ziel im Leben zu finden. Oder stecken Sie auf dieser administrativen Stelle fest, die so weit weg vom Pfad zu Ihrem Traumjob ist? Falls ja, dann brauchen Sie einen Plan B. Oder Sie stellen fest, dass Sie am liebsten freiberuflich arbeiten würden, anstatt auf der akademischen Laufbahn, die Sie derzeit verfolgen? Es ist nie zu spät, sich zu verändern! Viele Wege führen nach Rom und wenn Sie genug

Motivation und Durchhaltevermögen besitzen, werden Sie es über kurz oder lang auch schaffen.

Sie wären nicht die erste Person, die ihr Ziel über einen krummen Weg mit vielen Schlaglöchern erreicht. Es geht im Leben nicht darum, nie in ein Schlagloch zu fahren, sondern vielmehr darum, in solchen Situationen einen Ausweg zu finden. Und das beginnt damit, sich einzugestehen, wo man hineingefahren ist und dann in sich und die Lösung investiert.

Das erste, was Sie versuchen könnten, wäre sich für Stellen zu bewerben, mit denen Sie sich in die gewünschte Richtung bewegen können. In einigen Bereichen wie etwa Verkaufspositionen oder als klinischer Monitor könnten Sie Glück haben und ohne Umwege zum Ziel kommen. Es gibt aber Bereiche, die sehr hart umkämpft sind, oder in die Sie als Neuling schlicht nicht direkt einsteigen können. Sich dann einfach weiter und weiter zu bewerben wird kaum klappen. Wenn Sie also seit Monaten eifrig dabei sind, sich zu bewerben und noch nicht einmal eine Einladung zum Vorstellungsgespräch erhalten haben, sollten Sie Ihre Unterlagen nochmal von Grund auf prüfen, Ihr Bild im Anschreiben ändern oder schlussfolgern, dass Sie erst relevante Erfahrungen sammeln müssen.

> „Ich habe lange versucht, eine Lehrposition an der Universität zu ergattern. Nach dem letzten Vorstellungsgespräch wurde mir gesagt, dass ich es an die zweite Position im Feld der Bewerber geschafft hatte. Sie waren so freundlich, mir einen Grund zu nennen, warum sie sich doch für den anderen Kandidaten entschieden hatten: Ihre vielseitigen und internationalen Arbeits- und Studienerfahrungen waren große Pluspunkte, doch im Bereich der Lehrerfahrung wurden Sie leicht ausgestochen. Und klar, das zählt mehr als alles andere."

Aber wie bekommen Sie mehr von dem, was die Arbeitgeber wollen? Es gibt verschiedene Wege, eine neue Richtung einzuschlagen. Manchmal müssen Sie auf der neuen Leiter eine Sprosse weiter unten einsteigen. Das kann etwa bedeuten, dass Sie als Teamleiterin erstmal als Mitarbeiterin im Team einsteigen müssen, bevor Sie hier selbst ein Team leiten können. Die Schwierigkeit kann dabei manchmal sein, dass Sie gleichzeitig im speziellen Bereich unterqualifiziert sind, aber von Ihrer Ausbildung her für solche Positionen als überqualifiziert erscheinen. Sehr ähnlich ergeht es Leuten, die einige Zeit gar nicht mehr gearbeitet haben. Frau Dr. ist dann nicht mehr ganz auf dem neuesten Stand und muss sich erstmal wieder einarbeiten. In beiden Fällen sind Sie nicht die perfekte Kandidatin für die Stelle. Für ein Vorstellungsgespräch sollten Sie also eine gute Antwort parat haben, warum Sie sich jetzt „unter Wert" verkaufen wollen oder gar müssen. Sie sollten Ängste zerstreuen, dass Sie möglicherweise Ewigkeiten benötigen, um eingearbeitet zu werden und dann im schlimmsten Fall schnell wieder weg sind. Auch müssen Sie sich im Klaren darüber sein, dass ein Schritt auf eine „niedrigere" Position auch mit einem niedrigeren Gehalt einhergehen kann.

> „Während meiner Elternzeit von mehr als acht Jahren habe ich an vielen kleineren Projekten als Freiberuflerin gearbeitet, allerdings nie im Labor. Mittlerweile gehen meine Kinder in den Kindergarten oder in die Schule und ich würde gerne wieder im Labor arbeiten. Dafür stehen die Chancen allerdings schlecht. Als promovierte Biologin gelte ich für TA Positionen als überqualifiziert und bei den Wissenschaftler-Positionen … es gibt leider sooooo viele junge Absolventen, die frisch von der Uni sind und viel mehr aktuelle Erfahrungen mitbringen als ich!"

> „Ich bin promovierte Biologin und hatte recht große Schwierigkeiten, eine Stelle in der Stadt zu finden, in der mein Partner wohnt und arbeitet. Deshalb habe ich mich für eine Stelle in einer Firma entschieden, bei der ich für den Probeneingang und logistische Aufgaben verantwortlich war, eine Stelle also, für die ich völlig überqualifiziert bin. Über die Arbeit oder das Gehalt habe ich mich nie beklagt. Die Firma selbst hatte etwas mit Biologie zu tun, sodass ich den Kontakt zur Wissenschaft halten konnte. Nach elf Monaten wurde ich dann Leiterin der Produktionsabteilung in der gleichen Firma. Mein Gehalt ist gestiegen und die Arbeit natürlich viel interessanter geworden. Ich bin froh, jetzt auf einer angemessenen und interessanten Stelle zu sein, zudem möchte ich die Erfahrungen der anfänglichen Tätigkeit nicht missen, da ich mir während dieser Zeit Kenntnisse in dieser Branche sowie über grundlegende Zusammenhänge in unserer Firma angeeignet habe."

Bilden Sie sich weiter. Das kann sehr viele verschiedene Formen annehmen, vom Selbststudium aus einem Buch, Wochenendkursen, einem Fernstudium bis hin zum teuersten Instrument, einem MBA. Sich gezielt weiterzubilden kann ein sehr effektiver Weg sein, eine neue Richtung einzuschlagen. Das bedarf natürlich von Ihrer Seite einer Investition an Zeit und Geld. Falls Sie einen Arbeitgeber haben, können Sie mit ihm darüber sprechen, ob er die Kosten übernehmen kann oder ob Ihnen diese Bemühungen gar als Arbeitszeit angerechnet werden können. Das geht aber nur, wenn die Weiterbildung einen Bezug zu Ihrer Arbeit hat, niemand wird Ihnen einen Französischkurs zahlen, wenn Sie nur mit niederländischen Kunden zu tun haben. Und natürlich sollten Sie im Vorfeld abklären, ob Sie auch wirklich das richtige Angebot im Auge haben, nicht nur um die Geldbörse Ihres Arbeitgebers zu öffnen, sondern auch damit Sie nicht Ihre wertvolle Zeit in unnötigen Kursen verschwenden. Ein Kurs in kreativem Schreiben bringt Ihnen auf Ihrem Weg zur medizinischen Dokumentarin leider nichts. Befragen Sie dazu am besten Leute, die aktiv in diesem Gebiet arbeiten und falls möglich auch potenzielle Arbeitgeber, ob die Weiterbildung als relevant betrachtet wird.

Exkurs   Wen darf ich fragen?

Bitte keine falsche Schüchternheit, wenn es darum geht, jemanden über Karrieremöglichkeiten, die Inhalte eines bestimmten Jobs oder die Voraussetzungen für eine Position zu fragen. Die meisten Menschen sehen es als Kompliment an, um Rat gefragt zu werden und reden nur allzu gerne über sich selbst. Denken Sie mal kurz an die Gespräche im Kaffeeraum oder auf der letzten Party, auf der Sie waren. Jeder will doch seine letzte Geschichte aus Arbeit, Urlaub oder Familie loswerden. Indem Sie fragen, geben Sie den Leuten die Gelegenheit dazu. Im beruflichen Umfeld trägt das schon ohne Höflichkeitsfloskeln einen gewissen Respekt in sich, ja Sie sprechen damit aus, dass Ihr Gegenüber etwas weiß oder in einer Position arbeitet, die Sie interessant finden.

Fragen hat noch zwei weitere Vorteile: 1) Sie können auf diese Weise auf recht informellem Weg zielgerichtet Kontakte knüpfen, aus denen sich vielleicht für beide Seiten mehr ergibt als nur die direkte Antwort selbst. Vielleicht fragen Sie ja zufälligerweise dort an, wo genau in diesem Moment eine Stelle frei wird! Und, 2) Sie können sich dadurch schon früh ein Bild davon machen, ob Sie sich selbst in so einer Art von Stelle sehen könnten. „Was? Sie arbeiten 95 % Ihrer Zeit in direktem Kontakt mit einem Team? Da weiß ich noch nicht ganz genau, ob das etwas für Dr. Einzelgänger ist!"

Sie fragen sich, an wen Sie herantreten dürfen und ob sie die Person kennen müssen? Nein, gar nicht, lassen Sie Ihrem Gegenüber nur einen Ausweg, Ihr Anliegen höflich abzulehnen. Selbst wenn Sie sich mit einer E-Mail an Angela Merkel wenden, ist es ja schließlich ihr überlassen, ob sie Ihre Anfrage oder die bevorstehenden Gespräche mit dem amerikanischen Präsidenten höher priorisiert.

Ein sehr effektiver Weg, um in eine neue Richtung vorzudringen, ist es, zuerst ein Praktikum zu absolvieren und dann in diesem Gebiet nach Stellen zu suchen. „Praktikum, ich? Als Wissenschaftlerin? Ich dachte, das wäre nur für Studenten oder Germanistik-Absolventen?" Wenn Sie es ohne Praktikum schaffen, eine Stelle zu finden, dann wäre das natürlich ein unsinniger Weg. Doch manchmal ist die Alternative die Arbeitslosigkeit oder eine sehr unbefriedigende Stelle, und in solchen Fällen sollten Sie sich die Vorteile vor Augen führen. Erstens machen Sie ein Praktikum ja nur in einem Gebiet, in dem Sie keine Erfahrungen haben, das Praktikum können Sie danach als erste Erfahrung ins Feld führen. Das erhöht natürlich Ihre Chancen auf eine feste Stelle bei dem Arbeitgeber des Praktikums, aber auch bei anderen. Zweitens ist es eine gute und unverbindliche Möglichkeit, den Arbeitgeber, die Atmosphäre und die Arbeitsweise kennenzulernen (z. B. Arbeitszeiten, Flexibilität, Hierarchie, Arbeitszufriedenheit). Ein Praktikum könnte also der perfekte Weg sein, mehr über Ihren Traumberuf und die Firma herauszufinden, bevor Sie sich dann entschließen, für die Stelle ans andere Ende der Republik zu ziehen. Dieser Eindruck wird natürlich viel tiefer sein, als es bei einem Vorstellungsgespräch jemals der Fall sein kann. Und drittens dauert ein Praktikum normalerweise einige Wochen bis Monate. Das ist die Zeitspanne, die Sie mindestens in der Bewerbungsphase verbringen müssen, um zu Ihrem Ziel zu gelangen. Natürlich können Sie auch aus dem Recherchieren für Bewerbungen und den Vorstellungsgesprächen lernen, doch ist die Arbeitserfahrung aus einem Praktikum wahrscheinlich wertvoller, wenngleich auch bei einem Praktikum der Erfolg nicht garantiert ist. Es ist und bleibt eine schwierige Entscheidung, doch dürfen Sie hier ruhig mal an sich selbst denken: Arbeiten ist in der Regel weniger frustrierend, als sich zu bewerben.

Dr. Marian Turner, Senior News & Views Editor bei Nature erzählt aus eigener Erfahrung:

> „Ich arbeitete als Postdoc in der Immunologie und war auf der Suche nach Optionen, um das Labor verlassen zu können. Ich hatte das Gefühl, dass ich nicht geeignet wäre, um weiterhin die akademische Laufbahn zu verfolgen. Ich hatte eher das Gefühl, dass meine Stärken im Schreiben und Kommunizieren liegen. Ich schaute mich sehr breit nach Alternativen um und sah, dass für Nature zwei Reporter in München arbeiteten, wo ich zu der Zeit wohnte. Ich schrieb einem von ihnen eine E-Mail, erklärte meine Situation und fügte zwei Meinungsartikel an, die ich in australischen Online-Medien veröffentlicht hatte. Ich bekam ein zweimonatiges Praktikum als Reporterin bei Nature und schrieb Artikel über Wissenschaft und Wissenschaftspolitik für Online- und Druckmedien.
>
> Das Praktikum war entscheidend darin, mir zu zeigen, dass ich journalistisch arbeiten kann und dass mir das auch gefiel. Es war ein Learning-by-Doing-Prozess, durch den ich viel über den Nachrichtenzyklus lernte: Wie funktioniert ein Reporterteam, wie schreibt man eine Presseerklärung und wie schreibt und editiert man schließlich die Artikel. Während des Praktikums konnte ich auch Kontakte zu den Herausgebern knüpfen und ihnen zeigen, was ich konnte.
>
> Hätte ich im Anschluss weiterhin als Nachrichtenreporterin gearbeitet, dann wäre diese Lernphase unerlässlich gewesen. Für meine derzeitige Position war ich auch ohne diese Erfahrung bereits qualifiziert gewesen, doch die Fähigkeiten und Einblicke, die ich während des Praktikums gelernt habe, sind noch immer sehr wertvoll für meine Arbeit als Senior News & Views Editor.
>
> Ich kann sicherlich empfehlen, ein Praktikum zu machen, wenn man zeitlich und finanziell flexibel genug ist. Sie können viel lernen und Kontakte knüpfen und sind dabei eine Zeit lang in die Arbeit eingebunden, sodass

Sie danach entscheiden können, ob solch eine Position zu Ihnen passt oder nicht."

Praxistipp: Leider sind Praktika auch oft ein Mittel der Ausbeutung, falls der Arbeitgeber dadurch reguläre Arbeitskräfte ersetzen will. Um Ihr persönliches Risiko zu minimieren, sollten Sie den genauen Inhalt des Praktikums prüfen. Wenn Sie sich selbst als helfende Hand anbieten, um Schmetterlinge auf Pappe zu stecken, mag das in Ordnung sein. Wenn ein Arbeitgeber allerdings aktiv nach Praktikanten sucht, um explizit solche Aufgaben zu erledigen, sieht es eher danach aus, dass hier Geld gespart werden soll, anstatt neue Talente zu finden und zu fördern.

Es ist Montagnachmittag um fünf Uhr. Ich habe den Schreibwettbewerb den ganzen Tag nicht mehr aus dem Kopf bekommen. Ich öffne den Ordner mit den Kurzgeschichten, die ich während des Studiums geschrieben habe. Es sind allesamt Krimis über Mord oder Kidnapping als Folge von Fälschungen oder Diebstahl von Forschungsergebnissen oder einfach nur aus Eifersucht.

Die Datei, die ich öffne, handelt von einer Doktorandin, die in den Urlaub geht, und ihren Jahresbericht, den sie eine Woche zuvor eingereicht hat, auf Ihrem Schreibtisch liegen lässt. Als sie zurückkehrt, findet sie den Ausdruck eines Manuskriptes, das zur Publikation eingereicht wurde, im Kaffeeraum herumliegen. Darin wird Ihre Arbeit vorgestellt, genau die Ergebnisse aus ihrem Jahresbericht. Ihr Name ist allerdings nicht auf der Publikation, sie wird noch nicht einmal in der Danksagung erwähnt. Eine Woche voller Tränen, Anspannung und Verschwörungstheorien folgt, dann verschwindet der Erstautor des Papers ... Ein Teil der Geschichte ist Fiktion, ein Teil der Geschichte basiert auf wahren Begebenheiten.

Eigentlich müsste ich nur noch die Namen der Personen in der Geschichte ändern und die Beschreibung des Labors etwas anpassen, damit es nicht so sehr nach 90er Jahren klingt. Die Handlung selbst hätte aber genauso gut heute passieren können. Wenn ich also noch hier und dort ein wenig feile, könnte ich ja mal probieren, das zu veröffentlichen. Vielleicht in einem Online Blog?

3
PhD und Postdoc: die Krönung der Qualifikation oder überflüssiger Ballast?

Ich habe noch Zeit, mir einen Kaffee am Bahnsteig zu kaufen, bevor der Zug abfährt. Es ist ein milder Septembermorgen, trotzdem fühle ich ein Frösteln über meinen Körper laufen. Zwischen der Haut und meinem Oberteil befindet sich ein dünner Film Schweiß. Ich hatte keine Zeit zu duschen, bevor ich mich zum Bahnhof aufmachen musste, und trage auch noch dieselbe Kleidung wie gestern während meiner Abschlussfeier. Im Zug finde ich meinen Platz und kuschle meinen zitternden Körper in die dicke Jacke, die nicht mehr in den Koffer gepasst hat. Ich werde es wohl nicht bereuen, diese Jacke zur Hand zu haben, wenn ich in Edinburgh ankommen werde.

Gegen Mittag landet mein Flieger auf schottischem Boden. Das ist es jetzt also. Eine neue Phase meines Lebens beginnt. Ich mache mich auf den Weg zur Wohnung, die ich mir vor zwei Wochen gesucht habe, in einem hübschen, typisch schottischen Wohnhaus. Die Miete ist recht hoch für mein Stipendium, doch glücklicherweise unterstützt mich meine Familie noch ein wenig.

Ich lasse meinen schweren Koffer im Gang fallen und gehe zum großen Fenster im Wohnzimmer. Auf der anderen Seite der Straße befindet sich ein Schaubauernhof für Kinder. In den nächsten drei Jahren werde ich die Hähne am Morgen hören, die Schweine, die an den Ketten kauen und die muhenden Kühe.

Seit gestern habe ich meinen Master in Biologie und heute … ich betrete eine neue Welt, die Welt der Chemie, eine neue Stadt, eine neue Universität. Bin ich wirklich schlau genug, um mich einmal Frau Doktor nennen zu können?

3.1
Promotion, wer braucht das schon?

Die Deutschen sind verrückt nach Titeln, ob sinnvoll oder nicht. So schmückt sich ein Fünftel der Bundestagsabgeordneten mit einem Doktortitel, manche von ihnen stellen ihre Liebe zum Titel sogar durch Betrug unter Beweis. Zum Vergleich: In den USA zählen in der Politik die militärischen Ehren, die Promotion scheint irrelevant oder gar schädlich zu sein: kein Senatsabgeordneter und „nur"

Karriereführer für Naturwissenschaftlerinnen, 1. Aufl. Karin Bodewits, Andrea Hauk und Philipp Gramlich.
©2016 WILEY-VCH Verlag GmbH & Co. KGaA. Published 2016 by WILEY-VCH Verlag GmbH & Co. KGaA.

jeder zwanzigste Abgeordnete im Repräsentantenhaus besitzt diese akademische Zierde.

Akademische Titel haben nicht nur Auswirkungen im Berufsleben, sondern auch im Privatleben: Es ist viel einfacher, eine Wohnung in begehrter Lage zu bekommen, wenn man mit zwei Buchstaben vor dem Namen auftreten kann. Beim Arztbesuch kann es sein, dass Sie als „Frau Dr." ins Behandlungszimmer gerufen werden und Ihr Doktortitel sogar auf dem Urinbecher verewigt wird. Und der Arzt selbst beginnt vorsichtshalber einen außerplanmäßigen Smalltalk, da er sich nicht sicher ist, welchen Status Sie als Kassenpatientin Frau Dr. genießen oder ob Sie gar eine Kollegin Frau Dr. med. sind. Wollen Sie sich also auch im privaten Umfeld die Annehmlichkeiten des Titels gönnen? Nichts leichter als das! Promovieren Sie einfach.

> „Vor ein paar Jahren musste ich als „Bittstellerin" auf eine Behörde, um mich nach Fördermöglichkeiten für meine Firmengründung zu informieren. Das Gespräch nahm eine prompte Wende, als meine Gesprächspartnerin erfuhr, dass ich promoviert bin. Der Ton wurde respektvoll und die beantragten Kurse wurden sofort genehmigt."

> „Promovieren oder nicht: ich finde, es bringt viele Vorteile ihn zu haben; seit ich den Titel „Dr." dazuschreiben darf, werde ich von Firmen zuverlässiger zurückgerufen, folgen Kunden meinen Empfehlungen und bekomme ich von vornerein Respekt von allen möglichen Leuten. Nicht dass ich das bräuchte, aber in meinem Fachgebiet ist es erstens Gang und Gäbe und zweitens gibt es fast keine Karrierepositionen ohne Promotion."

Wie uns diese Geschichten der Interviewpartnerinnen zeigen, flößt ein Titel Respekt ein. Doch welche Vorteile bietet er Ihnen im beruflichen Alltag?

Berufseinstieg mit oder ohne Titel

Gibt es Positionen, die Sie ohne Titel niemals erreichen könnten? Bringt es auch Nachteile mit sich, einen Titel zu tragen? Die Antwort auf beide Fragen lautet: ja. Einerseits brauchen Sie eine Promotion, wenn Sie zum Beispiel eigenständig wissenschaftliche Projekte bearbeiten möchten oder über die technische Schiene ins Management aufsteigen wollen. Im öffentlichen Dienst ist eine Promotion für viele Positionen aufgrund der Tarifstruktur unabdingbar. Scheuen Sie also nicht die Zeit und Mühen einer Promotion, wenn Sie in solchen Positionen arbeiten wollen. Andererseits wird man in vielen Positionen als überqualifiziert betrachtet, wenn man promoviert ist. Für eine überwiegend praktische Arbeitsweise kann sich eine Promotion durchaus als Klotz am Bein entpuppen.

> „Frage ist, ob man eine Karriere anstrebt; hat man einmal den PhD, wird man ihn nicht „wieder los". Für viele Stellen scheint man plötzlich überqualifiziert zu sein! Habe ich selbst gemerkt: Ich wollte mich auf eine Teilzeitstelle als technische Produktberaterin bewerben. Wurde abgelehnt mit den Worten „keine Promotion notwendig". Dabei hätte mir die Stelle sicher

Spaß gemacht. Auch Teilzeitstellen sind bei Stellen für Wissenschaftler seltener als bei denen für TAs."

Nuria Nogueira Iglesias, Produktionsleiterin in der Pharmabranche, die in ihrem Beruf ohne Promotion aufgestiegen ist, erzählte uns:

„Ich habe eine Promotion begonnen, aber dann abgebrochen. Ich widerspreche dem weitverbreiteten „Grundsatz", dass eine Promotion in jedem Bereich der Lebenswissenschaften ein Vorteil ist. Ich war eine Prozessspezialistin mit vielen Jahren Erfahrung aus einem Produktionsbetrieb. Ich habe meine Zweifel, ob mich eine Promotion besser auf das Leben als Produktionsspezialistin vorbereitet hätte. Es hängt wirklich vom Arbeitsgebiet ab."

Es ist also sehr wichtig, sich so zu qualifizieren, wie man auch arbeiten will. Horchen Sie gut in sich hinein, was Sie genau möchten und zu leisten imstande sind. Und seien Sie bei dieser Entscheidung selbstbewusst, denn Unterforderung ist unangenehmer als Überforderung: Es ist anstrengend aber oft erfüllend, in eine Aufgabe hineinzuwachsen. Hineinzuschrumpfen hingegen ist schmerzhaft und schlicht langweilig.

Und die Spätzünder? Natürlich kann man den Berufseinstieg ohne Promotion suchen, wenn man sich noch nicht sicher ist, wo die Reise hingehen soll. Wenn Sie dann das Gefühl haben, ohne Promotion gegen eine Wand zu rennen, können Sie immer noch nach ein paar Jahren Berufserfahrung promovieren. Allerdings gelingt es nur selten, sich dann noch für so ein langes, anstrengendes und schlecht bezahltes Vorhaben zu motivieren.

„Im Prinzip finde ich es richtig, dass man sich nicht zwingt, einen vorgegebenen Entscheidungsweg minutiös einhalten zu wollen, um den „perfekten" Lebenslauf zu bekommen, da sich mitunter Chancen ergeben, die man vorher gar nicht bedacht hat. Wenn es sich allerdings um die Frage Promotion ja oder nein handelt, so finde ich, dass man es „gleich" anpacken und nicht auf die lange Bank schieben soll. Erfahrungsgemäß: Wenn man es vertagt, macht man es nie."

Die Einstiegschancen sind immer von Angebot und Nachfrage auf dem Arbeitsmarkt abhängig. In den Naturwissenschaften ergibt sich derzeit ein paradoxes Bild: Die Zahl der promovierten Naturwissenschaftler hat in den letzten Jahren stark zugenommen, während die Anzahl der Stellen stagnierte. Der Arbeitsmarkt ist in diesem Segment daher hochgradig kompetitiv, die Firmen stöhnen über Hunderte an Bewerbungen, die sie durchforsten müssen, genauso wie die Wissenschaftler, die diese schreiben müssen. Bei TAs ist das Bild umgekehrt, die Nachfrage übersteigt das Angebot, die Arbeitnehmer können sich die Stellen heraussuchen.

„Wenn wir Stellen für PhDs in Mikrobiologie ausschreiben, dann erhalten wir viele Hundert Bewerbungen. Bei Stellen für TAs bekommen wir manchmal überhaupt keine!"

Wie steht es mit dem Abschluss *Bachelor of Science* (BSc) oder *Master of Science* (MSc)? Wechselhaft bis bewölkt. Der Berufseinstieg über einen BSc ist schlicht etwas völlig Neues für die Arbeitgeber. Das im Vergleich zu den TAs stärkere theoretische Fundament wird als zu dünn angesehen, um zu wirklich neuen Aufgaben zu führen. BSc Absolventen werden also, wenn überhaupt, auf TA Stellen eingestellt, und auch das nur zähneknirschend. Die praktische Seite der Ausbildung ist schwächer ausgeprägt und darauf kommt es in diesen Berufen an. MSc Absolventen sind in Chemie und Biologie eher die Ausnahme und im derzeitigen Umfeld konkurrieren sie mit promovierten Absolventen um diejenigen Akademikerstellen, die auch MSc Absolventen offen stehen. Bei anderen Studienrichtungen ist das weniger stark ausgeprägt. Ist der Einstieg aber erstmal geschafft, haben Sie es in der Hand, solche Vorurteile mit Ihren eigenen Leistungen zu entkräften und können meist weit aufsteigen. Sie können zum Beispiel im Qualitätsmanagement, Verkauf und Marketing gut auch ohne Promotion einsteigen. Und mit etwas Berufserfahrung können Sie dann auch auf Stellen wechseln, die „eigentlich" nur Promovierten offenstehen.

Die Gehälter steigen mit dem Bildungsgrad, doch ist der sogenannte Bildungszins hierzulande recht moderat. Im Durchschnitt zahlt sich die Investition in Bildung über die Lebenszeit gerechnet aus, aber weniger üppig als in den meisten anderen Ländern.

Promotion: wie geht das eigentlich?

Sie denken also, dass „Frau Dr." als Namenszusatz sehr gut aussehen würde auf Ihrem Urinbecher?

Oder motiviert Sie einer der anderen Gründe, zu promovieren? Warum auch immer Sie promovieren wollen, es gibt eine Reihe verschiedener Möglichkeiten das zu tun: ob an der Uni, am Forschungsinstitut, ob bezahlt durch eine Hausstelle oder ein Stipendium, ob an einer Graduiertenschule oder gleich in der Industrie. Unsere Interviewpartnerinnen sollen Ihnen ein paar Eindrücke mitgeben, die diese Pfade beleuchten.

„Ich habe in Großbritannien promoviert, das angelsächsische System des PhD Programms diente ja als Inspiration für die neu entstandenen Graduiertenschulen in Deutschland. Was ich toll fand, war die Transparenz: Man hat einen Zweitbetreuer, der wertvolle fachliche Ratschläge geben kann und auch in Konfliktsituationen mit dem Hauptbetreuer vermittelt. Und man hat nach jedem Jahr eine Art Zwischenprüfung mit Zwischenbericht, was erstmal nach Mehraufwand und Stress klingt. Die Zwischenberichte verhindern, dass Sie jemals Ergebnisse von vor vier Jahren ausgraben müssen. Die Prüfung nach dem ersten Jahr verhindert, dass das Projekt in einer Sackgasse steckenbleibt. Und die Prüfung nach zwei Jahren verlässt man mit einem Schrieb, auf dem steht, was bis zur Promotion noch erledigt werden muss. Ein toller Schutz vor übertriebenen Extrawünschen des Betreuers, ich habe es mir an den Monitor geklebt, um bei Diskussionen zwischen Tür und Angel einen vielsagenden Blick darauf werfen zu können. Er hing dort genau 12 Monate, dann brauchte ich ihn nicht mehr … "

„Während des Studiums hatte ich ein Stipendium, was ein echtes Privileg war. Man besuchte hochkarätig besetzte Sommerakademien, lernte viele interessante Leute kennen und erhielt obendrein Geld, um nicht neben dem Studium arbeiten zu müssen. Während der Promotion erhielt ich wieder ein Stipendium, doch war das ein eher zweischneidiges Schwert. Möglichkeiten der Weiterbildung bestanden weiterhin, und man war in der Theorie von den Betreuungsaufgaben freigestellt, die andere Doktoranden für ihr Gehalt auf einer Hausstelle erledigen müssen. Doch wie in vielen Arbeitskreisen wurde bei uns die Arbeit gleichmäßig auf alle Schultern verteilt, egal woher das Geld kam. Unterm Strich hieß das für mich: Ich hatte dasselbe Nettogehalt wie die Kollegen auf einer Hausstelle, musste mich allerdings von dem Geld noch krankenversichern und Anträge und Berichte für das Stipendium schreiben. Es gibt einfachere Wege, um eine gut klingende Zeile in den Lebenslauf zu bekommen. Dennoch: Anträge schreiben ist eine wichtige Qualifikation, die anderen Stipendiaten dienen als umfangreiches Netzwerk und man hat dem Doktorvater gegenüber immer eine gute Verhandlungsposition."

„Ich habe in der Industrie promoviert. Oder besser gesagt, ich bin noch dabei. In der Endphase dieser Arbeit bin ich hin- und hergerissen, oder vielleicht sollte ich etwas präziser sein und sagen: Ich werde hin- und hergerissen: Mittlerweile bin ich sogar Teamleiter und das Tagesgeschäft hat ja immer irgendwie Vorrang vor der Promotion. Andererseits soll und will ich das jetzt endlich zusammenschreiben und abschließen, in meiner Position auf der technischen Schiene wird es eigentlich erwartet, dass man promoviert hat. Doch dieses Gefühl kenne ich nur zu gut aus der gesamten Zeit der Industriepromotion: Man muss zwischen den einzelnen Interessen jonglieren, muss sich immer Freiräume für die Doktorarbeit erkämpfen. Der offizielle Betreuer von der Universität will natürlich publizieren, während der Arbeitgeber aus der Industrie überhaupt kein Interesse daran hat, seine teuer erarbeiteten Ergebnisse zu veröffentlichen. Und klar, das Tagesgeschäft an sich ist ja ein Vollzeitjob, neben dem das alles laufen muss. Aber Schluss mit dem Gejammer: In einem Jahr werde ich froh darüber sein, ich habe sehr viel von beiden Welten gelernt und ganz nebenbei natürlich auch mehr verdient als bei einer klassischen Uni-Promotion."

Es gibt also viele verschiedene Wege, die zum Doktortitel führen, die allerdings auch gewisse Eigenarten gemeinsam haben. Haben Sie Blut geleckt? Lust darauf, einen Doktorvater zu haben, der nicht bemuttert sowie, Staub zu schlucken, der nach Freiheit schmeckt? Willkommen in der Welt der Doktoranden!

Promotion ja? Dann aber richtig!

Sie haben sich entschieden, zu promovieren? In dieser Sektion haben wir einige Gedanken gesammelt, die man sich machen sollte, bevor man einen Vertrag mit dem Betreuer der Doktorarbeit unterzeichnet. Besuchen Sie auf jeden Fall die Arbeitsgruppe, bevor Sie einen Vertrag unterschreiben. Und versuchen Sie spätestens beim Vorstellungsgespräch die Informationen zu sammeln, um diese Fragen beantworten zu können. Sie sollten in dieser wichtigen Sache eine informierte Entscheidung treffen können.

Die Arbeitsgruppe

Versuchen Sie in eine Gruppe zu kommen, in der Sie am meisten und besten publizieren und lernen können und wo der Name des Betreuers und der Institution „gut klingt." Das ist die konventionelle Weisheit.

Aufgepasst! Manchmal verlieren die alten Hasen mit den tollen Namen die Flexibilität, um neue Techniken und Themen in Ihre Arbeit zu integrieren. Halten Sie das im Hinterkopf, wenn Sie die Publikationen und das Labor unter die Lupe nehmen. In großen Arbeitsgruppen werden Sie zudem wenig direkten Kontakt mit Ihrem Betreuer haben, im Gegenzug gibt es eine Vielzahl an Kollegen, die Sie mit Fragen löchern können.

„Ich habe bei einer sehr großen und bekannten Arbeitsgruppe gearbeitet, bei einem dieser berühmten Stars eben. In vielen Fällen kosteten alleine die Chemikalien im Verlaufe des Projektes mehrere Hunderttausend Euro, doch dort bekam ich zu hören: Was wollen Sie? Einen Autosampler? Wir haben das schon immer per Hand gemacht!"

Auch haben nicht alle Koryphäen ihren Ruhm erlangt, indem Sie Ihre Mitarbeiter mit Samthandschuhen anfassen.

„Die Hochzeit Ihres Bruders ist am Vormittag, oder? Es ist in so einem Fall eine Selbstverständlichkeit, dass Sie die besuchen können. Das Experiment machen Sie dann halt am Nachmittag."

Bei der Arbeitsgruppe selbst ist es natürlich am wichtigsten, dass die Chemie stimmt, die Leute miteinander reden und dass Sie Spaß bei der Arbeit haben.

Die Publikationsliste

Schauen Sie sich die Publikationsliste einmal genauer an. Achten Sie darauf, wie gut pro Mitarbeiter publiziert wird. Bei 30 Mitarbeitern sieht die Publikationsliste der Gruppe auch dann beeindruckend aus, wenn viele Leute die Gruppe mit leeren Händen verlassen mussten. Stehen viele Leute auf den Veröffentlichungen? Wie wird die Reihenfolge ermittelt?

„Hi I am Garry." „Nice to meet you, I am Lisa." „How are you, I am Marco." Würde man sich hier siezen, wäre es mir vielleicht früher aufgefallen: Ich traf Mr Adamson, Mrs Ashton and Mr Bahia. Wenn man in dieser Arbeitsgruppe alle Nachnamen in alphabetischer Reihenfolge untereinanderschreibt, liegt man mit „D" schon in der zweiten Hälfte. Es wird hier in alphabetischer Reihenfolge publiziert! Und alle außer mir schienen es zu wissen. So war schon in der ersten Woche der Traum vom Erstautorenpaper gestorben.

Und schließlich der Impact-Factor: Wird ausschließlich in den berühmtesten Journals publiziert, dann fallen die kleineren Ergebnisse unter den Tisch. Wird auf Masse in unbekannten Journals publiziert, verliert man viel Zeit mit der Bearbeitung von Publikationen, die niemand lesen wird und entfernt sich dadurch von den eigentlichen wissenschaftlichen Zielen.

Die stärksten Publikationslisten haben oft die Doktoranden, die den richtigen Riecher hatten und den neuen Stern am Himmel gesehen haben, sprich die sich einer neuen Arbeitsgruppe angeschlossen hatten. Sie können hierbei direkt von ihrem Betreuer lernen, der Ihnen aber auch oft gehörig auf den Füßen stehen wird. Wie man die großen Namen von morgen erkennen kann? Hinterfragen Sie: Was hat er bisher gemacht, von wem hat er gelernt und wie ist er finanziert. Doch egal wie gut Sie recherchieren, die Gefahr sich zu verschätzen, ist bei Neulingen immer größer.

Die Persönlichkeit des Betreuers

Versuchen Sie, Eigenarten über Ihren Betreuer herauszufinden. Ist es eine angenehme Person? Müssen Sie die Vorgaben 1 : 1 umsetzen oder können Sie eigene Ideen einbringen? Und schließlich: was geschieht, wenn das Projekt auf Probleme trifft? Wird (A) alles hektisch über den Haufen geworfen oder (B) findet eine offene und kritische Diskussion statt, nach der es bei Bedarf eine nachvollziehbare Richtungsänderung gibt, oder (C) Captain Ahab will jetzt endlich diesen gottverdammten Wal fangen!?

Werden die Doktoranden dabei unterstützt, die Promotion in angemessener Zeit zu beenden oder sind Sie nur als kostengünstige Arbeitskraft wertvoller als ein Pipettierroboter? Fragen Sie nach, wo die Ehemaligen untergekommen sind. Das gibt einen Anhaltspunkt dafür, ob der Professor ein starkes Netzwerk hat und auch nach der Promotion eine helfende Hand bieten kann und will, damit Sie den nächsten Schritt erfolgreich tun können.

Das Thema

Worum geht es in Ihrer Doktorarbeit? Können Sie mit diesem Hintergrund auch eine Stelle außerhalb der akademischen Forschung bekommen? Sandwich-Komplexe von Tantal mögen ja an sich sehr interessant sein, doch ermöglichen weniger ausgefallene Themen in Bereichen wie Proteinreinigung und deren Charakterisierung oftmals einen einfacheren Berufseinstieg. Ist es realistisch, das Projekt mit dem vorhandenen Know-how und der Ausstattung in der Gruppe erfolgreich zu beenden? Was sollen Sie von den Ideen Ihres Betreuers halten, sind die visionär oder schlicht größenwahnsinnig? Holen Sie sich hierzu die Meinung der Arbeitsgruppe ein. Wurde auf dem Gebiet schon publiziert? Sind Sie die Erste auf völlig neuen Pfaden, kann Ihnen dies großen Ruhm einbringen. Der Preis dafür ist allerdings, dass Sie ein viel höheres Risiko eingehen, am Ende mit leeren Händen dazustehen.

> „Vor ein paar Jahren erhielt ich den Lebenslauf einer Wissenschaftlerin, die sich auf die Analyse von Spurenelementen in Seegräsern spezialisiert hatte. Ich schrieb ihr, dass ihr Lebenslauf interessant sei, doch dass wir für ihr spezifisches Know-how momentan keine Anwendung sehen würden. Innerhalb einer Stunde rief sie mich an und weinte: „Können Sie mir wirklich nicht helfen? Niemand interessiert sich für meinen Lebenslauf. Es gibt für mein Spezialwissen nur eine kleine Handvoll Forschungsgruppen weltweit und diese sind nicht da, wo ich wohne.“ Ich riet ihr, sich um ein Praktikum in einem anderen Fachbereich zu bemühen, um ihre Chancen zu erhöhen.“
> (Ein Personalvermittler)

Die Ausstattung

Es klingt erst einmal trivial, doch holen Sie möglichst viele Details über die verfügbare Ausstattung ein. Der Professor wird Ihnen stolz seine Großgeräte zeigen. Lassen Sie sich nicht blenden und schauen Sie ganz besonders auf die Details, besonders solche, die Sie jeden Tag in Händen halten werden. Haben Sie einen eigenen Computer oder zumindest jederzeit Zugang zu einem? Wie ist alles in Schuss, gibt es regelmäßige Wartungen und Kalibrierungen? Ist das Labor sauber und aufgeräumt? Für Ihren Fortschritt in der Doktorarbeit ist die Summe dieser kleinen Faktoren oft viel wichtiger als die beeindruckenden Großgeräte.

> „Ich habe mich auf eine Position beworben, die je zur Hälfte aus Laborarbeit und Bioinformatik bestehen sollte. Einzig: Ich hatte keinen Computer! Während des Vorstellungsgesprächs hatte ich das nicht gefragt, da ich es als Selbstverständlichkeit betrachtete. So brachte ich meinen eigenen Laptop mit, doch konnte ich damit aus Sicherheitsgründen nicht auf das Netzwerk des Instituts zugreifen, ich hatte also auch kein Internet! Der bioinformatische Teil der Promotion, der mir persönlich sehr am Herzen lag, wurde also kurzerhand gestrichen, sodass ich ganztägig im Labor arbeiten musste. Eigentlich wollte ich durch die Promotion so richtig tief in die Bio-

informatik einsteigen, doch änderte dieses kleine Detail in der Ausstattung meinen Berufsweg dramatisch."

„Im Sommer wurde das Arbeiten zur Hölle: Das Labor erreichte an sonnigen Tagen deutlich über 30 °C, die mühsam synthetisierten Verbindungen mussten aufwendig vor dem direkten Sonnenlicht geschützt werden, das durch die vielen Dachfenster drang, das Arbeiten mit niedrig siedenden Lösungsmitteln wurde unmöglich."

Der Standort

Eine Promotion kann der perfekte Moment sein, um Auslandserfahrung zu sammeln. Es gibt allerdings Reibungsverluste, die Sie mit in Ihre Betrachtung nehmen sollten: Im Gegensatz zu den Daheimgebliebenen müssen Sie viel Zeit und Energie in den Aufbau Ihres neuen Lebens stecken: Das soziale Umfeld muss neu aufgebaut werden, es gilt kulturelle Unterschiede zu überbrücken und natürlich all die praktischen Dinge des Alltags, ein internationaler Umzug, Papierkram, Wohnungssuche. All diese Zeit und Energie fehlt Ihnen natürlich für Ihre Forschung. Seien Sie jedoch beruhigt: Die umfangreiche Auslandserfahrung als solches wird von den meisten Arbeitgebern als wichtiger angesehen, als ein klein bisschen mehr Ergebnis in der Promotion.

Aufgepasst! Bei einer Auslandspromotion kommen Sie auch schwerer an verlässliche Informationen über die Arbeitsgruppe heran, die Gefahr eines Fehlgriffes wird dadurch größer. Und falls Sie nach der Promotion in Ihr Heimatland zurückkehren wollen, ist Ihr Netzwerk dort schwächer ausgeprägt, die Stellensuche wird dadurch erschwert.

Es muss ja nicht gleich Ausland sein. Alle Punkte zur Auslandspromotion gelten in abgeschwächter Form auch für einen Wechsel des Hochschulortes innerhalb Ihres Heimatlandes. Nehmen Sie die Entscheidung, an welchem Ort Sie promovieren wollen, sehr ernst. Es gibt bei so einer persönlichen Entscheidung nur die Bequemlichkeitsargumente, die Sie ganz ausklammern sollten. Etwa: Daheimzubleiben, „weil man halt grad schon da ist" und „weil man sich hier gut auskennt", oder wollen Sie etwa in Ihrem Leben nicht selbstbestimmt Verantwortung übernehmen?

3.2
Postdoc – Karriereschritt oder Parkposition?

Ein paar Jahre, nachdem Sie sich gefragt haben, ob Sie promovieren sollen, steht eine neue Frage im Raum, die auf den ersten Blick recht ähnlich klingt: „Sollte ich einen Postdoc machen oder die akademische Forschung verlassen?" Die landläufige Professoren-Meinung ist, dass eine Promotion fast so etwas wie die Mindestanforderung für eine Anstellung ist. „Erst mit einem Postdoc gewinnen Sie die wissenschaftliche Tiefe, um in einem hart umkämpften Arbeitsumfeld bestehen und herausstechen zu können." Sollten Sie wirklich einen Postdoc machen, selbst wenn Sie keine akademische Karriere verfolgen? Eine Antwort auf diese Frage zu finden ist überraschend einfach: Klappern Sie einfach die nächsten Absätze ab, ob Sie darin einen wirklich triftigen Grund für diese Entscheidung finden. Falls Sie darin keinen finden, sollten Sie sich anderweitig umsehen.

Streben Sie eine wissenschaftliche Karriere in der akademischen Forschung an? Können Sie sich vorstellen, Ihre eigene Arbeitsgruppe zu leiten? Dann müssen wir gar nicht reden, dann machen Sie einen Postdoc!

Benötigen Sie für Ihre Traumkarriere außerhalb der Universität unbedingt einen Postdoc? Auch dann sollten Sie einen Postdoc machen. Bevor Sie sich nun in den Stipendienantrag stürzen, möchten wir allerdings noch eine andere Frage stellen: Woher wissen Sie denn, dass der Postdoc für Ihren Traumjob unbedingt nötig ist? Stammt die Information aus den Stellenanzeigen? Sind Sie sich sicher, dass es eine Muss-Anforderung und keine Kann-Anforderung ist? Und selbst wenn es als Muss-Anforderung formuliert ist: Ein Anruf ist schneller getan als ein Postdoc. Fragen Sie in ihrem Netzwerk herum, wie man sich am besten für solche Stellen qualifiziert, am besten finden Sie dazu jemanden, der bereits eine solche Stelle besetzt. Denn nur für einige wenige Stellen ist ein Postdoc wirklich nötig, etwa herausragende Positionen mit stark technisch/wissenschaftlicher Arbeitsweise wie Laborleiter in der pharmazeutischen Großindustrie. Sehr oft wird Ihnen Erfahrung außerhalb der Universität höher angerechnet, als noch mehr Zeit in demselben Umfeld verbracht zu haben. Und der Text der Stellenanzeige ist erstmal nur ein Wunschkonzert.

Wollen Sie gezielt Ihren wissenschaftlichen Horizont erweitern oder haben Sie schlicht die Nase gestrichen voll von Ihrem bisherigen Forschungsgebiet? Auch dann ist ein Postdoc ein praktikabler Weg, um in ein neues Gebiet einzusteigen. Allerdings sollten sie kritisch hinterfragen, wieviel Forschungserfahrung Sie wirklich benötigen oder ob Sie das auch direkt bei Ihrem Wunsch-Arbeitgeber erlernen können. In vielen Fällen bewegt man sich im Berufsleben relativ schnell von der Kernkompetenz weg oder wird gleich von Anfang an als Generalist eingesetzt.

Dr. Marian Turner, Senior News & Views Editor bei Nature verrät Ihnen aus eigener Erfahrung:

> „Seitens der Forschung war mein Postdoc keine sehr produktive Zeit, aber unterm Strich war es aus zwei Gründen dennoch wichtig für mich: Einerseits hatte ich dadurch Kontakt zu einem weiteren Forschungsgebiet und einer anderen Umgebung, was für mich als Bestätigung diente, dass ich die akademische Forschung verlassen wollte. Andererseits hatte ich dadurch Zeit, über alternative Optionen nachzudenken und mich darüber schlauzumachen. Ich habe das Gefühl, dass ich schnellere und unüberlegtere Entschlüsse getroffen hätte, wenn ich mich gleich nach der Promotion für einen Karrierepfad entschieden hätte."

Wollen Sie Auslandserfahrung sammeln? Oder wollen Sie auf diesem Wege gar in einem fremden Land Fuß fassen? Auch dann kann ein Postdoc die richtige Wahl sein: An den Universitäten genießen Sie meist ein offenes, internationales und geselliges Umfeld, aus dem heraus Sie beruflich und privat ein Netzwerk aufbauen können.

Sind Sie schon in der Bewerbungsphase und wollen Ihre Verhandlungsposition stärken, da Sie aus einem Job heraus stärker auftreten können? Eine solche Taktik ist relativ gängige Praxis. Achten Sie dabei aber darauf, dass Sie immer noch als Kollegin funktionieren, also keine verbrannte Erde hinterlassen. Ihren Betreuer, Ihre Kollegen und vielleicht auch die Geldgeber werden Sie wahrscheinlich noch einmal sehen.

Wenn Sie bislang noch keine Frage mit „Ja" beantworten konnten, sollten Sie keinen Postdoc machen. Solche Fragen sind sehr wichtig. Der Postdoc gilt als unverfängliche Option, mit der eine Entscheidung vertagt werden kann und von der aus man bequem seine Optionen sondieren kann. Doch ist es wirklich so unverfänglich? Wird Ihre Entscheidungsgrundlage nach BSc + MSc + PhD + Postdoc wirklich so viel besser sein als nach BSc + MSc + PhD? Legen Sie den halbfertigen Stipendienantrag noch einmal beiseite. Bedenken Sie zuerst, dass ein Postdoc eben nicht unverfänglich ist und sich als Falle entpuppen kann. Wir stellen Ihnen drei Wissenschaftlerinnen vor, die ein Liedchen davon trällern können.

Frau Dr. Bequemlich

Wieviele Postdocs dürfen es denn sein? „Erstmal einen", dachte Sie vor zwei Jahren. Doch ging die Zeit des Postdocs so schnell vorbei, neue Umgebung, neues Thema. Und so steht sie heute wieder vor derselben Entscheidung wie nach der Promotion. Für einen zweiten Postdoc hätte sie sogar schon ein Angebot von der netten Professorin, die sie auf der letzten Konferenz kennengelernt hat. Besser das als arbeitslos, denkt sie sich, doch diesmal, so nimmt sie sich vor, wird sie diese Zeit nutzen, um ihre wahren Wünsche zu ergründen. Und mit Rauchen aufhören. Und Tante Erna endlich mal wieder besuchen.

> „Mir wurde gerade ein Angebot für eine Postdocstelle gemacht, das wäre
> dann schon mein dritter Postdoc. Ich habe mich für recht viele Positionen
> in der Industrie beworben, bislang aber noch ohne Erfolg. Ich habe wirklich
> das Gefühl, dass ich bereits jetzt schon einen Postdoc zu viel gemacht habe,
> um für die Industrie noch attraktiv zu sein. Ich habe das Angebot für mei-
> nen dritten Postdoc abgelehnt, muss aber sagen, dass es eine sehr schwere
> Entscheidung war. Es wäre sehr verlockend gewesen, das Angebot anzu-
> nehmen und sicher zu wissen, die nächsten zwei Jahre eine Stelle zu haben.
> Jetzt weiß ich hingegen nicht, was passieren wird, wenn mein derzeitiger
> Vertrag ausläuft."

Eine Postdoc Position zu bekommen ist immer die einfachste aller Optionen.
Wenn das der Grund ist, warum Sie noch eine Runde an der Uni drehen, sind
Sie mit Frau Dr. Bequemlich in guter Gesellschaft. Aber keine Sorge, Sie müssen
nicht weit laufen, um die nächste Dame kennenzulernen, die wir Ihnen vorstellen
möchten, sie sitzt gleich daneben.

Frau Dr. Spezialist (Mädchenname: Alter)

Sie ist eine der Übermotivierten und Verträumten, die ihre wissenschaftliche
Qualifikation noch und noch und noch mehr vertiefen will.
   Kennen Sie solche Stellenanzeigen?

◀ Wir suchen einen Spezialisten mit mindestens fünf Jahren Erfahrung als Postdoc für
eine anspruchsvolle Laborleiterposition in unserem Unternehmen. Um mögliche In-
teressenkonflikte zu vermeiden, sind Erfahrungen außerhalb des Hochschulbetriebes
nicht erwünscht.

Nein? Wir auch nicht. Frau Dr. Spezialist sitzt nicht in einem Loch fest, sondern in
einem Turm, dem berühmten Elfenbeinturm. Das ist ein durchaus schöner Ort,
doch werden viele Bewohner durch Räumungsklage entfernt, wenn sie nur zur
Miete wohnen. Arbeitgeber außerhalb des Turms haben Vorurteile gegen diese
Obdachlosen. Und das ist auch verständlich: Der liebe Nachbar aus dem Elfenbeinturm hat sich ja jahrelang nicht blicken lassen, um einmal „Hallo" zu sagen.

Exkurs   12-Jahresregel

„Postdoc for life" bedeutet nicht, dass es eine Lifestyle-Entscheidung ist, sich
bis zur Rente von einem Postdoc zum nächsten zu hangeln. Es ist eher eine verkürzte Beschreibung des Phänomens, dass es nur allzu leicht ist, immer noch einen Postdoc anzuhängen, anstatt sich zu überlegen, was man
wirklich mit seinem Leben anstellen möchte. In normalen Beschäftigungs-
verhältnissen in der freien Wirtschaft gibt es eine Begrenzung auf 2 Jahre
für befristete Arbeitsverhältnisse (4 Jahre bei Start-ups), danach kann die
Beschäftigung beim gleichen Arbeitgeber nur unbefristet fortgesetzt wer-

den. Da die Uhren in der akademischen Forschung anders ticken, kann man sehr leicht von Arbeitsgruppe zu Arbeitsgruppe, von Projekt zu Projekt und von Institut zu Institut gehen und dient streng genommen immer einem anderen Arbeit/Geldgeber. Die 2-Jahresregel zieht hier also nicht. Um eine (Selbst)-Ausbeutung zu verhindern, wurde die 12-Jahresregel eingeführt: Man darf insgesamt nicht länger als 12 Jahre befristet an der Universität oder einer Forschungseinrichtung eingestellt werden. Das Ergebnis ist aber mitnichten die Schaffung unbefristeter Stellen für diese Mitarbeiter, solche Stellen werden jedes Jahr knapper. Es führt stattdessen zu einer deutlichen Erhöhung des Risikos solcher befristeter Stellen und damit zur Schaffung eines hochqualifizierten Präkariats um die 40, ohne Erfahrungen außerhalb der Hochschule und damit sehr schlechten Berufsaussichten.

„Ich bin Anfang 50, Vater von vier Kindern und seit etwa 20 Jahren auf befristeten Verträgen in der akademischen Forschung angestellt. Irgendwie hat man immer Wege um die 12-Jahresregel gefunden, doch Ende des Jahres ist es dann aus, ich werde wohl vor die Tür gesetzt werden."

Frau Dr. Armut

Leider hat es sie hart getroffen, obwohl sie eine gut ausgebildete Naturwissenschaftlerin ist: Eine erfolglose Laufbahn auf befristeten Verträgen, Kinder und vielleicht noch ihr Geschlecht waren die Gründe für ihre (Alters)-Armut. Und die Jahre auf Stipendien war sie gar nicht sozialversichert.

„Als ich meinen Postdoc begann, freute ich mich, denn Auslandszuschlag und ein günstiger Wechselkurs verhalfen mir zu einem Nettogehalt, das sich durchaus mit den Einstiegsgehältern in der Großindustrie messen konnte. Und auf das Nettogehalt sollte man ja achten, oder? Als ich zwei Jahre später nach Deutschland zurückkehrte, war ich dann allerdings ein paar Monate arbeitslos, bis ich eine Stelle fand. Und obwohl ich davor sechs Jahre durchgehend gearbeitet hatte, erhielt ich keinen Cent aus der Arbeitslosenversicherung. Und da der Postdoc nicht in einer erfolgreichen Hochschullaufbahn endete, wird mein Ruhestand wohl durch eine Rente und nicht eine Pension bestritten werden. Und hier fehlen insgesamt schon vier Beitragsjahre, da auch die Promotion durch ein Stipendium bezahlt wurde. Also doch brutto vs. brutto?"

„Soll ich einen Postdoc machen?" Stellen Sie sich diese Frage zum rechten Zeitpunkt gegen Ende der Promotion. Wenn Sie aktiv die verfügbaren Informationsquellen anzapfen, werden Sie auch eine Antwort finden, mit der Sie leben können. 100 %ige Sicherheit, dass Sie die Entscheidung nie bereuen werden, können Sie sowieso nicht erreichen, außer Sie glauben an Hellseherei. Nehmen Sie Ihr Schicksal in die eigene Hand, denn einen Postdoc „halt mal so" zu machen wird keine Türen öffnen, sondern diese eher verschließen.

Samstags ist es ruhig in den Gebäuden am Kings Buildings Campus. Die Statue von Joseph Black sieht heute traurig aus im Nieselregen. Ich schließe mein Rad an das moderne Schild der „School of Chemistry". Momentan scheint jede Woche gleich zu sein: Eine Transformation am Samstag, Kolonien picken am Sonntag, am Montag dann ein großer E. coli Ansatz und den Rest der Woche dann Proteine reinigen. Ich befolge Protokolle, die es schon vor meiner Ankunft gab, kreativere Arbeiten wie etwa neue Methoden zu entwickeln oder zu optimieren gibt es in meinem Alltag leider nicht. Langsam beginne ich den inneren Zusammenhang zwischen meiner Arbeit und den Teletubbies zu sehen. Bei jeder Platte, die ich gieße, denke ich: „Laa-Laa geht durch die Tür, Tinky-Winky geht durch die Tür, Dipsy geht durch die Tür, Po geht durch die Tür."

Während ich warte, bis mein Agar zu gelieren beginnt, öffne ich eine Ausgabe des „Economist". Ein Artikel mit dem Titel „The Disposable Academic[1]" fällt mir ins Auge. „The fiercest critics compare research doctorates to Ponzi or pyramid schemes ... Postdocs are the ugly underbelly of academia[2]." Ich kann ein Lächeln nicht unterdrücken, wie Recht sie doch haben.

Aber was soll es, nächste Woche könnte schon alles viel besser sein. Falls diesmal alles klappt, muss ich nur noch eine weitere Runde drehen und ein paar Sachen wiederholen, und dann ... Liebe Leserinnen und Leser des Journal of Biochemistry, haben Sie bitte noch ein ganz klein wenig Geduld!

---

1) engl.: Die Einweg-Wissenschaftler
2) engl.: Die schärfsten Kritiker vergleichen Forschungsdoktorate mit Schneeballsystemen ...
   Postdocs als hässliche Schattenseiten der Wissenschaft.

Teil II
Bewerbung und Vorstellungsgespräch

4
Stellenanzeige und Co: wie kommen Sie zu Ihrer Traumposition?

Frustriert schlage ich die Tageszeitung zu. Drei Seiten Stellenanzeigen und keine einzige scheint für mich tauglich zu sein. Ich lege den gelben Textmarker zur Seite. Der Tag fängt ja toll an. Das hatte ich mir anders vorgestellt: Schön frühstücken an diesem Samstagmorgen war der Plan, etliche Stellen finden, den Tag über Bewerbungen schreiben und dann abwarten, wann die erste Einladung kommt. Unsanft stelle ich meinen Teller auf die Spüle, die Brötchenkrümel landen dabei auf der Küchenarbeitsplatte anstatt im Waschbecken. „Gut, dann eben online!" Ich klappe meinen Laptop auf. „Mal sehen, was meine superschnelle Glasfaserkabel-Internetverbindung so alles ausspuckt". Mein Freund Google zeigt mir schon einige Werbebanner von gängigen Stellenportalen. Seit ich letzte Woche einmal probehalber ein paar Suchbegriffe bezüglich meiner Stellensuche eingegeben habe, sind die zugehörigen Popups treue Begleiter. Ich versuche es mit dem erstbesten Portal. Die Suchmaske fragt mich nach meinem Beruf. „Naturwissenschaftlerin" gebe ich in die Suchmaske ein. Region? „Deutschland". Branche? „keine Einschränkung". Nach kurzer Rechenpause lese ich: „Sie haben 3028 Stellen zur Auswahl". Ich schränke die Suche ein, indem ich „Produktentwicklerin", „LifeScience" und „Neustadt" eingebe. „Sie haben leider KEINE Stellenmöglichkeiten zur Auswahl". Ich spiele weitere Male mit den Suchbegriffen herum. Eine „Umkreiserweiterung auf 300 km" bringt schließlich erste Erfolge. Beschwingt lade ich mir eine Stellenanzeige auf die Festplatte. Der Anzeigentext klingt sehr vielversprechend. Hier wird eine PCR-Entwicklerin gesucht (kann ich!), die Erfahrung mit Personalverantwortung hat (hab ich!). Oh ja, das ist meine Stelle! Ich lese weiter. „Fremdsprachen wären von Vorteil" (da kann ich nur mit Englisch dienen), „Erfahrung im qualitätskontrollierten Umfeld (da fange ich jetzt an zu schwächeln), „Erfahrung im Außendienst" (pfff – wann soll ich das denn gemacht haben?). Schade, dass ich nicht qualifiziert genug bin, das wäre eine tolle Chance gewesen. Ich lösche die Stellenanzeige. Oder hätte ich es einfach mal probieren sollen? Ein Kommilitone von mir arbeitet glaube ich auch dort.

Um Ihre Traumstelle zu bekommen, sollten Sie über die verschiedenen Wege Bescheid wissen, die Sie dafür beschreiten können. Für dieses Buch haben wir mit vielen Experten aus den Naturwissenschaften darüber gesprochen, welcher Weg zum Erfolg führte. Dabei haben sich vier Arten der Bewerbung herauskristalli-

Karriereführer für Naturwissenschaftlerinnen, 1. Aufl. Karin Bodewits, Andrea Hauk und Philipp Gramlich.
©2016 WILEY-VCH Verlag GmbH & Co. KGaA. Published 2016 by WILEY-VCH Verlag GmbH & Co. KGaA.

siert: Auf eine Stellenanzeige reagieren, eine Initiativbewerbung schreiben, das eigene Netzwerk nutzen oder einen Personaldienstleister in Anspruch nehmen. Ihnen als Arbeitnehmerin kann es letztendlich egal sein, wie Sie Ihre Stelle finden, solange Sie damit zufrieden sind, wo Sie landen. Was aber sind die Vor- und Nachteile der verschiedenen Arten der Bewerbung? Und ist eine Art erfolgversprechender als die anderen?

4.1
Die Klassiker: die Stellenanzeige

Stellenanzeigen können Sie in verschiedenen Medien finden. Da heutzutage aber auch die klassischen Printmedien eine Online-Ausgabe haben, ist es nicht mehr nötig, offline zu suchen. Es gibt aber kein universelles Portal, das alle Wünsche erfüllt. Je nach Ihren Zielen und Ihrem fachlichen Hintergrund wird sich eine kleine Handvoll an nützlichen Seiten für Sie herauskristallisieren. Wir haben Ihnen eine Liste zusammengestellt.

Nützliche Onlineportale für Ihre Stellensuche

naturejobs; Science Careers   Internationale Plattformen für Stellen in der akademischen Forschung und in der Industrie.

jobvector   Hauptsächlich für Industriestellen für Naturwissenschaftler, hauptsächlich in Deutschland. In diesem abgegrenzten Bereich eine sehr beliebte Plattform.

Find a PhD/Find a PostDoc   Internationale Plattformen, spezialisiert auf (Post-)Doktorandenstellen.

kandidatentreff.de   Die Plattform fürs Patentwesen.

Berufenet der Arbeitsagentur   Extrem umfangreiches Stellenangebot bedingt durch die zentralen Aufgaben der Agentur.

Monster, opportuno …   Große, unspezialisierte Stellenportale. Hier werden Stellenangebote von anderen Quellen aggregiert. Sie müssen natürlich mehr filtern, profitieren davon, dass Ihnen wenig durch die Lappen geht, und stoßen vielleicht auf Stellen, an die Sie erstmal nicht gedacht haben.

SZ, FAZ, Die Zeit   Die großen überregionalen Zeitungen haben umfangreiche Sektionen für Stellenanzeigen.

academics   Die Plattform für akademische Stellen in Deutschland (ZEIT Verlag).

euraxess   Plattform der Europäischen Kommission für akademische Stellen. Umfangreiche Sammlung, leider keinerlei Filterfunktion.

Lokale Stellenbörsen   z. B. einzelner Städte oder Regionen, Firmen(gruppen) und Cluster (z. B. BioM, BioRN). Hier werden alle Stellenangebote einer Region oder Stadt gebündelt.

Auf den ersten Blick eröffnet sich Ihnen eine Welt an Möglichkeiten: „Wir haben 6593 freie Stellen für Sie." Doch wenn man genauer hinsieht und mit den

Filtern spielt, bleiben oftmals nur noch wenige Stellen übrig, die auf Ihre Suchkriterien passen. Und scheinbar sind alle Arbeitgeber nur auf der Suche nach der eierlegenden Wollmilchsau. Wenn man mal ehrlich durch die Anforderungsprofile geht, möchte man eigentlich gleich die Segel streichen. Außerdem werden Absolventen ohne Berufserfahrung selten direkt angesprochen und Teilzeitstellen lesen sich allesamt, als hätte der Filter „mit Studienabschluss" gar nicht funktioniert.

Was nun? Verzagen und Ihren Bekannten erzählen, dass es für Sie im Moment schlicht keine Stellen gibt? Nein, das ist sicherlich der falsche Weg, denn es gibt auch für Sie Jobs. Und selbst wenn Ihnen die Stellenprofile den Eindruck vermitteln, dass nur Superwoman auf dem deutschen Arbeitsmarkt eine Chance hat: Wir können Ihnen versichern, dass das nicht stimmt.

> Männer bewerben sich, wenn sie denken, dass sie gut die Hälfte der Anforderungen einer Stellenanzeige erfüllen. Frauen bewerben sich in der Regel erst, wenn sie denken, 100 % der Anforderungen auch wirklich zu erfüllen.

Hier können Sie sich sicherlich etwas von den Männern abschauen: Lassen Sie sich nicht von überzogen wirkenden Stellenbeschreibungen abschrecken, Perfektionismus schadet hier oft mehr, als er Ihnen nützt. Solange Sie in Ihren Bewerbungsunterlagen und im Vorstellungsgespräch nicht lügen, ist es Sache des Arbeitgebers, Ihnen ein Angebot zu machen oder nicht. Es ist also überhaupt nichts dabei, sich einfach zu bewerben und sein Glück zu versuchen.

In manchen Stellenbeschreibungen werden die Anforderungen danach unterteilt, ob Sie gewisse Fähigkeiten mitbringen müssen, oder ob es nur ein Pluspunkt für Sie wäre. Doch selbst wenn Sie so eine Muss-Anforderung nicht voll erfüllen, sollte Sie das nicht davon abschrecken, sich trotzdem zu bewerben. Gehen Sie im Gespräch dann explizit darauf ein, warum Sie dennoch denken, geeignet zu sein, wie Sie mit dieser Schwäche umgehen und sie in Zukunft vielleicht sogar beheben können.

Haben Sie aber überhaupt eine Chance darauf, eingeladen zu werden, wenn Sie nicht alle Anforderungen erfüllen? Oder verschwenden Sie damit nur Ihre Zeit? Sicherlich nicht, denn es gibt schlicht nur sehr wenige Leute, die tatsächlich alle Anforderungen erfüllen. Und die sind dann in der Regel auch sehr teuer, an besseren Positionen interessiert oder schlicht unterfordert:

> „Ich bewarb mich für eine Stelle in der pharmazeutischen Industrie. Da war er endlich einmal: *Der* Treffer ins Schwarze, ich erfüllte tatsächlich alle fachlichen und persönlichen Anforderungen der Stelle. Einige Bewerber wurden gleichzeitig eingeladen, wir gaben Präsentationen vor einigen Repräsentanten der Firma, sodass ich den Hintergrund der anderen Kandidaten gut abschätzen konnte. Abends verließ ich die Firma mit einem euphorischen Gefühl, weil ich mir sicher war, die Stelle bereits in der Tasche zu haben. Ich erfüllte die Anforderungen weit besser als die anderen Kandidaten, das wusste ich ganz sicher. Am nächsten Tag erhielt ich einen Anruf und wurde informiert, dass sie jemand anderen für die Stelle gewählt hatten.

Mir wurde sogar der Grund genannt, und das ohne Umschweife: „Sie erfüllen all unsere Anforderungen, weshalb wir uns nicht vorstellen können,
dass Sie lange bei uns bleiben würden. Die Position wäre nicht herausfordernd genug für Sie.""

Haben Sie nur Mut und trauen Sie sich selbst ruhig etwas zu. Dass dies durchaus
zum Erfolg führen kann, erzählt uns diese Naturwissenschaftlerin:

„Ich habe mich einmal für eine Stelle als Patentanwaltskandidatin beworben. Die Kanzlei fragte nach jemandem aus dem Bereich Maschinenbau,
was mich als promovierte Biochemikerin nicht von einer Bewerbung ab-
hielt. Im Anschreiben erklärte ich, warum ich mich in der Position sehen
könnte, obwohl der fachliche Hintergrund wirklich nicht gut passte. Ich
wurde tatsächlich eingeladen und erhielt sogar ein Angebot!"

Die Dame aus der zweiten Geschichte hatte sicherlich sehr viel Glück bei ihrer Bewerbung. Natürlich gibt es gewisse Grenzen, bei welchen Stellen Sie sich
noch bewerben können und wo es schlicht keinen Sinn mehr macht. Sich als pro-
movierter Physiker ohne Erfahrung im Operationssaal auf eine Stelle in der Xe-
notransplantation zu bewerben ist sicherlich Zeitverschwendung. Lesen Sie die
Stellenanzeigen durchaus und geben Sie sich auch mal einen Schubs: „Das pro-
bier' ich jetzt einfach mal, und wenn ich ein Angebot erhalte, werde ich die Stelle
schon sinnvoll ausfüllen können." Allerdings sollten Sie nicht so viele Bewerbungen rausschicken, dass die Qualität darunter leidet. Streichen Sie lieber die eine
oder andere Stelle von Ihrer Wunschliste, bevor Sie dann zu wenig Zeit in die
Bewerbung bei Ihrem absoluten Lieblingsarbeitgeber stecken können.

Übrigens: Bei großen Unternehmen wird aufgrund der Bewerberflut auf eine
Stellenanzeige oftmals eine erste Selektionsrunde von Assistenten durchgeführt,
die nur auf einige oberflächliche Merkmale achten können. Bis die Bewerbung
dann bei Leuten landet, die Sie tatsächlich fachlich bewerten können, müssen Sie
schon etwas Glück haben.

Tipps für Ihre Stellensuche

In die Stelle hineinwachsen
Bei Antritt einer neuen Stelle das Gefühl zu haben, in ein Paar Schuhe zu schlüp-
fen, die etwas zu groß sind, ist völlig normal. Lassen Sie sich nicht von den Stellenbeschreibungen abschrecken. Die Art wie die „Forderungen" formuliert werden
ist Teil eines Spiels. Wenn Sie das Selbstbewusstsein haben, sich zu bewerben, haben Sie bereits den ersten Test bestanden. Was Sie im Hinterkopf behalten sollten:
Falls Sie ein Angebot für eine Stelle erhalten, bei der Sie alle Anforderungen erfüllen, würden Sie sich wahrscheinlich sehr bald schrecklich langweilen.

Teilzeitstelle
Wenn Sie auf der Suche nach einer Teilzeitstelle sind, bewerben Sie sich auch auf
Stellen, die als Vollzeitstelle ausgeschrieben sind. Anspruchsvolle und attraktive
Teilzeitstellen werden schlicht sehr selten ausgeschrieben. Holen Sie sich erstmal

eine Einladung zum Gespräch und machen Sie sich dann einen Kopf um die Arbeitszeit. Sie müssen das auch nicht in Ihren Bewerbungsunterlagen erwähnen, sondern können das immer noch beim Gespräch tun. Wenn Sie die Kandidatin Nummer eins für die Stelle sind, könnten Sie Arbeitszeit als Variable in die Gehaltsverhandlungen einbringen. Vielleicht haben Sie nachmittags Verpflichtungen, können aber mit flexiblen Regelungen eine Vollzeitstelle ausfüllen? Die Energie, die Sie dafür verwenden, sich über ungelegte Eier den Kopf zu zerbrechen, sollten Sie lieber in hervorragende Bewerbungsunterlagen stecken. Und wenn die Vorstellungen über das wie und wieviel der Arbeitszeit wirklich nicht zusammenpassen, war das Gespräch zumindest ein nützlicher Testlauf für Sie.

Lehrjahre sind keine Meisterjahre

Sehen die Beschreibungen der Einstiegspositionen allesamt langweilig aus für Sie? Dann bedenken Sie: Viele Wege führen nach Rom, doch die meisten davon beginnen in irgendwelchen nichtssagenden Käffern. Bevor man also die Strategie von einer Firma aus dem DAX mitbestimmt, muss man daher im Normalfall erst einmal Erfahrungen mit einfacheren Projekten sammeln.

Bewerbung mit Gesicht

Eine Bewerbung ist zunächst einmal nichts anderes als Papier mit Ihren Angaben und einem netten Foto. Sie sind eine von Vielen, Ihre Bewerbung ist von daher erstmal nur ein Dokument. Um eine Verbindung oder Assoziation zu Ihrer Person zu schaffen, wird daher oftmals geraten, vor dem Absenden der Unterlagen bei der zuständigen Personalabteilung anzurufen. Das ist in der Tat ein Weg, um die Anonymität zu verlassen. Bedenken Sie dabei allerdings, dass Sie nicht die Einzige sein werden, die aus genau diesem Grund dort anruft. Kommen Sie also mit tatsächlichen Fragen und Anliegen bezüglich der Bewerbung, die Sie besprechen wollen, sonst bleiben Sie nur negativ in Erinnerung. Alternativ können Sie auch versuchen, einen relevanten Kontakt zur Fachabteilung zu finden: Sie werden dann entweder an die Personalabteilung verwiesen und haben somit einen Anknüpfungspunkt für ein Telefonat. Oder falls die Kontaktaufnahme zur Fachabteilung sehr positiv verläuft, kann die Fachabteilung nachbohren, falls Ihre Bewerbung in der Personalabteilung steckenbleibt. Besser noch ist es, wenn Sie Ihr (erweitertes) Umfeld anzapfen, um Ihnen dabei zu helfen. Es ist völlig legitim, solche Kontakte nach deren Arbeitsumfeld zu fragen und ob es seitens der Personalabteilung Besonderheiten im bevorzugten Bewerbungsstil gibt. Wenn es gut läuft, können Sie dann auch ruhig fragen, ob Sie sich bei der Bewerbung auf den Kontakt beziehen dürfen.

Übersicht behalten

Man verliert leicht die Übersicht über seine Bewerbungen: Wen habe ich schon angeschrieben, mit wem hatte ich Kontakt, an welcher Stelle im Bewerbungsprozess stehe ich jeweils? Erstellen Sie sich also eine Übersicht, in der Sie Ihre Aktivitäten dokumentieren, das kann eine ganz einfache Excel-Tabelle oder eine alte

Serviette sein. Das spart nicht nur Zeit und schützt Sie vor peinlichen Situationen, es gibt Ihnen auch einen persönlichen Informationsschatz für jede weitere Bewerbungsrunde.

4.2
Die Initiativbewerbung

Der Arbeitgeber hat Sie nicht durch eine Stellenanzeige zur Bewerbung aufgefordert, doch Sie tun es trotzdem: Sie schicken Ihre Unterlagen an mögliche Arbeitgeber, einfach so. Sie haben die Initiative voll auf Ihrer Seite und suchen sich genau die Organisationen heraus, für die Sie arbeiten möchten. In vielen Fällen werden Sie nicht zu einem Gespräch eingeladen werden, weil in nächster Zeit überhaupt keine Stellen für Ihr Profil angedacht sind. Dennoch haben Sie bei Initiativbewerbungen einige Vorteile auf Ihrer Seite.

Mit einer Initiativbewerbung treten Sie als sehr motivierte Person auf, Sie signalisieren zudem deutlich, dass Sie genau bei dieser Firma arbeiten wollen. Sie zeigen auch Initiative und ein gewisses Maß an Mut-Eigenschaften, die jeder Arbeitgeber gerne sieht.

Bei kleineren Firmen hat Ihre Bewerbung große Chancen, überhaupt richtig gelesen zu werden. Dort gehen solche Bewerbungen nämlich meist direkt an die Fachabteilungen. Sie könnten hiermit Neugierde wecken, den Arbeitsalltag mit Ihren interessanten Unterlagen auflockern. Im Gegensatz zu Bewerbungsverfahren über Stellenanzeigen haben die Arbeitgeber bei Initiativbewerbungen nicht Massen an Bewerbern, sondern nur Sie. Falls Sie eingeladen werden, haben Sie also vielleicht gar keine Mitbewerber. Zudem profitieren solche Bewerbungen oftmals von den beiden Helfern „Trägheit" und „Praktikabilität." Eine Stelle auszuschreiben kostet die Arbeitgeber viel Geld, all die Bewerbungen durchzusieben kostet Zeit und die besten Bewerber schließlich einzuladen kostet Zeit *und* Geld, denn die Arbeitgeber haben im Normalfall die Reisekosten zu tragen. Die Schaffung einer Stelle ist oftmals ein „menschelnder" Prozess, da wird abgewogen, verschoben, die Aufgabe muss gegen eigene und fremde Einwände durchgeboxt werden. Wir kennen eine Reihe von Fällen, wo so ein verträumter Prozess durch eine interessante Initiativbewerbung Schwung bekam und nach wenigen internen Gesprächen auf einmal schnell feststand: „Ja, wir wollen hier eine Stelle schaffen. Ah, wie praktisch, da haben wir ja schon jemanden, und die Bewerbungsunterlagen sehen zudem richtig gut aus!"

Natürlich haben Initiativbewerbungen nicht nur Vorteile. Damit Sie genau zur richtigen Zeit am richtigen Ort eine Bewerbung platzieren, muss das Glück schon auf Ihrer Seite sein.

Sie haben keine konkrete Stelle, auf die Sie Ihren Lebenslauf und insbesondere das Anschreiben anpassen können? Beantworten Sie folgende drei Fragen für sich selbst und benutzen Sie danach die Antworten als Gerüst für Ihre Unterlagen: „Warum will ich genau dort arbeiten?" „Was kann ich bieten, das den Arbeitgeber interessieren könnte?" und „Was für eine Position könnte ich in der Organisation gut einnehmen?"

Praxistipp: Arbeitgeber sind dazu verpflichtet, Ihre Reisekosten für das Vorstellungs-gespräch zu übernehmen, gegebenenfalls auch Übernachtungskosten. Nur wenn im Vorfeld angekündigt wird, dass diese Kosten nicht übernommen werden, bleiben Sie auf den Kosten sitzen. Scheuen Sie sich nicht davor, diesen Punkt anzusprechen, es könnte sogar negativ auf Sie zurückfallen, falls Sie das nicht tun. Sie wollen Ihren zu-künftigen Arbeitgeber nicht sorgenvoll zurücklassen, ob Sie in Zukunft den Kunden gegenüber auch so viel umsonst tun werden.

4.3
Jeder kennt jeden – Netzwerke oder Vetternwirtschaft?

Stellen Sie sich vor, Sie suchen nach einer Putzkraft für Ihre Wohnung. Bevorzu-gen Sie Person A, die Sie nur durchs Internet kennen, oder Person B, die bereits seit einigen Jahren für die Nachbarn putzt? Oder auch bei Arbeiten mit mehr Ver-antwortung, etwa bei einer Babysitterin für Ihre Kinder. Hat hier Kandidatin A die Nase vorn, deren Anzeige Sie im Supermarkt gefunden haben, oder B, die jung ge-bliebene Großmutter von nebenan? In beiden Fällen würden Sie sich wahrschein-lich für Person B entscheiden, auch wenn Person A besser putzt oder auf Babys aufpassen kann. Schon der Aufbau einer ausreichenden Vertrauensbasis würde Sie bei Person A viel Zeit und Energie kosten. Für B müssen Sie nur den Mund aufmachen, wenn Sie die Nachbarn sehen, während Sie den Müll rausbringen. Sie würden dann quasi deren Vertrauensbasis zu B mitbenutzen. Arbeitgeber funk-tionieren ganz ähnlich. Wenn es darum geht, neue Leute einzustellen, bedienen sie sich daher gerne des eigenen Netzwerkes. Es gilt hier dasselbe wie für die Ini-tiativbewerbungen. Das eigene Netzwerk anzuzapfen spart dem Arbeitgeber im Vergleich zur klassischen Stellenausschreibung viel Zeit und Geld.

> „Bei meiner letzten Stellensuche konnte ich drei Stellenangebote aus der Industrie an Land ziehen, alle durch Initiativbewerbungen. Keine Einzige davon war ausgeschrieben. In zwei Fällen hatte ich aus meinem Netzwerk gehört, dass hier laut über eine neue Stelle nachgedacht wird, aber noch keine Anzeige geschaltet war. Das dritte Angebot entstand durch eine Ini-tiativbewerbung bei einem Arbeitgeber, bei dem ich drei Jahre zuvor eine Präsentation gab, man kannte mich noch."

Man sagt, dass in der Privatwirtschaft etwa zwei Drittel der Stellen mit Leuten aus dem Familien- oder Bekanntenkreis besetzt werden. Im öffentlichen Dienst soll der Anteil bei etwa einem Drittel liegen. Stimmen diese Zahlen? Das ist schwer zu sagen, eine genaue Grenzziehung ist unmöglich und ein Bekenntnis zu solcher „Vetternwirtschaft" würde dem elitären Image vieler Arbeitgeber wi-dersprechen: „Wir stellen nur die Besten der Besten ein und das natürlich nur nach den objektivsten Qualitätskriterien." Aber auch wenn die Zahlen gar nicht völlig exakt sein können, bleibt die Tatsache, dass viele Stellen über Beziehungen vergeben werden, und das trifft auf Schlüsselpositionen in noch stärkerem Maß zu als auf einfachere Positionen. Sind diese Zahlen angsteinflößend? Nein, sicherlich nicht. Es sollte Sie aber für die Bedeutung eines gesunden beruflichen Netzwerkes auf allen Schritten in Ihrer Karriere sensibilisieren. Fahren Sie nie eine Taktik der verbrannten Erde und verwickeln Sie sich nicht in Grabenkämpfe mit Ihren Kollegen.

Diese „Vetternwirtschaft" ist eine ganz menschliche Eigenart, die hier zum Vorschein kommt. Und es ist nicht so, dass Sie unbedingt den reichen und einflussreichen Vater oder Onkel benötigen, um voranzukommen. Auch Sie können mit Ihrem Netzwerk punkten, außer Sie haben wie ein Einsiedler im Keller gearbeitet und es sich mit allen Kollegen verscherzt. Schule, Studium, Promotion, Arbeitsplätze, Privates, überall kommen Sie mit Ihren Mitmenschen in Kontakt und bauen, bewusst oder unbewusst, an Ihrem eigenen Netzwerk. Streuen Sie doch einfach unter Ihren alten Kollegen aus der Promotionszeit die Nachricht, dass Sie auf Stellensuche sind. Oder schreiben Sie in Ihr Profil bei professionellen sozialen Netzwerken (z. B. LinkedIn oder Xing), dass Sie demnächst „zu haben" sind und nach einer neuen Herausforderung suchen.

Exkurs   Netzwerken über Social Media

Wussten Sie, dass Sie über Social Media wie LinkedIn oder Xing ganz einfach Kontakte mit Leuten knüpfen können, die in einer Firma arbeiten, die Sie interessiert? Die Suchfunktionen ermöglichen es, alle Mitarbeiter einer Firma in Deutschland zu finden. Allerdings können Sie nicht wahllos Nachrichten verschicken, im schlimmsten Fall könnte Ihr Profil durch wiederholtes Verschicken unerwünschter Nachrichten blockiert werden. Sie benötigen eine Art Verbindung. Am einfachsten schließen Sie sich dazu einer der Gruppen an, in der diese Person auch Mitglied ist. Fragen Sie höflich bei ein oder zwei Personen an, ob sie Zeit und Lust haben, kurz mit Ihnen zu telefonieren. Wählen Sie dabei am besten Leute aus, die von Position und Ausbildung her zu Ihnen und/oder Ihrer Frage passen. So erfahren Sie nicht nur Informationen über die Firma aus erster Hand, Sie haben im Idealfall dann auch direkt jemand auf den Sie sich in Ihrem Anschreiben beziehen können.

Wenn Ihr eigenes Netzwerk zu klein ist, können Sie Ihre „Mentoren" um Hilfe bitten. Ihr Doktorvater, ein ehemaliger Vorgesetzter oder sonstige einflussreiche Personen könnten Sie in Kontakt mit Leuten in relevanten Positionen bringen. Falls sich diese „Mentoren" sicher sein können, dass durch Sie kein negatives Bild auf sie zurückfallen wird, werden sie Ihnen in den meisten Fällen gerne zur Seite stehen.

Leider haben viele Frauen Hemmungen, Leute aus ihrem erweiterten Netzwerk anzusprechen und um Informationen oder Hilfestellungen zu bitten. Das verhindert, dass sie die wichtigen Kontakte aufbauen, um von offenen Stellen zu hören und dort auch eingeladen zu werden. Wenn das auch auf Sie zutrifft, stellen Sie sich einfach mal vor, wie Sie reagieren würden, wenn Sie die andere Person wären. Würden Sie eine solche Anfrage seltsam finden oder würden Sie gerne helfen? In den meisten Fällen fänden Sie es in Ordnung, oder nicht? Sie werden ja schließlich wegen Ihrer Expertise oder der tollen Position, in der Sie arbeiten, um Rat gefragt, und das ist schmeichelhaft. Und Sie können mit wenigen Minuten Aufwand einen echten Unterschied im Leben eines anderen Menschen machen. Denken Sie, dass Sie so nett wären? Dann sollten Sie sich nicht selbst im Weg stehen und selbst auch solche Anfragen stellen!

Mit einem gesunden Netzwerk können Sie also Ihre Karriere und viele andere Lebenssituationen ungemein beflügeln. Zwischen einem solchen Netzwerk und dem negativ besetzten Begriff der Vetternwirtschaft besteht oft nur ein feiner Unterschied. Werden Stellen und Aufträge nur durch informelle Netzwerke vergeben, dann leidet nicht nur die Fairness, sondern auch die Effizienz. Viel Spaß und Erfolg also bei Ihrer ganz persönlichen Gratwanderung.

4.4
Headhunter, Recruiter, Zeitarbeit: vom modernen Talente-Handel

Zu guter Letzt wollen wir hier die Arbeit von Leuten beleuchten, deren Berufsbezeichnungen martialisch klingen: Headhunter kennt man doch aus Western-Filmen, und Recruiter versuchen doch eher, die Lücken in den modernen Armeen wieder aufzufüllen, oder nicht? Zeitarbeit klingt harmlos, aber arbeitet nicht jeder auf Zeit? Deshalb hier erstmal ein paar Fakten.

Wenn Sie über eine Zeitarbeitsfirma eingestellt werden, sind Sie Angestellter der Zeitarbeitsfirma und werden an andere Firmen verliehen. Ihr Gehalt ist in der Regel geringer als bei der Stammbelegschaft und Sie müssen flexibel sein und unter Umständen oftmals den Arbeitsplatz wechseln. Dafür übernimmt die Zeitarbeitsfirma das Risiko der Auftragsakquise: Wenn diese keinen Nachfolgeauftrag für Sie an Land ziehen, werden Sie weiter bezahlt, Sie sind ja fest angestellt bei der Zeitarbeitsfirma. Insbesondere Berufseinsteiger freuen sich darüber, auf diese Weise verschiedene Arbeitgeber kennenzulernen und mitunter auf diesem Weg sogar die Chance zu erhalten, bei einem der Arbeitgeber direkt eingestellt zu werden.

> „Während meiner ersten Schwangerschaft zogen wir in eine andere Stadt um. Nach der Geburt waren meine Berufsaussichten nicht rosig, sodass ich über eine Zeitarbeitsfirma als Medical Affairs Manager arbeitete. Es sah nach einer guten Sache aus: Sie kümmern sich darum, Aufträge und Jobs für mich an Land zu ziehen, die ich dann erledigen könnte. Ich arbeitete die ganze Zeit für dieselbe Firma, sodass mir diese nach einer Weile ein Angebot machen wollte. Es stellte sich aber heraus, dass das gar nicht einfach war und kostete den Arbeitgeber eine Stange Geld und mich selbst viel Zeit und Nerven. Ich habe also gute und schlechte Erfahrungen mit Zeitar-

beit. Ja, durch sie haben sich für mich Türen geöffnet und ich habe meinen derzeitigen Arbeitgeber kennengelernt. Allerdings sollte man unbedingt prüfen, in welcher Weise man an die Zeitarbeitsfirma gebunden ist, damit man nicht für den Traumarbeitgeber zu teuer wird."

Personalvermittler, Recruiter, Headhunter: Hinter diesen Begriffen verbirgt sich ein anderes Geschäftsmodell als bei Zeitarbeitsfirmen. Der Vermittler versucht, dem Arbeitgeber die Stellensuche zu erleichtern und für ihn die nötigen Talente anzuwerben. Sie als Arbeitnehmerin können auf Stellen reagieren, die vom Vermittler ausgeschrieben wurden, sich initiativ bei diesen bewerben oder in deren Datenbank eintragen. Für Sie sind die Dienste der Vermittler fast immer kostenlos. Die Arbeitgeber zahlen dem Vermittler im Erfolgsfall eine Prämie, die in der Regel von Ihrem Einstiegsgehalt abhängt. Sie haben also bei diesem Prozess nichts zu verlieren und können sich somit einen weiteren Weg eröffnen, um an Ihre Traumstelle zu kommen. In manchen Bereichen (z. B. Ingenieure, IT) oder ab einem gewissen Status in der Firmenhierarchie haben die Vermittler eine sehr starke Stellung, unter Umständen geht es gar nicht mehr ohne sie.

Das klingt doch alles toll, oder? Das sind also alles Dienstleistungen, die die gegenseitige Suche nach Stellen und Talenten effektiver gestalten und zudem für Sie kostenlos sind. Warum aber haben viele Leute ein negatives Bild im Kopf, wenn es um Personaldienstleiter geht?

> „Ich war auf einer Messe unterwegs und redete mit einem frischgebacke-nen Absolventen. Er fragte mich, was ich arbeiten würde und ich sagte, dass meine Firma unter anderem Personalvermittlung anbieten würde. „Seelenverkäufer also" war sein Kommentar, der diesen Teil der Unterhal-tung abrupt abschloss."

Es schwingt aus den Vorurteilen oft mit, dass bei Personaldienstleistern Leu-te mit wenig Verständnis für die wirklichen Belange der Position lediglich einen Datenbankabgleich mit Stichwortsuche durchführen und dafür dann fünfstellige Beträge erhalten. Das passiert tatsächlich, ist aber nur ein Extremfall:

> „Dann hatte ich einige Telefonate mit den Leuten aus der Vermittlungsfir-ma, die die Fachbegriffe aus meinem Lebenslauf kaum aussprechen konn-ten: „Oh, Pseudomo … Pseudoma … ach egal, es passt auf jeden Fall mit diesem komischen Begriff aus der Stellenausschreibung.""

Das ist die eine Seite der Medaille. Die wirklich guten Personaldienstleister ha-ben Spezialisten für verschiedene Fachbereiche an Bord. Seien Sie also selektiv und wählen Personaldienstleister aus, die Ihnen einen Mehrwert bieten können, sonst verschwenden Sie in der Tat Ihre Zeit. Wenn Sie relevante Qualifikationen mitbringen, sind Sie das wertvolle „Produkt", das respektvoll behandelt werden muss. Sie profitieren dann vom Netzwerk des Vermittlers, der Sie passgenau mit möglichen Arbeitgebern in Kontakt bringen kann.

> „Ich habe von einigen Recruitern wirklich gute Angebote erhalten, die ich auf „normalem Weg" über eine Stellenausschreibung nie bekommen hätte. Das liegt daran, dass einige Firmen die Stellenvergabe über diese externen

Dienstleister laufen lassen und diese die Stellen auf Ihrer eigenen Internetseite exklusiv promoten können. Ich bin so vorgegangen, dass ich mich zunächst an diejenigen Recruiter gewandt hatte, die im naturwissenschaftlichen Bereich tätig sind und mich hier auf eine x-beliebige Stelle beworben habe, die überhaupt nicht zu meinen Anforderungen gepasst hatte. Im Anschreiben war der erste Satz von mir, dass ich schon wüsste, dass ich nicht auf die Stelle passe, aber dass ich an einer Stelle interessiert wäre, die diese und jene Fähigkeiten von mir fordert. Das hat wie gesagt nicht nur einmal geklappt. Fast alle Recruiter haben aus dem Ärmel noch ein Ass zaubern können und eine passende oder zumindest sehr interessante Stelle für mich gefunden."

Sie sehen, eine Stellensuche kann auf verschiedenen Wegen vorangetrieben werden. Wenn Sie Aussagen hören wie: „Ich habe mich nun schon auf über hundert Stellen beworben und immer noch keinen Erfolg dabei gehabt", dann sollten Sie sofort einwenden: „Aber warum denn so einseitig? An Stellen kommst Du doch nicht nur über Stellenanzeigen!"

5
Dokumente verfassen: Beispiele und Erläuterungen mit Expertentipps

Ich entscheide mich aus mangelnden Alternativen zur Initiativbewerbung bei einem Unternehmen ganz in der Nähe. Da würde ich gerne arbeiten. Nicht nur, dass ich mit dem Rad zur Arbeit fahren könnte. Ich würde auch meine Vorlieben der Chromatografie-Technik ausleben können, schließlich sind das die Spezialisten auf dem Gebiet. Schnell wird mein Lebenslauf entstaubt, der stammt schließlich noch aus der Bewerbung zu meiner Doktorarbeit. Ich füge sämtliche Methodenkenntnisse, Fortbildungen und Seminarbesuche der letzten Zeit hinzu und ende mit einer ganz ansehnlichen Publikationsliste. Fünf ganze Seiten kommen jetzt zusammen, aber schließlich will ich ja auch zeigen, was ich alles auf dem Kasten habe. Beim Anschreiben tue ich mir schon etwas schwerer. Soll ich mit der Tür ins Haus fallen oder doch eher zwischen den Zeilen formulieren? Schließlich will ich unbedingt genommen werden. Da darf ich mir keinen Fehler erlauben. Ob sie eher auf Times New Roman oder Calibri stehen? Angeblich kann man ja Serifen-Schrift besser lesen. Ich entscheide mich im Lebenslauf für Calibri und im Anschreiben für Times New Roman. Da kommt dann jeder auf seine Kosten. Jetzt brauche ich nur noch ein schönes Bild. Meine Bekannte hat mir hier einen guten Tipp gegeben, Ihr früherer Chef hat sich als Fotograf selbstständig gemacht, der sich auf Bewerbungsbilder spezialisiert hat. Irgendwie sehe ich immer noch nicht ein, warum ich Geld für ein lächerliches Foto rauswerfen soll, aber sie hat mir gesagt, dass das sooooo wichtig wäre. Also tue ich ihr den Gefallen.

Ich sitze bereits auf dem kleinen Hocker vor einer beigefarbenen Leinwand, als mich der Fotograf fragt: „Wollen Sie eine Fotoserie mit verschiedenen Outfits machen, um sich an die verschiedenen Unternehmen kleidungstechnisch anzupassen? … Und wo kommt das Foto auf Ihren Unterlagen hin? Links oder rechts? Dementsprechend werden wir Ihren Blickwinkel wählen. … Wollen Sie es hochkant oder quer? … Ganz neu im Programm haben wir jetzt auch quadratische Fotos. Die sind zur Zeit der Renner für Bewerbungsunterlagen". „Ehrlich gesagt", sage ich verlegen, „habe ich mir über das Foto bisher noch überhaupt keine Gedanken gemacht."

Ihr Anschreiben und Ihr Lebenslauf sind die wichtigsten Dokumente Ihrer Bewerbung, schließlich sollten sie Ihnen eine Einladung zum Vorstellungsgespräch einbringen. Das Anschreiben schafft eine Verbindung zwischen Ihnen und der

Karriereführer für Naturwissenschaftlerinnen, 1. Aufl. Karin Bodewits, Andrea Hauk und Philipp Gramlich.
©2016 WILEY-VCH Verlag GmbH & Co. KGaA. Published 2016 by WILEY-VCH Verlag GmbH & Co. KGaA.

Stelle. Es sollte nicht nur die Frage beantworten, warum Sie genau diese Stelle in der Organisation wollen, sondern auch warum ausgerechnet Sie die richtige Person sind. Und die Antworten auf diese Fragen sollen dann eben so spannend formuliert werden, dass der Arbeitgeber denkt: „Gut, dass die sich ausgerechnet bei uns bewirbt."

Ihr Lebenslauf auf der anderen Seite sollte dem Arbeitgeber einen klaren Überblick verschaffen, ob Sie die richtigen Erfahrungen, Ausbildungen und Fähigkeiten für die Stelle haben.

Bevor Sie Ihre Dokumente vorbereiten, sollten Sie darüber nachdenken, was für eine Stelle das überhaupt ist, für die Sie sich bewerben wollen. Was für eine Person könnte der Arbeitgeber suchen, an welchen Eigenschaften ist er besonders interessiert? Es sollte aus Ihren Unterlagen ersichtlich sein, dass Sie die richtige Person sind. Geht es um eine Führungsposition in der Industrie, dann wird vermutlich nach einer Person gesucht, die konstruktive Kritik üben, Arbeit delegieren, Teammitglieder motivieren und Verantwortung übernehmen kann. Bei einer Stelle im Qualitätsmanagement darf sicherlich eine Spur Pedanterie durchscheinen, gepaart mit dem Durchsetzungsvermögen, das benötigt wird, um von Kollegen die Einhaltung gewisser Standards einzufordern. Als Patentanwältin kommen sprachliche Fähigkeiten im Grenzbereich zwischen Technik und Recht zum Zuge, gepaart mit dem Kommunizieren von komplexen Sachverhalten und der Bereitschaft, sich nochmal in einer intensiven Ausbildung aufzureiben. Wenn Sie ein Bild vor Augen haben, was für eine Person gesucht wird, dann ist es Zeit sich an den Computer zu setzen.

Exkurs   Recherche zum Unternehmen und den Personen

Sicherlich ist es schon eine Weile her, als Ihnen jemand gesagt hat, dass Sie noch etwas für die Schule tun sollten? Wir sind zwar nicht Ihre Eltern, aber gerne frischen wir den Ihnen wohlvertrauten Satz für Sie auf: „Es ist Zeit, Ihre Hausaufgaben zu machen!" Je gründlicher Sie sich im Vorfeld in die Recherche über Unternehmen und Personen hineinknien, desto eher sind Sie anschließend in der Lage gute Ergebnisse in Sachen Bewerbungsschreiben und Vorstellungsgespräch abzuliefern.

Ihnen als Naturwissenschaftlerin sind Recherchen geläufig, denn diese hat jede einzelne von Ihnen im Laufe des Studiums oder der Promotion bis zum Erbrechen zelebriert. Keine Angst. Ihre Hausaufgaben sind um einiges einfacher, konzentrieren Sie sich vor allem auf die Unternehmenshomepage und Ihr Kontaktnetz.

Auf der Homepage des Unternehmens finden Sie nicht nur die ausgeschriebenen Stellen, sondern noch viel mehr. Schauen Sie sich den Aufbau und die Optik der Seite an. Sehen Sie hier klare, einfache Formen, dezente Farben, strukturierte Informationen, professionelle Bilder oder springen Ihnen hier modern wirkende, farbenfrohe Bilder und Schlagzeilen ins Auge? Das kann Ihnen einen ersten Hinweis auf die Unternehmenskultur geben. Wie sind die Texte formuliert? Wissenschaftlich? Aufgebauscht mit Werbebotschaften? Klare, einfache Sätze? Trocken? Voller Fachbegriffe? Wie sich Unternehmen auf Ihren Webseiten nach außen präsentieren, gibt Ihnen einen Hinweis, wie Sie mit Ihrer Bewerbung am ehesten ins Schwarze treffen könnten: Modern oder eher konservativ. Gehen Sie anschließend mehr ins Detail: Um welche Produkte geht es? Ist es ein großes oder kleines Unternehmen? Seit wann gibt es das Unternehmen? Wie läuft die Finanzierung? Risikokapital oder solides Familienunternehmen? Kann man auf der Webseite verschiedene Sprachen wählen? Das gibt einen Hinweis darauf, ob das Unternehmen weltweit tätig ist. Sind Mitarbeiterfotos abgebildet? Dann könnte einer der Unternehmensgrundsätze sein, dass der Mitarbeiter im Fokus steht. Welche Pressemitteilungen werden auf der Webseite genannt? Wurde beispielsweise kürzlich ein Produkt auf den Markt gebracht? Wurde das zehnjährige Jubiläum gefeiert? Wurde eine Zertifizierung erhalten? Verwenden Sie solche Informationen als Anker für Ihre Bewerbung, indem Sie sich darauf beziehen und sich mit diesen Ereignissen in Verbindung bringen: „Ich komme auch aus einem zertifizierten Unternehmen".

5.1
Anschreiben

Ein Anschreiben, das ist manchmal wie die Werbung, die unter den zigtausend anderen Werbebotschaften raussticht und hängenbleiben soll, aber manchmal auch nur die Verpackung des Lebenslaufes, es wird dann nur aus formellen Gründen geschrieben. Bevor wir uns jedoch mit hochtrabenden taktischen Überlegungen befassen, erstmal ein Blick auf die Grundlagen. Wir werden das mit realen Beispielen tun, die interessante Ecken und Kanten enthalten, die wir uns gemeinsam betrachten können.

Die meisten Anschreiben bestehen aus drei Teilen: einer Eröffnung, dem Hauptteil bestehend aus einem Abschnitt über Sie selbst, dann einem Abschnitt über den Arbeitgeber und die Stelle und schließlich einem Schlussteil. Lassen Sie uns nun einen genaueren Blick auf alle drei Teile werfen.

Der erste Satz: Einstieg, Stolperfalle und Weichensteller

Ganz allgemein sollen die einleitenden Worte eines Anschreibens Neugierde wecken und eine positive Grundstimmung vermitteln, nicht aber eine Zusammenfassung Ihrer Hauptargumente sein. Sie bekunden Ihr Interesse, nennen die Stelle und können beispielsweise einen Punkt erwähnen, der eine Verbindung zwischen Ihnen und der Stelle schafft. Sie können hier auf subtile Weise Aufmerksamkeit erwecken, vielleicht ist Ihr Einstieg eine Frage, eine interessante Satzkonstruktion, mit einem Einschub etwa oder irgendetwas anderes. Wichtig ist dabei, dass Sie für diese persönliche Note nichts Ausgefallenes oder Lärmendes benötigen. Machen Sie es von der Stelle abhängig, wie ausgefallen Ihr Einstieg ist. Bei einer Position in der Werbebranche kommt es vielleicht gut an, wenn Sie Ihre Unterlagen in einen dreieckigen, grünen Umschlag stecken und mit den Worten beschriften: „RUF MICH AN!" Bei den meisten anderen Branchen reicht es, wenn Sie deutlich weniger dick auftragen. Sie können natürlich auch die klassischen Einsteiger verwenden, wie „Hiermit möchte ich gerne mein Interesse …", oder „Hiermit bewerbe ich mich auf die von Ihnen ausgeschriebene Stelle als …". Die Gefahr dabei ist aber, als blutleere Langeweilerin dazustehen, der kein Einstiegssatz eingefallen ist.

Hier zwei Beispiele, wie man in ein Anschreiben einsteigen kann:

Beispiel 1: Einstieg (FH Professur)

Sehr geehrte XXX,

kann man als Bindeglied zwischen Hochschule und Industrie, zwischen Forschung und Anwendung dienen und sich gleichzeitig einer intensiven Lehrtätigkeit widmen? Um diese Frage zu beantworten, suchte ich vor einiger Zeit den Austausch mit mehreren Fachhochschulprofessoren, die mir ein detailliertes Bild dieses Berufs geben konnten. Besonders angetan war ich in den Gesprächen davon, dass der direkten Arbeit mit den Studenten eine größere Bedeutung beigemessen wurde als an einer Universität.

Der einleitende Satz versucht zwei Dinge gleichzeitig. Durch die Formulierung als Frage ist er ungewöhnlich und erregt dadurch Aufmerksamkeit. Die Frage selbst ist dabei eine ziemlich Weitreichende, es geht um nichts weniger, als den Kern des Arbeitens auf der neuen Stelle. Das stellt dar, dass die Bewerberin sich mit der Materie auseinandergesetzt hat, was der nächste Satz dann unter Beweis stellen wird. Andererseits könnte der Leser auch denken: „Was für eine Schwätzerin, fängt hier schon vor Arbeitsbeginn an zu philosophieren, dabei brauchen wir doch jemanden, der anpackt!" Außerdem ist der Satz für einen Einstieg recht vollgepackt mit Informationen. Die Leser, die sich auf die seichte Kost nichtssagender Einleitungsworte eingestellt haben, werden davon überrascht und müssen den Satz vielleicht sogar ein zweites Mal lesen. Das kann dann die erwünschte Aufmerksamkeit bedeuten, oder die Leser schlicht nerven.

Die nächsten beiden Sätze sehen wir als gelungen an. Es wird Bezug genommen auf Recherchen, die im Vorfeld getätigt wurden. Professoren zu diesem Zweck für ein persönliches Gespräch zu gewinnen zeigt Direktheit und Kontaktfreude. Und im letzten Satz wird eine Eigenheit des Arbeitgebers herausgestellt, die diesen von der „Konkurrenz", in diesem Fall den klassischen Universitäten, absetzt. Und die Bewerberin stellt damit heraus, dass genau dieses Alleinstellungsmerkmal des Arbeitgebers ihr eigener Wunsch an einen Arbeitsplatz ist.

Beispiel 2: Einstieg (Sales Position)

Sehr geehrte Damen und Herren,

bedingt durch meine Eltern, welche einen Gastronomiebetrieb führten, habe ich schon früh Erfahrungen im Dienstleistungssektor sammeln können. Dabei war mir der persönliche Kontakt zu den Kunden stets ein Anliegen. Damals war der Grund einfach. Das Trinkgeld fiel dann oft deutlich höher aus.

Heute, gut 15 Jahre später, habe ich ein erfolgreich abgeschlossenes Promotionsstudium im Bereich Mikrobiologie vorzuweisen. Die Freude am Kontakt mit Menschen und an Beratung und Verkauf jedoch sind noch immer ungebrochen.

Mit anderen Worten: „Das Verkaufen bekam ich schon mit der Muttermilch mit!" Ein Einstieg, der sofort das Interesse des Lesers bindet, einen persönlichen Einblick gewährt und dazu überleitet, wie damit am Erfolg des Unternehmens mitgewirkt werden kann. Die Bewerberin leitet auch schnell von der Vergangenheit in die Gegenwart („Heute, gut 15 Jahre später"). Wir sehen den Einstieg als sehr gut an, nur zwei allgemeine Anmerkungen möchten wir hier anbringen: Falls möglich sollte man immer eine Person ansprechen, Sie sollten dafür herausfinden, wer für die Stellenvergabe zuständig ist. Und im Text selbst wird die genaue Position nicht genannt. In dem Fall sollte die betreffende Stelle (mit Kennziffer) gut sichtbar erwähnt werden, etwa im Kopf oder der Überschrift, damit auf einen Blick klar ist, worum es hier geht.

Exkurs	„Riskante" Bewerbungen

Je unsicherer Sie sich bei einer Bewerbung fühlen, desto mehr Risiken sollten Sie eingehen. Desto sicherer Sie sich bei einer Bewerbung fühlen, desto weniger Risiken sollten Sie eingehen. Das klingt komisch, verwegen, paradox? Mit „unsicheren" oder „riskanten" Bewerbungen ist hier eine Bewerbung gemeint, bei der Sie sehr geringe Aussichten auf Erfolg haben. Sie wissen, es werden sich 200 Bewerber auf die Stelle melden und Ihr Profil passt noch nicht einmal exakt auf die Stellenbeschreibung? Mit „sicheren" Bewerbungen hingegen sind solche gemeint, bei denen Sie schon einen Fuß in der Tür haben.

Was haben Sie bei der riskanten Bewerbung zu verlieren? Selbst mit hervorragenden Unterlagen ist die Chance sehr groß, gleich in der ersten Runde aussortiert zu werden. Nichts haben Sie also zu verlieren. Patsch – kurze Pause – Patsch – kurze Pause: Versuchen Sie es doch einfach, mit einem unkonventionellen Einleitungssatz das monotone Hintergrundgeräusch von Bewerbungen, die beim Personaler in der Ablage landen, zu unterbrechen. Schaden kann man hier zumindest kaum anrichten: Wenn es schon so schwer ist, überhaupt Aufmerksamkeit zu erregen, dann ist es schier unmöglich, so negativ aufzufallen, dass Sie Ihren Namen damit beschädigen würden.

„Nach der 30. Absage war ich nicht nur demotiviert, sondern auch sehr frustriert, besonders weil ich bei all diesen Bewerbungen nur ein einziges Mal zum Gespräch eingeladen wurde. An Aufgeben dachte ich natürlich nicht, also musste ich mir etwas Neues einfallen lassen. Zum Erfolg führte letztendlich ein Anschreiben, bei dem ich einen recht ungewöhnlichen Weg wählte, um auf mich aufmerksam zu machen. Ich

> formulierte die ersten Sätze meines Anschreibens, na, sagen wir mal „provokant": *„Sicher werden Sie nach einem Blick auf mein Alter meine Bewerbung nicht weiter beachten. Doch warum eigentlich? Ist es denn nicht vorstellbar, dass man auch mit 50 Jahren noch leistungsfähig und motiviert ist sowie mit Elan und Einsatzbereitschaft an die Arbeit geht? Ich habe reichlich Berufs- und Lebenserfahrung ..."*
> Überraschenderweise bekam ich mit diesem Anschreiben nicht nur eine schnelle Einladung zum Vorstellungsgespräch, sondern auch die entsprechende Stelle."

Trauen Sie sich ruhig, ein wenig aufzufallen! Und das am besten schon ab dem ersten Satz, damit Sie nicht erstmal Langeweile verbreiten, um dann den Leser im zweiten Absatz aus einem wohligen Büroschlaf ziehen zu müssen. Ein sehr erfolgreicher Weg, um positiv Aufmerksamkeit zu gewinnen, ist es jemanden zu erwähnen, den Ihr Leser ebenfalls kennt.

Beispiel: Gemeinsame Bekanntschaften erwähnen (Beratung)

Sehr geehrte Frau Dr. Kurz,

hiermit möchte ich mich für die Position „Associate Consultant" bei Kleinfeld und Partner bewerben.

Mit großem Interesse habe ich mich über Ihre Firma sowie die Leute, die bei Ihnen arbeiten, informiert. Ich fand die Beschreibung zur genannten Stelle und war begeistert, sodass ich umgehend mehr darüber herausfinden wollte. Ich konnte Kontakt mit zwei Ihrer Kollegen, Dr. Miriam Schreuder und Vincent van Herzog, herstellen und wurde durch das Gespräch in meiner Begeisterung bestärkt.

Einen selbstbewussten und gleichzeitig sympathischen, einen seriösen und vielleicht sogar humorvollen Einstieg zu finden ist in jedem Fall sehr schwierig. Aber warum sollte der Einstieg für den Leser zugleich der Einstig für Sie als Verfasser sein? Sie können sich mit dem schwierigsten Satz des Textes auch Zeit lassen bis ganz zum Schluss. Sie haben bis dahin ein tolles Aufwärmprogramm mit der Schreibfeder absolviert, sich zigmal in den Arbeitgeber hineinversetzt und wissen, welche Trümpfe Sie im Hauptteil ziehen werden.

Der Hauptteil: die Kunst das Wesentliche herauszustellen

Jetzt ist die Zeit gekommen, um über sich zu erzählen und warum Sie für diesen bestimmten Arbeitgeber auf genau dieser Stelle arbeiten möchten. Welche Informationen müssen in diesen Abschnitt hinein? Alles was mit der Stellenanzeige korreliert, alles andere nicht! Was für Fähigkeiten und Erfahrungen haben Sie, die für die Stelle relevant sind? Haben Sie persönliche Eigenschaften, die erwähnenswert sind? Was hat Sie so sehr am Arbeitgeber und der Stelle fasziniert?

Idealerweise gießen Sie die allerbesten Argumente in ein oder zwei ansprechende Absätze. Achten Sie dabei darauf, dass Ihr Anschreiben nicht Ihrem Lebenslauf widerspricht, aber auch nicht nur eine ausformulierte Best-of Fassung Ihres Lebenslaufes ist. Wenn Personaler pro Bewerbung schon wenig Zeit zur Verfügung haben, dann wollen sie sicherlich nicht zweimal dasselbe lesen! Und noch eine Sache, die Sie im Hinterkopf behalten können: Der Aperitif, den Sie im Anschreiben servieren, sollte mit der Hauptspeise, Ihrer Persönlichkeit im Vorstellungsgespräch, harmonieren.

Hier einige Beispiele für Formulierungen aus dem Hauptteil:

Beispiel: Über sich erzählen (Projektmanagement)

Ich verfüge über einen breiten wissenschaftlichen Hintergrund in den Gebieten Mikrobiologie, Biotechnologie, medizinische Biologie und Biochemie, den ich durch Studium und Promotion aufgebaut habe. Ich bemühte mich stets darum, über die Kernfächer hinaus Erfahrungen in den Bereichen Projektmanagement, Antragsstellung und Kommunikation zu erlangen. Hierbei sind das selbstständige Einwerben von Fördermitteln, das Entwerfen und Abhalten von Kursen, die Organisation eines internationalen Kongresses sowie die Teilnahme an Wettbewerben und Kursen aus den Bereichen Biotech Startup und Kommunikation zu nennen.

Die Struktur dieses Ausschnittes aus dem Mittelteil eines Anschreibens ist sehr klar: Kernkompetenzen, weitere Kompetenzen und Belege/Beispiele dazu. Das macht den Absatz gut lesbar und breitet die Informationen wie in einem Bauchladen vor dem Leser aus.

Legen Sie jetzt bitte das Buch für einen Moment beiseite und überlegen Sie, ob Sie wissen, was denn nun diese Bewerberin besonders interessant macht.

Wir können Sie beruhigen, es liegt nicht an Ihrem vermeintlich schwachen Gedächtnis, wenn Sie nicht genau sagen können, was diese Bewerberin denn nun ganz besonders auszeichnet. In drei recht lange Sätze wurde ein gutes Dutzend Fakten gepackt, die natürlich alle toll und wichtig sind. Der Text verliert dadurch an Differenzierung, jeder einzelne Begriff soll bedeutungsschwer sein, dadurch ist dann letztlich keiner wirklich hervorgehoben. Bedenken Sie: Der Leser hat ja auch Ihren Lebenslauf vor sich. Fürchten Sie sich also nicht vor dem Auslassen, sondern konzentrieren Sie sich auf das Hervorheben.

Ganz allgemein sollten Sie sich nicht verdrehen, um mit einem umständlichen und langen thematischen Schwenk es doch noch irgendwie zu schaffen, das interessante Praktikum in Botswana oder eine Begegnung mit einem Nobelpreisträger zu erwähnen. Denn für ein gutes Anschreiben ist Klarheit wichtiger als Pedanterie.

Beispiel: Über sich erzählen (Business Development)

… Im Rahmen meiner Ausbildung zur Chemikerin konnte ich weitere Fähigkeiten zu meinem Repertoire hinzufügen. Besonders während des Masterstudiums und der Promotion habe ich gelernt den Kern auch komplexer wissenschaftlicher Zusammenhänge schnell zu erfassen und diese, z. B. für Präsentationen auf wissenschaftlichen Konferenzen kurz, prägnant und überzeugend darzustellen. Hierbei war mir meine wissenschaftliche Neugier und analytische Denk- und Arbeitsweise immer von außerordentlichem Nutzen.

Meine Vorgesetzten beschreiben mich als „very responsible and highly accurate" und „kompetent mit einem hohen Maß an persönlichem Engagement, Einsatzbereitschaft und Eigeninitiative." Eigenschaften, mit denen ich gerne zum Erfolg ihres Unternehmens beitragen würde.

Dieses Beispiel ist deutlich weniger überfüllt mit Einzelinformationen, es ist dadurch angenehmer zu lesen. Negativ fällt auf, dass die genannten Kernkompetenzen keineswegs einzigartig sind. Sie können davon ausgehen, dass die meisten anderen Leute, die sich auf dieselbe Stelle bewerben, während ihrem Studium sehr ähnliche Fähigkeiten gesammelt haben. Wenn möglich suchen Sie sich also eine oder zwei Fähigkeiten heraus, die Sie aus der Menge herausstehen lassen. Fast alle Doktoranden arbeiten an Publikationen mit und präsentieren Ihre Arbeit auf Konferenzen, doch nur wenige nehmen an einem Businessplan Wettbewerb teil oder übernehmen die Organisation einer Tagung. Um hier eine interessante Geschichte mitnehmen zu können, müssen Sie nicht unbedingt unbeschreiblich herausragende Dinge vorweisen, auf dem Mond landen oder den Präsidenten beraten. Leidenschaft für eine Sache und die Initiative, das auch durchzuziehen, geben Ihnen hier die besten Vorlagen für spannende Drehbücher.

Sehr schön an diesem Beispiel ist der zweite Abschnitt, in dem andere Leute zitiert werden. Die Bewerberin bringt diese Personen dadurch mit in das Anschreiben, als hätten auch diese den Brief unterzeichnet. Ein Zitat in Deutsch, das andere in Englisch, das lässt den Text sehr lebendig und authentisch klingen und spielt damit im Vorbeigehen auf Erfahrungen aus einem internationalen Umfeld an.

Was an den beiden oberen Beispielen noch fehlt, ist die Verbindung zum Arbeitgeber und der Stelle herzustellen. Dieser Teil ist keine schamlose Schmeichelei. Ihr Leser soll denken: „Sie weiß was wir tun und was auf sie zukommt und scheint darauf Lust zu haben."

Beispiel: Warum wollen Sie genau diese Stelle (Patentanwältin)

Eine Position, in der ich meine wissenschaftlichen Kenntnisse, meine Hingabe zum Lernen und meine internationalen Arbeitserfahrungen einbringen kann, scheint der ideale Beruf für mich zu sein. Von der Firma, in der ich gerne eine solche Stelle innehaben würde, wünsche ich mir herausragende Fachkenntnisse, Hingabe und exzellenten Service für die Klienten. Meine Vorstellungen von Position und Kanzlei führten mich auf sehr direktem Wege zu Ihnen.

An diesem Beispiel fehlen die „Beweise" für all die schönen Eigenschaften, die genannt werden. Der Abschnitt wird dadurch zu einer austauschbaren Aufzählung, genau so als hätte die Bewerberin in einer beliebigen Liste positiver Worte einige zusammengestellt, die zu ihr und der Stelle halbwegs passen und besonders beeindruckend klingen. Bringen Sie lieber eine positive Eigenschaft, die Sie beispielsweise mit einem Erlebnis aus Ihrer Vergangenheit erläutern, als dass Sie fünf klangvolle Begriffe aneinanderreihen.

Beispiel: Warum wollen Sie genau diese Stelle (Management Beratung)

Ich freue mich auf die stets wechselnden und interessanten Herausforderungen der Stelle. Besonders reizvoll ist dabei für mich, dass die Projekte technische und interpersonelle Aspekte beinhalten, und dass man stets mit anderen Teammitgliedern bei anderen Kunden arbeitet. Ich könnte bei dieser Art von Arbeit also nicht nur von meinem analytischen Denkvermögen, sondern auch von meinen argumentativen Fähigkeiten profitieren. Drachman Consulting ist als fordernder und fördernder Arbeitgeber bekannt, sodass ich mich auf vielseitige Möglichkeiten freue, meine Arbeitsweise und meine Fähigkeiten weiterzuentwickeln. Und die Flexibilität, die ich aufgebe, wenn ich die Hochschule verlasse? Ich bin sicher, dass das mehr als ausgeglichen wird, da ich in einem sich schnell entwickelnden, intellektuell stimulierenden und hochgradig internationalen Umfeld arbeiten könnte.

Dieses Beispiel ist deutlich verbindlicher als das vorherige. Es werden Aspekte der zukünftigen Arbeit und des Arbeitgebers genannt, man denkt nicht bei jedem Satz, dass die Bewerberin den wohl bequemerweise auch an einen anderen Arbeitgeber schicken wird. Es gibt zwar auch in diesem Anschreiben zwei „unbelegte" Argumente („analytisches Denkvermögen" und „argumentative Fähigkeiten"), doch sind diese in ein solides Gerüst eingebaut. Man hat nicht das Gefühl, dass sie aus dem Himmel fallen, sondern dass hier zielgerichtet zwei sehr wichtige Aspekte genannt werden, die bei diesem Arbeitgeber tatsächlich besonders im Mittelpunkt stehen. Und zum Schluss werden zwei potenziell negative Punkte aufgenommen („fordernd", „Freiheit aufgeben"). Es wirkt sehr glaubhaft, dass die Bewerberin erklärt, wie sie damit umzugehen gedenkt und dass es für sie sogar einen Vorteil darstellen kann.

Einen der Vorzüge des Arbeitgebers sollten Sie nicht in Ihre Lobeshymnen aufnehmen. Viele Arbeitgeber präsentieren sich heutzutage als besonders familienfreundlich und unterstützend in allen Grenzbereichen zwischen Arbeit und Freizeit. Wenn Sie das in Ihren Unterlagen in den Mittelpunkt rücken, erwecken Sie den Eindruck, dass Sie nicht an der Arbeit selbst interessiert sind. Und die Außendarstellung der Firma muss nicht einmal unbedingt mit der Realität übereinstimmen.

Wie lang soll er also werden, der Hauptteil? Je höher, desto kürzer. Damit ist gemeint: Je höher der Stapel Bewerbungen beim Leser ist, desto knackiger und prägnanter sollten Sie formulieren. Im Grunde sollte das natürlich bei jedem Anschreiben der Fall sein, doch insbesondere dann, wenn Sie erwarten können, dass Ihr Gegenüber Hunderte Bewerbungen miteinander vergleichen muss.

Darüber hinaus gibt es in verschiedenen Branchen gewisse kulturelle Unterschiede, wenn es um die Länge von Anschreiben geht. In der Managementberatung ist eine sehr knappe Formulierung ein Muss, während man für eine Professur sicherlich ein wenig ausholen darf.

Sie lassen immer noch nicht locker, Sie wollen jetzt endlich eine Zahl von uns hören: Wie viele Seiten, wie viele Wörter dürfen Sie denn nun verwenden? Eine Seite, zwei Seiten, mit oder ohne Briefkopf? Das sind die Zahlen, die in den Bewerbungsratgebern umherschwirren und innerhalb derer Sie sich bewegen können. Der Trend geht stark in Richtung knapper Anschreiben, weshalb man nur in Ausnahmefällen in die zweite Seite rutschen sollte. Anstatt Ihnen aber hier einen Zahlenwert zu geben, möchten wir Ihnen lieber einen Tipp mit auf den Weg geben, mit dem Sie selbst abschätzen können, ob die Länge Ihres Anschreibens passt.

Fragen Sie Ihren Partner oder einen guten Freund, ob Sie Ihr Anschreiben vorlesen dürfen. Wählen Sie dazu niemanden, der professionell Poker spielt oder als extremer Stoiker bekannt ist. Achten Sie auf Ihr Gegenüber, während Sie Ihr Anschreiben vorlesen. Bemerken Sie Zeichen von Ungeduld oder fällt Ihnen beim Vorlesen selbst auf, dass Sie gerade etwas Langatmiges darbieten? Dann ist Ihr Anschreiben zu lang.

Ihr Text ist zu lang oder trägt zu viele Informationen? Suchen Sie sich dann zuerst ihre Kernaussage, Ihren besten Freund, aus. Schreiben Sie erstmal nur diesen einen Satz auf eine leere Seite. Wenn der Leser diesen einen Satz versteht und im Gedächtnis behält, hat der Text seine Aufgabe bereits erfüllt und ist besser als die meisten Anschreiben. Wählen Sie jetzt gut aus und geben Ihrem Kernsatz nur Gefährten mit auf den Weg, die er wirklich braucht. Lassen Sie Ihren besten Freund nicht zu schwer tragen, sonst kommt er nicht beim Leser an.

Exkurs	Recycling: gut für die Umwelt, schlecht fürs Anschreiben

Vor drei Wochen haben Sie sich bei einem Start-up beworben, bei dem Sie Ihre große Stärke, das Charakterisieren von Proteinen, voll einbringen könnten. Nun sehen Sie eine Stellenanzeige eines Konzerns, bei dem Sie in einem sehr ähnlichen Bereich auf einer ähnlichen Position arbeiten würden. Sie können sich also eine Menge Zeit sparen, einfach Name und Adresse auf dem Anschreiben austauschen, Datum nicht vergessen und noch einen lobenden Satz über die tolle Firma reinpacken und fertig ist die Bewerbung. Ganz einfach, oder?

Recyceln was das Zeug hält, ist das eine Extrem der Schreibetaktiken: Mindestens zehn Bewerbungen pro Woche rausschicken und wenn man gut auf die Stelle passt, wird man schon eingeladen werden. Diese Herangehensweise könnte allerdings sehr gefährlich sein. Der geübte Leser bemerkt durchaus schnell, ob ein maßgeschneidertes Anschreiben vorliegt, oder ob er den seit Stunden warmgehaltenen Kantinenfraß vorgesetzt bekommt. Die Bezugnahme auf den individuellen Arbeitgeber, das Anpassen der Sprache durch den gesamten Text hindurch und die genaue Platzierung des Scheinwerferlichtes, das Sie auf Ihre Person richten, machen ein erfolgreiches Anschreiben aus. Kleine Änderungen an den wichtigsten Stellen reichen hier meist nicht aus und bringen im schlimmsten Fall sogar noch Brüche in den Text.

Am anderen Ende des Spektrums wartet es auf Sie, das gefürchtete weiße Blatt Papier, daneben nichts als die Stellenanzeige. Eine furchtbare Zeitverschwendung, jedes Mal von Neuem anzufangen, wenn Sie doch immer nur dasselbe beschreiben, nämlich sich selbst? Nein, fürchten Sie sich nicht. Wenn Sie erstmal eine Handvoll Anschreiben formuliert haben, wird Ihnen die Arbeit sehr leicht von der Hand gehen. Die tollen Argumente und Formulierungen, die Sie immer wieder kopiert haben und mit brüchigem Kitt mit anderen Lieblingssätzen verbunden haben, finden sich auf einmal wie von selbst in Ihren Texten. Diese werden dann ihr sprachliches Gewand je nach Situation variieren, die Texte werden dadurch einen natürlichen Fluss erhalten.

Der Schlussteil

Wenn dann alles fertig geschrieben dasteht, dann bleibt nur noch eine Sache übrig: Sie sollen jetzt einen runden Abschluss finden und den Leser motivieren, Sie zu einem Gespräch einzuladen. Wie Sie das machen sollen? Es gibt natürlich die ganz klassischen Sätze, mit denen Sie eigentlich nicht viel falsch machen können, etwa: „Ich freue mich darauf, Sie in einem persönlichen Gespräch von meinem Potenzial zu überzeugen." Hier noch einige andere Beispiele, wie die letzten Sätze lauten könnten.

Beispiel: Schlussteil (Personaldienstleister)

Sie gewinnen eine kommunikationsstarke, promovierte Naturwissenschaftlerin mit sicherem Auftreten. Ich bin offen für neue Herausforderungen auf dem Weg meiner beruflichen Entwicklung und rüste mich gerne durch Schulungen und Weiterbildungsmaßnahmen für die bevorstehenden Aufgaben. Ich freue mich über die Einladung zu einem persönlichen Gespräch, in dem ich Ihnen weitere Einzelheiten zu meiner Berufserfahrung und meinem fachlichen Hintergrund erläutere.

Diese Bewerberin tritt selbstsicher auf: Klar und direkt wird herausgestellt, was der Arbeitgeber gewinnen wird und ohne abschwächenden Konjunktiv die Überleitung zum Vorstellungsgespräch gesucht. Das ist in sich stimmig, denn wenn man in diesem letzten Absatz das sichere Auftreten ganz besonders herausstellen möchte, dann wäre ein piepsiger Abschluss mit flehentlicher Bitte um ein Gespräch gänzlich fehl am Platz.

Den abschließenden Satz kann man leider auch so auffassen, dass hier ein selbstverliebter Vortrag gehalten werden soll, nicht ein angeregtes Gespräch zum gegenseitigen Kennenlernen.

Beispiel: Aus schwierigen Situationen heraus bewerben

Ich bin mir der Distanz zwischen Shanghai und Hamburg bewusst. Ich hoffe, dass Ihnen mein Schreiben und meine Unterlagen genug Anlass geben, dennoch mit mir in Kontakt zu treten, um die nächsten Schritte zu besprechen.

In manchen Fällen bewerben Sie sich auf eine Stelle und wissen bereits, dass Sie unmöglich zum gewünschten Startdatum beginnen können oder nur mit einiger Verzögerung auf eine Einladung zum Vorstellungsgespräch anreisen können. Wir finden die Lösung aus obigem Beispiel gelungen. Die Bewerberin weist den Leser darauf hin, dass sie sich der Schwierigkeiten bewusst ist, erwähnt aber im selben Atemzug optimistisch, dass man das schon hinbekommen wird.

Beispiel: Glänzen ohne zu protzen – Wie dick darf ich auftragen? (Wissenschaftsjournalismus)

Meine umfassenden Erfahrungen und Ideen möchte ich gerne in Ihrem Haus einbringen …

… Gerne überzeuge ich Sie in einem persönlichen Gespräch von meiner Motivation und freue mich auf Ihre baldige Kontaktaufnahme. Vielleicht möchten Sie sich zwischenzeitlich einen ersten Eindruck eines Teilaspekts meiner Arbeit verschaffen? Bei der Lektüre der beigefügten Publikation wünsche ich Ihnen spannende Minuten.

„Umfassend" bedeutet (fast) so viel wie „Alles". Die Bewerberin gibt also genau genommen an, bereits fast alles erfahren zu haben sowie Ideen für alles zu haben.

Die Kernaussage jedes Anschreibens ist: „Ich bin toll". Wenn Sie das allerdings zu sehr in dieser Weise formulieren, dann machen Sie es sich selbst schwer. Der Leser will dann auf einmal ganz genau wissen, ob Sie wirklich so toll sind, und entwickelt sogar einen gewissen Ehrgeiz, Sie zu widerlegen. Anstatt Ihren Leser zu Ihrer eigenen Bewertung zu drängen, sollten Sie ihn lieber einbinden: Sie legen die Fakten auf den Tisch und überlassen ihm die Bewertung. Erzählen Sie von Ihren interessantesten Erfahrungen und Ideen. Wenn diese gut genug sind, bleibt ihrem Gegenüber gar nichts anderes übrig, als den Schluss zu ziehen, den Sie ihm in den Mund legen: „Das ist eine tolle Bewerberin."

Der erste Satz aus dem Beispiel-Anschreiben stößt also als dick aufgetragen auf. Wie steht es mit dem Schlussteil? Hier wird dieser kritische Reflex beim Leser umschifft, er wird freundlich zum Lesen eingeladen und spannend kann ja vieles sein, der Text selbst, das Kennenlernen der Arbeit? Gleichzeitig ist das Ganze aber direkt und selbstsicher genug für die konjunktivfreie Zone, den Schlussteil. Die Bewerberin stellt sich soweit hinter ihre Arbeiten, dass sie den Personalentscheider nach dem Lesen der Bewerbung noch auf einen Beispieltext verweist. Selbstbewusst, aber auf eine unaufdringliche Weise.

Aber was jetzt genau zu viel ist, kann man nicht verallgemeinern, es kommt natürlich immer auf den Beruf, die Firma und das Land an. Eine Trainerin muss selbstbewusst rüberkommen, da kann man kein graues Mäuschen brauchen. In der Schweiz ist Understatement angesagt, in den USA würden solche Aussagen als dünn wahrgenommen werden. Die Entscheidung hängt an Vielem, nicht zuletzt an Ihrem Geschmack. Viel Spaß also beim Würzen mit Fingerspitzengefühl.

Ein gutes Anschreiben zu verfassen ist anstrengend, viele Menschen empfinden diesen Schritt als belastend. Jedes Wort muss passen, man muss sich in ein gutes Licht rücken, ohne selbstlobend zu klingen. Es ist kein einfaches Geschäft, doch wie bei jeder anspruchsvollen Tätigkeit wächst die Freude mit dem Können.

5.2
Lebenslauf

Existiert ein perfekter Lebenslauf? Das ist sicherlich Geschmackssache, den Perfekten für alle Leser und Situationen wird es also nicht geben. Was es aber gibt, ist ein Lebenslauf, der passgenau auf die Stelle und den Arbeitgeber abgestimmt wurde. Wenn Sie sich beispielsweise bei einem Mediziner bewerben, der kurz vor der Pensionierung steht, dann können Sie von einem konservativen Geschmack ausgehen und sollten ein entsprechendes Format wählen. Schicken Sie Ihre Unterlagen per Post, kleben Sie ein echtes Foto im Standard-Format in die rechte obere Ecke, schreiben Sie in chronologischer Reihenfolge und erwähnen Sie Ihre Führerscheinklasse. Bei einem Startup können Sie andere Leser erwarten, da würde derselbe Lebenslauf vielleicht als sehr langweilig empfunden werden. Sie werden sich hier online bewerben, Ihr Foto als jpeg einfügen und die Infos über Ihren Führerschein durch einen kurzen Absatz „Ich über mich" ersetzen.

Woher wissen Sie aber, wie Ihre Leser ticken, wen Ihre Unterlagen beeindrucken müssen? Von Ihrer Firmenrecherche! Die Stellenausschreibung liefert natürlich weitere Anhaltspunkte: Wenn diese nur in Printmedien geschaltet wurde und lediglich eine Postadresse für Ihre Bewerbung angegeben ist, lässt das auf ein traditionelles Umfeld schließen. Finden Sie die Anzeige nur in Online-Portalen und stellt sich die Organisation in Ihrem Onlineauftritt durchgehend benutzerfreundlich und mit ein paar frischen Farben und Designs dar, dann können Sie von einem moderneren Umfeld ausgehen. In diesem Fall würden Sie mit einer Bewerbung per Post und einem angeklebten sepiafarbenen Bewerbungsfoto schlecht ankommen.

Auf jeden Fall: Sie müssen den Lebenslauf auf die Erwartungen und Wünsche des Arbeitgebers abstimmen.

Praxistipp: Man kann einen „kompletten" Lebenslauf schreiben, der alles enthält, in dem man dann mit der Zeit alle möglichen Dinge sammeln kann. Daraus entnehmen Sie dann für jede Bewerbung die Bausteine, die für die Stelle am besten passen.

Wo bewerben Sie sich?

Wie Sie Ihren Lebenslauf schreiben und verzieren, ist also stark davon abhängig, wo Sie sich bewerben. Und dieses „wo" kann sich nicht nur auf verschiedene Arbeitgeber beziehen, sondern auch darauf, wo sich dieser befindet. Viele Aspekte der Bewerbung sind keine globalen Konventionen, sondern lokale Gepflogenheiten. Das sieht man beim Bewerbungsfoto am besten. In Deutschland bewirbt man sich eigentlich immer mit Foto, während das in den meisten anderen Ländern eher belächelt wird.

> „Am Anfang meiner Bewerbungsphase in Deutschland verwendete ich kein Foto. Ich konnte mir einfach nicht vorstellen, dass so etwas die Entscheidung beeinflusst, ob man für ein Vorstellungsgespräch eingeladen wird oder nicht. Nach einer ganzen Reihe erfolgloser Bewerbungen änderte ich meine Strategie und fügte ein Foto bei. Dies machte einen riesigen Unterschied! Urplötzlich erhielt ich sehr viele Einladungen, obwohl ich sonst gar nichts an meinen Bewerbungen änderte. In einem Fall bewarb ich mich sogar ein zweites Mal auf exakt dieselbe Stelle bei derselben Firma. Ich ließ die Bewerbung genauso wie beim ersten Mal, das Foto war die einzige Änderung. Beim ersten Mal erhielt ich noch nicht einmal eine Antwort, beim zweiten Mal bekam ich innerhalb von 24 Stunden eine Einladung zum Vorstellungsgespräch."

Schauen Sie sich also immer die lokalen und branchenspezifischen Gepflogenheiten an und richten sich danach. Innerhalb der gebräuchlichen Struktur können Sie dann ja durchscheinen lassen, dass Sie kulturell ein interessanter Farbtupfer sein werden.

Umgang mit persönlichen Angaben

Abgesehen von den noch recht seltenen Pilotprojekten zur „anonymen Bewerbung" sollte Ihr Lebenslauf mit Ihren persönlichen Informationen beginnen: Name mit Titel, Geburtsdatum und Kontaktdaten (Adresse, Telefon, E-Mail). Es ist in Deutschland auch noch recht üblich, den Familienstand (altmodisch: Angabe des Mädchennamens) und die Anzahl der Kinder anzugeben, oftmals sogar mit deren Alter. Als junge Naturwissenschaftlerin sollten Sie allerdings davon Abstand nehmen, Familienstand und Kinder anzugeben, da genau das die entscheidenden Argumente sein können, Sie nicht einzuladen.

Wenn Frauen angeben, dass sie kinderlos verheiratet sind, stellen sie dadurch ungewollt die Frage in den Raum, ob noch Kinder kommen werden und wann das der Fall sein wird, zumindest wenn ihr Lebensalter diese Vermutung noch zulässt. Immerhin zeigen sie ja an, dass sie in einer festen Partnerschaft leben, eine Voraussetzung für Kinder also schon gegeben ist. Genauso ist es problematisch, wenn man Kinder angibt: Bei einem Kind steht dann die Frage im Raum, ob und wann das Zweite kommt. Und generell fürchten sich viele Arbeitgeber vor einem hohen Krankenstand durch all die zusätzlichen Kinderkrankheitstage, die den Arbeitnehmern zustehen, immerhin jedes Jahr zehn Tage pro Elternteil pro Kind.

Man kann das den Arbeitgebern noch nicht einmal wirklich übelnehmen, da Arbeitnehmerinnen während Schwangerschaft und Elternzeit hohe Schutzrechte genießen. Für drei Monate Schwangerschaftsurlaub wird die Mutter auf jeden Fall weg sein, in sehr vielen Fällen aber noch ein bis drei Jahre Elternzeit anhängen, wenn Sie danach überhaupt zurückkommt. Sie kann sogar drei Jahre wegbleiben und im letzten Moment kundtun: „Ich komme gar nicht mehr zurück. Entschuldigen Sie die Unannehmlichkeiten, mir drei Jahre lang den Stuhl warmzuhalten." Dieses Risiko einzugehen scheuen viele Arbeitgeber, es ist für sie ein Ausschlusskriterium, solche „Wackelkandidaten" einzustellen.

Interessanterweise trifft auf Männer genau das Gegenteil zu: Im Lebenslauf anzugeben, dass man verheiratet ist und vielleicht sogar Kinder hat, wird als Pluspunkt gesehen. Die Väter müssen dann verantwortlich handeln, um Ihre Familie zu versorgen und werden die Arbeitsstelle nicht so schnell wechseln, besonders wenn Sie dafür umziehen müssten. Kinder zu haben führt bei männlichen deutschen Arbeitnehmern dazu, dass im Schnitt sogar mehr gearbeitet wird als davor, der Arbeitgeber hat also recht damit, auf solche „grundsoliden" Bewerber zu setzen. Obwohl Väter jetzt auch Elternzeit nehmen können, bekommt der Arbeitgeber bei einem männlichen Angestellten meist nicht mehr als einen Kuchen im Kaffeeraum mit Grußkarte von dessen Nachwuchs mit.

Arbeitende Mütter haben also allgemein ein negatives Stigma auf dem deutschen Arbeitsmarkt und teilweise in der Gesellschaft. Arbeitgeber haben Probleme damit, die nötige Flexibilität einzuräumen, die Arbeitnehmer mit familiären Verpflichtungen eben gelegentlich benötigen. Und manchmal kommen dann beim Arbeitgeber neben den praktischen Problemen, die er lösen muss, noch die eigenen Vorurteile gegen arbeitende Mütter hervor. Im schlimmsten Fall sieht er sie ausschließlich in ihrer Rolle bei Kind und Herd und nicht am Arbeitsmarkt und wird daher wenig Verständnis für ihre Bedürfnisse aufbringen. Die hohe Motivation, Produktivität und Loyalität, die seitens der arbeitenden Mütter den Arbeitgebern entgegengebracht werden, erhalten dann keine Anerkennung.

Lassen Sie also das Thema Kinder und unter Umständen auch den Familienstand einfach aus Ihrem Lebenslauf raus. Bei den eingangs erwähnten anonymen Bewerbungen zeigt sich nämlich: Ist die Hürde zum Vorstellungsgespräch genommen, ist es viel einfacher, mit seinen Qualitäten zu punkten. Kandidaten werden nicht mehr so leicht in Schubladen oder Ablagen gesteckt, und die Unterschiede in Bezug auf Geschlecht, Alter oder Herkunft verfliegen nachweislich.

Wenn Sie sich aber dennoch dafür entscheiden, Ihre Familie zu erwähnen, dann zeigen Sie klar auf, dass Sie ausreichende Betreuung für die Kinder organisiert haben, um die Stelle angemessen auszufüllen. Das können Sie durch Anfügen von Formulierungen wie „ganztags betreut" oder „Betreuung gesichert" beim Punkt „Kinder" erreichen.

Exkurs	Arbeitsrecht: Was Sie angeben müssen

Ganz allgemein darf Ihr künftiger Arbeitgeber von Ihnen alle Informationen einfordern, die direkt mit Ihrer Arbeitsfähigkeit zu tun haben. Er kann dies durch Anforderungen an Ihre Bewerbungsunterlagen oder auch mit Fragen im Vorstellungsgespräch tun. Familienstand und Kinder sollten Sie wie besprochen auf jeden Fall aus dem Lebenslauf lassen, doch wie steht es mit dem Vorstellungspräch? Müssen Sie hier Ihre Kinder aktiv erwähnen und müssen Sie antworten, wenn Sie gefragt werden? Willkommen in der Grauzone des Arbeitsrechts. Wenn die Kinderbetreuung auf wackligen Füßen steht, dann ist Ihre Arbeitsfähigkeit in der Tat eingeschränkt und der Arbeitgeber hat ein Recht darauf, es zu erfahren. Wenn die Kinderbetreuung gesichert ist, könnten Sie es riskieren, darüber zu schweigen. In dem Fall sollten Sie es aber sogar schaffen, das Thema als Pluspunkt rüberzubringen: Sie sind organisiert und vorausschauend und rein praktisch gibt es dann ja kaum einen Grund, Sie wegen Ihrer Mutterschaft abzulehnen.

Fragen außerhalb der Grauzone sind eindeutig solche nach Schwangerschaften, Familienplanung oder schlicht nach Dingen innerhalb Ihrer Privatsphäre. Darunter fällt auch die Frage, ob Ihr Partner Einwände gegen Reisetätigkeit Ihrerseits oder Ähnliches haben könnte. Da dies unzulässige Fragen sind, dürfen Sie bei der Beantwortung sogar lügen. Ein Schweigen wäre zwar auch zulässig, würde für Sie aber einen klaren taktischen Nachteil bedeuten. Falls Arbeitgeber dennoch an solche Informationen kommen möchten, stellen sie oftmals keine Fragen, sondern machen Stellungnahmen: „Ihnen ist ja sicherlich bewusst, dass diese Tätigkeit kaum mit gewissen familiären Verpflichtungen zu vereinbaren ist." Sie können solche Aussagen einfach und selbstsicher bejahen, „klar ist das schwierig", weiß doch jeder! Das ist eine legitime Meinung zu einem allgemeinen Thema, hat aber keinen Bezug zu Ihrer Lebenssituation. Und sich Notizen über den Arbeitgeber machen: „Nicht familienfreundlich."

Moderne Frau, moderner Lebenslauf: Schlüsselwörter, Highlights und Kurzprofile

In modernen Lebensläufen wird das eigene Profil gerne mit Highlights in Form eines kleinen „Abstracts" oder Kurzprofils zusammengefasst, bevor im eigentlichen Lebenslauf die Daten nachgeliefert werden. Das ist sicherlich ein sehr schöner Einstieg für Ihre Leser, es gibt Ihnen die Möglichkeit, Akzente dafür zu setzen, was Sie besonders gerne rüberbringen wollen.

Sie haben diesen Qualitätsmanagementkurs belegt, der Sie von anderen Bewerbern abheben soll? Hier können Sie ihn gut darstellen. Sie sollten sich aber nicht zu sehr wiederholen, besonders nicht mit denselben Formulierungen wie im Anschreiben oder dem Hauptteil des Lebenslaufes. Solche Kurzprofile müssen mehr noch als die restlichen Unterlagen auf den Arbeitgeber und die Stelle zugeschnitten werden. Fangen Sie immer mit den wichtigsten Informationen an, besonders wenn Sie mit Highlights arbeiten.

Beispiel für Highlights

- Chemikerin mit langjähriger Erfahrung in Festkörper-NMR
- Teamleitungserfahrung bei zwei Industriebetrieben
- Unternehmerisches und kundenorientiertes Denken
- Unkonventionelle Problemlöserin und Teamspielerin

Beispiel für ein Kurzprofil

„Ich bin eine hochmotivierte und gut organisierte Teamspielerin mit einem fundierten fachlichen Hintergrund in medizinischer Biologie. Ich habe drei Jahre Erfahrung im Projektmanagement bei einer mittelgroßen Biotechnologiefirma sowie zwei Jahre Erfahrung im Business Development bei einer großen Pharmafirma. Ich verfüge über starke kommunikative Fähigkeiten, arbeite strukturiert und strebe danach, ein tatkräftiges Team zu leiten."

Was soll ins Auge stechen? Beginnen Sie mit dem Höhepunkt

Kennen Sie das Buch „Ihr Name war Sarah?" Während des gesamten Buchs fragt sich der Leser, ob Sarah ihren kleinen Bruder wieder finden wird. Erst auf den allerletzten Seiten erhält man die Antwort auf diese drängende Frage. Klar, wenn man es bereits zu Beginn erfahren hätte, wäre das Buch wohl nicht halb so spannend gewesen. Bei Filmen ist es genau dasselbe, Sie möchten nicht gerne das Ende erfahren, bevor Sie den Film selbst zu Ende gesehen habe, es würde Ihnen schlicht den Spaß und die Spannung nehmen.

In Ihrem Lebenslauf ist es allerdings genau anders herum: Hier müssen Sie die Leser mit Ihrem Höhepunkt fesseln, anstatt sich langsam darauf zuzubewegen. Sie denken, dass Ihr Lebenslauf ein äußerst interessantes Dokument über Ihre Laufbahn ist und Sie es auch so darstellen müssten? Leider nein, denn für Ihre Leser wird es niemals so interessant sein, wie für Sie selbst. Ein langsames Hinarbeiten auf den Höhepunkt sollten Sie sich also unbedingt sparen. Beginnen Sie mit den relevantesten Erfahrungen, also in der Regel was Sie zuletzt getan haben. Vergessen Sie nicht, dass Ihre Bewerbung fast immer eine von vielen sein wird, wenn sie also nicht sofort „zündet" und das Interesse der Leser bindet, wird sie unweigerlich ausgesondert werden. Das beantwortet auch die Frage, ob Sie Ihren Lebenslauf chronologisch oder gegenchronologisch aufbauen sollen. Sicherlich ist Ihr Schulabschluss weniger interessant, als Ihre Promotion, diese muss also weiter oben stehen. Und wenn Sie mehr als ein Jahr gearbeitet haben, ist das dann interessanter als Ihre Ausbildung.

Sie müssen nicht Ihr gesamtes Leben auf einen Zeitstrahl setzen, Sie können z. B. nach Arbeit und Ausbildung unterteilen. Und dann ist es Ihnen freigestellt, mit welchem dieser Blöcke Sie beginnen, sodass Ihre wichtigste Station oben steht. Dieses Zusammenstellen verschiedener Blöcke kann auch dazu verwendet werden, dass Lücken im Lebenslauf weniger offensichtlich sind, doch übertreiben Sie damit nicht. Sie wollen dem Leser das Leben nicht unnötig schwer machen, das Kaschieren geht sonst zu sehr auf Kosten der Übersichtlichkeit. Mit Lücken können Sie auch offensiv umgehen, nicht nur Arbeit und Studium gehören in den

Lebenslauf: „Selbstständige Tätigkeiten", „Vorträge halten" oder „Fortbildungen" würden Sie als aktive und motivierte Person erscheinen lassen.

Das sind Sie: Ihr Inhalt

Stellen Sie sich vor, dass alle Bewerber, also auch Sie, einen Koffer voller Fähigkeiten bei sich haben, die im Laufe des Lebens gesammelt wurden. In der ersten Runde, also dem Durchblättern Ihres Lebenslaufes durch den Arbeitgeber, erhalten Sie nur sehr kurz Zeit, um zu zeigen, dass Ihr Koffer mehr Inhalt und Wachstumspotenzial als die der anderen Bewerber hat. Wie funktioniert das? Sie müssen klar herausstellen, wo Ihr Koffer überall schon unterwegs war und welche Souvenirs Sie bei den verschiedenen Stationen mitbringen konnten. Bei Einstiegspositionen sind diese Souvenirs eher die Fähigkeiten, die Sie gelernt haben, auf höheren Karrierestufen werden dann die vorzeigbaren Erfolge immer bedeutsamer.

Ein guter Weg, um die bisherigen „Reiseziele" und Ihre „Souvenirs" zu zeigen, ist es, wenn Sie Stichpunkte Ihrer bisherigen Leistungen bei den jeweiligen Positionen aufführen.

Beispiel einer Sektion Arbeitserfahrung

05/2010 – 04/2012 Postdoc bei Prof. Dr. Schenzinger

EMBL Heidelberg, Deutschland

- Leitung eines Projektes aus dem Bereich der Proteinchemie. Drei Doktoranden und zwei Masterstudenten im Projekt, drei Publikationen
- Erfolgreiches Einwerben und Verwalten von Fördergeldern
- Vorträge über die Ergebnisse auf mehreren internationalen Konferenzen

02/2007 – 03/2010 Promotion bei Prof. Dr. Sinawatra

University of Bristol, England

- Betreuung von Forschungsarbeiten von BSc und MSc Studenten
- Organisation einer wissenschaftlichen Konferenz im Rahmen eines Forschungsclusters
- Mitarbeit beim Peer-Review Verfahren von Publikationen
- Kollaborationen mit zwei Forschungsgruppen aus unterschiedlichen Fachbereichen

Sie können noch eine oder zwei Sektionen mit besonderen Fähigkeiten oder Kenntnissen einbringen, z. B. allgemeine Fähigkeiten und technische. Was Sie da genau hineinbringen und in welcher Detailtreue hängt von zwei Dingen ab: Wie „hoch" ist die Position, für die Sie sich bewerben und was beinhaltet diese? Wenn Sie eine Position als Abteilungsleiter oder Geschäftsführer einnehmen wollen, interessieren Ihre Laborerfahrungen nicht, Sie werden sowieso nicht mehr Hand anlegen müssen. Sie würden durch so etwas nur Ihren Lebenslauf unnötig aufblähen und unleserlich machen, außerdem zeigen Sie dadurch an, dass Sie eine pedantische Ader besitzen oder gar ein Kontrollfreak sind. Wenn Sie sich hingegen auf eine Stelle im Labor bewerben, sollten ihre technischen Fähigkeiten im Mittelpunkt stehen.

Unter allgemeinen Fähigkeiten können Sie alles einbringen, was Ihre Stärken unterstreicht und für die Position relevant ist. Ihre Erfahrungen beim Publizieren, wenn es um eine Stelle mit viel textbasierter Arbeit geht. Der Umgang mit spezieller Software, wenn Sie diese auf der neuen Stelle benötigen. Oder Erfahrungen mit Bilanzen und Rechnungswesen, wenn es um eine Stelle mit Budgetverantwortung geht.

Es gibt noch eine Reihe an Informationen, für die Sie entweder eine eigene Sektion einrichten können oder die Sie bei bestehenden Sektionen einordnen können: berufliche Weiterbildung, Nebentätigkeiten, Sprachen, Preise und Stipendien. Gegen Ende des Lebenslaufes kommt dann noch eine Publikationsliste mit (Unter-)Sektionen für Patente, Buchkapitel und Konferenzbeiträge. Bei sehr langen Publikationslisten bietet es sich an, diese in einem Anhang zu präsentieren, damit der Lebenslauf selbst nicht überladen wird. Bei sehr kurzen Publikationslisten ist es verführerisch, alle Konferenzbeiträge mit anzugeben, damit es nach mehr aussieht. Passen Sie aber auf, schon bei einem moderat fortgeschrittenen Wissenschaftlerleben wirkt das so deplatziert wie die Erwähnung Ihrer Grundschule. Das ist ein ganz allgemeiner Grundsatz für Lebensläufe: Sie müssen ab und zu ausmisten. Das Abitur interessiert bei Berufseinsteigern vielleicht noch, doch ist es bei einer 40-Jährigen mit fünf Jahren auf Führungspositionen nicht mehr relevant.

Ganz am Schluss können Sie noch zwei oder drei Referenzen angeben. Manchmal wird explizit danach gefragt, ansonsten ist es Ihnen freigestellt, ob Sie diese hineinnehmen wollen. Geben Sie hier an, wie Ihre Referenzen zu erreichen sind und wo sie arbeiten. Es gehört zum guten Ton, die Referenzen vorher zu fragen, ob sie dazu bereit sind. Das kann auch zum Auffrischen wertvoller Kontakte dienen. Das ist für diese angenehmer und Sie haben bessere Karten, falls der Arbeitgeber tatsächlich Rückfragen stellt. Sie müssen Ihren aktuellen Arbeitgeber nicht als Referenz verwenden, da man sich in der Regel ohne dessen Wissen bewirbt. Man kann sogar explizit im Anschreiben vermerken, dass man sich in ungekündigter Anstellung befindet und die Bewerbung vertraulich zu behandeln ist.

Dinge, die uns (nicht) interessieren: was wichtig und was redundant ist

Wie bereits erwähnt war es vor gar nicht allzulanger Zeit noch selbstverständlich, die Namen und Berufe von Partnern und Eltern auf dem eigenen Lebenslauf anzugeben. Das können Sie sich heutzutage gar nicht mehr vorstellen, oder? Was Ihre Eltern heute tun oder irgendwann einmal getan haben, sollte doch für Ihren Arbeitgeber nicht relevant sein, oder? Und das sind nicht die einzigen Dinge, die sich in den letzten Jahren geändert haben.

Wir haben zu Beginn dieses Kapitels ein wenig über die Erwähnung Ihres Führerscheins geschmunzelt. In den meisten Berufen würde den Arbeitgeber eher interessieren, ob Sie Flugangst haben oder nicht. Was genau Sie erwähnen, sollten Sie von der betreffenden Stelle abhängig machen. Wenn Sie im Außendienst anfangen wollen, ist der Führerschein natürlich unerlässlich.

Es gibt aber auch Informationen, die die Arbeitgeber in der Tat sehr interessieren, viel mehr sogar als es viele Bewerber realisieren. Das sind die sogenannten „Nebentätigkeiten", „Extracurriculare Aktivitäten" oder fast abfällig „Sonstiges" genannt. Dahinter können sich alle Tätigkeiten verbergen, die nicht direkt Ihre Hauptaufgabe, Ihren Beruf, darstellen, die aber sehr wichtig sind, um dem Arbeitgeber zu zeigen wofür Sie sich engagieren und was für Fähigkeiten Sie gesammelt haben. Gerade Wissenschaftler finden ihre wissenschaftlichen Kernaufgaben sehr oft viel wichtiger als diese Nebentätigkeiten, immerhin haben Sie ja sehr viel mehr Zeit in Ihre neunte Publikation gesteckt als in die Kolumne, die Sie für die Zeitung geschrieben haben, oder? Das ist aber eine falsche Einschätzung, denn es ist sehr wichtig zu zeigen, dass Sie auch in Aktivitäten außerhalb des Labores involviert waren: Haben Sie an einem Businessplan-Wettbewerb teilgenommen, eine Konferenz organisiert, Gelder eingeworben, hatten Budgetverantwortung, haben Publikationen begutachtet oder bei einer Podiumsdiskussion teilgenommen?

Es sind sogar Dinge interessant, die noch weiter weg von Ihren zukünftigen Kernaufgaben sind: Waren Sie Trainerin einer Fußballmannschaft, haben Schwimmunterricht gegeben oder ein Ferienlager für schwererziehbare Kinder organisiert? Sie machen nicht nur Ihren Lebenslauf damit einzigartig und können dem Arbeitgeber zeigen, dass Sie sich positiv abheben, energiegeladen und kreativ sind und gerne die Initiative ergreifen. Sie stellen damit tolle Gesprächsthemen für das Vorstellungsgespräch zur Verfügung. Sie sollten aber auch darauf gefasst sein, dass Ihre Gesprächspartner darauf anspringen werden. Wenn Sie denken, dass die Aktivitäten zu privat sind oder Ihnen für die Bewerbung keinen Vorteil einbringen, dann lassen Sie sie raus. Dasselbe gilt auch für alles, was Ihre Überzeugungen, etwa politischer oder religiöser Natur, ins Rampenlicht stellt.

Sollten Sie Ihre Hobbys im Lebenslauf angeben oder nicht? Auf diese Frage gibt es keine klare Antwort, es ist Geschmackssache. Man kann argumentieren, dass ein Lebenslauf kein totaler Seelenstriptease sein muss und dass ein Abschnitt Hobbys den Lebenslauf unnötig lang macht. Andererseits kann man aber auch anführen, dass Sie damit all den beruflichen Stationen und technischen Fähigkeiten noch einen Farbtupfer beifügen und sich als Person darstellen. Wenn Sie für sich selbst entscheiden wollen, ob Sie Ihre Hobbys anführen wollen, dann sollten Sie drei Fragen für sich beantworten: 1. Was für Hobbys haben Sie überhaupt? 2. Würden Sie während des Vorstellungsgesprächs gerne darüber sprechen? Und 3. Passt das Hobby zu den persönlichen Eigenschaften, die Sie im Gespräch rüberbringen wollen? Hier einige exemplarische Hobbys mit den Assoziationen, die diese beim Leser hervorrufen:

- Paragliding: Risikobereit. Arbeitgeber könnte sich vor Ausfallzeiten bei Sportunfällen sorgen.

- Teamsport: Teamspieler. Diese automatische Bewertung wird immer mehr infrage gestellt, da auch Soziopathen und Egomanen eine feste Größe in jeder Sportmannschaft sind.
- Schach: Introvertierter Hirnmensch.
- Marathonläufer: Willensstark, läuft vor etwas davon?
- Lesen oder kochen: Das macht fast jeder Mensch irgendwie, klingt deshalb als würde nichts außerhalb der Arbeit getan werden.
- Reisen: (Inter-)kulturell interessiert. Kann aber auch als Platzhalter ähnlich wie „lesen und kochen" gesehen werden.

Schlafmützen, Hausmuttchen und fleißige Bienen: von Arbeitslosigkeit und Elternzeit

Sie waren nach Ihrem Studium eine Weile arbeitslos? Oder Sie waren in Elternzeit? Das ist kein Problem, außer diese Auszeit war recht lange. Sie müssen sich nicht für Auszeiten schämen, gehen Sie einfach ganz offen und direkt damit um. Falls Sie eine Fortbildung oder eine längere Reise gemacht haben, erwähnen Sie das. Es sieht sicherlich viel besser aus als eine Lücke, die den Anschein erweckt, dass Sie nur alle Folgen Ihrer Lieblingsserie angesehen haben. Sehen Sie sich die folgenden Beispiele an und wie sie auf Sie als Arbeitgeberin wirken würden:

Variante A

2011–2013: Elternzeit

Variante B

2011–2013: Elternzeit

- Fernstudium „Interkulturelle Kommunikation" bei Anbieter XY
- Freiberufliche Projekte: Übersetzungen und Editieren
- Botschafterin des „Mädchen machen MINT Programmes" an den Grundschulen im Landkreis Dortmund

Im Gegensatz zu Variante A wird in Variante B klar gezeigt, dass die Bewerberin eine positive Einstellung hat, verschiedene Lebenssituationen mit Kreativität angehen kann und eine hohe Motivation hat, nach der Elternzeit wieder zu arbeiten.

Format und Länge

Das Auge isst mit, und so ist auch bei Ihrem Lebenslauf nicht nur entscheidend, welche Inhalte dieser enthält, sondern auch wie Sie diese präsentieren. Zuallererst sollte alles klar dargestellt und angeordnet sein, Sie sollten den Lebenslauf also keinesfalls überladen und eine gewöhnliche Schriftart und -größe (z. B. Arial, Times New Roman, Calibri, 11–12 pt) verwenden.

Wann eine einzelne Seite überladen ist, kann Ihnen Ihr eigenes Auge sagen, wenn Sie die Seite ausgedruckt vor sich haben. Wie lange der gesamte Lebenslauf werden soll, hängt dagegen stark vom Arbeitgeber ab. Managementberatungen fordern beispielsweise zu sehr knappem Schreibstil auf (eine bis zwei Seiten), was vielen Wissenschaftlern unmöglich erscheint. Doch es geht, Sie müssen nur eine strenge Auswahl treffen und Details weglassen oder verschmelzen. Für die meisten Stellen sollten Sie 2–4 Seiten für Ihren Lebenslauf verwenden, für Stellen an Hochschulen können Sie sich etwas mehr ausbreiten.

Was man abschließend noch überraschenderweise erwähnen muss, ist die Bedeutung von Einheitlichkeit im gesamten Dokument. Jeweils gleiches Format von Text, Überschrift und Kopfzeile, einheitlich alle Unterpunkte mit oder ohne Punkt abschließen, Zeileneinzüge, Format der Zitate, all das sind vermeidbare Fehler, die im Lebenslauf nicht nur als „Schönheitsfehler" betrachtet werden. Sie hinterlassen sonst einen chaotischen Eindruck bei Ihrem zukünftigen Arbeitgeber.

… and the winner is: not you! Troubleshooting for Dummies

Sie haben endlich einen Lebenslauf geschrieben und verbessert, bis Sie ihn für perfekt oder zumindest sehr gut halten, haben sich auf über ein Dutzend Stellen beworben, aber noch keinen Erfolg gehabt, noch nicht einmal eine Einladung zum Vorstellungsgespräch? Aber klar, es liegt sicherlich an der ungünstigen Lage des Arbeitsmarktes? Oder ist vielleicht doch etwas nicht in Ordnung mit Ihren Unterlagen? Was ist jetzt zu tun?

Sie könnten bei den Arbeitgebern nachfragen, was an Ihren Unterlagen nicht gepasst hat. In sehr seltenen Fällen funktioniert das sogar, doch in aller Regel ist das ein hoffnungsloses Unterfangen. Betrachten Sie es von der Gegenseite. Warum würden die Arbeitgeber sich die Mühe damit machen, Ihnen ein Feedback zu geben, vielleicht müssten Sie sogar nochmal Ihre Unterlagen aus der Ablage hervorkramen? Zudem empfinden es die meisten Leute als unangenehm, anderen ein negatives Feedback zu geben. Und schließlich ist es sogar gefährlich für die Arbeitgeber, Ihnen die tatsächlichen Gründe für die Ablehnung zu nennen. Insbesondere das Antidiskriminierungsgesetz („Allgemeines Gleichstellungsgesetz") verbietet es, Bewerber aufgrund von Merkmalen wie Geschlecht oder ethnischer Herkunft auszusondern. Die Arbeitgeber wollen sich nicht der Gefahr aussetzen, von frustrierten Bewerbern verklagt zu werden. Sie werden auf Nachfragen zu den Gründen für die Ablehnung nahezu immer nichtssagende und ausweichende Antworten erhalten: „Wir hatten über hundert Bewerbungen und mussten uns leider für einen Kandidaten entscheiden, dessen Profil besser zur Stelle passt."

Was ist falsch gelaufen? Machen Sie sich auf die Fehlersuche. Sie können in Ihrem direkten Umfeld darum bitten, Ihren Lebenslauf kritisch gegenzulesen. Es ist ganz generell so, dass man in seinen eigenen Texten nach einer Weile keine Fehler mehr entdeckt, weil man denselben Text schon so oft gelesen hat. Es könnte aber sein, dass Ihre Bekannten davor zurückschrecken, mehr als nur kleinere Makel wie Rechtschreibfehler anzumerken. Man will ungern Kritik üben, die danach klingt, als ginge es nicht nur um das Dokument, sondern um die Person an sich.

Sie können sich aber auch an einen Karrierecoach wenden, dessen Beruf es ist, Ihnen eben dieses kritische und ehrliche Feedback zu geben. Und Sie können dort nicht nur Hilfe für Ihre Unterlagen erhalten, sondern auch für das Vorstellungsgespräch und die Gehaltsverhandlungen.

> „Nach vielen unerfolgreichen Bewerbungen fragte mich eine Freundin, ob ich mir mal Ihren Lebenslauf ansehen könnte. Sie erwähnte darin keine der wirklich großartigen Dinge, die sie getan hat (EU Fördermittelantrag schreiben). Was sie aber in ihrer Sektion „Hobbys" erwähnte, war kochen und Plätzchen backen. Und das als einzige Hobbys! Ich musste ihr ganz deutlich sagen, dass so ein Lebenslauf nichts als Langeweile ausstrahlt."

> „Wir hatten einmal eine Bewerbung einer Dame, die sich auf dem Foto mit Tank Top abbilden ließ. „Was denkt die sich dabei?" Wir sprachen dennoch mit ihr und es stellte sich heraus, dass sie eine sehr kompetente und selbstbewusste Person war. Allerdings bin ich mir sicher, dass die meisten Firmen so eine Bewerbung nicht weiter bearbeiten würden."

Praxistipp: Bei kurzen aber sehr wichtigen Dokumenten wie Ihren Bewerbungsunterlagen lohnt sich ein Trick zum Entdecken dieser kleinen, renitenten Fehler: Lesen Sie das Dokument rückwärts.

5.3
Big brother is watching you: Ihre Präsenz im World Wide Web

Ihre Dokumente sind nun endlich perfekt, Sie haben sogar Ihre kritische Schwester nach einem scharfzüngigen Feedback gefragt und sind jetzt bereit, Ihre Unterlagen abzuschicken. Spätestens jetzt sollten Sie mal nachschauen, was im Internet über Sie zu finden ist, geben Sie doch einfach mal Ihren Namen bei einer Suchmaschine ein. Gibt es peinliche Bilder auf Facebook? Welche Informationen geben Sie auf den professionellen Social Media Plattformen wie LinkedIn oder Xing an? Stimmen diese Informationen mit Ihren Angaben aus den Bewerbungsunterlagen überein? Wenn Sie sich beispielsweise auf eine Stelle im Patentwesen bewerben, aber auf Ihrem Online-Profil darstellen, dass Ihr Hauptinteresse die Forschung ist, verlieren Ihre Bewerbungsunterlagen an Glaubwürdigkeit. Sie sollten auch prüfen, ob man Hinweise auf Privates finden kann, das Sie nicht gerne ins Bewerbungsverfahren mitnehmen möchten. Gehen Sie immer davon aus, dass man Ihren Namen vor dem Gespräch im Internet suchen wird. So erzählte uns Dr. Peter Pack, Partner und Geschäftsführer, EMBL Ventures:

> „Es gab einen Fall, in dem ein Bewerber für eine QM-Aufgabe zunächst einen strukturierten und fleißigen Eindruck hinterlassen hat, die Mitarbeiterinnen dann aber im Internet rausgefunden hatten, dass er ein ausgesprochener „Frauenhasser" ist. Da gab es dann einen kleinen internen Aufstand und ich habe die Probezeit vorzeitig beendet."

Sie denken, Sie haben nichts zu befürchten, weil Sie gar kein Profil bei einem der Netzwerke haben? Stop! Sie sollten sich auf jeden Fall mal Gedanken machen. Sie könnten dadurch sehr weltfremd rüberkommen, so als hätten Sie die letzten Jahrzehnte unter einem Stein verbracht. Es kann also genau das der Grund sein, warum Sie nicht zum Vorstellungsgespräch eingeladen werden. Ein Profil bei Facebook benötigen Sie nicht, doch sollten Sie bei einer der professionellen Social Media Seiten vertreten sein. Das gilt umso mehr, wenn Sie sich um eine Stelle bewerben, bei der es auf ein großes soziales Netzwerk und den Einsatz moderner Medien ankommt (beispielsweise Technologie-Scout, Personalabteilung, PR, Marketing). Also legen Sie ein Profil an und pflegen Sie es wie Ihren echten Lebenslauf, es ist Ihre digitale Visitenkarte.

5.4
Einreichen von elektronischen Unterlagen

Sie sitzen hinter Ihrem Computer, Ihre Finger zittern leicht vor Aufregung. Jetzt ist der Moment gekommen, um auf „Senden" zu drücken. Sie überprüfen noch ein letztes Mal, ob auch wirklich alle Dokumente hochgeladen wurden und ob Sie auch wirklich die aktuellste Version verwendet haben. Wurde auch wirklich immer der richtige Firmenname verwendet oder gab es doch einen der berühmten Copy-and-paste Fehler? Alles nochmal überprüft, alles in Ordnung.

Und dann werden Sie doch noch von Ihren Zweifeln eingeholt. Sollten Sie alle Dokumente als einzelne Dateien schicken oder alles zusammen in einer großen Datei? Was ist mit den Zeugnissen? Und das Anschreiben? Ist das nun im Anhang oder sollten Sie es in den Textkörper der E-Mail schreiben? Das war alles viel klarer, als noch alle Bewerbungen per Post verschickt wurden. Auf einige dieser Fragen gibt es keine eindeutige Antwort, es ist eine Frage Ihres Stils. Hier dennoch einige Punkte, die wir Ihnen mit auf den Weg geben wollen.

Schicken Sie das Anschreiben als Anhang, insbesondere wenn Sie einen längeren Text verfasst haben. Auf diese Weise können Sie sicher sein, dass das Anschreiben in einem ansprechenden Layout gelesen werden kann und das E-Mail-Programm des Lesers nicht zu unmöglichen Zeilenumbrüchen oder gar unleserlichen Sonder|Ψ%chen führt.

Verwenden Sie pdf als Format, das kann jeder öffnen und Sie laufen nicht Gefahr, dass der Leser noch versteckte Sünden alter Versionen im Korrekturbereich aufdecken kann. Vereinen Sie all Ihre Dokumente in ein oder zwei Dateien, sonst muss Ihr Leser viele einzelne Dokumente hochladen, öffnen und vielleicht noch einzeln ausdrucken. Gleichzeitig sollte so eine einzelne Datei aber nicht zu groß werden (3 MB), beschränken Sie sich also bei der Auflösung von Scans auf ein sinnvolles Maß (ca. 300 dpi).

Wenn Sie alles inklusive Ihres Anschreibens als Anhang verschicken, dann benötigen Sie noch einen sehr knappen Text für die E-Mail selbst, ein zweites Anschreiben wäre hier verwirrend. Es reicht völlig aus, wenn Sie darüber informieren, worauf Sie sich bewerben und auf die Anhänge verweisen. Hier ein Beispiel:

Sehr geehrter Herr Schleppkraut,

ich möchte mich hiermit, wie gestern telefonisch besprochen, auf die Position als Mechatronikerin (Kennziffer 123456–78) bei Ihnen bewerben. Mein Anschreiben, den Lebenslauf und alle sonstigen Unterlagen finden Sie im Anhang dieser E-Mail.

Ich freue mich darauf, von Ihnen zu hören.

Mit freundlichen Grüßen,

Jana Litzensen

———————————

Dr. Jana Litzensen
Schlossallee 17
D-48143 Münster
Tel.: 0176 1234 1234
E-Mail: j.litzensen@gmail.com

Die Signatur in der E-Mail verleiht ein professionelles Aussehen, und erleichtert zudem die Kontaktaufnahme, niemand muss Ihre Unterlagen öffnen, um Ihre Telefonnummer zu finden. Dabei sollten Sie eine professionell klingende E-Mail-Adresse verwenden (j.litzensen@gmail.com) und keine Spätpubertierenden-Spaß-Adresse (partygirl@weekend.de).

Wie sieht es mit Ihren Zeugnissen aus? Auch das ist gar nicht so schwer. Konzentrieren Sie sich auf diejenigen Dokumente, die für die Stelle wichtig sind, und speichern Sie diese in einem PDF-Format gesammelt ab. Die Arbeitszeugnisse sind dabei die einzigen Dokumente, bei denen mehr zu beachten ist als nur einscannen und abschicken.

Zwei typische Aussagen zu Arbeitszeugnissen:

> „Arbeitszeugnisse sind völliger Quatsch, ich verschwende nie meine Zeit damit, sie zu lesen. Da sowieso nur Gutes drin stehen darf, hat es ja keinen Informationswert."

> „Das Arbeitszeugnis ist ein sehr wichtiger Bestandteil der Bewerbungsunterlagen. Ich will ja schließlich hören, was ehemalige Arbeitgeber über die Bewerber zu sagen haben."

Na, was jetzt? Quatsch oder nicht?

Exkurs	Arbeitsrecht: Arbeitszeugnisse

Der gesetzliche Rahmen sieht wie folgt aus: Arbeitszeugnisse müssen in der Tat wohlwollend formuliert sein. Das heißt aber nicht, dass sie deswegen alle gleich sein müssen oder dass man als Arbeitgeber sofort verklagt wird, wenn man tatsächliche Schwächen auch durchscheinen lässt. Ganz im Gegenteil:

Man darf beim Lob gar nicht übertreiben, denn man ist den Lesern gegenüber, also den zukünftigen Arbeitgebern, zur Wahrheit verpflichtet. Aus diesen Gründen hat sich eine Art Formelsprache entwickelt, mithilfe derer die Leistungen, ausgedrückt in Schulnoten, in Text übersetzt werden. Als Beispiel das „Schulfach" Arbeitsbereitschaft: Hier werden Formulierungen gewählt wie „Sie war immer äußerst engagiert" (Note 1) bis hinab zu „Sie war im Allgemeinen engagiert" (Note 5).

Achtung Auflösungsvertrag: Will Ihr Arbeitgeber Sie loswerden, bietet er Ihnen oftmals einen Auflösungsvertrag an, um langwierige Rechtsstreitigkeiten zu vermeiden. Ein Bestandteil solcher Auflösungsverträge ist oftmals, dass Sie ein Arbeitszeugnis mit „Bestnoten" erhalten. Achtung ist hier für beide Seiten geboten. Als Arbeitgeber macht man sich durch solche eindeutigen Lügen strafbar. Als Arbeitnehmer sollten Sie aufpassen, mit einem solchen „perfekten" Arbeitszeugnis hausieren zu gehen. Man kann daraus oft schließen, dass es Bestandteil eines Auflösungsvertrages war, dass man Sie also aus irgendeinem Grund nicht mehr haben wollte.

Wann können Sie ein Arbeitszeugnis erhalten? Und wie können Sie ein Arbeitszeugnis erhalten, wenn Sie sich bewerben, Ihr Chef aber noch nichts davon wissen soll? In diesem Fall sollten Sie nach Zwischenzeugnissen fragen oder am besten schon früher danach gefragt haben. Einen Anspruch darauf haben Sie immer, wenn sich an Ihrem Arbeitsplatz etwas Bedeutendes ändert, z. B. ein Vorgesetztenwechsel oder Sie beginnen eine neue Stelle innerhalb der Firma. Solch ein Zwischenzeugnis hat noch einen zweiten Vorteil neben der Tatsache, dass Sie es bei Bewerbungen immer schon parat haben: Der Arbeitgeber darf nur in Extremfällen beim abschließenden Arbeitszeugnis eine schlechtere Bewertung als im Zwischenzeugnis abgeben. Besorgen Sie sich dieses Dokument also schon, bevor Sie an einen Wechsel denken. Falls die Trennung vom alten Arbeitgeber mit Konflikten beladen ist, müssen Sie zumindest nicht um die Formulierung in Ihrem Zeugnis bangen.

Arbeitszeugnisse zu lesen und zu schreiben ist eine Wissenschaft für sich. Ein gutes Beispiel für einen solchen Fallstrick ist die Vollständigkeit: Wenn Ihr Arbeitgeber einen Aspekt Ihrer Arbeitsweise auslässt, so ist er sich der genauen Form entweder nicht bewusst oder verwendet die Auslassung, um versteckt Kritik zu üben. Um sich abzusichern, dass Ihnen nicht aus Versehen oder gar aus versteckter Boshaftigkeit ein „faules Ei" untergejubelt wurde, können Sie Ihre Arbeitszeugnisse prüfen lassen. Wenn Sie sich ungerecht behandelt fühlen, dann können Sie das Zeugnis zurückweisen und ein besseres verlangen.

> „Ich bat meinen Arbeitgeber um ein Zwischenzeugnis, da ich in die Babypause ging und nicht wusste, ob ich danach wieder in derselben Abteilung arbeiten würde. Das Zeugnis las sich erstmal gut, doch wollte ich auf Nummer sicher gehen und schickte es zu einer Firma, die Zeugnisanalysen übers Internet anbietet. Ich war im ersten Moment über das Resultat erschrocken, denn die tollen Formulierungen übersetzten

sich keinesfalls nur in die Schulnoten Eins und Zwei. Ich sprach meinen Chef darauf an und der war ganz baff. Nein, er wollte mir ein durchweg positives Schreiben mitgeben, war sich der Details der Formelsprache nicht bewusst und besserte das Schreiben umgehend nach."

Was ist es aber nun, so ein Zeugnis: Quatsch oder nicht? Das müssen Sie selbst wissen, doch ist diese Antwort nur relevant, wenn Sie auf der Arbeitgeberseite sitzen und Bewerbungen lesen. Als Bewerberin kann es Ihnen egal sein, fügen Sie die Zeugnisse einfach stets Ihren Bewerbungen als Anlage bei, ob Sie es nun Quatsch finden oder nicht.

Es gibt eine Reihe von Unternehmen, bei denen Sie um das Ausfüllen eines (Online-)Bewerbungsformulars nicht herumkommen. Das ist ein tolles Format für die Arbeitgeber, da alle Informationen automatisch in einer übersichtlichen Datenbank landen und für eine erste Auswahl schnell miteinander verglichen werden können. Für die Bewerber ist das mit einem zusätzlichen Aufwand verbunden. Es gelten aber dieselben Regeln wie für die anderen Formen der Bewerbung.

Praxistipp: Nehmen Sie sich die Zeit, alle Zeilen korrekt auszufüllen, auch wenn diese Information redundant zu Ihrem Lebenslauf im Anhang scheint. Große Unternehmen filtern in der ersten internen Selektionsrunde nach Informationen in den Eingabemasken.

„Für mich waren online Bewerbungstools eine große Herausforderung, da diese meist so zugeschnitten sind, dass man einen Lebenslauf nach Standard absolviert hat, also in der Reihenfolge Abi, Studium, Arbeit. Bei mir passte das aber hinten und vorne nicht, da ich zunächst Berufserfahrung gesammelt habe, anschließend mein Abi nachgeholt habe und dann erst das Studium und die Promotion draufgesetzt habe. Ich füllte also die Formulare, so gut es ging, aus. Bei einigen Firmen führte dies dazu, dass ich nach Absage meiner ursprünglichen Bewerbung Stellenangebote bekam, die für Hausmeistertätigkeiten, Halbtags-Produktionshilfen oder Arzneimittelverpacker ausgeschrieben waren. Kann man sich jetzt streiten, ob es an deren Software-Suchprogrammen lag oder an meinen Eintragungen."

6
Überzeugend im Interview

Hektisch krame ich aus meiner Handtasche eine kleine handschriftliche Notiz hervor. Darauf steht in krakeliger Schrift: „Intravital imaging research group, Flügel E, Zimmer 084 (Erdgeschoss)". Ich schaue auf die Schilder, die mich in die richtige Richtung lenken sollen, und mache mich auf den Weg durch einen breiten Korridor. Als ich im orangefarbenen Flügel „E" angekommen bin, sehe ich, dass er durch zwei schwere Metalltüren abgeriegelt ist, die sich nur mit einer Codekarte öffnen lassen. Panik steigt auf, werde ich noch rechtzeitig zum Vorstellungsgespräch ankommen? Ich frage einen Herren mit einem Wagen voller Mittagessen, wie ich an mein Ziel gelangen kann. Leider geht es nur, indem ich zwei Stockwerke nach oben gehe, dann den Gang bis ganz ans Ende und schließlich über die Treppen wieder nach unten. Ich finde den Weg in den richtigen Gang schnell und sehe zu meiner Beruhigung, dass die Zimmernummern zunehmen: 068, 070, 072... Noch eine Glastür und ich müsste es geschafft haben. Gerade als ich meine Hand nach dem Türknauf ausstrecke, höre ich schwere Schritte hinter mir. Eine Frau in einem grauen Anzug überholt mich, rennt durch die Glastür, sodass sie mir beim Zurückschwingen beinahe ins Gesicht schlägt. Sie hält vor einer der Türen im Gang, atmet tief durch und bringt sich in Pose. Mit kerzengerader Haltung klopft sie an die Türe. Ich höre, wie sie mit einer weichen und sympathischen Stimme sagt: „Es tut mir schrecklich leid, dass ich eine Stunde zu spät bin, ich habe mir einfach die falsche Zeit aufgeschrieben. Das wird nie wieder geschehen. Ich weiß nicht, wie mir so was Dummes passieren konnte. Besonders nicht für eine Stelle, die ich sehr gerne hätte und für die ich glaube, goldrichtig zu passen." Eine Männerstimme antwortet: „Das passiert den Besten von uns. Setzen Sie sich bitte." Die Türe zu 084 schließt sich wieder.
    Mit einem seltsamen Gefühl klopfe ich einige Sekunden später an dieselbe Türe. „Kommen Sie rein!" Im Raum sitzen zwei Herren mittleren Alters und die Dame im grauen Anzug. Die Herren blicken neutral drein, doch die Dame ist sichtlich genervt von meiner Anwesenheit, als würde ich ihr ein zweites Mal in die Quere kommen. „Ich bin hier für das Vorstellungsgespräch", sage ich vorsichtig. Einer der Herren lächelt, doch scheint ihm die Situation unangenehm zu sein. Der Andere sagt: „Wir sind leider eine Stunde zu spät dran, Sie können ja in der Kantine warten. Wir werden Sie dann abholen." „Welche Kantine?", frage ich nervös. „Neben dem Haupteingang gibt es einen Kiosk, der noch offen ist. Dort können Sie sich einen Kaffee holen."

Karriereführer für Naturwissenschaftlerinnen, 1. Aufl. Karin Bodewits, Andrea Hauk und Philipp Gramlich.
©2016 WILEY-VCH Verlag GmbH & Co. KGaA. Published 2016 by WILEY-VCH Verlag GmbH & Co. KGaA.

Mit einem komischen Gefühl entferne ich mich von Raum 084 und dem Flügel E. Wie kann so etwas sein? Muss ich warten, weil sie verspätet ist? Kann man nicht sie warten lassen, bis mein Gespräch zu Ende ist? Mein Kopf sinkt zwischen die Schultern, ich bekomme langsam meine Zweifel an der ganzen Sache. Warum trug Sie einen vollen Anzug für so eine Stelle? Hätte ich auch im Anzug kommen sollen? Ich bekomme die Stelle wohl eh nicht, aber würde ich hier überhaupt arbeiten wollen?

6.1
Machen Sie sich Ihre Vorzüge klar

Angenommen wir würden Sie jetzt fragen, was Ihre größten beruflichen oder privaten Erfolge waren. Hätten Sie sofort eine Antwort parat?

Sie fragen sich stattdessen, was Sie überhaupt im letzten Jahr gelernt oder geleistet haben und am Ende kommen Sie zur Antwort, dass es wohl nicht besonders viel war? Keine Bange. Sie haben mehr geleistet, als Sie denken! Alles was Sie tun müssen, ist sich daran zu erinnern. Und das ist gar nicht so schwer!

Sicherlich sind Sie schon irgendwann einmal gelobt worden. In welchem Zusammenhang war das? Wer hat Sie gelobt und warum? Überlegen Sie, ob das eine Situation war, wo Sie sich ruhig eingestehen könnten, stolz darauf zu sein! Notieren Sie sich diese Situation und suchen Sie nach weiteren Glücksmomenten, an die Sie sich erinnern können. Jetzt kommen Sie aber bloß nicht mit der alten Laier „Ja, das war doch aber selbstverständlich". Nein! Notieren Sie alles ohne Wertung. Ob das selbstverständlich war oder nicht, spielt hier im Moment überhaupt keine Rolle. Wenn Ihnen absolut nichts einfällt, dann fragen Sie eine befreundete Kollegin oder Ihren Partner. Sie werden überrascht sein, wie viele Dinge „fremden"

Personen auffallen, die Sie selbst schlichtweg ignorieren und als „normal" unter den Tisch fallen lassen.

> „Nach einigen Absagen war ich ziemlich frustriert und zweifelte an mir selbst. Ich beschwerte mich bei meinem Mann, dass es sicherlich daran liegen würde, dass ich nichts, aber rein gar nichts an Erfolgen vorweisen könne. Er schaute mich entgeistert an und sagte: „Du hast ein Team geleitet, ein Produkt auf den Markt gebracht, Dich um die Kunden gekümmert, nebenbei geheiratet und ein Kind bekommen. Was willst Du eigentlich? Reicht Dir das nicht an Erfolg?" Ich war verwundert. So hatte ich es überhaupt noch nicht gesehen. „Wenn Du das sagst, dann klingt es total gut", sagte ich ihm und verstand, dass ich sehr wohl viel erreicht hatte, aber niemals daran gedacht hätte dies als „Erfolg" zu werten."

Sicher fallen Ihnen einige Dinge ein, auf die Sie stolz sein dürfen und aus allen diesen Situationen oder Tätigkeiten können Sie nun Schlüsselqualifikationen ableiten, die Ihre Stärken beschreiben. Einige Beispiele finden Sie hier. Stöbern Sie einmal, vielleicht entdecken Sie ja einige Vorzüge, die auch auf Sie passen:

- Sie haben Ihre Dissertation im Ausland gemacht, arbeiten für ein global aktives Unternehmen oder in virtuellen Teams? Preisen Sie Ihre interkulturellen Kompetenzen und Ihre kommunikativen Fähigkeiten an.
- Sie haben aktiv publiziert oder an Konferenzen, Seminaren, Workshops teilgenommen? Einer Ihrer Vorzüge wird sicher sein, komplexe Sachverhalte einem breiten Publikum darlegen zu können oder sich gut vor Publikum präsentieren zu können.
- Sie haben Ihre Dissertation, Ihr Projekt, Ihren Kundenauftrag im gesetzten Zeitrahmen oder der gegebenen Finanzierungsperiode erfolgreich abgeschlossen? Warum weisen Sie nicht auf Ihre Zeitmanagementfähigkeiten, Selbstmotivation oder Projektmanagementfähigkeiten hin?
- Sie haben neue Mitarbeiter eingelernt, Studenten unterwiesen, Auszubildende betreut oder gar ein eigenes Team geleitet? Nicht jeder hat eine Gabe zur Wissensvermittlung, Motivation und Kommunikation in die Wiege gelegt bekommen. Stellen Sie ruhig heraus, dass Sie das können!
- Möglicherweise arbeiten Sie in der Industrie, Ihre Dissertation wurde durch die Industrie finanziert oder die Arbeit wurde als „vertraulich" eingestuft? Hatten Sie Budgetverantwortung oder waren bei der Bewerberauswahl beteiligt? Mit einem Hinweis auf Ihre Loyalität, Vertrauenswürdigkeit und Sinn für geschäftliche Belange können Sie hier punkten.
- Waren Sie für die Materialbeschaffung oder für die Wartung und Instandhaltung von Geräten zuständig? Weisen Sie auf Ihr Verantwortungsbewusstsein, Ihre Initiative und Ihr Verhandlungsgeschick (mit Zulieferern) hin.
- Sie haben mit Ihren Kollegen aus der Promotion immer in regem Austausch gestanden, waren vielleicht Mitglied in einem Graduiertenprogramm, waren an Kooperationen mit anderen Firmen oder Instituten beteiligt oder hatten während Ihrer Arbeit Kontakt mit Kunden, Außendienstlern oder Distributoren? Sie scheinen gut mit Menschen umgehen zu können und besitzen gute Kommunikationsfähigkeiten.
- Sie haben ein BWL Seminar besucht oder sich auf andere Art und Weise fortgebildet? Sie scheinen ein breites Interesse zu haben sind lernbegierig, zeigen Initiative und kümmern sich um Ihre persönliche Entwicklung. Warum damit hinter dem Berg halten?

☐ **Praxistipp:** Damit Ihr zukünftiger Arbeitgeber von Ihnen begeistert sein kann, müssen Sie zunächst einmal von sich selbst begeistert sein. Durch das Auflisten Ihrer Vorzüge werden Sie automatisch selbstbewusster. Außerdem werden Sie feststellen, dass Sie sehr wohl Eigenschaften vorweisen können, die Sie aus der Menge der anderen Bewerber herausstechen lassen können. Das Geheimnis ist einzig und allein, sich darüber Gedanken zu machen. Und zwar vor dem Gespräch.

6.2
Unsere Top Fragen, für die Sie fit sein sollten

Nach ein paar Vorstellungsgesprächen werden Sie sich wahrscheinlich denken: „Die stellen ja alle ziemlich ähnliche Fragen!" Und im Nachgang dann: „Hätte ich mir das nicht denken und mich gezielter vorbereiten können?" Klar können Sie das. Als Hilfestellung geben wir Ihnen hier die Fragen mit auf den Weg, die wir für besonders häufig und/oder trickreich halten.

Was wissen Sie über unsere Firma/Organisation und Ihre zukünftige Stelle?
Diese Frage wird aus zweierlei Gründen gestellt: um zu prüfen, ob Sie Ihre Hausaufgaben gemacht haben und als Überleitung zur Beschreibung des Arbeitsplatzes durch Ihren Gesprächspartner. Die Herausforderung bei dieser beliebten Interviewfrage ist es, nicht in die „Kleines Mädchen sitzt in der Prüfung"-Rolle zu fallen. Lassen Sie sich nicht verunsichern, selbst wenn Sie bei einer solchen Frage das Gefühl haben, dass Ihre Antwort nicht ausreichend war.

Erzählen Sie ein paar Fakten, die Sie über den Arbeitgeber von dessen Homepage, den Nachrichten und dem Jahresbericht kennen. Natürlich kann man auch über deren Produkte oder Dienstleistungen sprechen oder die Forschung, die betrieben wird. Wenn man dann mit den interessantesten Dingen fertig ist, kann man den Ball zurückspielen: „Ich würde aber gerne noch mehr erfahren. Ich bin gespannt darauf, was Sie als Insider mir noch an Einblicken gewähren können?"

Übrigens: Das ist auch ein guter Zeitpunkt, um zu erwähnen, dass Sie jemanden in der Firma kennen oder dass Sie schon einmal einen Berührungspunkt mit dem Arbeitgeber hatten und dass dieses Ereignis so positiv und memorabel war, dass Sie zur Bewerbung motiviert wurden. Solche Informationen aus erster Hand sind immer am wertvollsten, beziehen Sie sich eher darauf als auf andere Quellen. Sie zeigen damit, dass Sie authentische Informationsquellen anzapfen konnten, und umgehen die Gefahr, möglicherweise unwahre Werbetexte widerzukäuen. Sind denn tatsächlich 100,0 % aller Firmen mit voller Inbrunst dem Umweltschutz und sozialen Werten verbunden?

Exkurs   Wissen Sie, mit wem Sie sprechen?

Informieren Sie sich im Vorfeld, mit wem Sie im Gespräch sitzen werden. Zapfen Sie hierzu Ihre persönlichen oder virtuellen Kontaktnetze an oder googeln Sie die Personen schlichtweg. Es schadet nicht zu wissen, was das Hobby des Geschäftsführers ist und dass er vier Kinder hat sowie in zwei weiteren Firmen im Aufsichtsrat sitzt. Natürlich sollen Sie diese Informationen nicht plump in Ihr Anschreiben oder während eines Vorstellungsgespräches einfließen lassen. Falls Sie aber einen Bezug zu sich selbst herstellen können, dann schon: „Ich komme, genau wie Ihr Geschäftsführer gebürtig aus Heiligkreuzsteinach und weiß daher, wie wichtig Ihre Produkte für die Landbevölkerung sind."

Wenn Sie nach Ihren Erwartungen an die Stelle gefragt werden, dann zeigen Sie, dass Sie mehr wissen als den bloßen Inhalt der Stellenbeschreibung. Diese sind oftmals recht allgemein formuliert und bieten Ihnen wenig Griffiges, um über Besonderheiten von sich zu erzählen. Am besten ist es auch hier, wenn Sie jemanden aus der Organisation kennen, um konkrete Fragen zu stellen. Falls Sie solche Kontakte nicht haben oder nicht an sie herankommen, könnten Sie auch hier den Ball an die „Insider" zurückspielen, nachdem Sie Ihre Informationen dargestellt haben: „Von der Stellenbeschreibung her stelle ich mir vor, dass meine Hauptaufgaben … sein werden, doch bin ich sehr gespannt zu erfahren, was genau dahinter steckt."

Erzählen Sie von einem Fall, in dem Sie ein konkretes Problem lösen mussten
Je nach Ihrem Interviewpartner und Ihrem eigenen fachlichen Hintergrund kann diese Frage auch in anderen Gewändern daherkommen: „Was war Ihr bislang schwierigster Kunde und wie sind Sie damit umgegangen?", „Hatten Sie schon einmal einen richtigen Quertreiber in Ihrem Team und wie sind Sie damals vorgegangen?"

Diese Frage wird gestellt, um zu sehen, wie Sie in realen Situationen reagieren. Ihr Gegenüber kann gezielt auf z. B. technische oder kommunikative Probleme abzielen oder es Ihnen offenlassen, worüber Sie sprechen wollen. Es ist in jedem Fall eine sinnvolle Übung für Sie, einige Beispiele aus der eigenen Vergangenheit durchzuspielen. Ihre Antwort ist wie eine indirekte Arbeitsprobe für die offene Stelle.

Beachten Sie bitte: Ihr Beispiel sollte in einer positiven Weise enden. Dafür benötigen Sie nicht unbedingt einen durchschlagenden Erfolg auf allen Ebenen. Konnten Sie etwas Wichtiges lernen, das Sie seither verinnerlicht haben? Haben Sie eine sinnvolle Herangehensweise gezeigt, auch wenn der Erfolg durch äußere Umstände, etwa eine Managemententscheidung, verhindert wurde? Reflektieren Sie also im Gespräch darüber, wie Sie reagiert haben und finden Sie ihre positive Schlussfolgerung aus dem Erlebnis, sei es der Erfolg selbst oder Ihre Lernkurve.

Exkurs   Die STAR Methode

Wenn man über wichtige Stationen des Lebenslaufes berichten soll, ist es oftmals schwierig, einen roten Faden in seine Erzählung zu bekommen. Manchmal kommt man vom Hundertsten ins Tausendste oder nennt zwei unwichtige Details und bleibt dann stecken. Ein Hilfsmittel zu klaren und strukturierten Antworten ist die STAR-Methode (Situation, Tasks, Activities, Results).

Hier ein Beispiel wie man mithilfe dieser Methode zu einer schlüssigen Argumentation kommt:

- Situation: Für die Anwendung eines neu entwickelten Produktes für histologische Färbungen brauchten Kunden zur Hitzevorbehandlung ein Wasserbad, das eine bestimmte Temperatur über eine gewisse Zeit hielt. Solche Wasserbäder gab es bei der Zielkundengruppe in der Regel nicht. Noch dazu sind thermostatierte Wasserbäder sehr teuer. Dies stellte eine Kostenbarriere für den Kauf des auf dem Markt zu etablierenden Produktes dar.
- Task: Mein Ziel war, diese Kostenbarriere für den Kauf zu entfernen.
- Activities: Verwendung von günstigen Alternativen zum Wasserbad. Reiskocher für Haushalte erfüllten die Anforderungen für den speziellen Arbeitsschritt gut. Es folgten Validierung der Eignung für den Prozess und Integration des Gerätes in den Prozess der Neukundengewinnung.
- Results: Kostenintensive Anschaffungen an Laborgeräten für Neukunden entfielen, gleichzeitig wurde der kommerzielle Erfolg des Produktes vorangetrieben.

Warum bewerben Sie sich bei Ihrem Qualifikationsniveau auf diese Stelle?

In manchen naturwissenschaftlichen Disziplinen wie der Biologie herrscht ein notorisches Überangebot an Bewerbern, sodass viele Bewerber auf Stellen unterhalb ihres Ausbildungsniveaus ausweichen. Das ist vielleicht nicht deren Traumstelle, doch sehen sie es in ihrer Situation als gangbare Alternative, um überhaupt einen Fuß in die Tür zu bekommen.

In dieser Situation müssen Sie im Vorstellungsgespräch einen Balanceakt hinbekommen: Ihr unbedingter Wille, auf Ihrem Gebiet zu arbeiten kann für Sie sprechen. Lassen Sie hingegen bereits Verzweiflung durchscheinen, schlägt die Interpretation ins Gegenteil um. Wenn Sie darlegen, dass Sie gerne auch auf einer Stelle mit höherer Verantwortung arbeiten würden, zeigen Sie damit eine realistische Selbsteinschätzung und ein angemessenes Maß an Ambitionen. Vielleicht will Ihnen der Arbeitgeber auch gerne Perspektiven bieten, doch seine aktuelle Aufgabe ist es, die Position zu besetzen. Sein größtes Bedenken ist, dass Sie unterfordert sind und deshalb die Motivation verlieren könnten. Deshalb müssen Sie gleichzeitig in glaubwürdiger Weise Ihre Motivation für die Stelle und Ihre langfristigen Ziele erklären. Sie könnten hier anführen, dass Sie Ihre

Entwicklungsmöglichkeiten darin sehen, dass Sie in einem neuen Bereich (z. B. Ihre erste Industriestelle) arbeiten oder dass die Stelle Sie in ganz anderer Art und Weise fordert wie Ihre bisherige Arbeit. Oder Sie unterstreichen Ihr Interesse für genau diesen Arbeitgeber zu arbeiten: „Wenn Sie mich vor das Luxusproblem stellen würden, bei Ihnen auf dieser Position meinen Einstieg zu finden oder woanders auf einer Teamleiterstelle, dann hätte ich einige Argumente, um bei Ihnen anzufangen: Bei Ihnen sehe ich die Perspektive, alles von der Pike auf zu lernen und dann, wenn ich einige Zeit Vollgas gegeben habe und mich bewiesen habe, auch weiterkommen zu können. Das wäre für mich mehr wert, als gleich jetzt eine toll klingende Berufsbezeichnung bei einem weniger attraktiven Arbeitgeber tragen zu dürfen." Und schließlich gibt es auch völlig legitime Gründe, die „niedriger" qualifizierte Stelle permanent vorzuziehen. Sie arbeiten schlicht lieber im Labor als am Schreibtisch? Oder eine realistische Selbsteinschätzung führt Sie zu dem Schluss, dass Sie gut als Kollege, aber schlecht als Vorgesetzter funktionieren würden? Dann gibt es keine Gründe, dies nicht offen und ehrlich anzuführen.

Wie würde Ihr Partner/Chef/Kollege Sie beschreiben?

Haben Sie immer ein paar positive Aussagen früherer Kollegen oder Vorgesetzter im Hinterkopf, die für die betreffende Stelle relevant sind. „Mein Chef sagte mir einmal, dass es ein Genuss sei, meine Berichte zu lesen, dass man selbst von den trockensten Themen angesprochen wird." Oder: „Meine Kollegin Sarah sagte kürzlich zu mir, dass sie meine Art mit Kunden umzugehen bewunderte, so direkt und doch so freundlich." Wenn Sie hier jemanden „mit in den Raum nehmen", es also schaffen, einen Fürsprecher glaubhaft widerzugeben, hinterlässt das einen starken Eindruck. Manchen Leuten fällt es leichter, anderen schwerer, solche positiven Worte über sich selbst in den Mund eines anderen zu legen als sie selbst auszusprechen. Auch das lässt Rückschlüsse über Sie zu: Glauben Sie dem positiven Urteil Ihres Umfeldes oder verschaffen Sie diesem überhaupt erst Gehör? Jeder Mensch kann bei gewissenhafter Suche eine Reihe Beispiele dafür finden und diese auch überzeugend rüberbringen, wenn sie authentisch sind. Gehen Sie also nicht alleine ins Vorstellungsgespräch und glauben Sie der lieben Sarah, sie hat das sicherlich nicht einfach so dahingesagt.

In welcher Funktion würden Sie sich am ehesten sehen/Welche der offenen Stellen könnten Sie denn am besten ausfüllen?

Solche Fragen können Sie besonders nach Initiativbewerbungen erwarten, es steht dann ja erstmal keine konkrete Stelle zur Diskussion. Zumindest Sie als Bewerberin können dann noch nicht wissen, worum es eigentlich genau geht. Der Arbeitgeber will mit dieser Frage einen tieferen Einblick in Ihre Motivation gewinnen und Sie werden gezwungen, über Ihre Vorlieben und Abneigungen zu sprechen.

Es ist sicherlich eine recht schwierige Frage, würden Sie bei freier Wahl gerne auf Stelle X, Y oder Z arbeiten? Vielleicht fühlen Sie sich unter Druck, haben keine Alternativangebote: Klar, Sie würden bei dieser tollen Firma so ziemlich jede Stelle antreten! Aber selbst wenn es so ist, sollten Sie sich bei der Beantwortung dieser Frage einen klaren Gewinner raussuchen. Lassen Sie Ihr Gegenüber an Ihren Gedanken teilhaben, warum Sie am meisten an Stelle X interessiert sind, ohne dabei negativ über Y und Z zu sprechen. Diesen Gedankengang will Ihr Gegenüber nachvollziehen können und Sie wirken am Ende weniger beliebig, wenn Sie dann auch die anderen Stellen als Möglichkeiten für sich beschreiben. Sie könnten das so ausdrücken: „Von dem was Sie mir gerade über die Stelle und die Firma erzählt haben, denke ich sind alle drei Positionen interessant und herausfordernd. Wenn ich mich für eine davon entscheiden müsste, würde ich mich für X entscheiden …" Wenn Sie dann Ihre Gründe aufgeführt haben, können Sie schließen: „Wie schon gesagt fände ich alle drei Positionen interessant, sie bieten allesamt Perspektiven. Falls nun Y oder Z frei sind oder Sie von Ihrer Seite aus denken, dass ich besser auf diese passe, würde ich mich ebenfalls sehr freuen."

Erklären Sie das Produkt, das Sie zuletzt entwickelt haben/Erzählen Sie von Ihrer derzeitigen Stelle

Hier werden gleichzeitig mehrere Dinge abgefragt. Können Sie Ihre Arbeit vor Leuten aus anderen Spezialgebieten oder gar vor einem Laienpublikum erklären? Bis zu welchem Detailniveau sind Sie in Ihre Arbeit eingestiegen und war das Ihrer Stelle angemessen? Was hat Sie am meisten fasziniert, die Großgeräte, das Geschehen auf molekularer Ebene, die kommerzielle Anwendung, das Zusammenspiel mit den Kollegen? Bevor Sie loslegen, können Sie rückfragen, in welche Richtung Ihre Antwort gehen soll. Sie zeigen damit an, dass Sie neben der Eigendarstellung auch die Zuhörer im Blick haben.

> „Im Vorstellungsgespräch eines großen Impfstoffherstellers wurde ich gebeten das Produkt zu erklären, das ich in meiner letzten Position entwickelt hatte. Bevor ich mich in die Erklärung stürzte, erkundigte ich mich nach der Zielgruppe, für die ich die Erklärung abgeben sollte, mit den Worten „Stehen Sie jetzt in der Rolle des technischen Mitarbeiters im Analyselabor, dem Experten in der Befundung oder des Patienten beim Arzt? Wissen Sie, da würde ich das Produkt jeweils ganz anders erklären wollen." Dies kam bei den Gesprächspartnern sehr gut an und sie sagten, dass das genau der richtige Ansatz sei, denn auch in der Position, für die ich mich dort beworben hatte, müsste ich mich immer wieder neu auf das Zielpublikum einstellen können."

Achten Sie bei Erzählungen aus Ihrer beruflichen Vergangenheit penibel darauf, keine Firmengeheimnisse zu erzählen. Niemand will so ein Informations-Leck einstellen.

Was frustriert Sie bei der Arbeit?

Diese Frage zwingt Sie, etwas Negatives zu erwähnen, wo doch Ihre Hauptaufgabe während dieses Gesprächs ist, positiv zu sein! Sie können es aber vermeiden, hier in einen Strudel aus Negativität gezogen zu werden. Picken Sie sich eine Nebenaufgabe heraus oder sprechen Sie von einem begrenzten Zeitabschnitt, den Sie als schwierig empfanden. Über Ihre Hauptaufgaben sollten Sie hingegen nicht schlecht sprechen. Ihre Gesprächspartner werden denken: Stehen Sie denn überhaupt dahinter, was Sie tun? Konnten Sie sich nichts anderes suchen? Warum haben Sie sich das dann so lange angetan? Das würde also sicherlich ein schlechtes Licht auf Sie werfen. Im Mittelpunkt der Antwort sollte dann stehen, wie Sie mit der Situation umgehen. Haben Sie eine Lösung zur Hand oder einen Weg, die Frustration in positive Energie umzuwandeln?

Übrigens: Negativ über aktuelle oder ehemalige Vorgesetzte oder Arbeitgeber zu sprechen ist definitiv ein No-Go. Erstens leben Sie als Spezialistin in einer kleinen Welt, es ist also gut möglich, dass man die Leute kennt, über die Sie schlecht sprechen. Und darüber hinaus gibt es für Ihre Gesprächspartner keinerlei Grund zu glauben, dass Sie in ein paar Jahren nicht auch über sie schlecht sprechen werden.

Eine verwandte Frage ist die nach Ihren Beweggründen für die Stellensuche. Hier ist alles legitim, was positiv und vorwärtsgerichtet ist: Weiterentwicklung, Attraktivität des neuen Arbeitgebers, Einstieg in Zukunftstechnologie, die Liste könnte man sehr lange fortführen.

Was sind Ihre Stärken und Schwächen? Warum denken Sie, die geeignete Kandidatin zu sein? Weshalb würden Sie sich selbst möglicherweise nicht einstellen?

Nach Ihren Stärken, Vorlieben und Erfolgen werden Sie sicherlich in jedem Vorstellungsgespräch gefragt werden. Der zweite Teil der Frage kommt oftmals weniger direkt auf Sie zu, es könnte etwa an einer konkreten Stelle in Ihrem Lebenslauf nachgebohrt werden: „Und in ähnlichen Situationen, wie verlief es da?" Obwohl solche Fragen sehr vorhersehbar sind, haben sie gewisse Untiefen. Frauen können sich manchmal an Ihren eigenen Schwächen festbeißen, sie fühlen sich aber weniger wohl darin, über ihre Stärken zu sprechen. Doch keine Sorge, durch die Wahl Ihrer Beispiele können Sie Ihre Bedenken unterdrücken, eine selbstverliebte Aufschneiderin zu sein, aber dennoch einen guten und selbstsicheren Eindruck hinterlassen. Ihre Stärken sollten sich auf Kernaspekte der Stelle beziehen, auf die Sie sich bewerben. Es geht um eine Produktionsleitung? Hier sind Stärken wie proaktives Handeln, Problemlösungsverhalten und flexibles Reagieren auf sich ändernde Rahmenbedingungen von Vorteil. Im Qualitätsmanagement könnten Sie darauf verweisen, dass Sie mit viel Liebe zum Detail arbeiten, mit strikten Zeitvorgaben umgehen können und gerne Kollegen motivieren, ihre Aufgaben zu erledigen. Bringen Sie in jedem Fall Beispiele, um Ihre Behauptung zu untermauern, sonst rutschen Sie hier in eine nichtssagende Aufzählung von Allgemeinplätzen hinein.

Der Teil der Frage nach Ihren Schwächen ist voller Fallstricke. Viele Bewerber denken, sie haben einen geschickten Trick gefunden, indem sie einfach eine Stärke als vermeintliche Schwäche verkaufen. „Ich bin immer viel zu ehrgeizig, die Arbeit lässt mich nicht in Ruhe." Das ist fast schon ein wenig billig, Ihr Gegenüber wird das nur zu leicht durchschauen. Man wird dann annehmen, dass Sie nicht kritikfähig gegenüber sich selbst sind. Suchen Sie sich eine Schwäche heraus, die durchaus ebenso gewichtig sein darf wie die Stärke, nur eben nicht für die Position, um die es hier geht: „In praktischen Dingen habe ich wirklich zwei linke

Hände", wenn Sie bei Ihrer zukünftigen Stelle kein Labor und keine Werkzeugkiste anfassen müssen, ist das völlig in Ordnung. Oder auch: „Als frischgebackene Absolventin habe ich noch nie mit einem QM-System gearbeitet. Ich bin schon jetzt ganz gespannt, die Arbeitsstrukturen in der Industrie kennenzulernen. Das alles in Fleisch und Blut zu bekommen ist sicherlich ein wichtiger Entwicklungsschritt für mich. Sie erwähnten ja Ihr strukturiertes Einarbeitungsprogramm, ich bin daher ganz zuversichtlich, dass ich das schon hinbekommen werde."

Sie können diese Beschreibung Ihrer Schwächen in ein sehr positives Licht rücken, indem Sie Gegenmaßnahmen beschreiben: „Bei meiner letzten Stelle bemerkte ich, dass es wirklich störend ist, dass ich mir technische Details nicht gut auswendig merken kann. Das kostete mich oftmals Zeit und manchmal sogar etwas Glaubwürdigkeit. Ich habe mir daher ein System zurechtgelegt, wie ich all diese Details über die ich im Berufsalltag stolpere, sammeln und ordnen kann."

Will man Sie hier zu sehr auf eine Ihrer Schwächen festnageln, dann sollten Sie den Blickwinkel umlenken: „Ich stimme Ihnen zu, dass es sicherlich Kandidaten gibt, die schon jahrelang NMR Spektrometer verkauft haben. Meine Vorzüge liegen eher in der Breite: Strategisches Marketing, Business Development oder Verkauf im Außendienst und das für eine ganze Palette an Produkten, von Reagenzien bis zu diversen Großgeräten."

6.3
Haben Sie noch Fragen?

Gegen Ende des Gespräches werden Sie normalerweise gefragt, ob Ihrerseits noch Fragen offen sind. Natürlich haben Sie zu diesem Zeitpunkt bereits Gelegenheiten gehabt, selbst Fragen zu stellen. An diesem Punkt im Interview können Sie dann alle restlichen Fragen stellen, die Sie mitgebracht haben. Und Sie sollten auf jeden Fall ein paar Fragen mitnehmen, das zeigt Interesse und gibt dem Gespräch eher den Charakter, dass zwei Parteien auf derselben Augenhöhe miteinander diskutieren. Sich selbst solche Fragen speziell zu diesem Arbeitgeber zu erstellen, strukturiert auch Ihre Vorbereitung aufs Gespräch und verhindert im Eifer des Gefechts eine peinliche Antwort wie: „Ach nö, ist ja ganz nett hier, das wird dann schon alles passen."

Im Grunde können Sie hier fast alles fragen, was Sie wollen. Es geht an dieser Stelle schließlich auch darum, dass Sie die für Sie relevanten Informationen erhalten und wenn Sie Ihre Fragen aus diesem Grund stellen, dann kommen sie automatisch interessiert und belebt rüber. Klar, ein wenig taktisch sollten Sie schon denken: Wenn sich Ihre Fragen nur um Kaffee und Kekse drehen, sendet das auch Signale aus.

Sie haben gerade XYZ gesagt. Was genau haben Sie damit gemeint? Könnten Sie mir das bitte nochmal erklären?

Simpel und effektiv: Sie hören wirklich zu und wollen wirklich wissen, was gesagt wird. Sie betreiben hier schlicht und ergreifend aktives Zuhören, eine gute Angewohnheit für alle Lebenslagen.

Wie ist die Arbeitskultur bei Ihnen?

Diese Frage zeigt, dass Ihnen die Atmosphäre bei der Arbeit am Herzen liegt. Sie können auch gezielt nach gemeinsamen Freizeit- oder Teamentwicklungsmaßnahmen fragen, oder danach, wie ganz allgemein die Motivation hochgehalten wird.

Falls Sie Ihr Gespräch am späteren Nachmittag haben, schadet es nicht ein Auge darauf zuhaben, wie sich die Leute gegen 17:00 verhalten. Es gibt zwei unangenehme Extreme von Arbeitskultur, die Sie um diese Zeit sogar als Außenstehende beobachten können und die Ihnen als Warnsignale dienen können. Falls alle Mitarbeiter gleichzeitig das Gebäude verlassen, als wäre der Feueralarm losgegangen, dann sollten auch bei Ihnen die Alarmglocken losgehen. Sicherlich ist es toll, wenn man pünktlich um fünf Uhr nach Hause gehen kann. Doch wenn jeder so bald wie möglich geht, scheint es nicht schön zu sein, hier zu arbeiten. Das andere Extrem ist ebenfalls ein schlechtes Zeichen, nämlich wenn alle Büros um diese Zeit noch gesteckt voll sind: Herrscht hier ein so großer Druck oder – noch schlimmer vielleicht – eine ausgeprägte Anwesenheitskultur?

Wer gibt mir meine (Jahres-)Ziele und wie werden diese gemessen? Wie hängt das mit meinem Bonus zusammen? Was geschieht mit meinem Bonus, wenn ich ihn wegen äußerer Umstände nicht erreichen kann? Gibt es strukturierte Feedback-Gespräche?

Diese Fragen, typischerweise für die zweite oder dritte Gesprächsrunde, sind sicherlich wichtig für Sie, um die einzelnen Gehaltsbestandteile zu verstehen und das zu erwartende Gesamtgehalt einschätzen zu können. Sie zeigen an, dass Sie an strukturiertem Arbeiten interessiert sind. Und zu guter Letzt gibt es Ihnen einen Vorgeschmack, wie hart Sie bei erfolglosen Projekten von Ihrem Vorgesetzten angepackt werden.

Wie sind meine persönlichen Entwicklungsmöglichkeiten?

Eine der Standardfragen seitens Ihrer Gesprächspartner ist: „Wo sehen Sie sich selbst in fünf oder zehn Jahren?" Sie beantworten diese Frage, indem Sie von Ihren Ambitionen und den gewünschten Perspektiven erzählen. Danach können Sie den Ball zurückspielen und fragen, wo Ihr Gegenüber Sie in Zukunft sehen würde. Sie können auch fragen, wo andere Leute abgeblieben sind, die vor Ihnen diese Position innehatten. Mit dieser Frage zeigen Sie Ihr Interesse an einer langfristigen Entwicklungsperspektive. Sie können in diese Frage auch gut das Thema Weiterbildung einfließen lassen.

Warum wurde meine Position geschaffen? Warum arbeitet mein Vorgänger nicht mehr hier?

Diese Frage ist völlig legitim, allerdings sollten Sie keinen misstrauischen Unterton durchklingen lassen. Falls es eine negative Vorgeschichte gegeben hat, dann wird man Ihnen das nicht direkt sagen, doch dürfen Sie in diesem Moment selbst die Psychologin spielen: Wie genau verhalten sich Ihre Gesprächspartner bei dieser (ausweichenden) Antwort? Wurde Ihre Position aus einem Bauchgefühl oder einer langfristigen Planung heraus geschaffen?

Angenommen, Sie stellen mich ein und ich mache meine Arbeit richtig gut. Woran genau würden Sie das merken?

Mit dieser Frage testen Sie die Kriterien, mit denen Erfolg gemessen wird. Geht es nur um Ergebnisse, Zahlen, oder werden andere Kriterien auch betrachtet? Etwa wenn es um eine Stelle mit Personalverantwortung geht: Stellen der Zustand des Teams, deren Zusammenhalt und die Kommunikation auch einen Wert dar?

Angenommen ich bekomme den Job. Was wäre aus Ihrer Sicht meine größte Herausforderung?

Passen Ihre Stärken überhaupt so gut zur Stelle, wie Sie bisher gedacht haben? Wollen Sie sich gerne in diese Richtung entwickeln oder würde die Erfüllung Ihrer Hauptaufgabe Sie dazu zwingen, sich täglich mit Dingen rumzuschlagen, die Sie gar nicht interessieren? Sie zeigen zudem, dass Sie nicht davon ausgehen, dass die Arbeit ein Spaziergang wird und dass Sie auch über die Schwierigkeiten genau Bescheid wissen wollen.

Nehmen Sie die Fragen aus diesem Kapitel als Übung und spielen Sie sie für sich selbst durch. Dann stellen Sie sich die Situation vor, was für eine Person könnte der Gesprächspartner sein, in welcher Branche arbeitet er, was könnte in dem speziellen Fall im Gespräch interessieren? Sprechen Sie die Antworten laut aus. Sie antizipieren damit die Gesprächssituation, ähnlich wie ein Sportler vor der Wettkampfsituation. Diese Vorbereitung ist für Ihr Gespräch ebenso wichtig und wirkungsvoll wie für ihn.

6.4
Neunzig entscheidende Sekunden

Üblicherweise werden Sie mit den typischen Eisbrecherfragen wie „Haben Sie den Weg gut gefunden?", „Wie geht es Ihnen?", „Möchten Sie etwas zu trinken?" konfrontiert, bevor Sie überhaupt wahrnehmen, dass Sie sich bereits im Vorstellungsgespräch befinden. Das kann sein, sobald Sie den Besprechungsraum betreten oder schon vorher, wenn Sie zum Besprechungsraum begleitet werden. Bestimmt haben Sie sich noch nie Gedanken über diese lapidaren Fragen gemacht. Wundern Sie sich also ruhig, wenn wir Ihnen an dieser Stelle empfehlen, hier bereits mit Verstand bei der Sache zu sein, denn die Antworten auf diese Fragen legen den Grundstein für Ihr weiteres Gespräch und spielen sehr wohl eine Rolle. Wie Sie auf diese Fragen optimal antworten? Ganz einfach: Verlieren Sie sich nicht im Detail und bleiben Sie positiv. Werden Sie gefragt, ob Sie gut hierher gefunden haben, so ist der Personaler nicht an einer ausladenden Geschichte interessiert, sondern will eigentlich nur hören „Ja, ich habe gut hergefunden. Die Umgebung sieht sehr einladend aus, bestimmt eine ganz hervorragende Lage für ein Unternehmen wie das Ihre" – oder so ähnlich. Für die Frage „Wie geht es Ihnen" gilt Ähnliches. Auch hier will man hören, dass es Ihnen gut geht. Oder würden Sie jemand einstellen wollen, der schon während des Vorstellungsgesprächs über Kopfschmerzen und Müdigkeit spricht? Eine Antwort in der Art „Danke, sehr gut. Und Ihnen?" funktioniert immer. Bevor das Gespräch losgeht, wird Ihnen meist etwas zu trinken angeboten. Hier empfiehlt es sich das Angebot anzunehmen „Ja, vielen Dank" und sich für eine der angebotenen Optionen zu entscheiden.

Praxistipp: Bevorzugen Sie stilles Wasser im Bewerbungsgespräch, auch wenn Sie privat lieber kohlensäurehaltiges bevorzugen. Nichts ist peinlicher als unterdrückte Rülpser, die Ihnen während des Gesprächs die Kehle emporsteigen.

Übrigens: Falls Sie Kaffee wählen, so trauen Sie sich ruhig auch nach Zucker und Milch zu fragen, falls Ihnen dies nicht automatisch angeboten wird (dies könnte Ihr erster Test sein).

Falls Sie schon mehrere Vorstellungsgespräche hinter sich haben, wird Ihnen sicher aufgefallen sein, dass nach der ersten Aufwärmphase so gut wie immer der Klassiker „erzählen Sie doch mal kurz etwas über sich" kommt. All diese Fragen sind keine Aufwärmübungen, auch wenn sie dazu verleiten ins Plaudern zu geraten. Antworten Sie bereits bei der Begrüßung professionell und aufgeweckt.

> „Ich hatte kürzlich ein Interview mit einem Kandidaten durchgeführt, der auf diese Frage so geantwortet hat: „Ja, also ich bin Proteinchemiker und habe in einem Forschungsinstitut als PostDoc gearbeitet, dann lief allerdings die Finanzierung aus. Das konnten wir nie nachvollziehen, denn aus unserer Abteilung kamen echt gute Publikationen. Das war der Punkt, wo ich die Forschung satthatte, und lieber nach einem permanenten Vertrag Ausschau halten wollte. Seitdem, das ist jetzt fast zwei Jahre her, halte ich nach einer neuen Position in der Industrie Ausschau, aber die Aussichten auf Erfolg sind hier nicht gut. Um ehrlich zu sein, ist dies hier das erste Interview, das ich im letzten halben Jahr bekommen habe. Und ich bewerbe mich deutschlandweit." Nach dieser Aussage des Kandidaten dachte ich nur „warum sollte ich Dich dann einstellen, wenn Dich sonst auch keiner haben will?" Ich hielt das Gespräch recht kurz und verabschiedete mich mit den üblichen Floskeln, dass es schön war, ihn kennenzulernen und es mir eine Freude war, mit ihm zu sprechen."

Sie fragen sich, warum der potenzielle neue Arbeitgeber jetzt nochmal von Ihnen wissen möchte, was Sie so beruflich alles geleistet haben? Schließlich haben Sie dies ja alles genau in Ihrem Lebenslauf dargelegt. „Lesen die Personaler keine Lebensläufe?", „Brauchen Sie eine extra Erklärung hierfür?", wundern sich viele Bewerber. Ihr Lebenslauf wurde vorab sehr wohl gelesen. Ihren potenziellen neuen Arbeitgeber interessiert aber viel mehr, ob Sie kurz und knapp das „Wichtigste" herausstellen können. Nicht nur für diejenigen, die frisch aus der Uni kommen eine Umstellung.

Man erzählt eine interessante Geschichte, die Hauptperson ist man selbst. Das Ganze in schönem Licht beleuchtet, verpackt als lockeren Smalltalk. Frauen finden dies irgendwie peinlich und befremdend und die wenigsten können eine Selbstpräsentation so einfach aus dem Ärmel schütteln. Wir behaupten auch nicht, dass das leicht ist. Da die „erzählen Sie doch mal über sich"-Frage in Interviews aber immer in irgendeiner Form kommt, lohnt es sich einige Zeit für eine gute Vorbereitung zu investieren.

Sehen Sie diese kurze Vorstellung als ein Marketinginstrument, mit dem Sie die Chance haben, einen professionellen Eindruck zu hinterlassen. Vergleichen Sie es mit einem Werbespot über sich selbst, oder auch einem „Gruß aus der Küche", also einer gelungenen Kostprobe Ihrer Fähigkeiten, die Sie nun auf dem Silbertablett präsentieren. Mit ein paar gekonnt gewählten Sätzen erreichen Sie nicht nur, dass das anfängliche Eis gebrochen wird, nein, Sie machen Ihrem Gegenüber sogar Lust auf „mehr". Wie lange das Ganze dauern sollte? Stellen Sie sich vor, Sie treffen Ihren Chef im Fahrstuhl und er würde ihnen die „Erzählen Sie doch mal…"-Frage stellen. Die Fahrstuhltür würde sich schließen, und Sie hätten nun adhoc die Chance diesen von Ihren Vorzügen auf der Fahrt ins Obergeschoss zu überzeugen. Je nachdem wie hoch das Haus ist, wie also die Gesprächssituation im Einzelnen aussieht, haben Sie hier mehr oder weniger lange Zeit.

▢ **Praxistipp:** Egal ob im Fahrstuhl, auf einer Konferenz oder an der Bar: ein paar Sätze über sich selbst parat zu haben lohnt sich nicht nur für ein Vorstellungsgespräch.

Ihr kurzer Spot sollte aus den Elementen „ich bin", „ich kann", „ich will" bestehen. Gerne können Sie auch noch „ich helfe" zufügen, in der Art „ich helfe Ihnen, ein kleines Stück des Puzzles zu lösen." Wählen Sie relevante Schwerpunkte aus Ihrem Lebenslauf, die für den Gegenüber besonders interessant sein könnten. Formulieren Sie kurz und knapp, am besten aber mittels einprägsamer Beispiele. Auf jedes von Ihnen angesprochene Thema kann eine Nachfrage erfolgen. Das können Sie ausnutzen, indem Sie gezielt Informationen offen formulieren oder weglassen, um so die Gesprächspartner absichtlich zu einer Rückfrage zu provozieren. Fädeln Sie Ihre einzelnen Punkte wie eine Perlenkette entlang eines roten Fadens auf, sodass der Gesprächspartner am Ende das Gefühl vermittelt bekommt, dass Ihr Tun und Wirken zwangsläufig sowieso gerade in diesem Unternehmen enden musste, und runden Sie Ihre Einführung mit einem klaren Schluss ab. Es versteht sich von selbst, dass Sie das, was Sie erzählen auch mit Begeisterung erzählen sollten. Der Funke wird sonst nicht überspringen.

Hier einige Satzfragmente als Arbeitsgrundlage:

> „Guten Tag, mein Name ist … und ich bin promovierte Physikerin. Zur Zeit bin ich als … tätig, komme aber ursprünglich aus dem Bereich … In meiner letzten Position habe ich mich besonders auf … konzentriert. Drei Dinge liegen mir hier besonders am Herzen/Besonders stolz bin ich auf … Eine spannende und schöne Zeit. Mein ganz persönlicher Wermutstropfen ist dabei, dass … Deshalb habe ich mich entschieden meine nächste Herausforderung im Bereich … zu suchen und freue mich nun heute bei Ihnen sein zu dürfen und Sie von meiner Motivation überzeugen zu dürfen."

Das Geheimnis des Erfolges: Legen Sie den Fokus auf Ihr Publikum anstatt auf sich selbst. Sagen Sie also nicht „ich heiße Anne und ich bin Biologin. Ich bin 31 Jahre alt und …". Sondern formulieren Sie eher in diese Richtung: „Ich heiße Anne und bin leidenschaftliche Produktentwicklerin. Zuletzt habe ich in einem ganz ähnlichen Bereich gearbeitet, an dem Sie gerade selbst forschen …".

Doch Vorsicht: Auswendig Gelerntes klingt nicht nur aufgesetzt, man nimmt Ihnen die Worte zudem nicht ganz ab und kann Ihnen zudem weniger gut folgen. Formulieren Sie Ihren Spot daher am besten nur stichwortartig. Den ersten Satz können Sie gerne auswendig aus dem FF runterbeten, das nimmt Ihnen die Aufregung am Anfang des Gespräches. Für den Rest der Vorstellung fahren Sie mit einem luftigen Gerüst von Stichpunkten jedoch besser. So können Sie flexibel reagieren und je nach Situation knapper oder ausführlicher antworten, als ursprünglich zurechtgelegt. Je nach Stellenprofil und Firma müssen Sie Ihren „Gruß aus der Küche" angemessen würzen, dass er optimal passt. Es könnte durchaus auch sein, dass der Fahrstuhl nicht im zehnten, sondern bereits im vierten Stock anhält, und Sie entsprechend weniger Zeit zum „plaudern" haben.

6.5
Dresscode: mit Birkenstocksandalen oder doch im Anzug?

Kennen Sie Speed Dating? Es geht darum, dass sich Singles kennenlernen und vielleicht auch zueinanderfinden. Man erhält drei Minuten, um sich gegenseitig vorzustellen, dann trifft man die nächste Person. Das Konzept basiert auf der Beobachtung, dass man bereits in den ersten Minuten entscheidet, ob man zueinanderpassen könnte oder nicht. Man verhindert dadurch diese unangenehm langen Abende, bis sich das Date als Langeweiler herausstellt.

Ein Vorstellungsgespräch läuft ganz ähnlich: Der erste Eindruck zählt! Wie Sie in den ersten Minuten oder gar nur Sekunden abschneiden bestimmt, ob Sie eine Chance haben oder nicht. In diesen Momenten dominieren Ihr Aussehen, Ihre Körpersprache und auch Ihr Geruch. Es zahlt sich überproportional aus, wenn man in diesen Momenten punktet. In diesem Abschnitt widmen wir uns daher Ihrem Aussehen und Ihrer Kleidung.

Es gibt keinen perfekten oder universellen Dresscode für das Vorstellungsgespräch. Für den Arbeitgeber ist es das Wichtigste, das Gefühl zu haben, eine seriöse und glaubwürdige Persönlichkeit vor sich zu haben. Es geht bei einem Vorstellungsgespräch immer auch um die Frage, ob Sie in das bestehende Team passen, sich also auch bis zu einem gewissen Grad anpassen können und wollen. Sie signalisieren mit einer formal richtig gewählten Kleidung, dass Sie sich auf das Gespräch vorbereitet haben und die Gepflogenheiten Ihres Wunscharbeitgebers kennen. In den meisten Fällen bedeutet das aber keineswegs eine Uniformierung. Sie können und sollten Sie selbst sein und sich auch so darstellen. Nur wenn Sie sich in Ihrer Aufmachung in der jeweiligen Umgebung wohlfühlen, können Sie Ihr Selbstbewusstsein ausdrücken. Ziehen Sie im Zweifelsfall lieber Ihre braunen Schuhe an, die nicht perfekt zum Kleid passen, als dass Sie sich in Ihre neuen schwarzen Schuhe zwängen, in denen Sie Druckstellen und Schweißfüße bekommen.

> „Wir waren auf einer Studienreise bei einer Botschaft eingeladen. Im Vorfeld erkundigten wir uns, wie wir uns anzuziehen hätten. Die Antwort des Reiseleiters war so einfach wie vielsagend: „Sie müssen sich in Ihrer Kleidung wohlfühlen." Das trifft eigentlich auf alle Situationen zu, niemand fühlt sich in einer Anwaltskanzlei in Jogginghose wohl, genauso wie niemand gerne im Smoking ins Fußballstadion geht."

Sie werden sich in übertriebener Aufmachung nicht wohlfühlen und sicherlich auch nicht, wenn Sie zu schlampig daherkommen. Was nun genau angemessen ist, hängt dabei stark vom Arbeitgeber und der Position ab, für die Sie sich bewerben. Der Business Look, also Anzug, Blazer oder Ähnliches, ist sicherlich die einzige Möglichkeit, wenn Sie sich bei Patentanwälten oder in einer großen Pharmafirma bewerben. Wenn Sie sich für einen Postdoc an der Universität bewerben, könnte es sich dagegen komisch anfühlen, wenn Sie die einzige Anzugträgerin sind, die im ganzen Gebäude anzutreffen ist, nebst dem Außendienstler, der Reagenzien verkaufen will. Bei vielen Arbeitgebern ist der Dresscode weniger eindeutig definiert:

An einem Forschungsinstitut, bei einer Behörde oder einem Biotech-Startup haben Sie die ungewisse Qual der Wahl. Bei einer Einstiegsposition mit viel Arbeit im Labor sind gebügelte Hosen und eine hübsche Bluse eine angemessene Wahl.

Es gibt noch mehr, was man sich überlegen kann, wenn man den Kleiderschrank durchstöbert. Wenn Sie nach Ratschlägen für das perfekte Aussehen für das Vorstellungsgespräch suchen, dann werden Sie immer dasselbe lesen: Neutrale Farben (schwarz, grau, braun oder weiß) oder Pastelltöne. Das wird als die sichere Option angesehen und trifft auf die meisten Leute auch zu. Es hilft aber nicht, wenn Sie darin wie eine Leiche aussehen. Insbesondere wenn Sie blond oder rothaarig sind und helle Haut haben, können Sie gerne einen Farbtupfer setzen, beispielsweise mit einem dünnen Schal. Sie wollen lieber auf Nummer sicher gehen? Dann könnte im Winter marineblau oder im Sommer ein Muster aus weiß mit braun die Lösung sein.

Auch wenn Sie sich nicht als Wetteransagerin bewerben, sollte Ihnen die Jahreszeit nicht egal sein. Sie finden es toll, dass Ihnen Ihr Sommer-Outfit bei zehn Zentimetern Schnee als Tarnung dient oder dass Sie sich besonders widerstandsfähig fühlen, wenn Sie im Hochsommer mit hohen Stiefeln auftreten, während draußen die Vögel mit Hitzestich aus den Bäumen fallen? Nein, es sieht schlicht und ergreifend komisch aus! Passen Sie sich ans Wetter an.

Sie sind eine Frau! Kleiden Sie sich feminin aber nicht provokativ. Lassen Sie keine „tiefen Einblicke" zu. Falls Sie einen Rock tragen, sollte er in etwa bis zu Ihren Knien gehen: Kürzer sieht billig aus, länger oftmals sehr konservativ. Folgendes berichtete uns Dr. Peter Pack; Partner und Geschäftsführer, EMBL Ventures über Bewerberinnen mit provokativem Kleidungsstil:

> „Bewerberinnen sollten ihre Weiblichkeit nicht als unfaires Argument missbrauchen. Ein sehr tiefes Dekolleté bei Bewerbungsgesprächen hat mich immer sehr irritiert und das war meist ein Ablehnungsgrund. Schließlich will man sich ja als „Mann" nicht so dumpf überrumpeln lassen. Trotzdem sollte man (ob Mann oder Frau) nicht völlig abgerissen und ungepflegt bei Interviews erscheinen. Auch das passiert, besonders bei Wissenschaftler/innen."

Riechen Sie nicht nach Auspuff. Wenn Sie Raucherin sind, dann verkneifen Sie sich Ihr Laster vor dem Gespräch. Und versuchen Sie bitte nicht, den Geruch mit Parfüm zu überdecken, falls Sie es sich wirklich nicht verkneifen können. Das funktioniert schlicht nicht und ist in Kombination definitiv unerträglich.

Tragen Sie etwas, das zu Ihrem Ausbildungsniveau passt. Nutzen Sie Parfüm, Make-up und Schmuck dezent, denn Ihre Gesprächspartner teilen nicht unbedingt Ihren Geschmack. Sie sollten professionell aussehen und den Eindruck hinterlassen, dass Sie den Arbeitgeber gut vertreten können. Eine übertriebene Aufmachung hinterlässt den Eindruck, dass Sie mehr Zeit vor dem Spiegel als vor den Geschäftsberichten verbringen.

Wir haben eine erfahrene Kosmetikerin nach deren Tipps gefragt:

> „Wenn mich Kunden nach Schminktipps für bevorstehende Bewerbungsgespräche fragen, reagieren sie verwundert, wie wenig Schminke für ein ge-

pflegtes Äußeres ausreicht. Ein dem Hautton angepasstes, nicht-fettendes Make-up, ein zarter Kajalstrich, leicht getuschte Wimpern und ein wenig Lippenstift wirken Wunder. Viele Kunden lassen sich die zurechtgefeilten Nägel auch mal gerne mit der Farbe des Lippenstifts passend lackieren. Da gibt es schöne und auch deckende Farben, die dezent und „seriös" wirken."

Steht eine Tour durch die Produktion auf dem Plan oder müssen Sie dabei gar über den Hof mit Schlaglöchern in der Straße gehen? Wenn Sie bei der Gelegenheit mit Ihren High Heels umherstelzen müssen wie ein Pelikan, dann macht das Ihren eleganten Eindruck wieder zunichte. Glücklicherweise gibt es auch flachere Schuhe, die trittsicher und gleichzeitig elegant sind.

6.6
Der Kopf folgt dem Körper: bringen Sie sich in Stimmung

Der Termin des Gesprächs naht, Sie haben sich für Ihr Outfit entschieden, haben Ihre Sachen zusammengepackt und mustern sich nun nervös daheim im Garderobenspiegel. Bringen Sie sich nun in Stimmung für das Gespräch. Stellen Sie sich vor, Sie befänden sich bereits mitten im Interview. Alles läuft super, die Gesprächspartner sind total von Ihnen begeistert. Beflügeln Sie Ihre Fantasie mit Übertreibungen, die Sie positiv anspornen. Lauschen Sie dem tosenden Applaus der Menge, wenn Sie die Fragen beantworten, und fühlen Sie das angenehme Gefühl der Rosenblüten, die währenddessen auf Sie niederregnen. Je positiver Sie sich die Situation vorstellen, umso positiver wird Ihre Ausstrahlung sein und umso positiver werden Sie die Situation auch erleben.

Stellen Sie sich nun mit beiden Beinen fest auf den Boden und stellen Sie sich vor, aus Ihren Füßen würden Wurzeln wachsen, die sich fest im Boden verankern. Nichts könnte mehr Ihre Balance stören, Sie sind stark wie ein Fels in der Brandung. Richten Sie sich dann einmal ganz bewusst auf und machen sich groß. So banal es klingt, Sie werden sehen, dass Sie sich automatisch selbstbewusster und stärker fühlen werden. Sagen Sie jetzt laut „Ich freue mich auf das Gespräch" und machen Sie sich mit diesem Gefühl gleich darauf auf den Weg. Viel Glück!

6.7
Entspannt ankommen zeigt Souveränität

Bei großen Unternehmen oder Organisationen kann es durchaus mehr als zehn Minuten dauern, um vom Empfang an den verabredeten Ort zu gelangen. Entspannt ankommen, meint allerdings nicht nur, dass Sie es rechtzeitig schaffen am verabredeten Ort zu sein, das bekommen Sie nämlich mit Sicherheit auch ohne unseren Hinweis hin. Neben Ihrer physischen Anwesenheit spielt auch Ihre psychische Anwesenheit eine große Rolle. Lassen Sie sich vollkommen auf die voranstehende Situation ein, versuchen Sie nicht an Ihren nächsten Termin oder an die zu erledigenden Dinge daheim zu denken und akzeptieren Sie die Kleidung, für die Sie sich entschieden haben. Umtauschen geht jetzt eh nicht mehr. Kommen Sie nicht nur mit Ihrem Körper, sondern auch mit Ihrem Kopf und Ihrem Geist an. Nur, wenn Sie vom Kopf her entspannt sind, können Sie sich auf die kommende Situation ganz und gar einstellen und Ihren kompletten Fokus und Ihre Aufmerksamkeit auf das Gespräch legen.

Sie sind zu nervös, um souverän und entspannt zu wirken? Dann greifen Sie zu folgendem Trick, bevor Sie sich auf den Weg zum Vorstellungsgespräch machen: Kneifen Sie Ihr Gesicht einige Sekunden ganz fest zusammen. Beim Lösen der Anspannung lockern sich Ihre Gesichtsmuskeln. Sie werden sehen: Sie können anschließend lächeln, ohne angespannt zu wirken.

Praxistipp: Auch wenn Sie sich völlig verspannt fühlen oder sich gerade völlig abgehetzt haben, um gerade noch pünktlich zu sein: Lassen Sie es niemanden wissen, solange es nicht wirklich schlimm ist. Ihr Gegenüber sieht meistens nur einen kleinen Teil dessen, was in Ihnen vorgeht.

6.8
Das Interview beginnt beim Empfang

Stellen Sie sich vor, Sie hätten heute Interview. Beim Betreten des Gebäudes sind Sie mit Ihren Gedanken bereits voll im Gespräch. Sie haben sich in Stimmung gebracht und möchten nun nichts anderes, als den Gesprächspartner von Ihrer Motivation zu überzeugen. Sie stellen sich gerade vor, dass rote Rosen auf Sie niederregnen, da holt Sie ein zartes Stimmchen aus Ihren Träumen. „Zu wem wollen Sie?" – Ihr Tagtraum endet abrupt. In diesem Moment fühlen Sie sich plötzlich überhaupt nicht mehr gelassen und souverän. Diese unvorhergesehene Frage hat Sie komplett aus dem Konzept gebracht. Hektisch angeln Sie aus den Untiefen Ihrer Tasche das Einladungsschreiben mit der Raum-Nummer und dem Ansprechpartner heraus.

Jetzt stellen Sie sich vor, Sie hätten bewusst das Gebäude mit dem Gedanken betreten „Jetzt bin ich im Interview". Ja, Sie haben richtig gehört. Das Interview beginnt bereits am Empfang. Es kann gut sein, dass Ihnen hier ein kleiner Smalltalk angeboten wird, beispielsweise ob Sie gut hergefunden haben oder ob Sie einen Parkausweis benötigen. Verhalten Sie sich hier bereits genauso professionell und höflich, wie Sie es im eigentlichen Vorstellungsgespräch tun würden. Dies empfiehlt sich übrigens bei allen Personen, die Ihnen neben Ihren primären Gesprächspartnern über den Weg laufen, angefangen vom Pförtner bis zur Assistentin, die Ihnen Kaffee anbietet. Sie fragen sich, warum Sie bei allen Personen einen guten Eindruck hinterlassen sollten, auch wenn diese überhaupt keine Entscheidungsbefugnis haben? Ein höfliches und zuvorkommendes Verhalten gegenüber allen Hierarchiestufen gehört zur guten Kinderstube. Darum fragen Personaler manchmal ganz bewusst am Empfang nach, ob Sie schon beim Betreten des Unternehmens so freundlich und nett wirkten wie im Vorstellungsgespräch, oder ob

Sie möglicherweise erst kurz vor dem Betreten des Chefbüros eine Maske aufgesetzt haben.

> „Beim Mittagessen in der Kantine saß ein Bewerber für eine Promotionsstelle in einer anderen Gruppe an unserem Tisch. Während wir aßen, bemerkte dieser, dass er die Gabel für seinen Salat an der Essensausgabe vergessen hatte. Anstatt zurückzulaufen und sie zu holen, entschied er sich den Salat mit den Händen zu essen."

Unterschätzen Sie den Einfluss der dem Chef zuarbeitenden Funktionen (z. B. Assistenten) auf keinen Fall. Chefs lassen sich nämlich in der Regel sehr wohl auch von den Meinungen der eigenen Mitarbeiter beeinflussen. So ähnlich auch hier geschehen:

> „Als ich schon einige Wochen im Unternehmen arbeitete, erkundigte ich mich bei unserer Teamsekretärin, ob Sie Infos zu meinem eigenen Bewerbungsprozess hätte, die Sie mir verraten dürfte. Ich war gespannt darauf einige Details zu erfahren, warum am Ende ich und nicht jemand anderes ausgewählt wurde. Ihre Antwort überraschte mich sehr. Da sie üblicherweise alle Unterlagen in Empfang nehme, werfe sie auch immer gleich einen Blick hinein. Schon hier sei ich ihr gleich sehr positiv aufgefallen: Wegen dem, was ich alles schon im Leben gemacht hätte, aber auch weil ihr mein Bild gefallen hatte. Deshalb legte Sie auch meine und nicht eine andere Bewerbung beim Chef ganz oben auf den Stapel und überreichte ihm diesen mit den Worten „die hier gefällt mir am besten und die würde mit Sicherheit gut ins Team passen". Freudestrahlend erzählte sie mir dann, dass ihre Empfehlung wohl Wirkung gezeigt hatte, denn schließlich sei ich ja nun hier."

6.9
Kommunikation ohne Worte

Wussten Sie, dass in einem Gespräch von Angesicht zu Angesicht Ihre Worte gegenüber Ihrer Körpersprache und Ihrer Stimmlage nur den geringsten Teil der Wirkung ausmachen? Unabhängig davon, ob Sie gerade reden oder schweigen: Immer dann, wenn Menschen in der Nähe sind, senden Sie Signale aus. Sie kommunizieren also auch dann, wenn Sie es gar nicht beabsichtigen. Durch die Körpersprache verraten Sie teils unbeabsichtigt Dinge, die Sie gar nicht unbedingt verbal kommuniziert haben. Dies schließt Blickkontakt, Mimik, Gestik, Körperhaltung, Distanz, Berührung und Geruch mit ein. So teilen Sie bei jeder Bewegung Ihrer Hände, bei jedem Blickkontakt oder alleine schon durch die Art und Weise, wie Sie in einen Raum hineinschreiten immer etwas über sich selbst mit. Aber ist Ihre Körpersprache dabei Ihr Freund oder Ihr Feind? Unterstreichen Sie mit Ihr, was Sie wirklich ausdrücken wollen, oder kommen durch sie Dinge zum Vorschein, die Sie lieber im Verborgenen gehalten hätten?

Beobachten Sie einmal sich selbst, wenn Sie jemandem gespannt und interessiert zuhören. Legen Sie den Kopf ein wenig zur Seite und beugen Sie Ihren Oberkörper etwas nach vorne in Richtung Gesprächspartner? Falls ja, dann haben Sie dem Gegenüber ein ganz eindeutiges Zeichen der Interessensbekundung gesendet. Vielleicht nicken Sie, während der andere etwas sagt? Auch das zeigt Zustimmung und Interesse. Sitzen Sie mit verschränkten Armen da, wenn Sie etwas total interessant finden? Der Gesprächspartner könnte diese Geste als Verschlossenheit deuten. Trotzdem kann es durchaus sein, dass Sie total bei der Sache sind. Vielleicht sperren Sie sich nämlich gerade durch diese Haltung gegen alle anderen Aktivitäten, um besser zuhören zu können, oder Ihnen ist schlichtweg kalt. Wenn Sie zudem noch anfangen ihren Stift auf dem Tisch abzulegen, ein paar Fussel von Ihrem Pulli zupfen, ein Gähnen unterdrücken und auf Ihrem Stuhl hin und her rutschen, so vermitteln Sie Ihrem Gesprächspartner absolutes Desinteresse und es könnte unter Umständen vorkommen, dass dieser verärgert reagiert, ohne dass Sie auch nur ein einziges Wort gesagt haben. Sie hingegen sind vielleicht überhaupt nicht desinteressiert. Im Gegenteil, Sie finden die Ausführungen des Gesprächspartners vielleicht hochinteressant. Dieses Missverständnis käme hier alleine durch die Sprache Ihres Körpers zustande. Was der Gesprächspartner aber vielleicht gar nicht weiß: Die Schurwollfasern des neuen Pullis jucken fast unerträglich auf der Haut, der Kuli funktioniert schlichtweg nicht, und bereits während dieser frühen Schwangerschaftsphase haben Sie mit häufigen Rückenproblemen zu kämpfen, von der nächtlichen Schlaflosigkeit ganz zu schweigen.

„Wegen meiner Hüftgelenksdysplasie kann intensive Laborarbeit durchaus herausfordernd sein. Wenn die Schmerzen kommen, versuche ich so viele Arbeiten wie möglich im Sitzen durchzuführen. Aufstehen tut schlicht und ergreifend weh. Als junge Studentin arbeitete ich zusammen mit meiner Kommilitonin an einem Projekt, das über zwei Monate ging. Die Kommilitonin wusste über mein Leiden Bescheid und wir teilten die Aufgaben so auf, dass ich so viel wie möglich im Sitzen erledigen konnte, während Sie die Aufgaben übernahm, die mehr Bewegung forderten. Ich pipettierte also, sie holte Puffer, stellte die Flaschen in den Inkubator und so weiter. Als es schließlich um die Benotung ging, bekam ich eine volle Note schlechter als die Kollegin. Als Grund nannte man mir, ich sei im Projekt weniger involviert gewesen. „Sie saßen nur an der Bench, während die Kollegin auch noch Ihre Arbeit mit erledigte". Ich war enttäuscht, denn das stimmte überhaupt nicht. Klar, sah es von außen so aus, und man sah mir mein Leiden ja auch nicht an. Aus diesem Erlebnis habe ich aber meine Lektion gelernt. Seit diesem Tag sage ich von Anfang an etwas wie „Ich interessiere mich für das Projekt und ich bin nicht faul, aber ich habe Probleme mit meiner Hüfte und versuche so oft wie möglich im Sitzen zu arbeiten". Seitdem kam kein Missverständnis in dieser Hinsicht mehr auf, und jeder scheint dies zu akzeptieren und zu verstehen."

Dieses Beispiel zeigt, wieviel durch Körpersprache und -Haltung kommuniziert wird und welche Fehlinterpretationen davon abgeleitet werden können.

Auch durch unbewusste, unabsichtliche Handlungen kann der Gesprächsverlauf beeinflusst werden. Menschen, die bestimmte Aspekte Ihrer Körpersprache kontrollieren, können deshalb auch den Gesprächsverlauf in eine ganz bestimmte Richtung wenden. So werden besonders Verkäufer auf Seminaren geschult, wie Sie mit den Kunden Gespräche führen, die letztendlich zum Verkaufsabschluss führen. Hierfür gibt es verschiedenste Techniken. Angefangen bei Körper-Wahrnehmungs-Übungen bis hin zu NLP (neurolinguistisches Programmieren), bei dem man lernt, das Gegenüber in seiner Körpersprache zu spiegeln und somit auf eine Wellenlänge zu kommen, über Schulungen der interkulturellen Kompetenz, wo die Körpersprache mit der jeweiligen Kultur erläutert wird, gibt es ein unerschöpfliches Reservoir an Kursen und Methoden.

Wenn Sie jetzt aber gar keine Verkäuferin werden wollen? Warum sollten Sie sich denn mit der Wirkung Ihrer Körpersprache auseinandersetzen?

Erkundigt man sich bei Personalern, wie stark sie auf die Körpersprache im Vorstellungsgespräch achten, so erhält man die Antwort, dass die Körpersprache ein ganz elementarer Bestandteil im Bewertungsprozess ist.

„Wir hatten eine Stelle ausgeschrieben, für die wir eine Person mit Durchsetzungskraft brauchten. Es ging darum, eine neue Abteilung in einem hart umkämpften Feld zu gründen, der zukünftige Abteilungsleiter würde also was Neues aus dem Boden stampfen und interne wie externe Barrieren einreißen müssen. Einer der Bewerber stand mit Fliege und einem Konfirmandenanzug vor dem Besprechungsraum. Als ich ihm die Hand gab, fühlte es sich an wie ein toter Fisch, von dem die durchweichte Panade herunterfällt. Ich habe mich im Gespräch aufrichtig bemüht, die Person und den Experten in ihm zu sehen, doch bekam ich den ersten Eindruck nicht mehr aus meinem Kopf. Ich sah hier schlicht keinen durchsetzungsstarken Abteilungsleiter vor mir."

Im Bewerbungsgespräch wird also sehr wohl geschaut, ob Ihre nonverbalen und verbalen Signale übereinstimmen, dazu muss man übrigens kein Experte sein. Stimmen diese nicht überein, erhält auch ein ungeübter Beobachter das Gefühl, dass man gekünstelt und dadurch unglaubwürdig wirkt.

Dumm nur, dass die gesamte nonverbale Kommunikation unbewusst abläuft, werden Sie nun einwenden? Nicht ganz. „Normale" Personen wie Sie und wir haben zwar die Körpersprache nicht so im Griff wie Schauspieler oder professionelle Redner. Das heißt aber nicht, dass man diese nicht beeinflussen könnte. Dazu brauchen Sie lediglich ein paar Tipps und ein wenig Übung.

Bereits beim Betreten einer ungewohnten Umgebung hinterlassen Sie einen ersten Eindruck, weil Sie Ihr Umfeld unbewusst mit Indizien füttern, die bei den Beobachtern für die Entstehung eines positiven oder negativen Bauchgefühls verantwortlich sind. Ihr Gegenüber scannt Sie innerhalb von Sekundenbruchteilen. In dieser Zeit wird bereits entschieden, ob Sie überhaupt wahrgenommen werden oder nicht. Manche Menschen betreten einen Raum und keiner bemerkt, dass überhaupt jemand reinkam. Ein Anderer betritt den Raum und die Gespräche verstummen, weil er die ganze Aufmerksamkeit auf sich zu ziehen vermag. Dies kann man gut bei Turniertänzern beobachten. Sie betreten auch im privaten Umfeld einen Raum, als würden Sie eine Tanzfläche betreten. Selbstbewusst, lächelnd und mit festen, großen Schritten. Davon ausgehend, dass Sie sicherlich wahrgenommen werden (wie das beim Vorstellungsgespräch normalerweise der Fall ist), wird Ihr Gegenüber Sie einem zweiten Scan unterziehen, der nicht länger als zwei Sekunden dauert. Innerhalb dieser kurzen Zeit wird Ihr Gegenüber entscheiden, ob er sie in die Schublade „sympathisch" oder „unsympathisch" steckt. Da reicht schon, dass Sie so groß gewachsen sind wie dessen ungeliebte Nachbarin, oder Ihr Parfum an dessen Verflossene erinnert. Da können Sie unter Umständen gar nichts dazu! Befinden Sie sich erst einmal in der Kategorie „unsympathisch", werden Sie einige Anstrengungen unternehmen müssen, um den Gesprächspartner vom Gegenteil zu überzeugen. Das gelingt schon, allerdings reicht da mitunter die kurz bemessene Zeit eines Vorstellungsgespräches nicht aus. Umso wichtiger ist es also, von Anfang an in der richtigen Schublade zu landen. Doch wie gelingt das, auch wenn Sie zufällig aussehen wie die Nachbarin oder an die Verflossene erinnern?

Suggerieren Sie Ihrem Gegenüber Freund anstatt Feind zu sein. Das erreichen Sie mit einem uralten Trick. Zeigen Sie ein ehrlich gemeintes Lächeln und widmen Sie dem Gegenüber exklusive Aufmerksamkeit, indem Sie diesem einige Sekunden direkt in die Augen schauen. Naturtalente heben beim Lächeln auch noch die Augenbrauen leicht nach oben. Weichen Sie dem Blick des Gegenübers nicht aus, denn dies vermittelt den Eindruck von Arroganz oder Unsicherheit. Starren Sie Ihr Gegenüber aber auch nicht zu lange oder intensiv an, das wirkt oft aggressiv. Die Grenze liegt bei ca. 4 s. Wenn Sie eine Person anlächeln, dann erwidert diese Ihr Lächeln im Normalfall automatisch. Und genau das ist der Trick: Würden Sie jemanden anlächeln, der eher „Feind" statt „Freund" ist? Ein ehrlich gemeintes Lächeln erkennt man übrigens daran, dass die Augen „mitlachen", und nicht nur die Lippen verzogen werden.

Zeigen Sie konstante Präsenz über den ersten Eindruck hinaus anstatt sich in der „Sympathisch-Schulblade" auszuruhen, da Sie der Bonus des ersten Eindrucks nicht über die gesamte Dauer des Gesprächs hindurchträgt. Konstante Präsenz zu zeigen ist allerdings nicht jedem in die Wiege gelegt, verrät uns eine professionelle Tänzerin.

> „Werden bei uns Tänzer oder andere Darsteller für eine Aufführung ge-
> castet, so wird nicht nur darauf Wert gelegt, wie sie auf die Bühne kom-
> men. Präsenz im ersten Moment zeigen kann fast jeder in dieser Branche.
> Es kommt aber darauf an, die Präsenz während der Vorstellung halten zu
> können. Das können nur wenige, und da trennt sich dann die Spreu vom
> Weizen."

Während eines Vorstellungsgesprächs müssen Sie zwar keine Bühnenshow abliefern. Trotzdem müssen Sie sich hier gegen Ihre Konkurrenz durchsetzen, seien es Frauen oder Männer. Warum wir hier ausgerechnet auf den Geschlechterunterschied hinweisen? Ganz einfach. Die Körpersprache von Mann und Frau unterscheidet sich nämlich. Natürlich gibt es Frauen, die von Natur aus eine kontinuierliche Präsenz zu zeigen vermögen. Viele Frauen greifen jedoch intuitiv viel häufiger als Männer zu unterwürfigen Gesten. Hierzu gehören die Vermeidung des Augenkontakts, das seitliche Abknicken der Absätze und das zwar elegant wirkende, aber gleichzeitig klein machende Überschlagen der Beine während des Gesprächs. Üblicherweise ziehen sich Frauen in Stresssituationen auch eher zurück, als offensiv auf den Gesprächspartner zuzugehen. Wenn Männer also mit großen, ausladenden Gesten von ihren Erfolgen berichten, ziehen Frauen die Schultern ein und wirken mit der Gestikulation aus dem Handgelenk heraus eher weich und unentschlossen.

Simple Gesten mit großer Wirkung: Setzen Sie sich auf die gesamte Sitzfläche des angebotenen Stuhls, anstatt auf die vorderste Kante zu rutschen. So zeigen Sie, dass Sie sich wohlfühlen, und nicht an „Flucht" denken. Wenn Sie einen Rock tragen, schlagen Sie gerne die Beine übereinander, das ist entspannender als während des gesamten Gesprächs die Beine aneinander zu pressen, damit nicht aus Versehen der Blick auf Ihren Slip freigegeben wird. Achten Sie aber darauf, dass Sie den Fuß des übergeschlagenen Beines in Richtung Gesprächspartner wenden. So signalisieren Sie Zustimmung. Beobachten Sie Ihren Gesprächspartner und bedienen Sie sich ganz simpler Elemente aus dem NLP Ansatz: Prescht er eher nach vorne oder weicht er vielleicht zurück? Falls er Sie in irgendeiner Form von etwas überzeugen möchte, beugt er sich sicherlich eher nach vorne. Hier ist es von Vorteil ihn zu spiegeln, also nicht zurückzuweichen, sondern sich ebenfalls nach vorne zu lehnen. So zeigen Sie, dass Sie sich nicht so leicht überrumpeln lassen, sondern bereit sind, in die Verhandlung zu gehen. Ist die Situation umgekehrt, weil Sie zum Beispiel Ihre Gehaltsvorstellung nennen, auf die er nicht eingehen möchte, so kann es sein, dass er zurückweicht. Beobachten Sie hier Ihre eigene Körpersprache. Je weiter Sie sich nach vorne in seine Richtung beugen, umso mehr wird er zurückweichen. Wollen Sie, dass er mit Ihnen in Verhandlung geht und sich bildlich gesehen einen Schritt auf Sie zubewegt, so ziehen Sie die Reißleine. Lehnen Sie sich zurück anstatt vor und geben ihm die Chance aus seiner Reserve zu kommen.

„Bei einem Vorstellungsgespräch vor vielen Jahren hatte ich eine interessante Erfahrung gemacht. Ich hatte kurz vor dem Gespräch einen Kurs über Körpersprache besucht, sodass mir die Worte des Trainers noch in den Ohren nachhallten. Ich war bereits in der zweiten Runde. Das Gespräch fing ganz gut an, eigene Vorstellung und Fragen über die bisherige Tätigkeit. Das Übliche halt. Dann ging es um das Gehalt. Ich hatte hier ein klares Gehaltsziel, das ich unbedingt erreichen wollte. Dies war dem Geschäftsführer aber offensichtlich zu hoch. Er wich immer weiter zurück, und ich redete die ganze Zeit auf ihn ein, warum ich das Gehalt wert sei. Noch während meiner Ausführungen legte er demonstrativ seinen Stift auf den Schreibtisch vor sich hin. Ich bemerkte dies und mir war klar, dass er innerlich schon mit der Argumentation abgeschlossen hatte. Gleichzeitig fiel mir auf, dass ich vor lauter Übereifer mit meinem Oberkörper fast schon über seinem Schreibtisch hing. Da die Situation eh hoffnungslos schien, probierte ich die „Tricks" des Dozenten vom Körpersprache-Kurs aus. Ich setzte mich zurück auf meinen Stuhl und fing an den Geschäftsführer zunächst ganz vorsichtig, dann aber immer mutiger zu spiegeln. Und soll ich Ihnen was sagen? Es hat tatsächlich funktioniert! Er hat seinen Stift wieder in die Hand genommen, ist mit mir in Verhandlung gegangen und am Ende habe ich tatsächlich nicht nur die Stelle, sondern auch das erhoffte Gehalt bekommen."

Praxistipp: Testen Sie die Wirkung Ihrer Körpersprache vorab im privaten Umfeld. So bekommen Sie Sicherheit und es wirkt am Ende nicht wie „gewollt und nicht gekonnt".

Das Wissen, dass die Körpersprache einen Einfluss auf den Gesprächsverlauf hat, ist sicherlich wichtig. Wird aber nicht überall empfohlen, so authentisch wie möglich ins Vorstellungsgespräch zu gehen? Das hieße doch, dass man sich so wenig wie möglich verstellen sollte, oder etwa nicht?

Das stimmt nur zum Teil. Begeben wir uns doch einmal gedanklich in die Situation eines Vorstellungsgespräches. Sie sind womöglich angespannt, nervös und würden am liebsten das Gespräch so schnell wie möglich hinter sich bringen. Würden Sie sich nicht am Riemen reißen und sich nicht versuchen so gut wie möglich „zu verkaufen", wäre Ihre natürliche, unbeeinflusste und ungekünstelte Körpersprache die Folgende: Sie säßen an den Haaren drehend oder Fingernägel kauend mit gesenktem und zur Seite geneigtem Kopf mit eingefallenen Schultern auf einem Stuhl oder würden Ihren Gesprächspartner mit weit aufgerissenen Augen anschauen. Ihre zitternde Stimme würde in kurzen Sätzen die Fragen beantworten während Sie versuchen würden sich zwischen Flucht oder Kampf zu entscheiden. Ihren Angstschweiß könnte man förmlich riechen.

Die Beeinflussung der eigenen Körpersprache ist sehr wichtig. Sehen Sie es als Herausforderung anstatt als unnötige zur-Schau-Stellung an.

„Ich hatte zunächst Sorge, dass das Wissen über meine Körpersprache und das Trainieren verschiedener Verhaltensweisen dazu führen könnten, dass ich mich fühlte wie in einem Gefängnis. Das Gegenteil war aber der Fall. Seit ich weiß, wie ich wirke, wenn ich dies oder das mache, muss ich mir über meine Außenwirkung keine Gedanken mehr machen. Ich persönlich habe eine für mich sehr bequeme Grundhaltung für Beine und Hüfte gefunden, die auch den Rest des Körpers positiv beeinflusst. Darüber denke ich nicht mehr nach und habe den Kopf frei für den Rest des Körpers bzw. den Vortrag selbst."

Übrigens lohnt es nicht nur für Vorstellungsgespräche, sich ein paar Gedanken über die eigene Körpersprache zu machen. In vielen anderen Situationen ist es nämlich ebenso notwendig und wichtig negative Impulse zu unterdrücken und zu lächeln, auch wenn einem gerade nicht danach ist und auch positive Signale auszusenden.

„In Kaffeepausen stand ich oft mit verschränkten Armen und Beinen da. Ich machte mir nie Gedanken darüber, bis ich eines Tages an einem Seminar über Körpersprache teilnahm. Dort lernte ich, dass diese Haltung Unsicherheit und Verschlossenheit ausdrücken würde. Daraufhin änderte ich augenblicklich meine Haltung. Interessanterweise komme ich jetzt viel eher ins Gespräch mit anderen Leuten. Klar habe ich noch Tage, an denen ich mich unsicher fühle. Aber jetzt kommen die Gesprächspartner von ganz alleine auf mich zu und ich muss gar nicht den ersten Schritt machen. Das freut mich."

Exkurs   Andere Länder, andere Sitten

Einige Signale werden in den westlichen Kulturen meist einheitlich interpretiert. So bedeutete das Händeschütteln eine Begrüßung oder Verabschiedung, mit dem Kopfnicken signalisieren wir Zustimmung und durch Gähnen drücken wir unsere Langeweile aus. Die nonverbale Kommunikation ist allerdings nicht universell. Sprechen wir mit Personen aus einem anderen Kulturkreis, so können die von uns unbewusst ausgesandten Signale ganz schnell missverstanden werden. Ein fester Händedruck wird hierzulande mit selbstbewussten Personen assoziiert, die ein zupackendes, durchsetzungsstarkes Wesen haben. Woanders wirkt ein fester Händedruck als befremdlich. So fällt der Händedruck in arabischen Ländern eher leicht und in einigen asiatischen Ländern kurz und sanft aus. Desweiteren gilt bei uns üblicherweise derjenige als überzeugend, der einen festen Blickkontakt zum Gegenüber hält. Derjenige, der es nicht schafft in die Augen des Gesprächspartners zu schauen, gilt als ängstlich oder nicht an der anderen Person interessiert. Viele Asiaten und Lateinamerikaner vermeiden aber den direkten Augenkontakt, da dies als Zeichen mangelnden Respektes gilt. Im Gegensatz dazu halten viele Afroamerikaner fast permanent Augenkontakt zueinander, was unsereins als Anstarren missverstehen könnte.

Vor dem Aufbau einer Geschäftsbeziehung lohnt es, sich über die üblichen nonverbalen Kommunikationssignale der jeweiligen Kultur zu informieren.

Jedoch hilft mitunter schon das pure Wissen, dass es überhaupt kulturelle Unterschiede in der nonverbalen Kommunikation gibt, weiter. Mit einer gewissen Beobachtungsgabe, Einfühlungsvermögen und Aufmerksamkeit ist man dann auch imstande die Unterschiede zu bemerken und kann darauf reagieren.

6.10
Wissenschaftler und Personaler: zwei Welten treffen aufeinander

Erkundigt man sich bei den Damen und Herren, die bereits ein Vorstellungsgespräch hinter sich haben, so bekommt man oft solche Aussagen zur Antwort: „Die Fragen der Personaler waren am schlimmsten. Die Fragen der Abteilungsleiter konnte ich hingegen prima beantworten."

Warum ist das so? Was ist der Unterschied zwischen Fragen aus dem Mund des Personalers und Fragen aus dem Mund des Fachvorgesetzten? Warum unterscheiden sich die Fragen überhaupt, und wie geht man am besten damit um?

Sie als Naturwissenschaftlerin sind gerade kurz nach Studium oder Promotion auf dem neuesten wissenschaftlichen Stand Ihres Fachgebiets, das bestreitet der Personaler sicherlich nicht und wird Sie hierzu auch nicht mit Fragen quälen. Für ihn ist das Gespräch eine Chance, Sie live zu erleben und sich dabei auf die Kriterien zu konzentrieren, die Sie neben Ihrer Fachqualifikation im Handschuhfach haben sollten. Natürlich hat er Ihr Anschreiben und Ihren Lebenslauf gelesen und fragt Stichpunkte daraus ab. Ihn interessiert hier, wie flüssig und schlüssig Sie Ihre Antworten geben. An Stellen, bei denen Sie ins Schleudern kommen, wird schnell klar, dass Sie in Ihren Unterlagen geflunkert haben. Am Ende muss Ihr Gesamtbild konsistent mit demjenigen Bild sein, das Sie in der Bewerbungsmappe angepriesen haben. Wenn Sie mit etwas geprahlt haben, müssen Sie jetzt auch liefern.

Schauen wir uns ein Beispiel an: Sie bewerben sich auf eine Stelle als Gruppenverantwortliche der PCR Assay Entwicklung in einem Unternehmen der Biotechnologie-Branche. Im Gespräch sitzen Sie zusammen mit dem Personaler und dem Fachabteilungsleiter.

Der Fachabteilungsleiter checkt während des Gesprächs Ihre beruflichen Highlights, Ihr Fachwissen und Ihre Erfahrungen ab. Er prüft, ob Sie die Branche kennen, also den Markt und die Produkte und wie es mit Ihrer Führungserfahrung steht.

Den Personaler interessieren zu den einzelnen Fragen dann die jeweiligen Softskills. Es kann durchaus vorkommen, dass er in Ihren Augen ziemlich dämliche Fragen stellt, die aus Ihrer Sicht erst einmal überhaupt nichts mit der Stelle zu tun haben.

- „In Ihrem Team gibt es einen schwierigen Mitarbeiter, der das Team stört. Wie gehen Sie damit um?"

- „Angenommen man hätte in den letzten Tagen Ihrer letzten Anstellung eine 360°-Analyse durchgeführt. Was wäre dabei herausgekommen?"
- „Wir bekommen Kundenbesuch aus Dubai, diese wollen die Entwicklungsabteilung besichtigen. Wie verhalten Sie sich?"

Diese Fragen finden Sie knifflig? Lassen Sie sich nicht ins Bockshorn jagen. Antworten Sie am besten mittels einer ähnlichen Situation als Beispiel, die Sie bereits erlebt haben.

> „Mir wurde einmal die Frage gestellt, wie ich mit einem Team umgehen würde, das aus vielen verschiedenen Kulturen besteht. Anstatt souverän zu antworten, dass das bei meinem letzten Team auch der Fall gewesen war, gefolgt von ein paar Erzählungen dazu, fragte ich „Ja, welche Kulturen meinen Sie denn?" Mein Gegenüber zählte einige auf. Daraufhin sagte ich „Sie meinen jetzt ich soll die Vor- und Nachteile der einzelnen Arbeitsweisen dieser Personengruppen aufzählen?" Er sagte: „Wenn Sie mögen …". Als ich aufzuzählen begann, dass die Italiener in Sachen Organisation, die Franzosen in Sachen Strukturierung, und andere in Sachen Pünktlichkeit eher schwach wären, bemerkte ich, dass ich mich in einer Falle befand. Was ich jetzt auch sagen würde, könnte falsch interpretiert werden. Noch dazu, weil der Gegenüber Engländer war."

6.11
Die erste, zweite und dritte Gesprächsrunde: so gleich und doch so anders

Heute wird mein Glückstag sein, da bin ich mir ganz sicher. Gut gelaunt wasche ich mir die Make-up-Reste von den Händen. Ein prüfender Blick in den Spiegel erfüllt meine Erwartungen. Die kleinen Pickelchen auf der Stirn sind fast nicht mehr zu sehen, und die roten Äderchen neben der Nase dürften auch nur beim genauen Hinschauen auffallen. Ich frage mich, ob ich mich für heute hätte besonders vorbereiten müssen. Nach kurzem Überlegen verflüchtigen sich meine Gedanken und ich lege noch einmal zwei Spritzer Parfum nach. Wenn Sie mich nicht in der Position sehen könnten, hätten sie mich sicher nicht zum zweiten Gespräch eingeladen. Außerdem meinte der Personaler ja das letzte Mal selber, dass es keine dritte Auswahlrunde geben würde, und dass ich die Stelle so gut wie sicher hätte, falls ich zu diesem zweiten Gespräch eingeladen werde.

Mit diesem positiven Gefühl im Bauch betrete ich die Firmenzentrale. Am Empfang das altbekannte Prozedere: Ausweis vorzeigen, in Liste eintragen, Besucherausweis umhängen und warten, bis mich jemand zum Gespräch abholt.

Ein aschblonder Mann betritt den Empfangsraum. Selbstbewusst schreitet er durch die Glastür. Sein hellblaues Hemd, der dunkelblaue Anzug mit einem feinen, zart violetten Karomuster wirkt ziemlich geschmackvoll und exklusiv. Die dunkelviolette Krawatte passt farblich hervorragend zur Gesamterscheinung. Seine schwarz glänzenden Schuhe spiegeln das Licht der Neonröhren. Als er nach einem kleinen Wink der Empfangsdame direkt auf mich zusteuert, begreife ich, dass dies der Geschäftsführer sein muss, stehe auf und gebe ihm zur Begrüßung die Hand. Er führt mich in sein Büro. Irgendwie kommt mir die Situation plötzlich beklemmend vor. Er ist viel steifer, als ich ihn mir vorgestellt habe. Um die Situation etwas aufzulockern, frage ich ihn, wie denn sein Urlaub gewesen sei. Schließlich wusste ich ja vom ersten Vorstellungsgespräch, dass er aus diesem Grund nicht mit anwesend sein konnte. Er ging nicht darauf ein, sondern sagte nur „gut". Kein „Danke der Nachfrage". Ich verkniff mir eine weitere Nachfrage.

Im Büro angekommen bietet er mir zunächst ein Wasser an und fragt mich nach kurzem Blabla, wie ich mir denn die Stelle vorstelle. Ich wundere mich über diese Frage. Schließlich steht ja in der Stellenausschreibung, was das für eine Stelle ist, zudem hat mir das ja mein zukünftiger, direkter Vorgesetzter schon eingehend beim ersten Gespräch erklärt. Ich schildere dem Geschäftsführer die Situation, dass ich das alles (aus den oben genannten Gründen) schon wisse. Da sagt er, dass er es trotzdem wissen wolle, weil er prüfen wolle, ob ich es mir richtig gemerkt hätte. Was??? Will der mich verarschen? Also erkläre ich ihm den Ausschreibungstext seiner eigenen Stellenanzeige. Das Gespräch kommt nicht so richtig in Gang. Er stellt mir im Endeffekt fast identische Fragen, die ich bereits im ersten Interview beantwortet hatte. Ich weise ihn mehrmals darauf hin, doch ohne Erfolg, ich leiere die ganzen Dinger nochmal herunter. Irgendwie komme ich mir total blöd vor. Beim ersten Mal hatte alles so super geklappt, da war ich auch total motiviert, alles zu erzählen. Hätte er sich nicht erkundigen können, was für Fragen schon gestellt wurden?

Am Ende des Gesprächs erkundigte er sich, ob ich noch meinerseits Fragen hätte. Nein, hatte ich nicht! Schließlich hatte ich ja alle beim ersten Mal bereits gestellt und auch beantwortet bekommen. Und zu meiner Frage nach dem Gehalt will oder kann er gerade keine Stellung nehmen.

Beim Verlassen des Gebäudes höre ich noch Worte wie „Bedenkzeit … Wir melden uns … "

Während Sie sich für die erste Gesprächsrunde wahrscheinlich sehr gut vorbereitet haben, sinkt die Motivation für eine intensive Vorbereitung für die zweite oder dritte Gesprächsrunde meist unbewusst auf Null. Klar, Sie haben sich ja schließlich schon Ihre Gedanken gemacht, und das nicht nur einmal. Außerdem fragen Sie sich sicher, was bei der zweiten Gesprächsrunde nun noch zusätzlich gefragt werden soll, und warum denn überhaupt noch eine Auswahlrunde vonnöten ist? Sie denken und handeln wie die meisten Anderen auch.

Warum also ein zweites Gespräch? Im besten Fall handelt es sich bei dem zweiten Gespräch um ein Einstellungsgespräch, also eine Art Verhandlungsgespräch, bei dem Sie den Arbeitsvertrag besprechen bzw. erhalten und Details für den Arbeitsbeginn festlegen. Allerdings handelt es sich bei dem zweiten Gespräch oftmals um ein weiteres Interview. Hochrangige Personen wollen sich nun ein Bild von Ihnen machen. Entweder, weil das Unternehmen sich zwischen den Bewerbern noch nicht entscheiden konnte, oder weil es schlicht und einfach zum Auswahlverfahren des entsprechenden Unternehmens gehört, dass prinzipiell ein bis drei Gesprächsrunden vor Einstellungsbeginn mit verschiedenen Personen durchlaufen werden müssen. In diesem Falle wird Ihnen durch die Einladung zur zweiten Runde vom Unternehmen signalisiert, dass Sie beim ersten Gespräch einen guten Eindruck hinterlassen haben, und dass das Unternehmen weiterhin an Ihnen interessiert ist. Seien Sie sich bei der Einladung zum zweiten Gespräch nicht schon zu sicher. Je höherrangig Ihre Gesprächspartner der zweiten Runde sind, desto eher haben es diejenigen direkt in der Hand, ob der Daumen für Sie gehoben oder gesenkt werden soll. Der Ziellinie nähern Sie sich also erst, wenn Sie auch in der zweiten Runde überzeugen können.

Was unterscheidet die erste von der zweiten Runde? Im Prinzip fast nichts. Sie könnten genau die gleichen Fragen gestellt bekommen wie beim ersten Mal auch. Oft geht das erste Gespräch aber eher um das Abklopfen Ihrer Kernkompetenz (hier können auch durchaus technische Details zur Sprache kommen) während im zweiten Gespräch die übergeordneten und organisatorischen Dinge angesprochen werden. Rechnen Sie hier also ruhig mit einer Art Gehaltsverhandlung oder auch mit einem Gesprächsteil über Boni, Zusatzleistungen, Urlaubsanspruch oder Reisetätigkeiten.

Erfragen Sie, welche Personen beim Gespräch dabei sein werden (inklusive deren Funktion) und erbitten Sie Informationen, wie das Gespräch ablaufen wird. Schließlich ist es ja wichtig zu wissen, ob es sich um ein kurzes Vertragsgespräch mit dem Geschäftsführer unter vier Augen handelt, oder ob Sie eine halbstündige Powerpoint-Präsentation vor der Belegschaft halten sollen.

> „Vor einigen Jahren erhielt ich eine Einladung zum Vorstellungsgespräch bei einer großen Beratungsfirma. Da ich zu der Zeit in China lebte, fand das Gespräch per Videokonferenz statt: Drei aufeinanderfolgende Gespräche von jeweils einer Stunde mit jeweils einem anderen Gesprächspartner ohne Verschnaufpausen zwischen den einzelnen Sitzungen erwarteten mich. Alle drei fragten mich exakt die gleichen oder zumindest sehr ähnliche Fragen, und noch dazu musste ich bei allen drei Gesprächen die gleiche Fallstudie durchführen und erläutern. Für mich war das damals absolut nicht nachvollziehbar und es langweilte mich, alles wieder und wieder durchkauen zu müssen. Das konnte man dann wohl auch auf meinem Gesicht ablesen, jedenfalls bekam ich keine Zusage."

Sind eine oder mehrere Personen anwesend, die schon beim ersten Gespräch dabei waren? Falls ja, dann ist einer davon in der Mehrheit der Fälle der zuständige Human Ressources Mitarbeiter („der Personaler"). Er hat in dem zweiten Gespräch die Aufgabe, zu prüfen, ob Sie in der Lage sind, genauso zu überzeugen wie beim ersten Mal und ob Sie die gleiche schlüssige Argumentationskette benutzen. Verfallen Sie also nicht dem Irrglauben, Sie dürften die Argumente, die Sie beim ersten Mal benutzt haben, nun nicht mehr sagen. Optimalerweise sollten Sie dabei technische oder fachliche Sachverhalte dem Niveau des Gegenübers anpassen. Argumentieren Sie jedoch ansonsten genauso, wie Sie es schon das erste Mal taten. Wäre ja unlogisch, wenn Sie nun komplett neue Kompetenzen, Stärken oder Schwächen aus dem Hut zaubern würden. Das hieße ja, dass Sie beim ersten Mal geflunkert hätten.

Praxistipp: Wenn Sie wissen, dass eine oder mehrere Personen Sie schon vom ersten Gespräch her kennen, würden wir empfehlen, nicht exakt das gleiche Outfit wie beim ersten Gespräch zu tragen. Sie könnten sonst den Eindruck vermitteln, nur einen Satz seriöse Kleidung zu besitzen.

Stellen Sie sich in der zweiten Runde noch einmal genau in der Ausführlichkeit vor, wie Sie es schon beim ersten Mal getan haben, selbst wenn ein oder zwei Personen Sie schon kennen. Der Rest der Gruppe kennt Sie schließlich noch nicht. Diese Personen haben auch ein Recht auf eine lebendige, motivierte Schilderung gewählter Auszüge Ihres Lebenslaufs, oder? Versuchen Sie Ihre Gesprächspartner mehr als zuvor zu überzeugen, dass genau Sie die richtige Besetzung für diesen Job sind und warum. Wenn Sie es schaffen, das zweite Gespräch mit der gleichen Begeisterung zu meistern wie beim ersten Mal, haben Sie guten Chancen auf eine Zusage.

Praxistipp: Beantworten Sie alle Fragen so, als ob Sie sie gerade das erste Mal hören würden.

Als der Geschäftsführer zurück in sein Büro kommt, wartet seine Assistentin bereits neugierig. „Und, wie war die Bewerberin, die Frank unbedingt in seiner Abteilung haben will?", fragt sie ihn wissbegierig, noch bevor er sich an seinen Schreibtisch setzen kann. Er nimmt sich die Brille von der Nase und reibt sich seinen Nacken, während er antwortet. „Ich verstehe nicht, wie Frank mir die anbieten konnte wie warme Semmeln. Eine absolute Nullnummer. Erstens stank sie wie verrückt nach einem abscheulichen Parfum und dann hat sie auch noch ständig gesagt, dass sie das bereits schon Frank gesagt hätte. Bin ich denn Frank? Ich weiß nicht, was sie sich dabei gedacht hat. Wahrscheinlich gar nichts … Also Leute gibt's … Warum sollte ich aber jemanden einstellen, der mir nicht mal glaubhaft erklären kann, warum er die Stelle überhaupt will?" Der Geschäftsführer schließt seine Augen und schüttelt den Kopf. Als er die Augen wieder öffnet, blickt er in Richtung Assistentin. „Veranlasst Du bitte, dass die Stellenausschreibung in der Samstagsausgabe nochmals gedruckt wird?"

6.12
Nach dem Gespräch

Erkennen Sie, wann Schluss ist. Ihr Gesprächspartner wird zwar sicher nicht „Hiermit ist das Interview beendet" sagen, wohl aber sendet er Ihnen Signale oder stellt bestimmte Fragen („Gibt es noch irgendetwas von Ihrer Seite aus, das Sie noch loswerden wollen?"). Es klingt vielleicht banal, aber spätestens, wenn Sie gefragt werden, was Sie heute noch so alles vorhätten, sollten Sie den Wink mit dem Zaunpfahl erkennen. Versuchen Sie an diesem Punkt nicht das Interview hinauszuzögern, um Ihre Erfolgschancen zu optimieren. Was gesagt wurde, ist gesagt, selbst wenn Sie am Ende des Interviews das Gefühl haben, dass ein Detail nicht gut rüberkam. Es geht schließlich um Ihren Gesamteindruck und nicht um kleine Details, die Sie jetzt noch zurechtrücken wollen.

Kurz und knapp können trotzdem noch bestimmte Dinge angesprochen werden, falls diese noch nicht während des Gesprächs geklärt wurden. Antworten auf Fragen wie "Werden ausgewählte Kandidaten nochmals zum Gespräch mit weiteren Personen eingeladen?", „Wie ist das weitere Vorgehen?", „Bis wann kann ich mit einer Antwort von Ihnen rechnen", sollten Ihnen klar sein, bevor Sie sich verabschieden. Wenn also nicht schon geklärt, dann wäre spätestens jetzt der richtige Moment, um sich Klarheit zu verschaffen.

Praxistipp: Nicht Sie, sondern Ihr Gesprächspartner beendet das Gespräch. Planen Sie also genügend Zeit ein, um nicht aus Zeitnot das Gespräch selbst beenden zu müssen.

Bedanken Sie sich für das nette Gespräch und die Zeit, die sich der Gesprächspartner für Sie genommen hat. Wenn dem so ist, dann sagen Sie ruhig, dass Ihnen das Gespräch gut gefallen hat und Sie durch die gebotenen Einblicke in das Unternehmen noch in dem Gedanken bestärkt wurden, hier arbeiten zu wollen. Oder Sie merken an, dass Sie das Unternehmen jetzt sogar noch mehr als zuvor interessiert und sich freuen würden, wenn die Wahl am Ende auf Sie fallen würde.

Verabschieden Sie sich durch Händedruck. Verlassen Sie auch dann nicht überstürzt den Raum, wenn Ihnen kurz vorher gesagt wurde, dass Sie wahrscheinlich nicht auf die Stelle passen oder wenn Ihnen das Interview nicht besonders zugesagt hat. Bemühen Sie sich in jedem Fall um eine freundliche, selbstbewusste Verabschiedung per Handschlag. Ihr Gesprächspartner soll Sie auch dann in angenehmer Erinnerung behalten, selbst wenn Sie den Job gar nicht mehr wollen. Vielleicht bekommen Sie ja eine zweite Chance, weil im gleichen Unternehmen noch eine weitere Stelle besetzt werden soll, von der Sie im Moment noch gar nichts wissen. Übrigens: „Man kennt sich." Gerade in hochspezialisierten Branchen stehen Unternehmen oft mit weiteren Unternehmen im Kontakt und tauschen sich hier unter Umständen auch über Bewerber aus, positiv wie auch negativ.

Beim Verlassen des Raumes sollten Sie entweder als Letzte hinausgehen oder Ihren Po im besten Licht erscheinen lassen. Glauben Sie nur nicht, Ihre Gesprächspartner würden auf Ihren Hinterkopf starren, wenn Sie den Raum verlassen. Wenn Sie vermeiden wollen, dass Ihr Po ihren letzten Eindruck ausmacht, drehen Sie sich beim Öffnen der Türe noch einmal zu Ihren Gesprächspartnern um und zeigen ihnen Ihr strahlenstes Lächeln. Schließlich bleibt das letzte Bild einer Person sehr gerne im Gedächtnis haften.

Die Verabschiedung geht weiter: Selbstverständlich verabschieden Sie sich beim Hinausgehen auch von der Assistentin, der Empfangsdame und dem Pförtner.

Durch die Rücksendung einiger netter Zeilen zum Dank bleiben Sie in guter Erinnerung. Schließlich gibt es überall Menschen, die dies nicht nur „nett" finden, sondern sogar großen Wert auf solch kleine Gesten legen. Was Sie da genau hin-

einschreiben sollen? Bedanken Sie sich noch einmal für das nette Gespräch und zeigen Sie, auf welche Aufgaben Sie sich freuen. Machen Sie hier keine Doktorarbeit daraus, die Hauptsache ist, dass Sie sich trauen, sich mit ein paar Dankeszeilen in Erinnerung zu rufen.

Haben Sie Ihren Gesprächspartnern noch Referenzen, Zeugnisse oder Arbeitsproben versprochen, so reichen Sie diese unbedingt auch im vereinbarten Zeitrahmen nach. Sehen Sie es mit den Augen des potenziellen Arbeitgebers: Wenn Sie es nicht einmal schaffen, ein paar Dokumente termingerecht zu schicken, wie sollen Sie es dann in Zukunft bei Projekten, Meilensteinen oder Zulassungsdokumenten schaffen?

Notieren Sie sich am besten noch am gleichen Tag ein paar Stichpunkte zum Gespräch. Welche Gedanken kamen Ihnen auf der Heimfahrt in den Sinn? Wie war Ihr Bauchgefühl? Was lief schlecht und was lief gut? Gibt es Dinge, die Sie im Nachhinein anders gemacht hätten? Und wenn ja, welche? Gab es Fragen, auf die Sie keine Antwort wussten, die Sie jetzt aber beantworten könnten? Welche Themen wurden nicht angesprochen? Welche Fragen kamen im Nachhinein noch auf? Eine schriftliche, stichwortartige Nachbearbeitung des Gesprächs hat einige Vorteile für Sie, zum Beispiel dient Ihnen die Reflexion als Basis für weitere Gespräche bei anderen Unternehmen. Für weitere Bewerbungen hilft es, weil Sie nicht wieder in dieselben Fallen tappen. Für weitere Gesprächsrunden beim selben Arbeitgeber hilft es, um sich optimal auf diese nächste Runde vorzubereiten. Hier empfiehlt es sich, das Augenmerk auf diejenigen Themen zu legen, die bereits im Gespräch angesprochen wurden, zu denen Ihnen aber noch Fragen eingefallen sind. Sprechen Sie diese im Gespräch an, zeigen Sie, dass Sie sich nach dem letzten Gespräch noch mit dem Unternehmen auseinandergesetzt haben und signalisieren Sie Ihr Interesse.

Nach dem Interview sind Sie sicher gespannt wie ein Flitzebogen und sehnen der Antwort entgegen. Nachfragen oder Geduld üben?

Falls Ihnen am Gesprächsende ein Zeitraum genannt wurde, in dem Sie informiert werden sollten, so warten Sie die vereinbarte Zeit plus ein paar Tage ab. Erstens nutzt es nichts, alle zwei Tage dort anzurufen, denn so wird die Auswahl auch nicht schneller gehen. Zweitens wirken Sie wie eine verzweifelte Klette mit Torschlusspanik. Das ist keine Eigenschaft eines Angestellten, die ein Arbeitgeber unbedingt sucht.

Falls keine Zeit vereinbart wurde, können und sollten Sie sich 2–3 Wochen nach dem Gespräch freundlich nach dem Stand der Bewerbung erkundigen. Viele Personalentscheider bewerten solch eine Nachfrage sogar als positiv, solange diese nicht aufdringlich wirkt. Sie zeigen, dass Sie immer noch Interesse haben und rufen sich noch einmal ins Gedächtnis. Falls Sie trotz Nachhaken immer noch keine Antwort erhalten, probieren Sie es einfach ein paar Tage später noch einmal über einen anderen Kanal. Wenn die erste Anfrage per E-Mail gestellt wurde, so greifen Sie jetzt einfach zum Telefon. Solange Sie die Anfrage positiv und freundlich formulieren und den Gesprächspartner nicht unter Druck setzen, wird Ihnen dies nicht als aufdringlich ausgelegt. Haben Sie das Gefühl „vergessen" worden zu sein, oder unendlich lange hinausgetröstet zu werden, so können Sie eventuell Ihre Marktposition auch dadurch begünstigen, indem Sie ganz offen und ehrlich sagen, dass Sie gerade auch noch mit anderen Unternehmen im Gespräch sind, und hier demnächst eine Entscheidung treffen müssten.

Dauert die Entscheidungsfindung des Unternehmens sehr lange oder bekommen Sie auch auf Nachfrage nur ausweichende Antworten, so können Sie davon ausgehen, dass Sie nicht auf Anhieb als Top-Kandidat ausgewählt wurden, und das Unternehmen momentan mit anderen Kandidaten in Verhandlung steht.

6.13
Nicht alle können gewinnen: Umgang mit Absagen

Wenn Sie eine Absage erhalten, ist es ratsam, einen freundlichen Umgang aufrechtzuerhalten. „Vielen Dank für Ihre Nachricht, wenngleich der Inhalt unerfreulich war. Es hätte mich sehr gefreut, mit Ihnen zusammenarbeiten zu können. Ich möchte mich für die offenen Gespräche bedanken und wünsche Ihnen für die Zukunft viel Erfolg und Ihrer Neubesetzung einen gelungenen Einstieg."

Warum Sie so etwas tun sollten? Warum denn nicht! Es kostet Sie nichts und hinterlässt einen positiven Eindruck. Der Arbeitgeber hat keine Hemmschwelle, wenn er Sie in Zukunft kontaktieren möchte. Und wer weiß: Vielleicht springt die Wunschbesetzung in der Probezeit ab oder eine andere Abteilung hat eine Stelle offen, auf die Sie vielleicht sogar noch besser passen würden?

Wenn Sie möchten, können Sie sich auch gerne nach dem Grund der Absage erkundigen. Oftmals wird man Ihnen hier eine schwammige Aussage wie „ein anderer Bewerber war besser geeignet" geben. In einigen Ausnahmefällen bekommen Sie hier aber auch durchaus nützliche Tipps und Hinweise, an was es gelegen haben könnte. Probieren können Sie es, vielleicht bekommen Sie ja einen wertvollen Hinweis.

Nehmen Sie sich die Absage nicht zu sehr zu Herzen und versuchen Sie nicht noch das Ruder herumzureißen. Die Entscheidung ist getroffen, da können Sie jetzt nichts mehr daran ändern. Schauen Sie nach vorne: Was können Sie beim nächsten Mal besser machen, was haben Sie gelernt?

Praxistipp: Sehen Sie eine Absage nicht als persönliches Versagen an. Die Absage muss gar nicht unbedingt mit Ihrer Persönlichkeit, Ihrem Verhalten beim Vorstellungsgespräch oder Ihrer fachlichen Kompetenz zu tun haben. Sie können gar nicht wissen, was sich hinter den Kulissen abgespielt hat. Möglicherweise wurde der Abteilung das Budget gekürzt, sodass die Stelle gar nicht besetzt werden konnte, oder es wurde kurzfristig ein interner Bewerber gefunden, der auf die Stelle passt. Es gibt viele Gründe, woran es gelegen haben könnte.

Eines kann Ihnen jedenfalls keiner nehmen: Sie sind um eine Erfahrung reicher geworden. Schauen Sie in die Zukunft. Solange Sie aktiv am Ball bleiben und aus dem einen oder anderen Fehler lernen, werden die Gespräche von Mal zu Mal besser laufen, und dann klappt's auch irgendwann mit der Zusage.

6.14
Nicht ganz trivial: das Telefoninterview

Wie unterscheidet sich ein Telefoninterview vom klassischen Interview?

Arbeitgeber möchten für die ausgeschriebene Stelle den optimalen Bewerber selektieren. Auf manche Stellenanzeigen erhalten sie eine solche Flut von Bewerbungen, dass es dem Personaler oder auch dem Führungsverantwortlichen schwerfällt, sich zu entscheiden. Also greifen die Firmen heute zu einem einfachen Trick: Sie kontaktieren die infrage kommenden Bewerber zunächst per Telefon, um eine Vorab-Auslese zu treffen. Das spart dem Unternehmen Zeit und Geld, weil somit der Kreis der Kandidaten für ein persönliches Gespräch eingegrenzt werden kann.

> „Ich hatte vor Kurzem ein Telefoninterview für eine Position als Clinical Research Associate. Der Personaler interessierte sich hauptsächlich dafür, ob ich die Reisetätigkeit stemmen könnte und wie ich mich in den Gesprächen mit den Ärzten geben würde. Mittels des Telefoninterviews konnte die Firma also ganz schnell herausfinden, wer die „großen und wichtigen Eckpunkte" der Position erfüllt, ohne dafür einen großen Aufwand zu betreiben und eine Menge Leute einzuladen, die am Ende dann sagen „Vier Tage die Woche in einem Hotel? Das geht halt einfach nicht.""

Gerade weil sich in dieser Form des Interviews herausstellt, ob Sie kommunikativ in der Lage sind zu überzeugen, wird dies sehr gerne als Arbeitsprobe für Stellen eingesetzt, bei denen Sie viel telefonieren und/oder Kundenkontakt haben werden.

Unterschätzen Sie diese Art des Interviews nicht! Auch wenn der Personaler sich „nur einmal kurz mit Ihnen unterhalten" möchte. Wenn Sie im Telefoninterview nicht überzeugen, werden Sie erst gar nicht zu einem persönlichen Vorstellungsgespräch eingeladen.

Beim Telefonat entfallen die Einflüsse der Körpersprache, des Auftretens und des Blickkontaktes. Da Sie einzig und alleine durch Ihre Stimme wahrgenommen, werden, ist diese jetzt Ihre Visitenkarte. Viele Kandidaten fürchten sich gerade vor dieser Art des Interviews. Keine Panik! Mit der richtigen Vorbereitung sammeln Sie hier Punkte. Außerdem hat das Telefoninterview einen großen Vorteil: Sie dürfen in Ihre Unterlagen „spicken".

Praxistipp: Im Telefoninterview wird nicht über das Gehalt verhandelt. Trotzdem erkundigt sich der Personaler in der Regel schon im Telefoninterview nach Ihrer Gehaltsvorstellung, falls Sie die in der Bewerbung nicht schon angegeben hatten. Stellen Sie hier keine Forderungen, sondern erklären Sie selbstsicher Ihre Verhandlungsgrundlage.

Die Terminvereinbarung

Für viele Unternehmen (weniger bei Universitäten) ist das Telefoninterview ein fester Bestandteil des Selektionsprozesses. Genau wie für ein persönliches Interview erhalten Sie hier in der Regel einen Termin und den Namen der Person(en), mit denen Sie sprechen werden.

Manchmal entpuppt sich ein Telefonanruf als Interview, ohne dass Sie damit rechnen. Unter Umständen warten Sie gerade mit vollem Einkaufswagen im Supermarkt an der Kasse oder Sie sind bei der Arbeit und wollen nicht, dass Ihre Kollegen oder der Chef von Ihren Bewerbungen erfahren. Lassen Sie sich nicht in ein Interview drängen, wenn Sie sich nicht darauf vorbereitet fühlen. Erklären Sie freundlich aber bestimmt, dass Sie sich gerne unterhalten würden, der Zeitpunkt aber gerade ungünstig ist (hier ist auch eine Notlüge erlaubt!). Bieten Sie an, zurückzurufen oder nennen Sie ein Zeitfenster, wann man Sie am besten erreichen kann. In der Zwischenzeit haben Sie nun Gelegenheit sich zu sammeln und sich auf das Gespräch vorzubereiten.

Übrigens: Denken Sie daran während der Bewerbungsphase Ihren Anrufbeantworter seriös zu besprechen. So vermeiden Sie peinliche Situationen wie diese: Sie sitzen im Bewerbungsgespräch und der Personalchef begrüßt Sie mit den Worten „Wie geht es Ihrem Hund, der sich auf Ihrem AB gemeldet hat?" Zwingen Sie sich außerdem Ihren Anrufbeantworter regelmäßig abzuhören und im Falle eines verpassten Anrufs zeitnah zurückzurufen. Vergewissern Sie sich anhand der Telefonnummer aber vorher, um welche Stelle es sich handelt, anstatt während Ihres Rückrufs den Gegenüber mit den Worten „Ich habe mich auf so viele Stellen beworben, von welcher Firma waren Sie jetzt nochmal?" zu begrüßen.

„Ich bewarb mich bei allen Firmen, die mit Patentrecht zu tun hatten. Irgendwie nahm ich an, dass sich wohl all diese Firmen rund um München,

der Hochburg der Patentrechtler ansiedelten, in deren Nähe ich wohnte, sodass ich am Ende wohl gar kein großes Augenmerk mehr darauf legte, wo
genau eigentlich der Firmensitz der Unternehmen lag. Als eines Tages ein
Personaler anrief, um einen Termin für ein persönliches Gespräch zu vereinbaren, war ich nicht da und mein Partner nahm das Gespräch entgegen. Er
fragte den Personaler, um welche Firma (Firmenname und Sitz) es sich handeln würde, um mir den Anruf korrekt ausrichten zu können. Als ich nach
Hause kam, richtete er mir verwundert aus, dass da eine Firma aus einem
völlig anderen Teil Deutschlands angerufen hätte, die mich einladen wollte. Ich war froh, dass ich nicht selbst am Telefon war, als der Anruf kam. Am
Ende hätte ich noch zu einem kurzfristigen Interview-Termin zugesagt, den
ich dann nicht hätte einhalten können."

Vorbereitungen speziell für das Gespräch am Telefon

Bereiten Sie sich genauso vor, als wären Sie zu einem persönlichen Gespräch
eingeladen. Ihre Firmenrecherche, ihr Stärken- und Schwächenprofil, Fragen zur
ausgeschriebenen Stelle und zur Firma sollten Sie genauso parat haben, wie auch
einige Sätze zur Vorstellung von sich selbst. Genau wie beim persönlichen Gespräch muss hier unbedingt die Verbindung zur Stellenanzeige erkennbar sein,
denn das Einzige, was sich Ihr Gesprächspartner in diesem Moment fragt, ist:
„Passt die Bewerberin auf die Stelle?" Anders als bei einem persönlichen Interview sollten sie Ihre Vorstellung relativ kurzfassen. Am Telefon kann der Gegenüber aufgrund der fehlenden Körpersprache nicht so lange aufmerksam zuhören
wie im persönlichen Gespräch.

Ihnen fällt es schwer mit jemandem zu telefonieren, den Sie nicht kennen und
nicht sehen? Dann recherchieren Sie im Zuge Ihrer Vorbereitungen im Internet

nach einem Foto von der Person, drucken Sie es aus und hängen es vor sich an die Wand.

Am Tag des Telefoninterviews

Planen Sie ausreichend Zeit für das Gespräch ein, damit Sie nicht unter Zeitdruck für einen möglichen Nachfolgetermin geraten. Im Schnitt dauert ein Gespräch 10–40 Minuten.

Gerade bei Telefoninterviews gerät man in die Versuchung, das Gespräch im ausgeleierten Lieblings-T-Shirt im bequemen Bett sitzend durchzuführen. Auch wenn es keiner sieht: Ziehen Sie sich trotzdem gut an. Das lässt Sie automatisch in den Job-Modus kommen, was sich auch auf Ihre Stimme auswirkt. Räumen Sie außerdem Ihren Schreibtisch auf und breiten Sie ordentlich die Unterlagen für das Gespräch darauf aus. Am Schreibtisch sitzend verfallen Sie nicht so leicht in einen saloppen Umgangston, als wenn Sie das Gespräch auf dem Sofa oder auf dem Bett sitzend führen.

Falls Sie ein Headset besitzen und dies an Ihr Telefon anschließen können, haben Sie die Hände frei um sich Notizen zu machen. Das ist vorteilhaft, aber nicht dringend notwendig. Machen Sie sich nichts daraus, wenn Sie keines zur Verfügung haben: Ob Sie eingestellt werden oder nicht, hängt am Ende nicht davon ab, was Sie mit Ihren Händen machen, sondern wie Sie Ihre Stimme einsetzen und Ihre Fähigkeiten und Motivation darstellen können. Legen Sie Ihre Aufregung beiseite. Sie schaffen das! Das haben schon ganz andere hingekriegt.

Während des Telefongesprächs

Lächeln Sie, auch wenn man Sie nicht sieht! Ein Lächeln überträgt sich auf Ihre Stimme, und kommt sehr wohl beim Gesprächspartner an. Achten Sie außerdem darauf, Ihren Gesprächspartner nicht mit „äähm" oder „hmmm" überzustrapazieren. Diese Lückenfüller fallen im persönlichen Gespräch gar nicht so sehr auf, nerven am Telefon aber ungeheuerlich.

Das Interview wird in der Regel ähnlich zu einem persönlichen Interview verlaufen. Das heißt, es beginnt mit einer kurzen Vorstellung, der Erläuterung, warum gerade Sie auf die Stelle passen, die Abfrage von Eckpunkten wie Gehalt, möglicher Beginn der Beschäftigung, Bereitschaft zu Reisen etc. und endet mit der Bitte um Fragen Ihrerseits.

Gerne wird das Telefoninterview übrigens genutzt, um die Wahrheitstreue Ihres Lebenslaufs zu prüfen. So kann jederzeit ein Wechsel zur Fremdsprache erfolgen, falls Sie beispielsweise „verhandlungssicheres Englisch" angegeben haben und dies für die Stelle eine Pflichtanforderung ist. Das kann Ihnen aber auch im persönlichen Interview passieren.

Praxistipp: Falls Sie mit Lampenfieber zu kämpfen haben, gibt es einen kleinen Trick, Ihrer Psyche ein Schnäppchen zu schlagen. Alleine schon der Gedanke einen Spickzettel zur Hand zu haben oder „an alles" gedacht zu haben, beruhigt allgemein, selbst wenn Sie diese Spickzettel gar nicht nötig haben und sowieso nicht drauf schauen. Wenn Sie möchten, haken Sie vor dem Termin also in Gedanken die folgende Checkliste ab. Ihr Inneres wird sich anschließend „in Sicherheit" wägen. Warum überhaupt nervös sein? Sie haben schließlich „an alles gedacht".

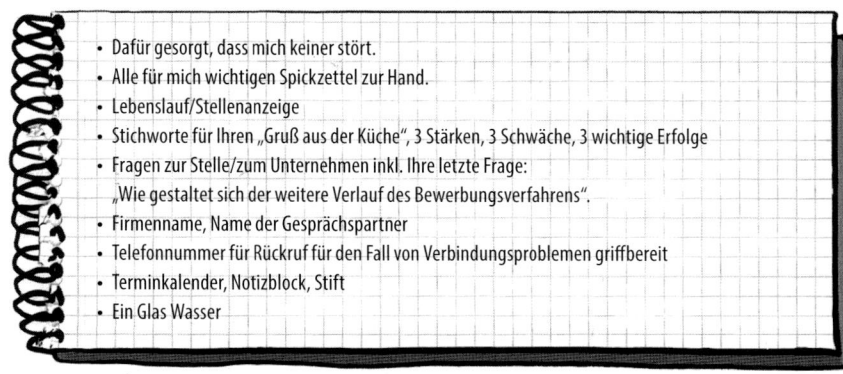

- Dafür gesorgt, dass mich keiner stört.
- Alle für mich wichtigen Spickzettel zur Hand.
- Lebenslauf/Stellenanzeige
- Stichworte für Ihren „Gruß aus der Küche", 3 Stärken, 3 Schwäche, 3 wichtige Erfolge
- Fragen zur Stelle/zum Unternehmen inkl. Ihre letzte Frage:
  „Wie gestaltet sich der weitere Verlauf des Bewerbungsverfahrens".
- Firmenname, Name der Gesprächspartner
- Telefonnummer für Rückruf für den Fall von Verbindungsproblemen griffbereit
- Terminkalender, Notizblock, Stift
- Ein Glas Wasser

Eine Variante: das Skype-Interview

Falls Sie zu einem Telefoninterview mit Bild (z. B. per Skype) eingeladen sind, so haben wir noch einige zusätzlichen Tipps für Sie.

Kleiden Sie sich nicht nur „obenrum" gut. Eine Bluse mit Blazer in Kombination mit einer Jogginghose reicht zwar in der Regel, jedoch nur wenn Sie sitzenbleiben. Es gibt aber Situationen, in denen der Bewerber noch kurz während des Interviews etwas holen möchte (z. B. ein Konstruktionsmodell, das man in die Kamera halten will, um zu zeigen, für welche Arbeit man den ersten Preis für Jugend forscht bekommen hat). Wenn man dann aufsteht und vergisst, dass jetzt die fehlende Anzugshose und Schuhe sichtbar werden, wird es unter Umständen etwas peinlich.

Achten Sie auf den Hintergrund, den die Kamera mit einfängt. Für ein Interview eignet sich ein neutraler Hintergrund oder ein (aufgeräumtes) Arbeitszimmer. Bedenken Sie, dass man auch die Bücher oder DVDs in der Kamera sieht, falls diese in Ihrem Rücken im Bücherregal stehen, das ungemachte Bett, der Geschirrberg oder auch Personen, die im Hintergrund umherlaufen.

Wählen Sie „Ihren" Bildausschnitt sorgfältig aus und positionieren Sie die Kamera so, dass Sie gut „rüberkommen". Hierzu zählt auch, eine Beleuchtung zu wählen, die Sie nicht aussehen lässt, als würden Sie gerade als Geist Gruselgeschichten am Lagerfeuer erzählen. Am besten Sie testen die Kameraeinstellung und den gewählten Bildausschnitt zuvor mit einem Freund.

Selbst wenn Sie noch so perfekt gestylt sind, und Sie an alles andere gedacht haben: Ein verpixeltes Bild und eine schlechte Tonqualität beeinflussen das Interview maßgeblich. Überlegen Sie sich also, ob Sie sich für Ihre Bewerbungsphase bei Freunden Utensilien ausleihen können, um die Ton- und Bildqualität zu verbessern. Vielleicht entscheiden Sie sich sogar dafür, etwas Geld für die Anschaffung eines Headsets oder einer guten Kamera in die Hand zu nehmen. Schließlich investieren Sie in Ihre eigene Zukunft.

Lassen Sie sich nicht verleiten, auf den Bildausschnitt zu sehen, der auf dem eigenen Bildschirm gezeigt wird. Schauen Sie in die Kamera! So hat der Gesprächspartner das Gefühl, Sie schauen ihn an.

Praxistipp: Hängen Sie Ihre Unterlagen und auch Ihre Fragen an den neuen Arbeitgeber hinter Ihrem Bildschirm an die Wand. So können Sie während des Gesprächs auf Ihre Spickzettel sehen, ohne den Blick nach unten und damit vom Gesprächspartner abzuwenden.

7
Volle Konzentration: das Assessment-Center

Spannung liegt in der Luft. Neben mir sitzen sieben junge, gut gekleidete Absolventen kerzengerade an einem großen Tisch. Die Herren in Anzug und Krawatte, die Damen im schicken Kostüm. Ich fühle mich wie im Wartezimmer beim Doktor: Keiner sagt ein Wort. Von der Tischfront aus beäugen uns drei Personaler. Jetzt bloß nichts falsch machen, denke ich mir. Nervös fingere ich an meinem Rock herum und versuche meine Knie zu verdecken. Der Tag der Entscheidung ist gekommen. Jetzt oder nie. Die Tür geht auf und vier weitere Personen betreten den Raum. Sie blicken freundlich in die Runde und begrüßen uns alle mit Handschlag. „Herzlich Willkommen", höre ich den grauhaarigen, sympathischen Herren im schwarzen Sakko sagen. „Es freut mich, dass Sie alle den Weg zu uns gefunden haben." Gespannt und unsicher warte ich auf eine mögliche Falle. „Bitte erschrecken Sie nicht vor unserer geballten Ladung an Manpower", fährt er fort, und erklärt, was uns die nächsten zwei Tage erwarten wird. Er schlägt vor, dass sich zunächst jeder kurz vorstellt und dabei den größten persönlichen Erfolg des vergangenen Jahres erwähnen soll. Auch wenn er betont, dass dies noch nicht in die Bewertung mit einfließen würde, nehme ich ihm das nicht so recht ab. Der erste Eindruck zählt doch schließlich, oder?

Mittels Assessment-Center selektieren Unternehmen Bewerber nach ganz speziellen, für die Stelle notwendigen Kriterien. Gerne benutzen Unternehmen dieses Auswahlverfahren auch zur Sichtung sogenannter „High Potentials" beispielsweise zur Besetzung von Trainee Stellen. In diesem Kapitel erfahren Sie einiges über den Ablauf eines solchen Auswahlverfahrens, wobei wir Ihnen gleichzeitig die Angst vor diesem Tag nehmen möchten.

Falls Sie gerade die Einladung für ein Assessment-Center in den Händen halten, können Sie sich erst einmal selbst auf die Schulter klopfen. Das bedeutet, dass Ihre Bewerbung aus dem ganzen Stapel an eingegangenen Sendungen positiv herausragte, und Sie bisher überzeugen konnten. Schließlich wird ja nur ein kleiner Prozentsatz aller Bewerber für das Assessment-Center eingeladen.

Aus den vorselektierten Kandidaten soll nun die optimale Besetzung für die Stelle herausgepickt werden. Dabei geht es weniger um die fachliche Kompetenz, diese wurde von Ihnen ja schon in Ihren Unterlagen dargelegt. Im Assessment-Center wird „nur" noch der praxisnahe Bezug abgeklopft. Und hier interessiert

Karriereführer für Naturwissenschaftlerinnen, 1. Aufl. Karin Bodewits, Andrea Hauk und Philipp Gramlich.
©2016 WILEY-VCH Verlag GmbH & Co. KGaA. Published 2016 by WILEY-VCH Verlag GmbH & Co. KGaA.

das Unternehmen brennend, ob Sie von Ihrer Persönlichkeit her auf die Stelle passen.

Wussten Sie, dass der Ursprung dieses Auswahlverfahrens im Militärbereich liegt? Schon in den zwanziger Jahren des letzten Jahrhunderts benutzte die Reichswehr psychologische Tests zur Auswahl von Offiziersanwärtern. Im Laufe der Jahre entdeckte und optimierte man dieses Auswahlverfahren für die Rekrutierung von Nachwuchskräften außerhalb des militärischen Bereiches, sodass die sogenannten „Assessment-Center" in den achtziger Jahren einen regelrechten Boom erlebten. Die Kehrseite dieses Trends bedeutete, dass diese Verfahren als Allheilmittel überall eingesetzt wurden und den Ergebnissen blind vertraut wurde. Bewerber wurden durch schablonenartig definierte 0815-Tests geschleust, die den eigentlichen Sinn oftmals verfehlten.

Es gibt also gute und schlechte Assessment-Verfahren, die zur Auswahl von Bewerbern durchgeführt werden. Die „Guten" richten sich vor allem nach einer ISO-Norm, die besagt, dass den Teilnehmern nicht nur der Ablauf erklärt werden muss, sondern auch Transparenz darüber herrscht, wer wann und wie beobachtet wird. Die Beobachtungssituationen, also die „Live-Rollenspiele" sind praxisnah und die Teilnehmer haben genügend Erholungspausen, werden also zum Beispiel nicht auch noch während des Essens beobachtet.

Das Ganze läuft meistens so ab, dass sich rund ein Dutzend Bewerber mit der gleichen Anzahl an Beobachtern für 1–2 Tage verschanzen. Dort werden die Teilnehmer auf Herz und Nieren geprüft, indem sie Einzelgespräche führen, Präsentationen geben, Fallbeispiele diskutieren oder Rollenspiele und Persönlichkeitstests durchführen. Am Ende bekommen die Teilnehmer eventuell noch eine kleine Firmenbesichtigung geboten und werden mit den Worten „Sie bekommen dann von uns Bescheid" nach Hause entlassen.

Klingt wie eine Prüfung, die schwieriger ist, als alle Prüfungen die Sie im Rahmen Ihres Studiums durchlaufen mussten? Keine Angst. Auch wenn es zunächst so klingt. Im Grunde will der potenzielle Arbeitgeber ja nur herausfinden, wer für die ausgeschriebene Stelle die optimale Besetzung wäre. Und wie gelingt dies am besten? Er schafft praxisnahe Situationen und beobachtet, wie die Teilnehmer in genau diesen Situationen reagieren. Die Ergebnisse der Teilnehmer werden dann mit den Anforderungen der Stelle verglichen. Und diese variieren nun mal von Position zu Position. So wird für eine Sales-Position ein völlig anderer Charakter gesucht als für eine R&D Position.

Die Experten beobachten das Geschehen, was nicht gerade zur Senkung des Stress-Pegels der Teilnehmer beiträgt. Nicht selten erschrickt man nämlich vor der Menge an anwesenden Beobachtern, die die Teilnehmer während der Übungen genau unter die Lupe nehmen. Sehen Sie es als Vorteil: Je mehr Beobachter das Unternehmen einsetzt, desto mehr Wert wird anscheinend auf die Auswahl gelegt. Die Bereitstellung der Beobachter kostet ja schließlich auch etwas. Die Gruppe der Beobachter setzte sich üblicherweise aus Psychologen, Vertretern der Personalabteilung und (hochrangigen) Mitgliedern der Fachabteilungen zusammen. Ihr zukünftiger Chef wird in jedem Falle auch eine Beobachter-Rolle innehaben.

Im Vorfeld wurden diese Personen genau geschult, wie die Auswertung der Übungen stattfinden sollen und auf was genau sie Wert legen müssen. Die Beobachtungen sollen natürlich so fair und unparteiisch wie möglich geschehen. Nichtsdestotrotz sind die Beobachter aber auch Menschen und keine Maschinen. So kann es sein, dass man aus welchem Grund auch immer mit einer der Personen einfach nicht auf einer Wellenlänge liegt. Hier ist es dann von Vorteil für den Bewerber, dass mehr Beobachter an der Auswertung der Tests beteiligt sind. Die anderen haben bei der Auswahl des „Gewinners" schließlich auch ein Wörtchen mitzureden.

Auch wenn die Situation des Assessments erst einmal intensiver und stressiger als ein herkömmliches, persönliches Gespräch ist, so geht es im Endeffekt schlicht und einfach um die binäre Antwort „ja" oder „nein". Im schlimmsten Fall (und das ist ja ein Fall der eh recht oft eintritt, also ganz normal ist) bekommt man halt ein „nein." Sehen Sie es als beiderseitigen Auswahlprozess. Das Unternehmen bekommt die notwendigen Infos der Bewerber, umgekehrt bekommen die Bewerber aber auch interessante Infos über das Unternehmen. Wer verbietet es Ihnen denn, umgekehrt Ihren zukünftigen Chef zu mustern, und auch sein Verhalten zu beobachten? Ist er in den Pausen freundlich zu allen, ist er reserviert, kommt man mit ihm leicht ins Gespräch oder hält er es womöglich nicht für notwendig, sich beim gemeinsamen Abendessen an den gleichen Tisch wie die Bewerber zu setzen? Gehen Sie ruhig Ihre innere Checkliste durch und bewerten Sie Ihren potenziellen neuen Arbeitgeber: Wurden Sie respektvoll behandelt? Können Sie sich eine Zusammenarbeit vorstellen? Oder sagt Ihr Bauchgefühl „nein, lieber nicht?" Sie müssen die Stelle ja nicht annehmen, selbst wenn Sie als „Gewinner" aus dem Assessment-Center hervorgehen.

Wie bereiten Sie sich am besten vor?

Es schadet nie, sich den eigenen Stärken und Schwächen bewusst zu sein, und diese auch adhoc beschreiben zu können, warum man glaubt, aus dem Pool der Bewerber am besten auf die Stelle zu passen. Über genau diese Fragen haben Sie sich aber sowieso schon während Ihres Bewerbungsprozesses den Kopf zerbrochen. Holen Sie daher einfach Ihre Unterlagen nochmal hervor und legen Sie sich ein paar Sätze zurecht, damit Sie nicht herumstottern, sollten Sie spontan danach gefragt werden. Ansonsten brauchen Sie nichts weiter zu tun, als entspannt, gepflegt und gut gelaunt zum Termin zu erscheinen. Ja, Sie haben richtig gehört! Legen Sie Ihre Bewerbungsratgeber zur Seite und machen Sie sich nicht verrückt. Sie als Bewerberin wissen nicht, welcher Typ von Mensch für diese Stelle gesucht wird! Das sollte Ihnen auch bei der Vorbereitung zu dem Assessment-Center klar werden. Es bringt überhaupt nichts, diverse Psycho-Tests vorab zu „üben", typische Rollenspiele zu recherchieren oder sich bestimmte Verhaltensweisen antrainieren zu wollen. Sie müssten sich dann ja auch anschließend im Beruf verstellen, um die Maskerade vom Auswahlverfahren aufrechtzuerhalten. Das wäre eine ziemlich anstrengende Angelegenheit. Außerdem ist man, wenn man sich verstellt, auch schlechter in dem, was man tut. Es ist gut möglich, dass Sie in einem

Assessment-Center überhaupt nicht gut abschneiden, im nächsten aber an Position Nummer eins stehen, je nachdem, mit welchen „Persönlichkeitseigenschaften" die Stelle eben besetzt werden soll. Den Ratschlag, den wir Ihnen daher an dieser Stelle mitgeben möchten, ist der: Seien Sie einfach nur Sie selbst!

> „Bei der Teilnahme an einem Assessment-Center hatte ich eine Übung komplett missverstanden. Es ging um eine Präsentation, bei der ich bestimmte Aspekte eines fiktiven Projektes beleuchten und die Beobachter in eine Gruppendiskussion mit einbinden sollte. Das Ganze auch noch auf Englisch. Während ich vor den Beobachtern stand, wurde mir klar, dass ich auf dem Holzweg war. Die Beobachter spielten zwar Ihre Rolle weiter und diskutierten mit mir meine Argumente, doch die Fragezeichen in ihren Augen sagten mehr als tausend Worte. Doch was sollte ich tun? Ich wollte die Übung nicht abbrechen. Also stand ich souverän vor den Leuten und machte einfach weiter. Umso mehr war ich überrascht, als ich einige Tage später einen Anruf mit einer Zusage bekam. Ich fragte erstaunt, warum sie sich trotz der missratenen Übung für mich entschieden hätten. Die Personalerin teilte mir daraufhin mit, dass ich trotz der Komplikationen eine solche Souveränität und Kompetenz ausgestrahlt hätte, dass der Inhalt der Übung für die Entscheidung in den Hintergrund rückte."

Übrigens: auch wenn Sie noch so aufgeregt sein sollten: Vergessen Sie Ihre gute Kinderstube nicht. Eine Begrüßung aller anwesenden Personen, das aktive Zuhören und freundliches Auftreten werden selbstverständlich erwartet, egal wie nervös Sie sind.

8
Ein verführerisches Angebot? Gehalts- und Vertragsverhandlungen

◀ „Gehalt? Darüber habe ich mir ehrlich gesagt noch gar keine konkreten Gedanken gemacht."

„Dieses Thema ist mir sehr unangenehm, ich würde es am liebsten überspringen. Leider müssen wir nun darüber reden, nehme ich an?"

Naturwissenschaftler und Frauen: zwei Personengruppen, die in der Regel beim Verhandeln schlecht abschneiden. Zum Einstieg erst einmal ein paar Zahlen: Frauen verdienen in Deutschland 22 % weniger als Männer (Stand 2012). Skandal, gleiches Gehalt für gleiche Arbeit! In dieses Horn bläst selbst Barack Obama, wenn er die Gehaltsverteilung in den USA kommentiert. Doch kann es wirklich sein, dass Sie für dieselbe Arbeit wirklich so viel weniger erhalten? Nein, da muss sich selbst Herr Obama ein wenig Polemik nachsagen lassen. Diese gut 20 % sind der Unterschied der Durchschnittseinkommen aller Männer verglichen mit dem aller Frauen („unbereinigte Lohnlücke"), da werden also Ärztinnen, Architektinnen und Erzieherinnen mit Ärzten, Ingenieuren und Elektrikern verglichen. Wenn man diese Unterschiede in der Berufswahl aus der Berechnung nimmt, bleibt ein Gehaltsgefälle von durchschnittlich 8 % („bereinigte Lohnlücke"). Das ist zwar eine deutlich kleinere Zahl, doch über die dürfen wir uns jetzt erst einmal gehörig aufregen, oder? 8 % weniger Geld für dieselbe Arbeit! Doch auch an dieser Stelle sollten wir noch einmal einen Moment innehalten. Was können denn die Gründe für diese 8 % sein? Eigentlich gibt es da nur zwei: Diskriminierung (genau! Sauerei!) und unterschiedliches Verhandlungsgeschick der beiden Geschlechter. Dann dürfen wir jetzt noch die Argumentationskette mit den letzten beiden Zahlen abrunden. Das Gehaltsgefälle steigt nämlich an, je weiter Sie auf der Karriereleiter nach oben kommen: Bei ungelernten Tätigkeiten gibt es so gut wie keinen Gehaltsunterschied, bei Managern hingegen verdienen Frauen dann etwa 20 % weniger als Männer in der gleichen Position. Das spiegelt sehr genau wider, dass das Verhandeln nach oben hin immer wichtiger zu sein scheint, oder überhaupt erst möglich wird! Verhandeln sollte man nämlich keineswegs nur beim Flohmarkt. In Wirklichkeit nimmt die Bedeutung des Verhandelns zu, je wichtiger die Positionen oder Dinge sind, und das gilt natürlich auch im Job. Die

Karriereführer für Naturwissenschaftlerinnen, 1. Aufl. Karin Bodewits, Andrea Hauk und Philipp Gramlich.
©2016 WILEY-VCH Verlag GmbH & Co. KGaA. Published 2016 by WILEY-VCH Verlag GmbH & Co. KGaA.

„Sauerei", dass Sie 8 % weniger verdienen als Männer, liegt also in erster Linie daran, dass diese schlicht und ergreifend besser verhandeln. Oder nur härter? Oder nur öfter?

8.1
Die Frau als Verhandlerin

Verhandeln ist reine Übungssache und kann erlernt werden wie vieles Andere im Leben auch. Viele der Eigenschaften eines guten Verhandlers sind eigentlich klassisch weibliche Stärken: Die Beziehungsebene nicht aus den Augen verlieren, kommunikative Stärken einbringen und eine fundierte Vorbereitung.

Warum finden viele Frauen dann Verhandeln so schwierig? Die Antwort ist nicht eindeutig und basiert auf einem Zusammenspiel verschiedener Faktoren. Frauen sind sehr vorsichtig oder zumindest indirekt darin, wenn sie Fähigkeiten oder Erfolge für sich selbst in Anspruch nehmen sollen. Und genau das müssen sie ja in Gehaltsverhandlungen tun, sie müssen darstellen, warum sie viel wert sind.

Außerdem ist der Begriff Verhandeln im Zusammenhang mit Geld und Posten für Frauen eng mit dem Begriff Feilschen sowie einem Ringen um Positionen verbunden. Hier gibt es die Gegenpole „stark" und „schwach", „Gewinner" und „Verlierer". Frauen empfinden Abneigung gegenüber solchen Verhandlungsstilen, weil sie damit assoziieren, dass es zu einer Belastung der Beziehung kommt und die Verhandlungen nicht zielführend sind. Dies schlägt oftmals in eine grundsätzliche Ablehnung gegenüber dem Verhandeln an sich um. Männer sehen das Verhandeln, egal welcher Typus Verhandler sie sind, als Spiel, daher tun sie es auch gerne und oft. Hierzu ein Beispiel:

> „Neulich sprach ich mit einer Trainerin, die ihre eigenen Seminare und Kurse anbietet, ein Markt, in dem eine Preisverhandlung nicht unüblich ist, aber auch nicht unbedingt dazugehört. Sie kennt den Marktwert ihrer Kurse, möchte für ihr eigenes Leben anständiges Geld verdienen, gleichzeitig aber fair zu ihren Kunden sein. Wenn Männer ihre Kurse buchen, nennt sie stets einen um 10 % höheren Preis, als wenn ihr Gegenüber eine Frau ist.
> Sie tut das keineswegs aus sexistischen Motiven. Ihrer Erfahrung nach kann man mit bestechender Genauigkeit eine Linie zwischen den Geschlechtern ziehen: Männer verhandeln, Frauen nicht. Im Endeffekt erhalten dann alle Kunden denselben Preis."

Frauen verhandeln im privaten Umfeld oft und meist gut, nur fühlen sich viele in geschäftlichen Verhandlungen unwohl und tragen Vorurteile gegen sich selbst und das Verhandeln in sich herum. Vielleicht ist genau das der Grund, warum sie für das eigene Gehalt weniger häufig verhandeln als Männer? Ein Angebot für einen Arbeitsvertrag wird oft als Aufforderung zu einer Ja/Nein-Entscheidung gesehen, anstatt es wie die meisten Männer als Startpunkt zu einer Verhandlung zu betrachten.

Praxistipp: Verhandlungen werden viel leichter, wenn Sie so tun, als ob Sie für jemand anderen verhandeln, für eine Freundin, einen Kollegen oder die talentierte junge Dame, die sich in der Nachbarabteilung auf eine Stelle bewirbt und sicherlich ein anständiges Gehalt verdient. Wenn Sie sich das vorstellen, dann können Sie auch leichter Dinge sagen wie: „In den bisherigen Gesprächen konnten Sie einen Eindruck davon gewinnen, was Sie von mir als Arbeitnehmerin bekommen. Als Gegenleistung würde ich mir folgende Entlohnung vorstellen."

8.2
Verhandeln: was heißt das eigentlich?

Geht es beim Verhandeln wirklich nur um Feilschen, um Gewinnen und Verlieren, und ist es deswegen nicht einfach logisch, dass Frauen es nicht mögen? Laut Duden kann „Verhandeln" zwei Dinge bedeuten: 1) Etwas eingehend erörtern, besprechen, sich über etwas, in einer bestimmten Angelegenheit eingehend beraten, um zu einer Klärung, Einigung zu kommen oder 2) Vor Gericht, in einem Gerichtsverfahren behandeln [und entscheiden]. Im zweiten Fall scheint uns die Intuition Recht zu geben, da ist Verhandeln dann unangenehm und dreht sich nur um Gewinnen und Verlieren. Die meisten Verhandlungen finden aber gar nicht im Gerichtssaal statt! Wir sollten also doch eher annehmen, dass die erste Bedeutung zutrifft:

◀ Wir diskutieren und erläutern Aspekte unseres Gehaltes und versuchen uns zu einigen.

Alle Verhandlungen, ob es jetzt über das Gehalt geht oder etwas völlig anderes, beinhalten eine Ergebnis- und eine Beziehungsebene. Zwei Fragen sind dabei immer zentral: „Wie viele meiner Ziele kann ich in der Verhandlung erreichen und wie wird das meine Beziehung zum Verhandlungspartner in der Zukunft beeinflussen?" Dementsprechend gibt es verschiedene Typen von Verhandlern. Die einen sind eher ergebnis-, die anderen eher zielorientiert, je nachdem welcher der beiden Ebenen eine höhere Bedeutung beigemessen wird.

Denken Sie jetzt: „Klar liegt hier der Hund begraben, deswegen verdienen wir weniger, wir Frauen sind mal wieder viel zu nett. Die Männer beharren ohne Wenn und Aber auf ihrem Willen und wir können klein beigeben, weil uns die weichen Themen wie Beziehungen wichtig sind."?

Stellen Sie sich doch einmal folgende Frage und suchen nach Beispielen aus Ihrer eigenen Erfahrung: „Bei welchen Verhandlungen ist das reine Einzelergebnis wichtiger als die langfristige Beziehung zum Verhandlungspartner?"

Wir haben uns selbst diese Frage gestellt und kamen tatsächlich nur auf sehr wenige Beispiele, in denen die Beziehung egal war. Ein Gebrauchtwagenverkauf während einer Auslandsreise. Oder eine Reklamation beim Online-Kauf. Es ist eigentlich nur dann der Fall, wenn Sie anonym in einer Einzelsituation auftreten. In allen anderen Fällen ist die Beziehung zum Verhandlungspartner in der Tat wichtig, da diese Beziehung sehr wohl auch noch in ferner Zukunft eine Rolle spielen wird. Bei Gehaltverhandlungen sicherlich, wo beide Seiten einen Namen zu verlieren haben und oftmals noch lange und fruchtbar zusammenarbeiten wollen.

8.3
Los geht's: von der Vorbereitung bis zur Unterschrift

Da sitzen Sie jetzt, beim zukünftigen Chef oder bei der Personalabteilung im Büro: Nur noch den letzten Schritt müssen Sie gehen und dann haben Sie gewonnen … ein neuer Job! Jetzt werden Sie gefragt, was Sie eigentlich verdienen möchten. Woher aber nehmen Sie nun die Anhaltspunkte für eine realistische Einschätzung, was Ihre Arbeit wert ist? Sie müssen ja zuerst einmal eine Zahl sagen und dabei einschätzen, ob das ein faires und realistisches Angebot darstellt. Am besten orientieren Sie sich hierfür am Marktwert. Was erhalten andere Arbeitnehmer in dieser Position, Männer wie Frauen? Je ähnlicher diese Referenzen der Stelle sind, die Sie diskutieren, desto realistischer sind Ihre Gehaltsvorstellungen und desto schwerer ist es für Ihr Gegenüber, diesen Betrag zu verwerfen. Zuerst müssen Sie die Größe der Organisation in die Gleichung aufnehmen. Eine Faustregel: Die Gehälter nehmen in der Regel mit der Größe der Firma zu. Messen Sie sich auch mit Leuten aus Ihrem eigenen Fachgebiet: Die Einstiegsgehälter von Biologen liegen meistens unter denen von Chemikern oder Physikern. Wenn Sie in eine teure Region ziehen oder wenn die angebotene Stelle vergleichsweise unsicher ist, dann können Sie auch das mit einbeziehen.

Wenn Sie gute Referenzpunkte zur Hand haben, wird es Ihnen leichter fallen, Ihren Gehaltswunsch zu artikulieren. Eine selbstsichere Stellungnahme könnte dann lauten: „Ich habe meinen Marktwert genau recherchiert. Basierend auf diesen Daten und meinen Gesprächen mit Leuten auf ähnlichen Positionen konnte ich schließen, dass dieser für mich zwischen 60 000 und 65 000 € Bruttojahresgehalt liegt. Die genaue Zahl hängt natürlich vom Gesamtpaket des Vertrages ab."

Übrigens: Wenn Sie sich auf Gehalt oder Gehaltsvorstellungen beziehen, dann sprechen Sie immer von Bruttogehalt inklusive aller zusätzlichen Einkünfte wie Boni und Weihnachtsgeld, der Arbeitgeber wird dasselbe tun, wenn er über sein Angebot spricht.

Sie haben den Betrag ermittelt, mit dem Sie recht zufrieden nach Hause gehen könnten? Dann steigen Sie etwas höher ein! 10 % sind hier ein guter Richtwert. Auf diese Weise haben Sie Spielraum, um in der Verhandlung nachgeben zu können, laufen aber noch keine Gefahr, wegen unrealistischer Vorstellungen belächelt zu werden. Wenn Sie im Gegenzug ein Angebot erhalten, das Sie als völlig unrealistisch empfinden, also beispielsweise mehr als 10 % unter Ihrem Marktwert, dann akzeptieren Sie es auf keinen Fall als Startpunkt für die Verhandlung. Sie haben sonst schon zu Beginn Ihre Chancen verspielt, ein befriedigendes Ergebnis zu erzielen. „Entschuldigen Sie, wir bewegen uns hier zu weit außerhalb des Marktgeschehens. Ich kann Ihr Angebot nicht als legitimen Einstieg in eine Verhandlung akzeptieren. Wir können damit beginnen, sobald Sie mir ein ernsthaftes Angebot machen."

Praxistipp: Gehaltsvorstellungen sollten Sie nach Möglichkeit so spät wie möglich in der Verhandlung nennen, Sie gewinnen nichts dadurch, es früher zu tun. Vielleicht wäre das erste Angebot der Gegenseite sogar höher als Ihre Verhandlungsgrundlage? Sie können in jedem Fall darauf verweisen, dass für Sie das Grundgehalt eine von mehreren Komponenten eines Paketes ist, das als Ganzes stimmen muss.

Manche Arbeitgeber möchten gerne Ihr derzeitiges Gehalt wissen, um es als Startpunkt für die Verhandlungen zu nutzen. Das wäre für diese sehr praktisch: Liegt Ihr Gehalt unter dem marktüblichen Niveau, dann kann er da noch „großzügig" ein paar Prozent drauflegen und sich damit sogar noch als Gönner hervortun. Von so einem niedrigen Startpunkt aus werden Sie natürlich nicht zu einem befriedigenden Ergebnis kommen. Und wenn Ihr derzeitiges Gehalt hoch ist, kann er auf einen konkreten Zahlenwert gezielt reagieren: „Wir sind nicht die Großindustrie, rein vom Grundgehalt können wir da leider nicht mithalten. Wir verlangen im Gegensatz zu Ihrer jetzigen Stelle allerdings auch weniger Reisetätigkeit und Sie leben hier in einer schönen und günstigen Region und haben bei uns einen sehr sicheren Arbeitsplatz." Sie sollten Ihr derzeitiges Gehalt also nach Möglichkeit nicht nennen. Sie würden ja auch gerne die genauen Gehälter Ihrer Gesprächspartner wissen, doch würde man Ihnen diese auch nicht sagen. Es ist wie mit kleinen Kindern: Wollen und Können sind eben manchmal zwei verschiedene Dinge, das müssen beide Seiten einsehen. Falls Sie jedoch gefragt werden, dann lenken Sie das Gespräch lieber in die Zukunft, auf Ihre Gehaltsvorstellungen, das ist alles, was Ihr Gegenüber wissen muss. Das könnte so aussehen:

◀ Arbeitgeber: „Was haben Sie denn auf Ihrer letzten Stelle verdient?"
Sie: „Sie interessieren sich also für meine Gehaltsvorstellungen? Ich bin überzeugt, dass Sie mich entsprechend meines Marktwertes bezahlen werden und der liegt je nach Quelle zwischen 60 000 und 65 000 €. Ich hoffe natürlich im oberen Bereich dieser Spanne zu landen, doch sollten wir uns nach einer beiderseitigen Interessensbekundung das Gesamtpaket ansehen."

Sie haben mit Ihrer Antwort zumindest teilweise an seiner Frage vorbei geantwortet, doch bedenken Sie: Solche Fragen zu stellen, ist für Ihr Gegenüber zwar möglicherweise gewinnbringend, aber dennoch unangenehm. In den meisten Fällen wird man den Wink verstehen und die Sache auf sich beruhen lassen.

Wenn Ihr Gehalt dennoch bereits bekannt ist, akzeptieren Sie das nicht als einen legitimen Startpunkt.

Praxistipp: Naturwissenschaftler beiderlei Geschlechts schwächen ihre Position damit, dem Thema Geld insgesamt weniger Gewicht zu geben, als es in anderen Berufsfeldern üblich ist: „Wenn ich anständig davon leben kann, ist es schon in Ordnung, dann möchte ich mich nicht rumstreiten." Bei Frauen im Allgemeinen kommt noch eines erschwerend hinzu: Sie betrachten sich oftmals selbst nur als Zuverdienerin in der Familie. „Unter gewissen Einschränkungen geht es ja auch mit dem Einkommen des Mannes alleine, da ist doch jeder Euro extra schön, dann kann man nächsten Sommer die Gartenlaube schneller renovieren." Nein! Ein angemessenes Gehalt zu verlangen, das Ihrer Qualifikation entspricht, macht Sie noch lange nicht zur Raubtierkapitalistin. Sehen Sie sich bei den Gehaltsverhandlungen als Individuum, das von dem Gehalt leben muss, sonst werden Sie über den Tisch gezogen.

Exkurs   Zu wenig verlangen

„Lieber mal weniger verlangen, dann kann nichts schief gehen." Stimmt das eigentlich? Gehen Sie tatsächlich auf Nummer sicher, wenn Sie sehr defensiv in die Verhandlung gehen? Nein, sicherlich nicht. Sie sollten eine angemessene Vorstellung von ihrem zukünftigen Gehalt abgeben, und sich nicht bei Ihrer ersten persönlichen „Arbeitsprobe" zum Thema Verhandeln naiv anstellen. Das ist besonders dann der Fall, wenn die Stelle selbst Verhandlungen beinhaltet: in Verkaufspositionen, aber auch bei Stellen mit Führungsverantwortung. Welcher Arbeitgeber möchte schon gerne, dass sich der Neuzugang von Kunden oder Mitarbeitern überfahren lässt? Hier ein Erfahrungsbericht aus erster Hand:

> „Direkt nach meiner Promotion habe ich mich auf eine Verkaufsposition bei einer großen und attraktiven Firma beworben. Ich hatte drei Vorstellungsrunden und habe alle gut durchstanden, schließlich stand noch die Vertragsverhandlung an. Mir wurde ein Blatt Papier vorgelegt, auf dem mein Gehalt, die Bonusleistungen und die zu erwartende Entwicklung über die Jahre standen. Ich dachte, das sei demnach in Stein gemeißelt und kam deshalb gar nicht auf die Idee zu verhandeln. Zwei Tage später erhielt ich einen Anruf. Die Firma hätte sich nun doch entschieden, mich nicht anzustellen. Als Grund wurde mir mitgeteilt, dass man sich Sorgen gemacht hätte, ob ich für eine Verkaufsposition tatsächlich geeignet wäre."

Wussten Sie übrigens, dass Sie selbst im öffentlichen Dienst mit seinen festgelegten Gehaltsniveaus verhandeln können? Die Stelle ist als TV-L E 13 ausgeschrieben, doch ist dadurch noch nicht geklärt, ob Ihre Promotionszeit als Arbeitserfahrung gezählt wird? Entsprechend dieser Arbeitserfahrung werden Sie in Stufen eingeteilt und drei Jahre Doktorarbeit machen dann knapp 600 € pro Monat bei Ihrem Einstiegsgehalt aus (Stand 2014)!

Sobald beide Seiten einen ernstzunehmenden Startpunkt auf den Tisch gelegt haben, sollte eine offene Diskussion darüber beginnen, wie Sie auf einen gemeinsamen Nenner kommen können. Stellen Sie offene Fragen darüber, welche Überlegungen und Argumente hinter dem Angebot stecken. Erklären Sie was Sie an diesen Überlegungen fair und angemessen finden und was nicht.

8.4
Es geht nicht nur um eine Zahl: seien Sie kreativ

Wenn wir über Gehälter sprechen, reden wir über Zahlen. Es gibt allerdings sehr viel mehr Dinge, über die man sich in Gehaltsverhandlungen unterhalten kann, als nur über eine einzige Zahl. Wenn Sie sich auf eine Verhandlung vorbereiten wollen oder bereits bei einer solchen festhängen, kann Ihnen die Liste zur für Sie passenden Lösung verhelfen.

- *Gehalt.* Hinter dieser scheinbar einfachen Zahl verbergen sich genauer genommen mehrere Zahlen und Bestandteile. Neben dem Grundgehalt bekommen Sie meist noch einen Bonus für die Erreichung Ihrer Jahresziele und in einigen Positionen (z. B. Verkauf) auch Provisionen. Auch hier gibt es einige versteckte Details, die Sie hinterfragen können: Was passiert mit einem Jahresziel, das sich im Verlauf des Jahres als unerreichbar herausstellt? Wem steht die Provision zu, wenn mehrere Mitarbeiter mit dem Kunden zu tun hatten oder das (Verkaufs-)Projekt weitergegeben wurde?
- *Bargeldlose Extras.* Manche davon gibt es bei Ihrem Arbeitgeber oder eben nicht, das können Sie also nicht verhandeln, sondern nur bei der Entscheidung zwischen verschiedenen Arbeitgebern einfließen lassen: Kantine, betriebliche Kinderbetreuung, Sportangebote oder Altersvorsorge. Es gibt aber viele weitere dieser Extras, die Sie in der Verhandlung auf den Tisch bringen können, besonders wenn das Thema Grundgehalt ein Granitblock oder Reizthema ist: Umzugskosten, Werkswohnung, Dienstwagen (mit Tankkosten?), Laptop, Handy (mit Telefonkosten?), Unterstützung zur Kinderbetreuung. Dieser Teil des Gehaltes besteht also mitnichten nur aus „Gimmicks", sondern es können handfeste und umfangreiche Leistungen sein. Arbeitgeber sind bei manchen dieser Dinge recht großzügig, besonders wenn sie für ihn steuerfrei sind.
- *(Un-)befristeter Vertrag, Kündigungsfristen.* Die Kündigungsfrist ist ein zweischneidiges Schwert. Natürlich erhalten Sie durch eine längere Kündigungsfrist einen größeren Puffer, wenn Ihnen gekündigt wird. Andererseits sind Sie auch nach einer Kündigung Ihrerseits noch monatelang an den alten Arbeitgeber gebunden: „Drei Monate zum Quartalsende" können knapp sechs Monate bedeuten. Und das ist bei Betrieben, von denen Sie sich bereits verabschiedet haben eine sehr lange und möglicherweise belastende Phase. Auch bei der Stellensuche kann das ein großer Nachteil sein. Das ist besonders dann der Fall, wenn Sie sich auf Stellen mit festgelegten Startzeiten bewerben, etwa der Beginn des Semesters oder Schuljahres. Vorsicht ist also angebracht bei sehr langen Kündigungsfristen von mehr als den üblichen drei Monaten.

„Ich arbeitete zwei Jahre lang als wissenschaftliche Lektorin für eine sehr attraktive Firma in Deutschland. Ich beschloss dann, meinem Traum nachzugehen und mich um eine der wenigen Lehrpositionen an einer Universität in meinem Heimatland zu bewerben. Und es klappte. Ich erhielt das offizielle Angebot in der ersten Juliwoche, das akademische Jahr würde

dann im September beginnen. Als ich meine Lektorenstelle aufgeben wollte, bemerkte ich, dass die Kündigungsfrist 3 Monate zum Quartalsende
betrug. Da das dritte Quartal gerade begann, bedeutete das, dass ich nicht
vor Weihnachten in mein Heimatland zurückkehren konnte. Ich wollte keine verbrannte Erde in Deutschland hinterlassen, da ich die Arbeit genoss
und so sagte ich die Lehrposition ab. Beruflich hatte das aber schlimme
Auswirkungen für mich. Ich bewarb mich später noch auf eine andere Lehrposition, diesmal sogar eine mit Verbeamtung. Ich wurde Zweite im Bewerbungsverfahren, aufgrund meiner … fehlenden Lehrerfahrung! Die lange
Kündigungsfrist im deutschen Arbeitsvertrag hat also indirekt auch diese
Traumstelle verhindert."

- *Ressourcen.* Als Gruppenleiter oder Professor an der Universität ist es klar: Die
Frage nach den Mitteln für ihre Arbeit ist die Wichtigste überhaupt, ohne geeignete Labore und Unterstützung werden Sie nicht erfolgreich sein können.
Doch auch bei anderen Stellen ist es wichtig, sich zu erkundigen, ob die Rahmenbedingungen für ein reibungsloses Arbeiten gegeben sind. Wonach Sie im
Einzelnen fragen können, ist sehr verschieden, doch haben Sie durch solche
Fragen auf jeden Fall zwei Vorteile: Sie zeigen, dass Sie Aufgaben erfüllen und
nicht nur Posten besetzen wollen. Außerdem haben Sie in vielen Fällen vor Unterzeichnung eines Vertrages mit solchen Anliegen bessere Karten als danach.
- *Entwicklungsmöglichkeiten.* Erhalten Sie Fortbildungen, finden diese während
der Arbeitszeit statt oder werden zumindest Kurse bezuschusst, die Sie dann
während Ihrer Freizeit besuchen? Selbst sehr umfangreiche und kostenintensive Programme können angesprochen werden, etwa Studiengänge oder MBAs.
Eine Abmachung hierzu könnte sein, dass Sie sich verpflichten, einige Jahre im
Betrieb zu bleiben, oder die Kosten bei Weggang anteilig zurückzuzahlen. Gibt
es Aufstiegschancen? Haben Sie horizontale Mobilität, können Sie also innerhalb des Betriebes in andere Abteilungen und Arbeitsfelder wechseln und sich
dadurch weiterentwickeln? Werden Beförderungen basierend auf Betriebszu-
gehörigkeit, Empfehlungen oder Kompetenz ausgesprochen? Wie entwickeln
sich die Gehälter bei Leuten auf ähnlichen Stellen, wie verlaufen deren Karrieren?

„Ich war ein knappes Jahr bei einer Firma angestellt, als ich ein Angebot einer anderen Firma erhielt. Das lief ganz ohne mein Zutun, es ergab sich aus
einem alten Kontakt. Ich mochte meine neue Arbeit und hatte wenig Interesse daran, den Arbeitgeber zu wechseln. Dennoch war nicht von der Hand
zu weisen, dass der andere Arbeitgeber ein deutlich besseres Gehalt geboten hätte. Ich traf mich also mit meiner Vorgesetzten und dem Geschäftsführer und erklärte ihnen ganz offen die Situation. „Es geht mir jetzt nicht
darum, hier ein paar Euro rauszuholen. Ihr habt doch beim Vorstellungsgespräch angedeutet, wie meine Entwicklung in der Firma aussehen könnte.
Da wir uns ja jetzt eine Weile kennen, ist es jetzt ein guter Zeitpunkt, das
nochmal anzusprechen." Mir wurde zugesagt, dass ich in der Tat nach wie

vor für eine Teamleiterstelle vorgesehen war, was mir gegenüber zu dem Zeitpunkt noch nicht explizit ausgesprochen war. Das gute Verhältnis zu den Vorgesetzten und Kollegen sowie die gewachsene Verbindlichkeit hinsichtlich der eigenen Weiterentwicklung waren für mich schlagkräftige Argumente, um das Konkurrenzangebot auszuschlagen."

- *Flexibilität.* Wieviel Flexibilität müssen Sie Ihrem Arbeitgeber entgegenbringen? Müssen Sie abends und am Wochenende arbeiten, können Sie Ihren Urlaub ungestört genießen? Wie lange müssen Sie erreichbar sein, per E-Mail, per Telefon oder sogar auf Abruf auch persönlich vor Ort? Wird erwartet, dass Sie für Ihre Arbeit umziehen? Haben Sie flexible Arbeitszeiten, können Sie Teile Ihrer Arbeit von zu Hause aus erledigen (Home Office)? Haben Sie Möglichkeiten, innerhalb des Betriebes an einen anderen Standort zu wechseln?
- *Geschäftsreisen.* Wie viele Geschäftsreisen stehen auf dem Plan, können Sie die Termine und Ziele beeinflussen? Welche Teile der Geschäftsreisen zählen als Arbeitszeit? Wofür wird gezahlt? Können Sie Urlaub an Ihre Geschäftsreisen anhängen oder müssen Sie das als „geldwerten Vorteil" versteuern?

„Seit Kurzem habe ich einen Führungskräftevertrag und dadurch zwei Urlaubstage mehr. Ich stemple meine Arbeitszeit nicht mehr, sondern ich habe jetzt Vertrauensarbeitszeit, das heißt ich bin nicht an feste Arbeitszeiten gebunden. Allerdings werden jetzt meine Arbeitstage gezählt, nicht die Arbeitsstunden. Das heißt konkret, dass eine Geschäftsreise von fünf Uhr morgens bis elf Uhr abends jetzt ein Arbeitstag ist und nicht mehr ein Arbeitstag mit X Überstunden wie früher! Und eine Anreise am Wochenende fällt unter den Tisch. Unterm Strich hatte ich früher durch den Überstundenausgleich mehr Urlaubstage als jetzt."

Exkurs   Arbeitsrecht: Nebentätigkeiten

Die meisten Klauseln, die Ihnen eine Nebentätigkeit verbieten, sind ungültig. Wenn solche Klauseln dennoch in Ihrem Arbeitsvertrag auftauchen, kann das ein Fehler Ihres Arbeitgebers sein oder ein Vorbote für einen rauen Umgang. Klären Sie das im Vorfeld, wenn Sie eine solche Klausel in dem vorgeschlagenen Arbeitsvertrag finden. In der Regel können Nebentätigkeiten nur ausgeschlossen werden, wenn sie bei einem direkten Wettbewerber stattfinden, wenn die konkrete Gefahr besteht, dass Sie hierdurch Ihre Geheimhaltungspflichten verletzen könnten oder wenn Sie in einem Arbeitsbereich mit besonders hohen Anforderungen an Sicherheit und Geheimhaltung tätig sind, Gelddrucken oder Rüstungsindustrie etwa. Auch müssen Sie sicherstellen, dass Sie die gesetzlich zulässige Höchstarbeitszeit (langfristig maximal 48 Stunden pro Woche) nicht überschreiten.

Auch wenn Ihnen keine regelmäßige Nebentätigkeit vorschwebt, so ist es dennoch störend, wenn Sie wegen jedes Vortrags, zu dem Sie als Expertin eingeladen werden, bei Ihrem Arbeitgeber einen Antrag stellen müssen. Achten Sie

> also beim Arbeitsvertrag darauf, dass Sie hier keine unnötigen Einschränkungen erleiden.

- *Publizieren.* Sie haben ein Angebot als Postdoc in der Industrie und möchten sich die Türe zu einer akademischen Laufbahn nicht versperren. Sprechen Sie in einem solchen Fall unbedingt an, ob und wie Sie publizieren können. In der Regel ist ein Postdoc in der Industrie eine befristete Stelle als wissenschaftlicher Mitarbeiter, die nicht zur Vorbereitung auf eine Habilitation dient und in der das Publizieren genauso unwahrscheinlich ist wie auf anderen Industrie-Stellen.
- *Urlaub und Sonderurlaub.* Das ist normalerweise durch den Arbeitsvertrag und in der Betriebsvereinbarung festgelegt, doch sollte man sich zumindest darüber informieren.
- *Ihr Partner.* Sie sind in einer Beziehung und Ihr Partner möchte auch einen interessanten Beruf ausüben, Sie sind also Teil eines Doppelkarrierepaares (double career couple)? Wenn Sie oder Ihr Partner für eine neue Stelle umziehen müssten, dann sollten Sie auf jeden Fall ansprechen, was der neue Arbeitgeber für den jeweiligen Partner tun könnte. Eine Anstellung beim selben Arbeitgeber ist manchmal ausgeschlossen, um mögliche Vetternwirtschaft auszuschließen. Allerdings gibt es auch Programme, bei denen exzellente Arbeitnehmer gerade dadurch angezogen werden sollen, dass der Partner ebenfalls Unterstützung erfährt. Das kann auch in Form von Hilfe bei der Suche nach anderen Stellen oder Kinderbetreuung geschehen.

Worauf auch immer Sie sich mit dem Arbeitgeber bei der Vertragsverhandlung einigen, bestehen Sie darauf, diese Versprechen schriftlich zu erhalten.

„Bei meinem letzten Arbeitgeber trafen wir bei den Gehaltsverhandlungen die Vereinbarung, dass ich nach der Probezeit ein intensives Weiterbildungsprogramm absolvieren würde. Es waren insgesamt vier Vorgesetzte bei dem Gespräch anwesend, die einhellig den Vorschlag hervorragend fanden. Als ich mich dann ein halbes Jahr später für den Kurs anmelden wollte, brauchte ich zwei Unterschriften. Ich erfuhr dann, dass sich bereits zwei meiner Kollegen für den Kurs angemeldet hätten und dass es deshalb unmöglich sei, dass ich mich auch noch anmelden würde. Auch stand dem Plan entgegen, dass ich im ersten Jahr auf einem befristeten Vertrag angestellt war und dass solche Weiterbildungen grundsätzlich nur Festangestellten offen stehen würden. Ich hatte außer der mündlichen Zusage nichts in der Hand. Und komischerweise konnte sich niemand mehr genau daran erinnern. Ich verlor das Vertrauen und kündigte dann auch bald. Was bei der Sache besonders tief saß: Die Weiterbildung war zentraler Bestandteil dabei, mich in die Firma zu holen. Das Startdatum wurde dabei explizit festgelegt, konnte aber von vornherein aufgrund interner Vorgaben gar nicht eingehalten werden. Und zuletzt noch, dass sie sogar so dreist waren und so taten, als ob ich verrückt sei, als ich das Versprechen einlösen wollte. Es ist eben wie im Privatleben auch: Frisch verliebt ist alles toll und man will sich nicht mit schriftlichen Vereinbarungen belasten. Und bei der Scheidung ist dann das Gejammer groß. Mein derzeitiger Arbeitgeber hielt sich an alle Versprechungen, doch bestand ich diesmal auch darauf, diese schriftlich festzuhalten."

Sie sehen, eine Gehaltsverhandlung ist kein Geschiebe an einer einzigen Zahl: „50 000" … „60 000" … „Geht leider nicht, 51 000 ist das letzte Wort" … „Unter 59 000 würden meine Kinder verhungern!" Sehen Sie die Gehaltsverhandlungen als Aufforderung zur kreativen Problemlösung an.

Sobald alle sekundären Punkte des Vertrages angesprochen wurden, ist es an der Zeit Fragen zu stellen und alles zusammenzufassen. Sobald all diese Punkte geklärt sind, können Sie zum Grundgehalt zurückkehren. „Wenn wir uns jetzt das Gesamtpaket ansehen, dann empfinde ich 61 000 € als faires Grundgehalt."

8.5
Die Macht mehrerer Angebote

Wenn Sie mehrere Angebote gleichzeitig vorliegen haben, sind Sie in der bestmöglichen Situation. Sie können dann zuerst das Angebot verhandeln, das Sie weniger gerne annehmen würden. Sie haben nichts zu verlieren und können hoch pokern. Dieses Angebot ist dann der Ankerpunkt für die andere Verhandlung, psychologisch setzen Sie Ihr Gegenüber damit in Zugzwang: Es besteht nicht unendlich viel Zeit, ähnlich wie bei einer Auktion oder einem zeitlich begrenzten Angebot im Einzelhandel. Und mehr noch: Was für jemand Anderen einen Wert hat, steigt automatisch in der eigenen Bewertung. Die Arbeitgeber werden Sie also automatisch als wertvoller betrachten, wenn es Andere gibt, die sich ebenfalls für Sie interessieren. Und Sie können mit viel Rückenwind in die letzte Verhandlung gehen und dort viel lockerer und selbstsicherer auftreten. Den positiven Eindruck, der Sie bis zu diesem Punkt gebracht hat, können Sie dann durch Ihren Auftritt und Ihre Körpersprache weiter unterstreichen. Man wird denken: „Was für eine selbstsichere und positive Erscheinung, die wollen wir unbedingt haben!"

Exkurs   Verhandeln mit dem eigenen Arbeitgeber

Wie gehen Sie eigentlich mit Ihrem Arbeitgeber um, wenn Sie ein Alternativangebot vorliegen haben? Wenn Sie also bereits eine Stelle haben und mit oder ohne eigenes Zutun ein Angebot eines anderen Arbeitgebers erhalten. Wenn Sie noch nicht darauf festgelegt sind, dieses neue Angebot anzunehmen, könnte es die Gelegenheit sein, mit Ihrem Arbeitgeber über Ihren Vertrag, die Weiterentwicklungsmöglichkeiten und auch das Gehalt zu sprechen. Dies sind besondere Gespräche, da mehr noch als in vielen anderen Situationen die langfristige Beziehung zueinander wichtig ist. Einige Grundsätze können Ihnen bei all diesen Gesprächen hilfreich sein.

Grundsätzlich sollten Sie Ihrem Arbeitgeber gegenüber nie den Anschein erwecken, eine Arbeitskraft mit Inventarnummer zu sein. Sie sollten also nicht den Eindruck hinterlassen, dass Sie unter allen Umständen bei ihm bleiben werden. Ein Alternativangebot ist das stärkste Argument, um das zu unterstreichen: Ja, Sie haben für andere Arbeitgeber einen Wert und könnten bald weg sein. Alternativangebote zu haben und sich auch aktiv darum zu bemühen ist kein Vertrauensbruch. Es ist völlig legitim, von Zeit zu Zeit den eigenen Marktwert zu bestimmen und mit anderen Arbeitgebern in Kontakt zu treten. Es ist allerdings ein grundlegender Unterschied, ob Sie das Alternativangebot als eine Grundlage für eine ergebnisoffene Diskussion auf den Tisch legen oder ob Sie Ihrem Arbeitgeber das Messer auf die Brust setzen: „Bei der Konkurrenz kann ich 5000 € im Jahr mehr bekommen, das erwarte ich nun auch hier, sonst bin ich weg." Versuchen Sie in solchen Situationen nie, jemanden zu erpressen, das könnte Ihnen bestenfalls einen kurzfristigen Gewinn erbringen. Ihr Vertrauensverhältnis würde darunter nachhaltig leiden, man wird sich fragen, wann Sie zur nächsten Erpressungsrunde ansetzen werden.

Betonen Sie in solchen Situationen immer, dass Sie gerne für den Arbeitgeber arbeiten. „Liebe Frau Schillinger, Sie wissen, dass ich hier gerne arbeite. Allerdings habe ich dieses Angebot vorliegen und kann es nicht einfach ignorieren. Es ist als Gesamtpaket äußerst attraktiv. Am liebsten würde ich gemeinsam mit Ihnen überlegen, wie wir meine Bedenken ausräumen können, damit ich hier bleiben kann."

Wie sprechen Sie Ihren Vorgesetzten auf eine Beförderung an? Zuerst müssen Sie ihn darauf aufmerksam machen, dass Sie gerne eine haben wollen, denn nicht jeder Arbeitnehmer möchte mehr Verantwortung übernehmen. Quengeln und drängen Sie aber nicht mit Ihrem Anliegen, sondern schalten Sie jetzt auf „kreativ". Machen Sie Ihren Vorgesetzten zu Ihrem Verbündeten. Brechen Sie aus dem Positionskampf aus, das alte „Ich will", „geht leider nicht"- Geplänkel muss ersetzt werden durch: „Ich möchte mich dorthin entwickeln. Können Sie mir dabei helfen? Können Sie mir aufzeigen, was ich alles lernen muss, welche Erfahrungen ich dazu noch sammeln muss?" Sie sprechen Ihrem Vorgesetzten dadurch Vertrauen aus, Vertrauen in ihn persönlich aber auch fachlich. Sie bedrängen ihn nicht, doch wenn Sie seine Tipps befolgen, wird es für ihn einfacher sein, Sie für entsprechende Positionen vorzuschlagen. Durch diese Herangehensweise wird es für ihn auch schwieriger, Ihre Bemühungen zu ignorieren, er würde sich damit ja selbst widersprechen. Sie schaffen dadurch eine klassische win-win Situation, Ihr Chef darf im Erfolgsfall noch stolzer sein, dass „sein Schützling" so eine tolle Entwicklung hingelegt hat.

8.6
Die gemeinsame Lösung

Ein sehr wichtiges Prinzip, um zu einem guten Vertrag/Gehalt/Ergebnis zu kommen und gleichzeitig nicht die Beziehung zum neuen Arbeitgeber zu belasten, ist: Arbeiten Sie mit ihm zusammen. Bearbeiten Sie gemeinsam mit Ihrem Verhandlungspartner „das Problem", nicht die einzelnen Positionen. Klar, dass Ihr Gesprächspartner und Sie verschiedene Interessen vertreten. Sie wollen die besten Konditionen für sich und ihre Familie, der Verhandlungspartner möchte gerne wenig bezahlen und die Vorgaben der eigenen Chefs einhalten. Die vielschichtigen Interessen, die vertreten werden müssen, führen oft zu unvereinbaren Positionen. Dies kann eine Einigung durchaus schwer machen, wie man an manchen Streiks beobachten kann. Ein guter Ansatz ist hier: Bearbeiten Sie lieber gemeinsam das Problem und suchen Sie nach kreativen Lösungen, mit denen beide Seiten leben können. Es gibt fast immer Wege, wie man die Interessen und Bedürfnisse beider Seiten befriedigt, wenn das Verhandeln als Geben und Nehmen betrieben wird. Es ist dann eher eine Stärkung und Pflege der gegenseitigen Beziehung als eine Belastung.

Praxistipp: In vielen Gesprächssituationen sitzt man sich gegenüber, eine Körperhaltung, die eng mit dem Begriff „gegeneinander" verbunden ist. Mit einem kleinen körpersprachlichen Trick können Sie die kooperative Atmosphäre unterstützen. Setzen Sie sich je nach Situation an dieselbe Seite des Tisches oder „über Eck". So signalisieren Sie, dass Sie sich gemeinsam ein Problem anschauen, anstatt sich durch gegenübersitzende Positionen frontal die Gegenargumente um die Ohren zu hauen. Das gilt nicht nur für eine Verhandlung, wo Sie sich Ihren Sitzplatz leider oftmals gar nicht aussuchen können. Auch Mitarbeitergespräche werden dadurch belebt.

Manchmal kommt es einem so vor, als wäre die Gegenseite gar nicht dazu bereit, nachzugeben. Versuchen Sie sich in die Sichtweise des Gegenübers hineinzuversetzen. Ist seine Position wirklich so festgefahren, kann er wirklich nichts für Sie tun und Ihnen entgegenkommen? Hinterfragen Sie doch einfach: „Warum?"

„Einer meiner Mitarbeiter bat mich, bei der Geschäftsführung eine Gehaltserhöhung für ihn herauszuholen. Er habe schon seit Jahren keine mehr bekommen und so langsam wurde sein reales Einkommen durch die Inflation abgeschmolzen. Der Geschäftsführer empfing mich nicht mit offenen Armen, wie man sich vorstellen kann. Auf verschiedene Umschreibungen derselben Bitte erhielt ich nur verschiedene Formulierungen derselben Antwort: „Nein, geht nicht, die Konzernspitze …" Ich war entmutigt und wollte mit meiner letzten Frage nur das Gespräch beenden: „Warum?" Es folgte eine Pause, doch keine ratlose, sondern eine nachdenkliche. „Klar, ich möchte ihm auch gerne mal wieder etwas mehr geben, er ist ja auch gut. Die Konzernspitze scheint aber auf Lohnkosten doppelt scharf zu schauen. Es ist verrückt, wenn ich mir jemanden über eine Arbeitnehmerüberlassung hole, steht das als „Investition" in den Büchern, die Festangestellten werden unter den „Lohnkosten" geführt. Man läuft da sehr schnell gegen eine Mauer." „Wir könnten also schon mehr Geld für ihn erhalten, es darf nur nicht in der Spalte Lohnkosten in der Bilanz erscheinen?" „Ja." Nach einigem Hin und Her konnten wir uns auf einen Tankgutschein einigen, der in der Firmenbilanz glücklicherweise nicht unter Lohnkosten geführt wurde und zudem steuerfrei vergeben werden konnte."

Dies ist ein klassisches Beispiel: Beide Seiten stehen sich mit Sachargumenten gegenüber und schauen nicht über den Tellerrand des Gezerres an Positionen hinaus: „Ich will A." „Ich will B." Beide Seiten beharren auf ihren Positionen und bewegen sich nur in dieser einen Dimension. „Nein geht nicht, ich bestehe auf A!" Dann kommt der Schwenk: Die Parteien entdecken ein gemeinsames Ziel, sind also eigentlich Partner und nicht Gegner. Nun versuchen sie zu kooperieren, und als schließlich eine Idee das Patt bricht, wird ein neuer Lösungsweg beschritten.

8.7
Wenn nötig, gehen Sie weg

Seien Sie bereit wegzugehen! Wenn Ihr Gegenüber bei Ihnen Verzweiflung oder bedingungslose Hingabe zum Verhandlungsgegenstand bemerkt, sind Sie ihm ausgeliefert. Das ist auch der Grund, warum Sie aus der Arbeitslosigkeit heraus so schwer verhandeln können und warum ein alternatives Stellenangebot so ungemein wertvoll ist. Wie auch immer Ihre Situation genau aussieht, sollten Sie nie andeuten, dass Sie nicht vom Verhandlungstisch weggehen können.

Wann genau gehen Sie weg? Hierzu überlegen Sie sich zunächst einmal, wie hoch ihr sogenanntes „BATNA" (Best Alternative To A Negotiated Agreement) ist. Was genau muss bei den Verhandlungen herauskommen, damit Sie damit noch zufrieden sind? Könnte hier ein Teil des Gehalts auch in zusätzlichen Urlaubstagen, einem Firmenwagen oder sonstigen Vergütungsformen ausbezahlt werden? Vieles wird auf einmal einfacher, wenn Sie hier etwas Greifbares in der Hand haben: Manche diffusen Ängste verfliegen und Sie müssen nur einen einfachen Vergleich anstellen: Ist das Angebot in seiner derzeitigen Form besser als mein BATNA?

Ein BATNA ist einer komplexen Situation wie einer Gehaltsverhandlung viel angemessener als eine „Schmerzgrenze" ausgedrückt durch eine einzige Zahl. Stellen Sie sich vor, Sie hätten sich 50 000 € als untere Grenze gesetzt, Ihr Arbeitgeber hat aber nur noch 48 000 € für Personalkosten übrig, möchte Sie aber unbedingt haben. Er überhäuft Sie mit Nebenleistungen und Vergünstigungen, die er nicht als Personalkosten abrechnen muss. Eine festgesetzte Schmerzgrenze könnte er auf diese Weise nie erreichen, Ihnen würde eine tolle Chance entgehen.

Ohne Alternativangebot ist diese Überlegung schwierig. Insbesondere bei so etwas Wichtigem wie Gehaltsverhandlungen dürfen Sie sich Bedenkzeit erbitten: „Ich bin sehr froh, dass unsere Gespräche diesen Stand erreicht haben. Für mich gibt es nun vieles zu bedenken und ich möchte die Entscheidung nicht auf die leichte Schulter nehmen, immerhin geht es ja darum, langfristig mit Ihnen zusammenzuarbeiten. Am liebsten wäre es mir, wenn Sie mir ein Datum nennen könnten, an dem wir uns dann abschließend unterhalten können."

Exkurs   Ein Angebot ablehnen

Ein Angebot abzulehnen ist üblich und auch nicht unhöflich. Sie bewerben sich parallel auf mehrere Stellen und wenn Sie erfolgreich dabei sind, ist es völlig normal, dass Sie nur eine Stelle antreten können. Solange noch kein unterschriftsreifer Vertrag vorliegt, sollten Sie Fragen nach Ihrem Interesse an der Stelle deshalb auch immer begeistert bejahen.
Respektieren Sie Vertrauen und Bemühungen, die in Ihre Person gesetzt wurden. Sagen Sie das auch ganz offen, egal ob persönlich oder in einer E-Mail. Sie können noch hinzufügen, was Ihnen am Gegenüber gefallen hat, warum Sie sich dort überhaupt erst beworben haben und was Ihr Interesse geweckt hat.
Sie müssen sich nicht in länglichen Begründungen für Ihre Ablehnung wälzen, es reicht völlig zu sagen, dass Sie ein Alternativangebot gewählt haben. Denken Sie immer daran, dass Sie Expertin in einem spezialisierten Berufsfeld sind: Sie sollten also davon ausgehen, dass Sie diesen Leuten noch mehrfach über den Weg laufen werden. Ein freundlicher Abschied macht Sinn, egal ob Ihre Beweggründe nun durch taktische Überlegungen oder Höflichkeit getrieben sind.

8.8
Die Frau als gute Verhandlerin

Frauen sind das große, unerkannte Talent am Verhandlungstisch. Unerkannt durch sich selbst, tragischerweise. Denn Sie bekommen nicht, wonach Sie nicht fragen, und das ist nirgends so wahr wie bei Gehaltsverhandlungen.

„Ein guter und mitfühlender Chef wird Ihnen für Ihre Leistungen bereitwillig auf die Schultern klopfen und die Finanzbuchhaltung wird ihn dafür lieben, da diese Art der Wertschätzung keine Unkosten verursacht."

Wir haben Ihnen gezeigt, dass es bei Gehaltsverhandlungen nicht ums Feilschen geht, sondern um kooperative und kreative Lösungen. Jeder Mensch ist ein Individuum und so müssen Sie für sich selbst entscheiden, welche der vorgestellten Tipps für Sie umsetzbar sind. Sie haben es selbst in der Hand, sich die fehlenden 8 % Gehalt zu holen und vieles andere mehr, was Ihnen in einer ausgeglichenen Arbeitsbeziehung zusteht. Legen Sie zunächst einmal die größte Schwäche von Frauen am Verhandlungstisch ab: Die Gehaltsverhandlung zu meiden.

Teil III
Im Berufsleben

Heute beginnt mein zweiter Tag in meiner neuen Wahlheimatstadt Frankfurt und gleichzeitig der erste Tag meines neuen Jobs. Eine Art Einführungstag für neue Mitarbeiter steht heute auf dem Programm. Ehrlich gesagt war ich noch nie ein großer Fan irgendwelcher Einführungstage und noch heute zittern meine Beine, wenn ich an den Tag der Auftaktveranstaltung in der Uni für alle Erstsemestler zurückdenke. Dies sind die Tage, an denen ich mich zwinge spontan zu lächeln, ohne als kompletter Soziopath zu wirken. Ich genieße es, mich mit Leuten zu treffen und mich auszutauschen. Aber in Situationen, in denen man von mir verlangt, zwanghaft Kontakte zu schließen, versage ich kläglich.

Während ich meinen Kragen zurechtziehe, betrachte ich mich im Garderobenspiegel. Heute ist es also soweit. Ich beginne einen neuen Lebensabschnitt in einer neuen Stadt, betrete eine neue Welt, eine Welt in einer neuen Organisation, eine Welt neuer Gesichter und Namen. Ich habe Schmetterlinge im Bauch, fühle Angst und gleichzeitig Aufregung. War meine Entscheidung richtig? Habe ich wirklich das Know-how, das sie von mir erwarten? Bin ich ausreichend vorbereitet?

Ob Sie sich für den richtigen Job entschieden haben, werden Sie höchstwahrscheinlich die nächsten Monate herausfinden. Der Tag Ihres Jobeinstiegs ist bestimmt nicht der richtige Zeitpunkt, um über dieser Frage zu brüten. Auch bringt es überhaupt nichts, sich noch schnell vor dem ersten Tag in technische Fragestellungen einzulesen. Erstens wissen Sie zu diesem Zeitpunkt noch gar nicht, was Sie genau für die neue Stelle an technischen Fragestellungen brauchen, zweitens erwartet keiner von Ihnen am ersten Tag Ihr komplettes Expertenwissen unter Beweis zu stellen. Sie werden die nächsten Monate noch genügend Zeit haben, Detailwissen Ihres Fachgebiets zu reaktivieren.

Was sich allerdings lohnt, ist ein Auge auf Ihre interpersonellen Kompetenzen zu werfen. Genauso, wie Sie beim Bau eines Hauses den Keller nur unter größter Anstrengung einbauen können, nachdem das Haus schon steht, spart es Ihnen auch im Beruf enorm viel Zeit, wenn Sie von Anfang an einen guten ersten Eindruck hinterlassen, anstatt Ihren guten Ruf im Nachhinein aufpolieren zu wollen. Mit diesem Kapitel wollen wir Ihre Aufmerksamkeit daher auf sogenannte „Softskills" legen, die Ihnen den Start in den Beruf erleichtern sollen.

9
Tipps für den erfolgreichen Start

Herzlichen Glückwunsch, Sie haben es geschafft! Die stressige Phase der Bewerbungsschreiben, Vorstellungsgespräche und Assessment-Center haben Sie hinter sich gebracht. Sie halten mit Ihrem Arbeitsvertrag die Eintrittskarte in die Welt der beruflichen Möglichkeiten in der Hand. Allerdings heißt das noch lange nicht, dass Sie einen Karriere-Freifahrtschein gewonnen haben. Wie auch für ein Vorstellungsgespräch sollten Sie sich daher für Ihren Start im neuen Unternehmen etwas vorbereiten, um einen ersten positiven Eindruck zu hinterlassen. Eine Managerin erzählte uns nach ihrem Arbeitgeberwechsel Folgendes:

> „Ich bin einfach so gestrickt, dass ich gerne alles im Detail vorbereite. So auch an meinem ersten Arbeitstag. Es gab mir ein gutes Gefühl zu wissen, dass ich an ein paar Details gedacht hatte: nicht nur, dass ich den Weg zu meinem Büro in- und auswendig kannte und mir am Tag zuvor ein schönes Kostüm gegönnt hatte. Ich fühlte mich gut, in den Sachen, die ich trug und legte viel Wert auf mein äußeres Erscheinungsbild, das würde ich jedem empfehlen. Nicht nur, weil der erste Eindruck sich in den Köpfen der Kollegen und zukünftigen Mitarbeitern festsetzt und nur schwer korrigiert werden kann. Vielmehr, so finde ich, zeigt man durch freundliches, interessiertes Auftreten und einem zur Position passenden Erscheinungsbild eine gewisse Würdigung von Firma und Mitarbeitern. Mein Tipp: Die Namen der vom Vorstellungsgespräch bekannten Personen einprägen, um diese gleich zu Beginn persönlich mit Namen ansprechen zu können."

9.1
Der erste Tag

Sie als Frau gehören zu derjenigen Spezies, die sich oft selbst viel zu viel stresst, sich Gedanken über alles Mögliche macht und sich dadurch selbst so sehr unter Druck setzt, dass sie sich selbst im Weg steht. Aufregung und Lampenfieber zeigen, dass Sie bei der Sache sind und Ihre neue Position ernst nehmen. Allzu viel Aufregung ist aber völlig unnötig, im Gegenteil, wenn Sie sich zu sehr stressen, werden Ihnen noch 1000 Dinge einfallen, die Sie „noch schnell" hätten machen

Karriereführer für Naturwissenschaftlerinnen, 1. Aufl. Karin Bodewits, Andrea Hauk und Philipp Gramlich.
©2016 WILEY-VCH Verlag GmbH & Co. KGaA. Published 2016 by WILEY-VCH Verlag GmbH & Co. KGaA.

müssen und für die es nun vermeintlich zu spät ist. Das Einzige was Sie wirklich brauchen, ist ein klarer Kopf. Sie befürchten, dass Sie vor lauter Aufregung mit zittriger Stimme und gesenktem Kopf vor Ihren neuen Kollegen oder Chefs stehen? Etwas Vorbereitung hilft hier, einen souveränen Eindruck zu hinterlassen und Sie für den ersten Tag zu wappnen. Denken Sie einfach so: egal was Ihnen auch am ersten Tag Ihres neuen Jobs widerfahren wird: Sie befinden sich weder in einer Schlangengrube, noch lauern dort Gefahren. Es ist ein Tag wie jeder andere, der sich einfach dadurch unterscheidet, dass Sie neue Leute kennenlernen werden und sich in eine neue Umgebung einfügen werden.

„Welche Recherchen sind im Vorfeld üblich und nötig?" Sehen Sie Ihre Stelle als Ihr neues Hobby an und ziehen Sie die alten Unterlagen aus der Vorbereitung zum Bewerbungsgespräch heraus. Stöbern Sie im Internet, wie Sie es für Ihre neue Lieblingssportart auch tun würden. Fragen, wie „Wer war nochmal der Geschäftsführer des Unternehmens? Was war die letzte Pressemitteilung? Wie heißen Ihre Chefs", lohnt es sich vorab auf der Unternehmens-Homepage aufzufrischen. Damit sparen Sie sich gegebenenfalls die peinliche Situation, den Geschäftsführer im Fahrstuhl nicht zu erkennen oder Ihren Chef zu fragen, wie er denn heißt.

„Was soll ich denn bloß anziehen?" Haben Sie etwas, in dem Sie sich absolut wohlfühlen und das dem Stil entspricht, wie Sie sich jemanden vorstellen, der eine Position wie Sie innehat? Um einen ersten guten Eindruck zu hinterlassen, müssen Sie sich in Ihrer Kleidung wohlfühlen. Vielleicht hatten Sie während des Vorstellungsgespräches die Gelegenheit den Arbeitsplatz zu besichtigen, oder Ihnen sind Kollegen in ähnlicher Position vorgestellt worden? Dann könnten Sie sich daran orientieren, wie diese gekleidet waren. Haben Sie gar keine Idee, kleiden Sie sich lieber etwas zu schick als zu lässig. Wählen Sie am besten eine andere Garderobe, als Sie während des Vorstellungsgespräches getragen haben. Die Chefs und Kollegen werden sich noch sehr gut an Ihr damaliges Outfit erinnern können.

Praxistipp: Warten Sie mit Ihrer große Shopping-Runde bis ein paar Tage nach Ihrem Start. Bis dahin haben Sie einen guten Überblick, was Ihre anderen Kollegen in gleicher Position so tragen. Wäre ja schade, wenn Sie sich einen Haufen Kleider kaufen, die sie am Ende nie tragen werden. Denn seien wir doch mal ehrlich: Sie werden nicht im Kostüm zur Arbeit kommen, wenn alle Kollegen in Jeans erscheinen, oder?

„Wo muss ich überhaupt hin?" Habe ich etwas dabei, um die mögliche Wartezeit zu überbrücken ohne rastlos auf- und abzugehen oder den Firmenflyer das 20ste Mal durchlesen zu müssen?

„Was hat es denn mit dieser Einführungsveranstaltung auf sich?" Bei großen Unternehmen bekommen Sie zusammen mit Ihren Vertragsunterlagen eine Einladung zu einer Versammlung für alle neuen Mitarbeiter. Selbst wenn aus dieser Veranstaltung für Sie nur die Information hängen bleibt, wie die Literaturbestellung funktioniert oder wann der letzte Bus fährt: Ein großer Vorteil hat diese Veranstaltung für Sie auf alle Fälle: Sie können sofort mit dem Aufbau Ihres Netzwerkes beginnen. Genau hier, in der Einführungsveranstaltung ist der richtige Moment dafür. Wann sonst haben Sie schon Leute aus allen Geschäftsbereichen an einem Tisch sitzen? Neben Ausführungen zu Firma, Intranet oder Altersvorsorge bekommen Sie hier die großartige Gelegenheit mit Neulingen verschiedenster Hierarchieebenen und diverser Abteilungen zu plaudern. Nicht nur Sie, sondern alle anderen Teilnehmer sind neu und momentan noch ohne alteingesessenes, gesättigtes soziales Umfeld. Das schweißt zusammen!

„Wie stelle ich mich am besten vor?" Gerade am ersten Tag werden Sie wahrscheinlich eine Menge Leute kennenlernen. Man wird Sie in der Abteilung herumführen, Ihnen verschiedene Personen vorstellen und Sie bitten, sich ebenfalls kurz vorzustellen. Wenn Sie sich hier zur Vorbereitung bereits vor dem heimischen Spiegel ein paar Sätze überlegen, nimmt Ihnen das die Aufregung. Es versteht sich von selbst, dass Sie hier keine Sätze auswendig lernen sollen. Sie wollen schließlich nicht, dass Ihre Vorstellung gekünstelt und einstudiert wirkt. Wer sind Sie? Woher kommen und was können Sie? Was wird Ihre zukünftige Aufgabe im Unternehmen sein? Wenn Sie diese Fragen mit einer persönlichen Note versehen, bleiben Sie in Erinnerung. So oder so ähnlich könnte Ihre Vorstellung lauten:

Hallo Herr xxx, schön Sie kennenzulernen. Mein Name ist xxx und ich habe zuletzt als Qualitätsleiter bei der Firma xxx in Niedersachsen gearbeitet. Gebürtig stamme ich allerdings aus dem schönen Allgäu. Ich werde hier im Unternehmen die frühere Position von Herrn Dr. xxx übernehmen, also das globale Produktmanagement für die Sparte xy abdecken. Mein Büro ist hier auf dem gleichen Flur ganz vorne links. Kommen Sie gerne einmal vorbei! Ich freue mich sehr auf unsere Zusammenarbeit.

Bleiben Sie auf jeden Fall flexibel in Ihrer Wortwahl, sodass Sie auf etwaige Besonderheiten des Zusammentreffens spontan reagieren können! Nicht immer ist das Büro im gleichen Flur vorne links …

„Wie merke ich mir am besten die ganzen neuen Namen?" Bei der Menge an Leuten, die sie treffen werden, empfiehlt es sich die Namen und ein, zwei Merkmale zur Person zu notieren. So müssen Sie sich den jeweiligen Namen zumindest nur solange merken, bis sie nach dem Gespräch Zeit haben, einige Notizen zu machen. Hier ein paar Tipps, wie Ihnen das ganz leicht gelingt: Nachdem Sie den Namen bewusst wahrgenommen haben, bevorzugt noch einmal in Gedanken wiederholt haben, denken Sie an etwas, mit dem Sie den Namen verbinden können. Wenn Sie niemanden kennen, der zufällig den gleichen Namen trägt, denken Sie sich eine Eselsbrücke aus. Vielleicht erinnert Sie der Klang des Namens an etwas? Oder er reimt sich? Vielleicht können Sie den Namen aber auch mit einem Beruf, einer Stadt oder einem Bild verknüpfen. Manchmal hilft es, wenn Sie nach der Herkunft des Namens oder der Schreibweise fragen. Dann können Sie sich nicht nur den Namen besser merken, sondern sind auch schon mitten im Gespräch.

Während Ihnen sicher für Frau Birnbaum, Herrn Maurer und für Frau Dr. Himmel sofort Bilder zur Assoziation in den Kopf kommen, müssen Sie für andere Namen etwas Kreativität walten lassen. Aber Achtung, dass Sie die Namen nicht mit negativen Assoziationen belegen. Ein Herr Tswaikzarch wird für Sie sonst immer Herr „Zweig im Arsch" bleiben!

> „Früher habe ich gerne Visitenkarten mit meinen ganz persönlichen Kommentaren zu Personen versehen. Gerne habe ich hier auch Charaktereigenschaften oder die Nasenlänge, die Haarfarbe, einen schweren Parfumgeruch, ein geblümtes Kleid etc. notiert, um mir die Personen besser merken zu können. Diese Angewohnheit habe ich schnell abgelegt, als ich meine Visitenkartenmappe einmal verlegt hatte und ich nicht sicher war, wem sie nun in die Hände fallen würde."

> „Ich style mich in der Regel nicht zu sehr auf, ich mag es natürlich und komfortabel. Klar, ich passe mich schon an die Anforderungen meiner Rolle an. Mir wurde einmal gesagt, dass es arrogant herüberkommen kann, wenn man sich zu sehr auftakelt, doch das Gegenteil wird als Faulheit und Achtlosigkeit interpretiert. Egal wie Sie sich entscheiden, letztendlich werden die Menschen mit denen Sie arbeiten hinter Ihre Aufmachung sehen können. Ich versuche, mir keinen allzu großen Kopf über jedes kleine Detail meiner Kleidung, Körpersprache oder der Erwartungen anderer Leute zu machen."

Ihr erster Tag: Haben Sie an alles gedacht?
- Ansehnliches Notizbuch, funktionierender Stift
- Wegbeschreibung (evtl. bereits ins Navi programmiert)/ausgedruckte Zugverbindungen
- Telefonnummern/Ansprechpartner/Büro- oder Gebäudenummer/Stockwerk
- Direkte Durchwahl zum Vorgesetzten ins Handy speichern, für den Fall des unverschuldeten Zu-spät-kommens.
- Handy bei der Ankunft lautlos stellen.
- „Pausenbrot" für alle Fälle (Schwimmen Sie mit dem Strom! Falls Ihre Kollegen im Kaffeeraum essen und nicht zur Kantine gehen, setzen Sie sich mit Ihrer Stulle zu den anderen an den Tisch. Falls nicht, dann lassen sie das Brot stecken und folgen Ihnen in die Kantine.)

Ein anstrengender, aufregender aber schöner Tag geht zu Ende. Die neuen Eindrücke haben mich müde gemacht und ich freue mich auf meine Wohnung, meine Couch und ein schönes, gemütliches Abendessen. Viele Leute habe ich kennengelernt. Sehr viele. Fast schon so viele, dass ich gar nicht mehr weiß, wo mir eigentlich der Kopf steht. Alle waren nett, und viele haben mir gleich von ihren Aufgaben erzählt oder mir ihre Unterstützung angeboten. Auf meinem Schreibtisch standen bei meiner Ankunft frische Blumen. Wie nett ist das denn? Ich habe mich unheimlich gefreut. Im Moment weiß ich aber noch gar nicht so richtig, was genau meine eigentliche Aufgabe ist und wer nochmal wie hieß und wer eigentlich jetzt genau für was zuständig war. Ob ich mich jemals in die Welt der vielen Abkürzungen, der verschachtelten Gänge und der undurchsichtigen Hierarchie einfinden kann? Im Moment habe ich fast das Gefühl zu ertrinken. Plötzlich überkommt mich ein nostalgisches Gefühl: Ich denke an meine alten Kollegen, die Späße, die wir uns auf dem Flur zuriefen und über die Geborgenheit, die ich empfand, wenn ich mit ihnen zusammen war. Ob ich meine neuen Kollegen jemals so gut kennenlernen werde? Ich atme tief durch die Nase ein. Das wird schon. Alles ist neu und aufregend. Aber momentan auch ein bisschen einsam.

9.2
Nicht nur Leistung zählt, sondern auch Persönlichkeit

> „Einer meiner Mitarbeiter sollte während seiner Einarbeitung im Labor bestimmte Proben in einem Archivierungssystem heraussuchen und diese mittels vorhandener Arbeitsanleitung aufarbeiten – eine Tätigkeit von vielleicht einer Stunde. Er brauchte den kompletten Nachmittag dafür. Als ich ihn darauf ansprach, ob es denn klappe, oder ob er Schwierigkeiten mit der Probenaufbereitung hätte, erzählte er mir, dass er erst einmal angefangen habe das Ordnungssystem im Probenlager zu überarbeiten, und fragte mich, welchen unfähigen Mitarbeiter man mit der Entwicklung eines solch' unübersichtlichen Systems beauftragt hätte. Ich antwortete ihm, der unfähige Mitarbeiter sei ich gewesen, und wenn er noch weitere Fragen an den unfähigen Mitarbeiter hätte, könne er sich gerne an mich wenden, jedoch bevor er die nächste Optimierungstätigkeit eigenmächtig anginge."

In den ersten 100 Tagen als Führungskraft im neuen Unternehmen unterliegen Sie dem sogenannten „Welpenschutz". Anfänglich gelten Sie deshalb noch als „Neuling" und fehlendes Fachwissen wird Ihnen gerne verziehen. Schlechte Umgangsformen gegenüber Kollegen oder Vorgesetzten, zu forsches Verhalten oder besserwisserische Bemerkungen setzen sich aber in den Köpfen fest. Klar wollen Sie sich am Anfang im Unternehmen positionieren. Der Grat zwischen gesunder Profilierung und dem Hinterlassen eines unangenehmen ersten Eindrucks ist jedoch sehr schmal. Um Fettnäpfchen können Sie also ruhig einen großen Bogen machen:

Fettnapf 1: Hierarchien missachten

Je größer das Unternehmen, umso verschachtelter und steiler sind die gewachsenen Strukturen. Neben Ihnen und dem Vorstand gibt es noch verschiedenste andere Abteilungs-, Gruppen- und Laborleiter. Nehmen Sie es sich als zwingende Aufgabe an, dieses Geflecht zu durchdringen, sodass Sie nicht aus Versehen versäumen, sich mit einer für eine bestimmte Aufgabe wichtigen Person abzustimmen.

Ganz ohne Hierarchien kommt übrigens kein Unternehmen aus. Selbst in den flachsten Organisationsstrukturen gibt es einen Chef, der die Richtung vorgibt und das letzte Wort hat. Flache Hierarchien sind übrigens auch nicht unbedingt einfacher zu durchschauen als sehr steile. Nur ein Teil der Machtstrukturen sind hier im Organigramm sichtbar, während viele entscheidende Details in ungeschriebenen Gesetzen verborgen liegen, die es herauszufinden gilt.

Versuchen Sie weder Ihren Chef, noch andere Personen, die in der Hierarchie über Ihnen stehen, mit Ihren Ideen, Fähigkeiten und Arbeitseifer zu überschatten und hüten Sie sich davor, einzelne Hierarchieebenen anzuzweifeln oder diese sogar zu übergehen. Bedenken Sie, dass Sie als Neuling das komplette Räderwerk der Firma noch nicht ganz durchdrungen haben. Dienstältere oder Personen „über Ihnen" reagieren schnell ziemlich empfindlich, wenn Sie das Gefühl haben, von Ihnen nicht ernst genommen zu werden.

Apropos Hierarchie: Wissen Sie, wen Sie duzen und wen Sie siezen dürfen? Je flacher die Hierarchie des Unternehmens und je stärker der Einfluss der englischen Sprache wirkt, desto eher wird geduzt. Doch selbst wenn sich die meisten Mitarbeiter untereinander duzen, können Sie nicht automatisch davon ausgehen, dass erstens alle Kollegen und zweitens auch alle Chefs des Unternehmens geduzt werden möchten. Als Faustregel gilt, dass Ihnen zunächst der Ranghöhere das Du anbietet. Auf gleicher Hierarchiestufe soll der Dienstältere das „Du" anbieten, unabhängig vom Lebensalter. Warten Sie also ab, bis Ihnen das „Du" angeboten wird, und interpretieren Sie nicht stillschweigend Anzeichen in Handlungen hinein, die für ein mögliches Duzen sprechen könnten. Diese Faustregel gilt für alle neuen Mitarbeiter mit einer Ausnahme: Sie sind der neue Chef! Dann müssen Sie Ihren Mitarbeitern das „Du" zuerst anbieten, denn dann sind Sie ja der Ranghöhere.

> „Wir hatten vor Kurzem einen Werksstudenten in der Firma. Ich bemerkte, dass er ein Urgestein der Abteilung mit „Hallo Heinrich" anschrieb und war darüber verwundert. Selbst ich war nach etlichen Dienstjahren mit ihm nicht per „Du", und ausgerechnet der neue Student hatte so schnell den Kontakt zu ihm gefunden? Auf meine erstaunte Frage antwortete der Student, dass das hier doch allgemein so üblich sei. Ich bin froh, dass ich ihm noch rechtzeitig den Tipp geben konnte, die Anrede anders zu formulieren, denn diese „Disziplinlosigkeit" durch „die heutige Jugend" hätte der ältere Mitarbeiter ihm nicht so leicht verziehen."

Praxistipp: Bei großen Unternehmen lohnt sich eine Mitschrift, von wem das „Du" angeboten wurde bzw. von wem (noch) nicht.

Fettnapf 2: E-Mail Kommunikation auf die leichte Schulter nehmen

„Ich, als männlicher Angestellter, hatte einmal mit einer alteingesessenen Firma zu tun, die einen sehr förmlichen Umgangston pflegte. Lustig fand ich eine E-Mail, adressiert an meine Chefin und mich, in der nicht nur ich zuerst angesprochen wurde, sondern auch der Doktortitel meiner Chefin unter den Tisch fiel, während der meine genannt wurde. Das ist wohl aus dem Glauben heraus passiert, Männer ständen eh meist hierarchisch über Frauen …"

E-Mails sind schnell geschrieben und daher oft das Kommunikationsmittel der Wahl, jedoch nicht immer die beste Option. Uuuppps… und schon ist die E-Mail verschickt. Ein wenig Zeit zum Überprüfen der Nachricht vor dem Senden lohnt sich öfters als gedacht.

„Eine neue Kollegin fragte mich gerne um Rat, wenn es um Mitarbeiterführung ging. Eines Tages schickte Sie mir eine E-Mail mit einer Anweisung, die sie an eine Mitarbeitergruppe versenden wollte, und bat mich um meinen Input. Ich schrieb etwas zurück wie: „Ist soweit in Ordnung, aber kannst ruhig etwas strenger sein". Anstatt jedoch die E-Mail neu aufzusetzen, leitete Sie aus Versehen nicht nur die Anweisung, sondern auch den gesamten E-Mail-Verlauf mit all unseren Kommentaren an die Mitarbeiter weiter."

Verschicken Sie am besten keine Dinge, die unter vier Augen bleiben müssen. Falls Sie sich nicht sicher sind, ob Sie eine E-Mail schreiben sollten oder die Angelegenheit lieber persönlich klären sollten, so fragen Sie sich am besten, ob es Ihnen peinlich wäre, wenn der Inhalt der E-Mail am nächsten Tag in der Süddeutschen oder der Frankfurter Rundschau erscheinen würde. Falls ja, dann greifen Sie zum Telefon!

Bevor Sie das erste Mal eine E-Mail am neuen Arbeitsplatz verschicken: Haben Sie sich schon informiert, ob Ihr neuer Arbeitgeber Wert auf Corporate Identity legt? Unternehmen machen sich durch einheitliches Auftreten nach außen unverwechselbar und spiegeln so unter anderem die Unternehmensphilosophie wider. E-Mails, Präsentationen, Abbildungen, ja sogar Inneneinrichtungen oder Firmenwagen zeigen Harmonie bezüglich einheitlicher Schriftzüge, Logos, Farben, einprägsamer Bilder u. v. m. Ihre E-Mail Signatur sollten Sie deswegen mit Ihrem Chef oder dem zuständigen Administrator absprechen. Oft gibt es für Unternehmen Vorschriften, wie Sie diese Signatur bezüglich Inhalt und Form gestalten müssen.

Exkurs   9 goldene Regeln der E-Mail Kommunikation

Zweiter August 1984, mittags um halb eins: Die amerikanischen Kollegen der Uni Cambridge in Boston drücken auf „senden". 16 Stunden später empfängt Michael Rotert an der Uni Karlsruhe die erste Internet-E-Mail in Deutschland auf seinem Computer, der mehr Platz als eine Waschmaschine benötigte. Seit diesem Tag nahm die Kommunikation durch elektronisch versendete Nachrichten rasant zu. Während früher die Bytes noch einzeln gezählt und abgerechnet wurden, gibt es heute Flatrates, die so billig sind, dass sich heute keiner mehr den Kopf über den Preis pro versendeter Nachricht zerbricht. Über Kontinente hinweg können mittlerweile Nachrichten in Sekundenschnelle ausgetauscht werden. 2014 existieren bereits über 4 Milliarden E-Mail Accounts und fast 200 Milliarden E-Mails werden täglich verschickt (eine beachtliche Menge davon sind unerwünschter Werbemüll). Trotz aller technischen Neuerungen ist die E-Mail aber noch genau wie damals im Prinzip nichts anderes als ein Brief, der elektronisch übertragen wird.

Ähnlich wie beim Verfassen eines schriftlichen Dokumentes, das per Briefpost verschickt wird, gibt es beim Schreiben von E-Mails bestimmte Richtlinien, an denen sich zu orientieren lohnt:

1. *Die Qual der Wahl: die Betreffzeile*
   Die Betreffzeile ist da, um genutzt zu werden. Erleichtern Sie nicht nur sich selbst, sondern auch dem Empfänger ein Wiederfinden der E-Mail, indem Sie einen konkreten Betreff mit dem Hauptgrund Ihres Schreibens formulieren.
   Informative und sinnvolle Betreffzeilen könnten z. B. so lauten:

   ◀ Meeting Minutes R&D Projektsitzung #34 zur Info
   Termine Zellkultur Aufbaukurs
   Rückmeldung Fehlbuchungen Januar, Projekt KUG3592

2. *Der Chef steht vor dem Mitarbeiter*
   Wird die E-Mail an mehrere Personen versandt, so wird die ranghöchste Person aus der Adress-Zeile zuerst angesprochen. Anschließend grüßt

man den restlichen Personenkreis. Beachten Sie hierbei, dass ein Geschäftsführer kein „Kollege" ist!

Eine formelle und höfliche Anrede eines größeren Personenkreises könnte z. B. lauten:

◀ Guten Tag, sehr geehrte Frau Dr. Groß,
liebe Kolleginnen und Kollegen.

Wenn Sie nicht gerade im HR-Bereich oder in der Geschäftsführung tätig sind, werden Sie im täglichen Umfeld vermutlich solch formelle E-Mails eher selten versenden. Trotzdem lohnt es sich, Wert auf die korrekte Ansprache (vor allem auch Schreibweise) der Adressaten zu legen.

3. *Carbon Copy – Sinnvoll informieren, ohne zu überfluten*
   Schon gewusst? „CC" kommt ursprünglich von der englischen Bezeichnung „Carbon Copy", eine Durchschrift, die früher bei Schreibmaschinen mittels Kohlepapier erstellt wurde. Bei jeder E-Mail ein gleichzeitig wichtiges wie auch gefährliches Feld. Steht eine Person auf CC, so bekommt diese Person sozusagen eine „Durchschrift" der E-Mail zur Information zugeschickt. Von keiner der auf CC gesetzten Personen wird erwartet, direkt auf die E-Mail zu antworten, noch Aufgaben zu erledigen, die in der E-Mail definiert werden. Falls Sie also jemanden direkt ansprechen wollen, so müssen Sie diesen auch direkt anschreiben.
   Überlegen Sie, welche Personen Sie wirklich auf CC brauchen. Die Bedeutung dieser Zeile ist nämlich nicht zu verwechseln mit „zur Sicherheit schicke ich es auch an alle, die irgendwann mal behaupten könnten, sie hätten davon nichts gewusst" bzw., um Ihre Verantwortung wegzudelegieren, in der Art „ich habe Dich doch informiert, Du standest doch auf CC". Spätestens, wenn Ihr eigenes Postfach anfängt vor CC-E-Mails überzuquellen, werden Sie nämlich selber alle E-Mails anfangen zu ignorieren, bei denen Sie nicht der Hauptempfänger sind und von denen von Ihnen somit auch keine Interaktion verlangt wird.
   Auch beliebt: Da die Hauptempfänger immer sehen können, wer die Nebenempfänger der E-Mail sind, wird die CC-Zeile gerne dazu missbraucht, um elektronische Hackordnungen festzulegen oder um Druck auf andere auszuüben. Eine E-Mail an den Kollegen bezüglich eines Versäumnisses oder eines Fehlers, mit dem Chef auf CC ist ein leichter Weg mit schlechtem Stil, der Ihnen unter Umständen eine gute Zusammenarbeit mit dem Kollegen verbauen kann.

4. *Blind Copy, oder wie Sie eine ehrliche und offene Kommunikationskultur umgehen*
   Das Feld BCC steht in den meisten E-Mail-Programmen zur Verfügung und bedeutet so viel wie „Eine Kopie dieser E-Mail wird hiermit vertraulich gesendet, ohne dass die anderen Empfänger dies wissen". Eine offene, ehrliche Kommunikationskultur schließt eine Informationsweiterga-

be hinter dem Rücken anderer aus. Daher geben viele Unternehmen ihren Angestellten den dringenden Hinweis, dieses Feld nicht zu missbrauchen. Es gibt allerdings eine Ausnahme, in der die Verwendung des BCC-Feldes Sinn macht, nämlich immer dann, wenn für die Versendung von Sammel-E-Mails an Externe die E-Mail-Adressen aller Empfänger nicht für alle anderen sichtbar offengelegt werden sollen.

5. *In der Kürze liegt die Würze: Wie kurz darf eine E-Mail Nachricht sein?*
   E-Mails werden grundsätzlich kürzer gehalten als konventionelle Briefe. Im Idealfall sollte der Empfänger die komplette E-Mail im Ansichtsfenster sehen können, ohne zu scrollen. Pro Absatz schreibt man üblicherweise 2–3 Sätze, so wird die E-Mail übersichtlich. Pro Nachricht sollte nur ein Anliegen/ein Hauptgrund mitgeteilt werden. Da der Hauptgrund auch gleichzeitig in der Betreff-Zeile erwähnt wird, kann die Nachricht auch nach einiger Zeit durch Stichwortsuche über die Betreffzeile wiedergefunden werden. Falls detaillierte Informationen wichtig sind, fügen Sie diese am besten der Übersichtlichkeit wegen als Anlage an.
   Achtung Falle: Die E-Mail soll zwar so kurz wie möglich sein, trotzdem sollten Sie dem Empfänger zumindest eine Ansprache gönnen und den Bezug bzw. den Hauptgrund des Schreibens klar formulieren. Eine E-Mail mit der Antwort „O.K." verwirrt den Empfänger mehr als die Antwort nützt, wenn dieser nicht mehr weiß, was die eigentliche Frage war.

   Tipp: Die vorausgegangene E-Mail Korrespondenz beim Antworten einer E-Mail immer unterhalb der aktuellen Nachricht mitsenden.

6. *Antwort nicht auf die lange Bank schieben*
   Durch die Möglichkeit der schnellen Übertragung von Botschaften per E-Mail wird oft auch eine zügige Beantwortung vorausgesetzt. Dies heißt nicht, dass Sie eine E-Mail sofort nach Eingang lesen und beantworten sollen. Man erwartet aber im Berufsalltag, dass Sie mindestens ein Mal pro Tag Ihr E-Mail Postfach überprüfen und dringende E-Mails dann auch gleich beantworten. Wenn Sie keine Zeit zur Beantwortung haben, weil die Verfassung der Antwort bestimmte Tätigkeiten voraussetzt, gebietet der Anstand, dass Sie zumindest eine Rückmeldung schreiben, in der Sie kurz erwähnen, dass Sie die E-Mail erhalten haben, die Antwort auf die Frage aber erst in x Tagen bereitstellen können. So weiß der Sender, dass die Mail bei Ihnen angekommen ist, das Anliegen des Senders Wertschätzen und sich um die Anfrage kümmern.
   Falls Sie auf Geschäftsreise, im Urlaub oder aus einem anderen Grund für einige Tage abwesend sein sollten, gehört die Aktivierung des automatischen Abwesenheits-Assistenten zum guten Ton. Hier bekommen alle Sender von Nachrichten eine Information, bis wann diese mit einer Beantwortung der Anfragen rechnen können. Auch hier gilt: Die Abwesenheitsnotiz ist eine E-Mail und somit eine Visitenkarte des Unternehmens.

Formulieren Sie vollständige Sätze und sparen Sie nicht an höflicher Ansprache und Abschiedsgruß.

Eine Abwesenheitsmitteilung könnte z. B. so lauten:

◀ Bin bis einschließlich xxx außer Haus

Sehr geehrte Damen und Herren,

Vielen Dank für Ihre Nachricht.

Ich bin in der Zeit ab dem [Datum] nicht im Büro und habe auch keinen Zugriff auf meine E-Mails. Gerne beantworte ich Ihre Anfrage nach meiner Rückkehr am [Datum]. Für dringende Angelegenheiten steht Ihnen während meiner Abwesenheit [Name, Telefon, E-Mail] zur Verfügung.

Herzliche Grüße,

[Name, E-Mail Signatur, evtl. Disclaimer]

Sie arbeiten in einem international agierenden Unternehmen? Ihre Kunden bzw. Korrespondenzpartner danken es Ihnen, wenn Sie Ihre Abwesenheitsnotiz zusätzlich auch auf Englisch verfassen.

7. *Warten, bis der Ärger verraucht ist*

Bedenken Sie, dass Ihre E-Mail unter Umständen weitergeleitet wird, obwohl Sie den ursprünglichen Inhalt der Nachricht nicht für Dritte formuliert hatten. Geheime Informationen gehören also niemals in eine E-Mail. Halten Sie sich außerdem mit Äußerungen zurück, die Ihnen später unglücklich ausgelegt werden könnten. Schreiben Sie deshalb auch nie im Zorn eine E-Mail, sondern warten Sie, bis Sie sich selbst etwas beruhigt haben. Sie werden sonst Formulierungen wählen, die sehr undiplomatisch und aggressiv wirken. Damit schaden Sie sich nur selbst!

Formulieren sie klar und deutlich und verzichten Sie auf ironische Formulierungen oder auf Aussagen „zwischen den Zeilen". Ohne die zugehörige Gestik, Stimmlage und Betonung eines persönlichen Gesprächs klingt das geschriebene Wort oft missverständlich und kann möglicherweise Reaktionen auslösen, die Sie so gar nicht beabsichtigt hatten.

Wie würden Sie beispielsweise solch eine Nachricht verstehen?

„Lisa, die Pipetten sind kaputt"

Ohne eine zusätzliche Erklärung könnte der Nachrichtenempfänger verschiedene Varianten der Interpretation herauslesen:

a) Anschuldigung: Du hast die Pipetten kaputtgemacht

b) Warnung: Achtung, dass Du die Pipetten nicht benutzt, sie funktionieren nicht.

c) Befehl: Bitte lasse sie reparieren.

d) Aussage: Endlich können wir neue bestellen, die alten waren eh Schrott.

e) Frage: Wer hat die schon wieder unerlaubterweise benutzt …?

8. *Erst prüfen, dann senden*

   Vielleicht ertappen Sie sich ab und zu dabei, eine E-Mail aus purem Zeitdruck schnell abzuschicken, ohne nochmals den Inhalt gegengelesen zu haben und die Adressaten überprüft zu haben? Die „Senden"-Taste ist unglaublich schnell gedrückt. Sie wären nicht die Erste, die Informationen aus Versehen an eine komplett falsche Verteilergruppe sendet.

   Außerdem empfiehlt es sich, die Rechtschreibung zu prüfen und zu checken, ob Sie alle Anhänge angefügt haben, auf die Sie in dem Nachrichtentext verweisen.

   Ihre E-Mail muss nicht perfekt sein. Trotzdem wirken Nachrichten mit zu vielen Fehlern, fehlender Anrede oder fehlender Schlussformulierung unprofessionell.

9. *An alternative Kommunikationswege denken*

   Das Büro des Kollegen ist direkt nebenan? Warum gehen Sie dann nicht kurz rüber und sprechen ihn direkt an, anstatt ihm eine Nachricht zu senden? Durch die persönliche Anfrage haben Sie einen besonderen Vorteil: Sie können sich mitunter „Vordrängeln" und bekommen Ihr Anliegen sofort beantwortet, anstatt sich darauf zu verlassen, dass der andere irgendwann einmal Zeit findet, die E-Mail zu lesen und zurückzuschreiben. Ganz davon abgesehen ersparen Sie sich umständliche Formulierungen per E-Mail und vermeiden eventuelle Missverständnisse.

   Im Schnitt versendet und empfängt ein einziger Nutzer im Business-Bereich über 100 E-Mails pro Tag. Ein überquellendes Postfach, veraltete Nachrichten, Nachrichten ohne Betreff, Newsletter, E-Mails, auf denen man auf cc steht … Ein Fass ohne Boden, dass den Mitarbeitern manchmal mehr Zeit kostet, als Zeitersparnis durch die schnelle Informationsübermittlung bringt. Größere Firmen reagieren bereits auf dieses Problem und stellen Ihren Mitarbeitern neben einem E-Mail Programm auch ein firmeninternes Chat-Programm zur Verfügung, um die E-Mail Flut zu reduzieren. Kurze Informationen können hier schnell und unbürokratisch ausgetauscht werden, ohne das E-Mail Postfach zu belasten.

Fettnapf 3: Fehler vertuschen

„Irren ist menschlich", sagt ein Sprichwort. Ja, auch Sie werden einige Fehler machen, und das nicht nur in den ersten paar Tagen. Vertuschen Sie Ihre Fehler nicht. Ein offener Umgang mit Fehlern zeigt, dass Sie diese reflektieren und gewillt sind, daraus zu lernen. Jede Kritik ist eine Chance für Ihre ganz persönliche Weiterentwicklung. Eine „lieber fass ich nichts an, dann kann auch nichts kaputtgehen" Strategie wäre also der einfachste, aber auch schlechteste Weg.

Übrigens: Zu meinen, dass derjenige, der nie Fehler macht, bei Chef und Kollegen am besten ankommt, ist ein Trugschluss. Jedem ist klar, dass keiner 100 % perfekt ist. Würden Sie nie und nimmer auch nur einen einzigen Fehler begehen, stünde automatisch die große Frage im Raum, ob, wann und wie oft Sie Ihre Fehler unter den Tisch kehren.

Lieber am Anfang einmal zu viel nachgefragt, als einmal zu wenig. Selbst wenn Sie nicht direkt eine Antwort auf Ihre Frage bekommen: Vielleicht erfahren Sie einen Namen von jemandem, der Ihnen weiterhelfen kann oder bekommen einen Hinweis, wie sie an die gewünschte Information gelangen können und verstehen dadurch Organisation und Kompetenzverteilung besser.

Praxistipp: Erstellen Sie vom ersten Tag an Ihr persönliches „Wer-Wie-Was-Büchlein". Ob handschriftlich oder elektronisch geführt: Schreiben Sie alle firmeneigenen Abkürzungen, die bisher bekannten Ansprechpartner, sonstige für Sie wichtige Namen mit Zuständigkeiten inklusive der Kontaktdetails in loser Reihenfolge auf. Außerdem alle neuen oder nützlichen Infos, die sie erhalten: Wieviel µL Reagenz haben sich für die Extraktion bewährt? Wann muss wem in der Regel ein Report abgegeben werden? Welche Projekte sind wie priorisiert? Wer ist für was verantwortlich? Für was genau bin ich alleine verantwortlich? Kostenstellen, Namen, Telefonnummern, ... Solch ein kontinuierlich mit Informationen gefüttertes Dokument steht Ihnen über viele Jahre hinweg als treuer Ratgeber zur Seite.

Fettnapf 4: Schnellstart mit quietschenden Reifen

Neulich an der roten Ampel: ich rechts auf der Abbiegerspur, links neben mir ein rassiger Sportwagen mit gestyltem Fahrer, der zu mir rüber schaut und mir zuzwinkert. Der Motor röhrt, das Gaspedal ist leicht gedrückt. Der Wagen wippt auf der Stelle. Kaum springt die Ampel auf orange, startet der Fahrer durch und hinterlässt eine Staubwolke am Horizont. „Was für ein Idiot", denke ich mir während ich rechts abbiege.

Sie fragen sich, was quietschende Reifen mit Ihrem Berufseinstieg zu tun haben? Sehr viel! Genauso wie im geschilderten Erlebnis verfallen einige in den Glauben, „viel hilft viel" und zeigen vom ersten Tag an so viel Leistung, wie nur irgend möglich. E-Mails bis Mitternacht beantworten, morgens als Erste da sein und abends als Letzte gehen. Gut gemeint, schließlich will man ja gerade in der Probezeit beweisen, was man drauf hat. Das Problem ist nur, dass Sie Gefahr laufen, mit voller Energie in die falsche Richtung abzudriften. Die hohen Standards, die Sie sich selbst setzen, bekommen auch Ihre Kollegen mit. Kein Wunder also, dass Sie sich unter Umständen den Groll der Kollegen auf sich ziehen, wenn Sie durch Ihren offensichtlichen Übereifer einen hohen Nachahmungsdruck auf diese ausüben. Ganz abgesehen davon laufen Sie Gefahr, zum Müllhaufen aller unangenehmen Arbeiten zu werden.

Natürlich sollen Sie Einsatz zeigen. Gerade Frauen werden gerne kritischer beäugt als ihre männlichen Kollegen. „Sieht die nur hübsch aus oder kann die auch was?" Zeigen sie, was Sie können, und warum man sie eingestellt hat. Vergessen Sie aber nicht, sich zuvor mit den herrschenden Strukturen, Gepflogenheiten und gängigen Vorgehensweisen des Unternehmens vertraut zu machen.

Praxistipp: Stellen Sie sich hin und wieder eine ganz banale Frage: Können Sie an fünf Fingern mit eigenen Worten Ihre Hauptaufgaben aufzählen? Falls ja, dürfen und sollen Sie sich mit vollem Elan in die Arbeit schwingen. Falls aber nicht, stecken Sie womöglich unheimlich viel Energie in Dinge, die für Sie zu den nebensächlichen Arbeiten zählen, und nicht Ihre primären Ziele bei Ihrer täglichen Arbeit sein sollten. In diesem Falle lohnt es sich allemal, sich auf die eigentlichen Aufgaben zu besinnen.

9.3
Von Allianzen und Netzwerken

Es ist kein Geheimnis, dass gute Kontakte den beruflichen Erfolg erleichtern. Es profitiert nicht nur jeder Einzelne, sondern letztendlich das gesamte Unternehmen davon, wenn sich die Kollegen gut verstehen und sich vernetzen. Beginnen Sie daher so früh wie möglich Kontakte zu knüpfen und sich bekannt zu machen. Als Führungskraft gelingt Ihnen das zum Beispiel, indem Sie zunächst bei Ihren Mitarbeitern eine kleine Runde machen und dabei mit jedem einen Gesprächstermin für die nächsten Tage vereinbaren, um diese so näher kennenzulernen.

Es gibt immer wieder Leute, die Sie mit Frust vollladen oder Sie schon zu einem frühen Zeitpunkt in Allianzen einspannen wollen. Schließen Sie am Anfang daher lieber erst einmal keine voreiligen Allianzen und lassen Sie sich schon gar nicht zum „Tratsch auf dem Flur" verleiten. Lieber erst einmal diplomatisch bleiben, zuhören und ein Unverfängliches, neutrales Gespräch suchen. Falls doch Anmerkungen Ihrerseits erwartet werden, sagen Sie einfach: „Ehrlich gesagt habe ich hierzu nicht wirklich eine Meinung", oder „Ja, das ist traurig, aber eigentlich kenne ich die Person zu wenig, um mir hierzu eine Meinung zu erlauben" oder „interessant, das habe ich bisher so noch nicht erlebt".

Halten Sie Ihre Meinungen über politische, sexuelle oder religiöse Themen lieber auch erst einmal zurück und seien Sie sparsam mit Witzen. Auch wenn Sie die Stimmung damit einfach nur etwas aufheitern wollen: Nicht jeder teilt Ihren Humor, vor allem wenn Mitarbeiter aus verschiedenen Kulturkreisen zusammentreffen. Das klingt für Sie jetzt, als ob Sie überhaupt nichts sagen dürften? Erzählen Sie von Ihren Aktivitäten am Wochenende, von Ihren Hobbies, vom Unfall, der sich am Morgen auf der Autobahn zugetragen hat oder von Ihrer Lieblingseisdiele. Es gibt genügend interessante Themen, mit denen Sie sich an die Gesprächskultur und die Gepflogenheiten der Kollegen herantasten können, ohne gleich als „diejenige, mit dem seltsamen Humor" dazustehen.

Um Rituale und Gepflogenheiten der Abteilung bzw. der Firma kennenzulernen, orientieren Sie sich am besten nicht am Chef, sondern zunächst an Ihren Kollegen. Wer kann gut mit wem? Wer ist hier das Alphatier? Wie werden allgemeine Arbeiten verteilt; wer räumt z. B. die Spülmaschine aus oder kocht Kaffee? Wer verbringt mit wem die Pause? Versuchen Sie zunächst am Anfang mit verschiedenen Leuten bzw. verschiedenen Gruppen von Leuten Mittag essen zu gehen, das zeigt Offenheit und Interesse an anderen und ermöglicht Ihnen ein breites Kontaktnetz aufzubauen. Sie denken, dass es komisch und berechnend scheint, wenn

Sie am Dienstag mit X und Y essen waren und am Mittwoch mit Z losziehen? Es ist ein Mittagessen und keine Ehe!

Praxistipp: Halten Sie sich nicht nur an eine bestimmte Gruppe, sondern suchen Sie Leute, die mit vielen Leuten „können". Mit aufgeschlossenen Leuten ergibt sich automatisch ein größeres und offeneres Netzwerk, als wenn man in einen „Stammtisch" gezogen wird.

Apropos Kaffeeküche: Für Jobneulinge eine Gratwanderung zwischen „ein wichtiger Platz zum Kontaktknüpfen" und „schon wieder beim Kaffeetrinken gesehen zu werden". Einerseits wirft es ein schlechtes Bild auf Sie, wenn Ihr Chef Sie ständig in der Kaffeeküche antrifft. Andererseits ist dies *der* Netzwerkplatz. Hier werden brisante Details und Neuigkeiten ausgetauscht, ähnlich wie manchmal in einem Frisörsalon. Kapseln Sie sich nicht ab, sondern lassen Sie sich ruhig ab und zu in der Kaffeeküche blicken, Sie werden sehen, wie schnell Sie mit den Kollegen ins Gespräch kommen. Wenn Sie es sich allerdings gleich mit Ihren Kollegen verscherzen möchten, so gehen Sie am besten folgendermaßen vor: Am besten Sie nehmen sich ohne zu fragen irgendeine Kaffeetasse (oft hat jeder seine Lieblingstasse und gibt die ungern an jemanden anderen ab), füllen sie mit Kaffee auf (ohne zu fragen, ob es eine Kaffeekasse gibt), nehmen sich einen Keks aus der Dose auf dem Tisch (alle nehmen ja, wird schon für alle sein) und stellen Ihr Geschirr nach Benutzung ins Waschbecken, da die Spülmaschine gerade voll zu sein scheint … Sie werden automatisch, die volle Sympathie all Ihrer Kollegen auf sich gezogen haben!

Gerne nutzen Kollegen die Chance, alle neuen Kontakte auch mittels sozialen Netzwerken zu bestätigen. Die Frage, ob man sich am besten mit allen Kollegen sei es auf Facebook, Xing, Linkedin oder ähnlichem verknüpfen sollte, ist schwierig zu beantworten. Auf der einen Seite bekommen Sie so schnellstmöglich persönlichen Kontakt, der Ihnen gegebenenfalls auch auf beruflicher Ebene nutzt. Auf der anderen Seite geben Sie aber auch viel von sich selbst preis. Es stellt sich die Frage: Müssen Ihre Mitarbeiter oder Kollegen wissen, welche TV-Serien Sie „liken" oder wie Sie im Urlaub mit Jogginganzug und kurzen Hosen aussehen, während Sie im Büro immer Kostümchen und Perlenkette tragen?

„Ein paar Kollegen haben mir eine Kontaktanfrage geschickt. Da kann man schlecht ablehnen. Gebracht hat's aber nichts, außer dem Verlinken gab es bisher null Austausch."

Exkurs   Arbeitsrecht: Krankheitstage und Soziale Netzwerke

„Ein Kollege war krankgeschrieben und hat während der Zeit unverfroren Bilder auf Facebook gestellt, bei denen er auf einem Open Air tanzt. Er wurde fristlos entlassen."

Was darf man eigentlich während einer Krankschreibung tun? Muss man streng das Bett hüten, damit niemand annimmt, man würde hier eine Krankheit vorgaukeln? Nein, das nicht. Sie dürfen nur kein Verhalten an den Tag legen, das der Genesung entgegensteht. Natürlich können Sie mit gebrochenem Bein ins Kino oder dürfen im Wald spazieren gehen, wenn Sie einen ansteckenden Hautausschlag haben. Sind Sie aber mit verstauchtem Knöchel krankgeschrieben und gehen gleichzeitig mit High Heels tanzen oder bauen mit Bandscheibenvorfall am Haus weiter, so wäre das sehr wohl ein Kündigungsgrund. Beides übrigens echte Begebenheiten.

Was, wenn man ausgerechnet während des Urlaubs das Bett hüten muss? Da Ihnen die Urlaubszeit zur Erholung zu steht, bekommen Sie Ihre freien Tage zurück, wenn Sie im Urlaub erkranken. Ein ärztliches Attest brauchen Sie natürlich, um das zu beweisen. Ihr Arbeitgeber ist dazu verpflichtet, Ihnen diese Tage zu gewähren, nicht aber, Sie aktiv darauf hinzuweisen.

Wussten Sie, dass der genaue Grund der Krankheit dem Arbeitgeber gegenüber nicht erwähnt werden muss? Sie dürfen Ihren Arzt daher bitten, das Attest ohne Nennung des Grundes auszustellen. Diese Regelung existiert nicht, damit es Ihnen leichter gemacht wird, doch mit High Heels tanzen gehen zu können, während Sie krankgeschrieben sind. Es schützt vielmehr chronisch kranke oder behinderte Arbeitnehmer vor Diskriminierung. Ob Sie Ihren Arbeitgeber oder Kollegen dennoch in diese persönlichen Details einweihen, ist völlig Ihnen überlassen und sollte davon abhängen, wie Sie das Vertrauensverhältnis beurteilen und mit der Diagnose umgehen wollen. Wenn eine Krankheit oder Behinderung sich allerdings direkt auf Ihre Arbeitsfähigkeit auswirkt und das nicht nur kurzfristig, sind Sie hingegen zu viel mehr Offenheit gezwungen.

Am Arbeitsplatz ist man heutzutage mit allerlei technischen Hilfsmitteln umgeben: Vom Telefon, Computer, dem Internet bis hin zu den Sozialen Netzwerken werden heute enorme Informationsmengen in Sekundenbruchteilen rund um den Globus geschickt. Technisch ist es für Ihren Arbeitgeber möglich, alles aufzuzeichnen, was Sie mit diesen Hilfsmitteln am Arbeitsplatz tun. Doch wieviel Überwachung ist legal und wie wird eine Grenze zwischen Privatem und Beruflichem gezogen?

In Arbeitsvertrag und Betriebsvereinbarung wird festgelegt, welche dieser Medien Sie auch privat benutzen dürfen. Sollte Ihnen eine private Nutzung nicht erlaubt sein, kann der Arbeitgeber davon ausgehen, dass alle Aktivitäten geschäftlich sind und kann je nach Arbeitsbereich zumindest stichprobenartig prüfen, was Sie tun. Ist die Privatnutzung erlaubt, so ist die Überwachung privater Inhalte natürlich illegal. Da eine Unterscheidung zwischen privaten und geschäftlichen Inhalten in der Praxis kaum möglich ist, wird eine Überwachung in solchen Fällen meist unterbleiben.

Im Internet und besonders bei den Sozialen Netzwerken verschwimmen Beruf und Privatleben oftmals. Sie müssen hier aufpassen, denn im Prinzip können auch Dinge gegen Sie verwendet werden, die Sie online veröffentlichen, oder gar: die online über Sie veröffentlicht werden!

Die Frage, ob Inhalte aus den Sozialen Netzwerken gegen Sie verwendet werden können, ist komplex. Dinge, die Sie nur Ihrem privaten Umfeld zugänglich machen, gelten zwar als privat und sind daher nicht verwendbar, doch die Grenzziehung ist schwierig. Außerdem „vergisst" das Internet nichts und Sie haben auch bei Ihren privaten, „echten" Freunden keinerlei Kontrolle, wer Inhalte an wen weiterleitet oder mit Ihrem Namen verbindet. So werden dann schnell Dinge zugänglich und verwertbar, die Sie als gut behütet im engen Kreis der Vertrauten gewähnt hatten.

Bei den online Kontaktplattformen wie Xing oder LindedIn, die für die Pflege von Geschäftskontakten geschaffen wurden, ist die Bedrohung weniger das peinliche Bild der letzten Party, dennoch sollten Sie sich besonders hier professionell und taktisch klug verhalten. Wenn Sie nämlich Ihre Stellensuche durch solch ein weites online Netzwerk unterstützen wollen, wird es sehr schwer sein, das dann vor Ihrem Arbeitgeber zu verbergen.

„Ich klickte während meiner Doktorarbeit das Fotoalbum der Gruppenhomepage durch. Dort waren vor allem langweilige Fotos von Gruppenausflügen und ähnlichem. Eines davon fiel allerdings aus der Reihe: Ein zwei Jahre altes Bild von mir, noch als Diplomand, und sichtbar betrunken. Zum Löschen war es zu spät: Eine große Pharmafirma, die mit meinem Chef kooperieren wollte, hatte es bereits gesehen und meinem Chef geschickt. Das hätte mich fast meine Stelle gekostet."

Praxistipp: Kontrollieren Sie die Einstellungen der Privatsphäre bei den Netzwerken, in denen Sie verkehren, und trennen Sie scharf zwischen beruflichem und privatem Umfeld. Wenn Sie sich nicht sicher sind, ob Sie mit einem Foto auf dem sozialen Netzwerk einverstanden sind, gehen Sie der Einfachheit halber davon aus, dass jeder Mensch auf der Welt dieses sehen kann, und handeln Sie entsprechend. Das ist meist sowieso nicht weit von der Realität entfernt.

9.4
Hochmut kommt vor dem Fall

Kennen Sie Gerda? Wenn Sie sich fragen, in welchem Lösungsmittel Molekül A gelöst wird, Gerda weiß es. Sie kann Ihnen auch sagen, welche Temperatur Sie für welchen Assay einstellen müssen, oder wo der Nukleinsäure-Extraktions-Kit gelagert wird. Mit über 30 Jahren Berufserfahrung kann man Gerda augenzwinkernd als wandelndes Protokollbuch der Abteilung bezeichnen. Ohne Sie wären ziemlich viele Mitarbeiter aufgeschmissen – vor allem die Neuen.

Vielleicht hat die Organisation, in der Sie Ihre neue Arbeitsstelle beginnen keine „Gerda", dafür aber mehrere Personen, von denen jeder einzelne ein Puzzleteil des „Gerda-Wissens" repräsentiert. Sehen Sie es als Ihre ganz persönliche Aufgabe, die Puzzleteile zu finden und zusammenzusetzen. Nutzen Sie die Möglichkeit von diesen Personen Detailwissen aus langjähriger Abteilungszugehörigkeit zu erfahren. Auch wenn diese vielleicht nicht den gleichen Ausbildungsgrad wie Sie selbst erreicht haben: Der Erfahrungsschatz dieser Mitarbeiter ist für Sie als Neuling im Alltag wertvoller, als alles Wissen, was Sie in theoretischen Fachbüchern nachschlagen oder in Seminaren erlernen können. Auch wenn Sie die komplette Theorie über NMR Spektroskopie auswendig herunterbeten mögen, solange Sie nicht wissen, wie Sie das Ding anschalten, nutzt Ihnen Ihr ganzes, schönes Wissen nichts. Selbst wenn Sie den frischen Wind förmlich spüren, den Sie in die vermeintlich alt eingesessene Umgebung bringen: Sie werden nicht gerade mit Dankesbekundungen überhäuft werden, wenn Sie Kollegen, die schon jahrelang Erfahrung auf einem bestimmten Gebiet haben, vorschreiben wollen, wie sie zu arbeiten haben.

> „Die „Ich-bin-frisch-von-der-Uni-und-hier-der-Experte-Mentalität" nervt mich total. Einmal fing bei uns ein junger Uni-Absolvent in einer anderen Abteilung an. Bei der Hallo-Runde, zu der ihn sein Vorgesetzter durch die Büros führte, gab er bereits kleine „Vorlesungen" über die jeweiligen Spezialgebiete der einzelnen Experten und kommentierte die (mangelnde) Sauberkeit der Büros. Der machte sich selbst den Start sehr schwer, muss ich sagen."

Finden Sie heraus, was die einzelnen Mitarbeiter gut können, und fragen Sie nach Unterstützung. Am Anfang werden Ihnen vielleicht Dinge auffallen, die Sie persönlich anders machen würden, oder die Sie von anderen Arbeitsstellen her „besser" wissen. Fragen Sie in solch einer Situation aber lieber erst einmal nach, warum der Prozess so gemacht wird, wie er momentan abläuft oder ob die Kollegen schon von der neuen Technologie xy gehört haben, anstatt ungefragt Abläufe optimieren zu wollen. Denn wer weiß, vielleicht hat die bestimmte Vorgehensweise ja auch mit etwas zu tun, was Sie im Moment als Neuling noch gar nicht durchblicken können? Sie wissen im Moment weniger von den internen Abläufen als irgendein anderer Kollege. Machen Sie sich das unbedingt bewusst und geben Sie Ihrem Tatendrang in dieser Hinsicht Zeit. Sie wollen sich ja in Ihrer neuen Stelle weiterentwickeln. Wenn Sie als Klugscheißer auftreten, blockieren Sie aber genau das. Seien Sie also ruhig „egoistisch" und denken an Ihre eigene Weiterentwicklung, bevor Sie daran gehen, die Firma zu verbessern.

Praxistipp: Notieren Sie sich gleich zu Beginn die eventuellen „Missstände". Da Sie selbst nach geraumer Zeit nämlich selbst anfangen betriebsblind zu werden, fallen Ihnen später die potenziellen Verbesserungsvorschläge nicht mehr auf. Holen Sie die Notizen nach einiger Zeit, vielleicht nach einem halben Jahr noch einmal hervor. Falls Sie sie immer noch verbesserungswürdig finden, dann ist dann nämlich der passende Zeitpunkt gekommen, um den einen oder anderen Vorschlag anzusprechen.

Ich tippe die letzten Zahlen in meinen Projektreport, den ich eigentlich gestern schon hätte fertig haben sollen. Ursula steckt den Kopf zur Tür herein und fragt mich, ob ich nicht Zeit hätte noch einmal über die Versuchsplanung zu schauen.

„Klar", entgegne ich ihr. „Gib mir zehn Minuten, damit ich meinen Report noch abspeichern und an alle Kooperationspartner rausschicken kann". Sie nickt. „Komm dann einfach zu mir rüber, wenn Du fertig bist, dann kann ich Dir evtl. noch einige Sachen wie den Projektplan und so auf meinem Computer zeigen". Ich konzentriere mich wieder auf meinen Report. Wo war ich nochmal stehengeblieben? Ah ja. Die Berechnung. Mist. Jetzt muss ich die Zahlen nochmal neu in den Taschenrechner eingeben. Ich hacke die Zahlen wie wild auf den unschuldigen Rechner ein. „Zehn Minuten! Wie soll ich das denn jetzt alles noch schaffen?" frage ich mich und füge hektisch die noch fehlenden Ergebnisse zur Tabelle hinzu. So. endlich. Rechte Maustaste, als E-Mail verschicken, Empfänger auswählen und … Oh nein! Was war denn das jetzt? Mist. Die E-Mail ist versendet, ohne dass ich auch nur eine Zeile in das Textfeld geschrieben habe. Also nochmal. Ich schaue auf die Uhr. Die zehn Minuten sind um. Genervt setze ich die E-Mail ein zweites Mal auf und versendete den Report erfolgreich. Ich packe meine Sachen zusammen und mache mich auf den Weg zu Ursulas Büro. Puh. Warum hat die ihr Büro auch im obersten Stockwerk? Ich schnaufe wie eine Dampflock und nehme die letzte Treppenstufe. Da fällt mir ein, dass ich ja morgen mein 100-Tage-Gespräch mit meiner direkten Vorgesetzten habe. Das hatte ich ganz vergessen! Was da wohl auf mich zukommt? Ich betrete Ursulas Büro. „Du, Ursula. Beim 100-Tage-Gespräch – was wird denn da genau besprochen? Ist das eine Gehaltsverhandlung, eine Überprüfung der Zielvereinbarungen oder muss ich da über irgendetwas Rechenschaft ablegen? Das findet nämlich morgen bei mir statt!" Ursula schaut mich erstaunt an. „Echt, Du hast ein 100-Tage-Gespräch? Da hast Du aber Glück, dass Du so eine Vorgesetzte hast. Das machen nämlich nicht alle. Ist recht informell. Meistens wird einfach nur geschaut, ob man weiß, was seine eigentlichen Aufgaben sind, ob man bisher Probleme hatte, oder ob der Vorgesetzte etwas zu meckern hat, das man bis zum Ende der Probezeit dann noch ausbügeln kann". Ich bin beruhigt. Gut, denke ich mir. Dann schreibe ich mir später eine Liste über die Dinge, die ich bisher gelernt habe und die ich meine noch zu lernen auf und suche mir ein oder zwei Verbesserungsvorschläge heraus, die ich im Gespräch erwähnen könnte, falls die Sprache darauf kommt. „Und Gehalt wird nicht verhandelt?" „Ne, das verhandeln wir hier immer nur einmal pro Jahr, und zwar immer zu Jahresanfang." „Okay, dann weiß ich Bescheid", sage ich erleichtert. Auf eine Gehaltsverhandlung hätte ich mich nämlich schon noch ein wenig intensiver vorbereiten wollen. „Vielen Dank für Deine Hilfe, Ursula. Weißt Du, jetzt bin ich schon 3 Monate da. Aber ich fühle mich, als wären es nur zwei Wochen her". Ich lege meinen Spiralblock, den Taschenrechner und den Kugelschreiber neben Ursulas PC und beginne mir die Grafik auf dem Bildschirm anzusehen. „So. Jetzt besprechen wir aber erst einmal das, was Du eigentlich mit mir besprechen wolltest. Nach dem Meeting laufe ich vergnügt zurück in mein Büro. Ich bin stolz, dass ich schon nach so wenigen Monaten einen festen Platz in der Abteilung gefunden habe. Sie hat mich sogar gefragt, was ich zu dem Versuchsaufbau sage, ob ich Einwände hätte und so. Im Büro beginne ich meine Sachen einzupacken, um mich auf den Heimweg zu machen. Als ich meinen Geldbeutel in den Rucksack stecke, reflektiere ich, wie glücklich ich in meiner Stelle bin. Wenn wir uns ranhalten, können wir das Produkt bestimmt dieses Jahr noch auf den Markt bringen. Das *wäre super. Und bei unserer Markteinführung könnte ich mir denn die Hand auf die Schulter legen und mir sagen, dass ich bei der Entwicklung mit dabei war. Mein Herz macht einen kleinen Hüpfer, als ich begreife, was ich da gerade laut gedacht habe: Ich sage schon „wir"! Das heißt, ich bin wirklich angekommen.*

10
Wo ist mein Platz? Von Konferenzen und Dinnerparties

Da sitze ich nun inmitten von einem Haufen Männer. Ich schaue mich um: Ein lichtdurchfluteter Raum, großzügig bemessen und sauber hergerichtet. Ein großer Tisch in der Mitte mit Beamer, ein Telefon mit Freisprech-Einrichtung, eine weiße Tafel im Hintergrund. Wir sind bereits mitten in der Diskussion. So richtig folgen kann ich den Details noch nicht, ich bin aber ja auch heute das erste Mal mit dabei. Anstatt mich auf die Fakten zu konzentrieren, finde ich allerdings die Szenerie, die sich mir bietet viel spannender: Der Projektleiter schnattert wie eine Gans, als wolle er nicht nur seine Ergebnisse, sondern seine Babys verteidigen. Sobald ihm jemand verbal zu nahe kommt, fängt er an in Abwehrhaltung zu gehen. Der Mediziner brüstet sich mit seiner Kompetenz, er bläht sich auf und erläuterte Neuigkeiten aus einer klinischen Studie. Ich werde das Gefühl nicht los, dass er das ganze etwas schöner auskleidet, als es wirklich ist. In meinen Gedanken assoziiere ihn mit einem Pfau, der sich zur Schau stellt. Der Löwe, ein kleiner und ein großer kläffender Hund werfen mit (Schein-)Argumenten nur so um sich. Ich begreife, dass es hier wohl um das Kompetenzgerangel von Marketing, Entwicklung und Qualitätskontrolle geht. Jeder will offensichtlich der Bessere, der Tollere und Stärkere sein. Der Geschäftsführer hört sich in Ruhe alles von seinem Platz an, und denkt wohl, dass sowieso alles gemacht wird, was er schlussendlich für richtig hält. Als er sich nach der Diskussion in seinem Stuhl nach hinten lehnt und langsam die Hände über dem Kopf verschränkt, scharen sich alle wie die Erdmännchen um ihn und hören nickend zu. Ich amüsiere mich über den offensichtlichen Herdentrieb, den die Anwesenden überhaupt nicht wahrzunehmen scheinen, und freue mich schon jetzt auf das nächste Meeting wie ein Kind auf den Besuch im Zoo.

Ihr erstes Meeting im neuen Job. Wie werden Sie sich verhalten? Und vor allem: Auf welchen Platz setzen Sie sich? Haben Sie eigentlich ein Recht auf einen Sitzplatz am Tisch, wenn es auch Sitzplätze außerhalb gibt? Wer hat wo seinen Stammplatz?

Karriereführer für Naturwissenschaftlerinnen, 1. Aufl. Karin Bodewits, Andrea Hauk und Philipp Gramlich.
©2016 WILEY-VCH Verlag GmbH & Co. KGaA. Published 2016 by WILEY-VCH Verlag GmbH & Co. KGaA.

10.1
Das König Artus Prinzip

Vielleicht kennen Sie die Geschichte von Ritter Lancelot, der sich auf die Suche nach dem Heiligen Gral machte? Dann haben Sie sicher auch schon den Begriff der „Tafelrunde" gehört, denn dieser ist fester Bestandteil der Artussage. König Artus soll der Legende nach das Prinzip des runden Tisches (Tafelrunde) einge-führt haben, um Streitigkeiten der Teilnehmer um die besten Plätze zu vermeiden. Bis heute ist der Begriff des „runden Tisches" in Benutzung. Laut Duden wird das „Round-Table-Gespräch" mit „Gespräch am runden Tisch zwischen Gleich-berechtigten" definiert.

Schauen Sie sich einmal in den Konferenzräumen Ihrer neuen Arbeitsstelle um. Sie werden feststellen, dass nicht alle Konferenztische rund sind! Nicht alle Teil-nehmer haben daher im Gespräch die gleiche Ausgangsposition. Wer im Meeting wo sitzt, verrät, wer er ist und wie er tickt. Die amerikanische Psychologin Sha-ron Livingston untersuchte diese These an über 40 000 Probanden und definierte für sieben Konferenztypen deren Sitzpositionen am Tisch. Die Einteilung erin-nert ein wenig an einen Tisch mit König und seiner Heerschaar. Sicherlich wer-den sich nicht alle Gruppenmitglieder immer ganz genauso verhalten, machen Sie sich aber den Spaß und beobachten ab jetzt, wer wo sitzt. Ticken Ihre Kollegen ähnlich? Frau Maier sitzt immer neben Herrn Müller, Herr Wagner nie gegenüber Herrn Schmidt, und Frau Klein nimmt immer den Platz direkt an der Tür.

Der Thron: Der König wacht über sein Gefolge
Hier sitzt der Chef, also der Einflussreichste aus der Gruppe. Der Platz befindet sich meistens am Kopfende, hier hat man den besten Überblick. Gerne sitzt der Chef mit dem Rücken zum Fenster und mit Blickrichtung zur Tür. So kann er genau die anderen Teilnehmer beobachten und sieht, wer geht und kommt. Falls eine Präsentation Bestandteil der Sitzung ist, wird der Chefplatz von demjenigen eingenommen, der präsentiert.

Die rechte Hand des Königs: im Dunstkreis des Chefs

Der Platz rechts neben dem Chef gehört demjenigen, der die Meinung des Chefs teilt, ihm ständig zustimmt und alles abnickt. Er wird von den Kollegen als sympathischer Gesprächsteilnehmer wahrgenommen. Die enge Nähe zum Chef signalisiert eine Zugehörigkeit zum „engeren Führungskreis". Er wird durch immerwährenden Informationsfluss, sowie der direkten Möglichkeit zur Rückversicherung durch den Chef begünstigt. Das Ziel dieser Person ist vorrangig die Gunst des Chefs zu erhaschen. Die Durchsetzung der eigenen Thesen steht dabei im Hintergrund.

Die linke Hand des Königs: der potenzielle Kronprinz

Die Haltung dieser Person stimmt im Prinzip auch mit derjenigen des Chefs überein. Anders jedoch als die „rechte Hand" werden von dieser Person auch eigene Ideen und Vorschläge eingebracht. „Ja-aber" wird man von ihm oft hören. Der Inhaber dieser Position zeigt im Großen und Ganzen Verbundenheit mit dem Chef, äußert aber gleichzeitig auch Signale des eigenen Machtanspruchs (er sitzt ja schließlich schon fast auf der Chef-Position).

Das große Mittelfeld: Sehen und gesehen werden

An langen Tischen hat man hier einen guten Überblick über viele Gesprächsteilnehmer. Hier sitzen in der Regel kommunikative und aufgeschlossene Personen. Die Extrovertierten unter ihnen halten das Gespräch in Gang, die Mediatoren unter ihnen vermitteln zwischen den beiden Tischseiten. Alle haben das Geschehen genau wie der Chef gut im Blick.

Die Eckplätze: Hier versteckt es sich gut

Man wird nicht gut gesehen, man sieht aber auch nicht besonders gut. Hier fühlen sich diejenigen wohl, die nicht gerne im Rampenlicht stehen: Fachexperten, Datenjongleure und Know-how Freaks. Sie verfolgen das Geschehen, indem sie zuhören und beobachten, ohne sich selbst einzubringen. Wenn Sie aber einmal aufgefordert werden sich zu äußern, dann glänzen Sie mit Zahlen, Daten und Fakten. Ihnen geht es weniger um Profilierung, mehr um die Sache an sich. Auch Zuspätkommer müssen meist auf die Eckpositionen ausweichen, die anderen Plätze werden meist zuerst vergeben.

Schon gewusst? Die typischen Eckplatz-Repräsentanten sind schwer zu ersetzen und werden deshalb weniger oft befördert. Dafür schaffen sie sich durch ihre Spezialkenntnisse einen sicheren „Nischen-Arbeitsplatz".

Der Platz des Kritikers: Profilierung durch Konfrontation

Der Kritiker sitzt dem Chef gegenüber. Hier hat er neben großem Abstand gleichzeitig direkten Blickkontakt. Das bringt eine gewisse Unabhängigkeit und durch das Einbringen unkonventioneller Ideen und Kritik Platz für die eigene Profilierung. Er scheut sich nicht, seine Meinung offen zu vertreten und erhebt einen gewissen Führungsanspruch. Eventuell gelingt ihm dies sogar an einem Platz, der dem des Chefs sehr ähnlich ist. Jeder Tisch hat bekanntlich zwei Kopfenden …

Im Falle aber, dass der Chef mit Blickrichtung zur Tür sitzt, sitzt der Kritiker auf dem undankbarsten Platz, nämlich mit dem Rücken zur Tür. Für Außenstehende scheint dies der Platz des „Rangniedrigsten" zu sein, da diese Position aufgrund der Nähe zur Tür oft als Laufburschen-Position ausgenutzt wird.

Die Außenseiter

In fast jedem Konferenzraum gibt es Sitzplätze, die sich nicht direkt am Tisch befinden. Diese sind in der Regel nicht dafür gedacht, dass Konferenzteilnehmer in der zweiten Reihe das Geschehen beobachten, sondern stehen entweder aus optischen oder rein praktischen Gründen daneben oder dahinter. Wenn der Tisch jedoch so klein ist, dass nicht alle Teilnehmer an den Tisch passen, dann müssen Teilnehmer wohl oder übel auch außerhalb des Tisches Platz nehmen. Der Außenseiter liebt diesen Platz außerhalb des Tisches. Hier hat er die Übersicht über das Geschehen, ohne sich in das Gespräch einbringen zu müssen. Der Außenseiter steht nicht gerne im Mittelpunkt und lässt lieber andere für sich sprechen.

> „Ich finde, es macht hier einen riesigen Unterschied, ob schüchterne Personen begrüßt werden, idealerweise von einem Ranghohen am Tisch. Dann setzen diese sich nämlich etwas näher ans Geschehen heran. Sind die Platzhirsche in Einzelgespräche vertieft, so kommt es viel öfter vor, dass die Schüchternen sich in ihr sicheres Revier zurückziehen."

Egal aber ob Sie als schüchtern gelten oder nicht: Schießen Sie sich niemals freiwillig ins Abseits. Auch als „Neue" haben Sie ein Recht auf einen Platz am Tisch. Zeigen Sie Interesse und Motivation, indem Sie sich an den Gesprächsthemen aktiv beteiligen und das vom ersten Tag an.

Eine Wissenschaftlerin berichtete uns hierzu von einer interessanten Erfahrung:

> „Es ist schon einige Jahre her, als ich bei einem bekannten Astronomen zum Abendessen eingeladen wurde, um Themen rund um die Wissenschaft zu diskutieren. An der Tafel saßen fast ausschließlich Männer. Neben mir war nur eine einzige weitere Frau anwesend, und das war die Gattin des Gastgebers, die ihre Rolle als Dame des Hauses vorbildlich ausführte. Sie servierte Getränke und Essen und überließ es den Männern, sich in Fachgespräche über die Wissenschaft zu vertiefen. Während der gesamten Veranstaltung saß die Frau des Astronomen am Rande der Tafel, hielt sich dezent zurück und beteiligte sich nicht an der Konversation. Ich dachte wirklich, sie sei das Hausmütterchen, welches von ihrem Mann heute einmal erlaubt bekam am gleichen Tisch wie die Gäste zu essen, sich aber ja nicht einmischen sollte. Als das Essen beendet, die Platten abgeräumt und statt der Schüsseln einige Gläser Wein auf dem Tisch standen, taute die Ehefrau etwas auf und beteiligte sich an den Gesprächen. Sie setzte sich näher an die Gruppe und leistete zu allen besprochenen Themen einen Beitrag zur Diskussion. Sie entpuppte sich als eine sehr gebildete und intelligente Person,

die wahrscheinlich mehr über Wissenschaft wusste als alle am Tisch zusammen. Traurig aber wahr: Obwohl Sie am Ende durch ihren wissenschaftlichen Sachverstand punktete, werde ich sie wahrscheinlich immer nur als „die Frau des großen Astronomen" im Gedächtnis behalten."

Fragen Sie sich einmal selbst: Wo nahmen Sie selbst bisher am liebsten Platz? Saßen Sie bisher vielleicht liebend gerne am Rand, weil Sie es bequemer fanden, nicht im „Rampenlicht" zu stehen? Gehen Sie einmal in sich und überlegen Sie, welchen Typ Sie in Ihrer neuen Position verkörpern möchten. Da Sie jetzt wissen, welcher Typ Mensch gewöhnlich wo anzufinden ist, können Sie dieses Wissen auch als klaren Vorteil für sich selbst, zu Ihrer eigenen Positionierung im Team und Unternehmen nutzen. Auch wenn Menschen Gewohnheitstiere sind und sich meist auf den gleichen Platz setzen: Variieren Sie Ihre Sicht auf das Geschehen ruhig einmal. Sie werden sehen, in der Mittelposition fällt es Ihnen leichter die Gruppe zu erreichen, es kritisiert sich einfacher in einer gegenüberliegenden Position und man kann sich in einer Eckposition ziemlich leicht unsichtbar machen.

„In einer früheren Position mit Führungsverantwortung machte ich es mir eine Zeit lang zur Gewohnheit, meine Sitzposition von Meeting zu Meeting zu variieren. Mit Absicht setzte ich mich direkt neben einen „Nörgler", oder gegenüber des „Jasagers". Es war unglaublich, wie ich so auch aus der „angepasstesten" Person kritische Argumente herauskitzeln konnte und vom „Kritiker" Zustimmung erfuhr. Ich empfehle jedem Führungsverantwortlichen, sich auf dieses Experiment einmal einzulassen. Es war eine phantastische Erfahrung für mich!"

Praxistipp: Bei der Platzwahl Ihres allerersten Meetings warten Sie am besten erst einmal kurz ab, welche Plätze von den anderen eingenommen werden. Sie wollen ja nicht gleich am ersten Tag ungeschriebene Sitzregeln brechen und mögliche Stammplätze streitig machen. Setzen Sie sich am besten „mitten ins Gewühl" wenn möglich mit Rücken zum Fenster, damit Sie kein einfallendes Sonnenlicht blendet und weg von der Tür, um nicht als Dienstmädchen für fehlende Kopien oder zum Kaffee holen missbraucht zu werden. So können Sie sich leicht an der Unterhaltung beteiligen.

10.2
Ihr erstes Mal am Tisch

Für Neulinge im Team ist es ganz normal, dass diese zu Beginn der Zusammenarbeit den fachlichen Inhalten und Diskussionen nicht ganz folgen können. „Was soll ich schon beitragen können? Ich habe ja keine Ahnung, was bereits in früheren Meetings besprochen wurde, ganz zu schweigen davon, dass ich in der Tiefe über die Gesprächsthemen und Projekte Bescheid wüsste" fragen sich viele. Ignorieren Sie Ihre innere Stimme in dieser Hinsicht. Jeder hat zu jedem Thema eine Meinung. Und vielleicht bringt ja gerade Ihre eigene Meinung als Neuling eine völlig neue Sicht auf die Sache, die die anderen bis dahin überhaupt noch nicht bedacht hatten! Sehen Sie es einmal so: Sie sind nicht zu dem Meeting als Zuschauer eingeladen worden, sondern als kompetentes, gleichwertiges Teammitglied. Wenn Ihnen etwas einfällt, dann sagen Sie es auch, wenn auch nur, um die Reaktionen zu sehen. Keiner wird Sie fressen; auch wenn sich manche Teilnehmer wie Löwen benehmen mögen.

Falls Sie absolut nicht das Gefühl haben direkt etwas beisteuern zu können, können Sie sich in der Einarbeitungszeit mit einem Trick behelfen. In vielen Fällen gibt es nämlich die Möglichkeit, sich über offene oder unklare Fragen, die während einer Diskussion in der Luft hängen, zu beteiligen. Manchmal gibt es Themen, bei denen sich die Teammitglieder unsicher sind, eine Information fehlt oder etwas nachgeschaut werden muss. Wie wäre es, die Möglichkeit beim Schopfe zu packen? Bieten Sie an, Literaturrecherche zu einem speziellen Thema zu betreiben und das Ergebnis nach dem Meeting an alle herumzuschicken. So demonstrieren Sie, dass Sie „mit im Boot" sitzen, gewillt sind, sich zu engagieren und wenn das Ergebnis gut ist, haben Sie auch gleich eine erste vorzeigbare Arbeitsprobe abgeliefert.

Übrigens: Sollten Sie die Chef-Position innehaben, dann scheuen Sie nicht sich in den gepolsterten Sessel am Kopfende des Tisches zu setzen, sollte es solch einen geben. Mit der Wahl eines Sitzplatzes in der „Mitte" signalisieren Sie zwar Nähe zu Ihrem Team, gerade als Frau haben Sie es dort aber mitunter schwerer als Männer, von Anfang an auch als Führungspersönlichkeit wahrgenommen zu werden. Nach einer gewissen Zeit können Sie Ihren Platz ab und zu gerne ändern und die eigene Perspektive variieren.

Ins kalte Wasser geworfen: Sie müssen zu einem Meeting eines bestehenden Teams und kennen dort niemanden? Ein bewährter Rat ist hier, die Namensliste der Teilnehmer im Vorfeld mit Informationen bezüglich Abteilung/Position/Funktion im Unternehmen zu bestücken. Diese Vorbereitung hilft Ihnen, sich die Gesichter zu den Namen zu merken, den Personen spezifische Fragen zu ihrem Fachgebiet zu stellen und nicht zuletzt auch dem Gesprächsverlauf des Meetings gut folgen zu können. Wenn Sie wissen, wer der Produktionsleiter ist, dann hat seine Aussage bzgl. produzierter Produkte beispielsweise ein anderes Gewicht, als wenn die Aussage von dem Techniker der Entwicklungsabteilung kommt. Außerdem können Sie besser einschätzen, ob das „kratzige" in der Frage eher Unsicherheit eines Unwissenden oder doch das kritische Drängen eines vermeintlichen Konkurrenten ist.

Mein Meeting neigt sich dem Ende zu. Heute habe ich viel gelernt, kurioserweise nichts Fachliches. Vielmehr wurde mir bewusst, wie viel doch über zwischenmenschliche Beziehung, non-verbale Kommunikation und Gestik läuft und wie wichtig es ist, Personen richtig einzuschätzen, um eigene Argumente durchsetzen zu können. Wenn man weiß, wer der „Löwe" ist, kann man diesen mit einem fetten Brocken Fleisch ködern. Man wirft ihm ein paar Argumente hin, die er verwenden kann, und schon frisst er aus der Hand. Dem Projektleiter hingegen darf man keine Eier stehlen. Er muss stolz auf seine Ergebnisse sein dürfen, das darf man ihm nicht vermasseln. Unter uns gesagt: Man braucht ja nicht alle Ergebnisse zu ver-

wenden … Hat man erst einmal denjenigen entlarvt, der sich mit den Federn des Pfaus schmückt, lohnt es sich ihm gegenüber kritisch zu sein und die Aussagen zu hinterfragen. Es zaubert mir jetzt noch ein Lächeln aufs Gesicht, wenn ich mir ins Gedächtnis rufe, wie die ganze Mannschaft mit im Nacken verschränkten Armen auf den Stühlen kippelte, um gebannt dem Geschäftsführer-Löwenmännchen zu lauschen. Eines weiß ich nun gewiss: Sollten einmal diese Kollegen in der Diskussion mit mir anfangen auf den Stühlen zu kippeln, weiß ich, dass ich auf dem absolut richtigen Weg bin und kann still in mich hineinlachen: „Bravo, die Tiere bäumen sich auf. Wenn Ihr wüsstet, wie Ihr Euch gerade benehmt, wäre es Euch ziemlich peinlich."

11
Die Spiele sind eröffnet! Herausforderungen im Job

Schwungvoll ziehe ich den Bogen der Acht auf der rechten unteren Seite meines Laborbuches. Eine Menge an guten Experimenten habe ich geschafft, denke ich mir. Trotz, dass ich mein neues Laborbuch erst letzte Woche begonnen habe, schreibe ich jetzt schon die 84ste Seite voll. Wahnsinn! Gut, dass gerade Schulferien in Hessen und viele meiner Kollegen daheim bei ihren Kindern oder in den Urlaub gefahren sind. So ist das Labor herrlich leer, und ich kann mit Volldampf meine Experimente durchziehen. Keine Wartelisten an Maschinen. Einfach Zack-Zack und fertig.

Gerade als ich meine letzten Experimente niederschreibe und etwas frustriert registriere, dass ich ein paar Sätze vergessen hatte einzufügen, die ich jetzt irgendwo zwischen die Zeilen quetschen muss, klopft es an die Glasscheibe meines Büros. Es ist Tobias, mein erster PhD Student, den ich betreue. Natürlich ist offiziell mein Boss sein Doktorvater. Aber er arbeitet an meinem Projekt und ich leite ihn an und unterstütze ihn im Laboralltag. Ich lächle kurz und ermuntere ihn durch ein kurzes Nicken einzutreten. Er ist ein netter Typ, immer gut gelaunt, charmant flirtend mit immer einem witzigen Spruch auf den Lippen. Mit ihm zu arbeiten macht Spaß, auch wenn ich oft kurz vor einem Herzinfarkt stehe, wenn ich ihn lässig mit meinen „heiligen Proben" auf seiner chaotischen Arbeitsfläche herumhantieren sehe. Ich will gar nicht erst wissen, wie sein Laborbuch aussieht ... Hoffe, dass er überhaupt eines führt. Er steckt seinen Kopf durch den geöffneten Türspalt, schaut mich erwartungsvoll an und fragt: „Und, wie fandest Du meine Präsentation heute Morgen?"

Tobias hatte heute seine erste Präsentation im Rahmen des wöchentlich stattfindenden Kolloquiums des Forschungsschwerpunktes Vaskuläre Biologie und Medizin, während ich diejenige war, die vorher kurz vor einem Nervenzusammenbruch stand. Gestern Abend, am späten Nachmittag kam er zu mir und fragte mich, ob er meine neueste Präsentation borgen könne. Schulterzuckend stand er vor mir und erklärte, dass er bisher leider keine Zeit zur Erstellung einer eigenen Präsentation hatte. Ich gab ihm meine, und übergab ihm den Stick mit den Worten, dass er sie entsprechend abändern und die Daten anpassen könne. Er fügte drei Folien zur bestehenden Vorlage hinzu. Eine Folie enthielt eine Tabelle mit Ergebnissen eines Protein-Inhibitions-Assays. Wert auf Formatierung hatte er anscheinend nicht gelegt, denn die Zahlen waren teilweise rechts- und teilweise linksbündig, manche auch zentriert angeordnet. Die nächste Folie zeigte den Screenshot eines Peaks ei-

Karriereführer für Naturwissenschaftlerinnen, 1. Aufl. Karin Bodewits, Andrea Hauk und Philipp Gramlich.
©2016 WILEY-VCH Verlag GmbH & Co. KGaA. Published 2016 by WILEY-VCH Verlag GmbH & Co. KGaA.

ner Proteinaufreinigung mitsamt dem Foto eines überbelichteten und viel zu kurz gelaufenen Proteingels. Unten konnte man noch die Zeile „print screen" sehen. Er hatte sich also nicht einmal die Mühe gemacht, die Datei zu exportieren. Auf der dritten Folie hatte er eine Art „to-do" Liste geschrieben. Alle drei Folien hatten unterschiedliche Farben. Zwar waren alle grün, aber man erkannte die verschiedenen Farbabstufungen. Ich war schon geschockt, meine Präsentation so vergewaltigt zu sehen. Niemand der anderen Leute schien das aber aufzufallen. Und obwohl ich ganz genau wusste, dass er sich null vorbereitet hatte, war er während der gesamten Präsentation die Ruhe selbst. Selbstbewusst und überzeugend ging er auf Fragen des Publikums ein. Meines Erachtens nach beantwortete er die Fragen überhaupt nicht, sondern redete vielmehr gekonnt um „den heißen Brei" herum. Keinen störte das aber! Und nicht nur das. Er bekam großen Applaus von seiten des Publikums und noch dazu zwei wohlwollend gemeinte Schulterschläge von meinem Chef. Anschließend schloss er sich meinem Chef und ein paar Kooperationspartnern zum Essen an.

„Naja", erwidere ich seine Frage, während er einen Fuß in mein Büro setzt und eintritt. „Es war ziemlich gut. Ich meine, Du hast den Großteil meiner Präsentation unverändert gelassen, was wir ja nicht wirklich vereinbart hatten (ich verzog den Mund zu einem Lächeln) und anscheinend war bei der Formatierung der Schriftarten und Farben etwas schief gelaufen. Sonst aber hast Du es ganz gut hingekriegt."

„Ich bin froh, dass es Dir gefallen hat." Er grinst über das ganze Gesicht, und man sieht förmlich seine freudige Aufregung. „Der Chef fand es auch gut. Und er hat mich beim Essen gefragt, ob ich nicht eine mündliche Präsentation beim International Meeting of Vascular Biology in San Francisco im Herbst halten will. Er hat mir gesagt, Du wolltest eh lieber ein Poster machen, daher sei sicher noch ein Slot frei für meine Präsentation."

Der Weg nach oben ist nicht asphaltiert und auch nicht mit Hinweisschildern versehen. Auch gibt es niemanden, der einen in den Fahrstuhl bittet und den Knopf nach oben drückt. Um trotzdem einmal oben anzukommen, haben unsere Expertinnen 9 Herausforderungen auf dem Karriereweg zusammengetragen, an denen wir Sie teilhaben lassen möchten. Lernen Sie aus den Fehlern unserer Expertinnen; Sie müssen nicht alle in die gleichen Fallen tappen. Nebenbei gesagt: Stürzen ist keine Schande, weder im Sport noch im Beruf. Das Wichtige ist aber zu lernen, wieder aufzustehen und es noch einmal, vielleicht auf einem anderen Weg, zu versuchen.

> „Mein Einstieg ins Berufsleben war etwas hart. Ich war die einzige Frau in meinem Team, einer Produktionsstätte für rekombinante Antikörper. Eine Teamleiterin, die jung und unerfahren war, hatten die Mitarbeiter nicht erwartet. Und die Tatsache, dass ich eine Frau bin, schien ihnen unangenehm zu sein, die Produktion war immer ein „Ort für Männer, nicht für Frauen."
> Sie waren anfangs recht hart zu mir und es lief sogar eine Wette, wie lange ich die Arbeit machen würde, bevor ich kündige. Zum Glück kam es ganz anders.

Ich habe neun Jahre dort gearbeitet. Und besonders die Kollegen, die am Anfang Probleme mit mir hatten, schlossen mich in ihre Danksagungen mit ein, wenn sie in Rente gingen. Als ich die Firma verließ, bekam ich ein großes Geschenk und viele Umarmungen. Der Start war nicht einfach, doch war es wichtig dranzubleiben und sein Glück zu versuchen. Haben Sie keine Angst, seien Sie Sie selbst und verbiegen Sie sich nicht für Andere. Am Ende wird sich alles von alleine ergeben."

11.1
Die Bescheidenheitsfalle

Haben Sie schon einmal beobachtet, wie Frauen sich vor Gruppen präsentieren und wie Männer das tun? Ob auf einer wissenschaftlichen Konferenz oder bei der abendlichen WG-Party: Bei Selbstpräsentationen vor einer Gruppe reden Frauen in der Regel kürzer als Männer über sich. Fragt man Frauen was sie beruflich machen, kommt eine Antwort wie „ich arbeite in einem Labor". Männer hingegen haben überhaupt kein Problem damit, sich ins rechte Licht zu rücken und ausführlichst über ihr derzeitiges Forschungsgebiet, den ausstehenden Karrieresprung und die Anzahl ihrer Mitarbeiter Auskunft zu geben. Die Bescheidenheitsfanatik der Frauen reicht sogar so weit, dass sie selbst bei einer Beförderung auf neue Visitenkarten mit dem aktuellen Titel verzichten.

> „Meine Erfahrung zeigt, dass Bescheidenheit von Frauen anscheinend verlangt wird. Mein Mann und ich sind beide Gründer eines Start-up-Unternehmens. Während mein Mann sehr oft nach dem Erfolg des Unternehmens gefragt wird, spricht mich so gut wie niemand darauf an. Sobald ich stolz beginne von einem neuen Auftrag oder Projekt zu erzählen, fragen mich die Leute, was mein Mann dafür alles gemacht hätte. Berichtet umgekehrt jedoch mein Mann von unseren Projekten, erfährt er Bewunderung und Zuspruch. Das finde ich ziemlich unfair!"

Liebe Leserinnen, keine falsche Bescheidenheit, was Ihre eigenen Leistungen im Job angeht, auch wenn unsere Gesellschaft es nicht gewohnt ist, dass Frauen stolz von ihren Leistungen berichten! Stolz auf die eigene Leistung zu sein, ist das natürlichste der Welt. Ein Kind, das das erste Mal ein Puzzle zusammengesetzt oder alleine auf die Rutschbahn geklettert ist, protzt vor Stolz und zeigt das auch. Natürlich ist übertriebenes Protzen lächerlich, seit der Rutschbahn hat sich Ihr Verhalten ja auch in anderer Weise verändert, doch scheint es oft so, dass jeglicher Stolz auf eigene Leistungen ein verstecktes Schamthema ist.

> „Um ehrlich zu sein, stelle ich mein Licht meistens erst einmal unter den Scheffel und warte ab, mit wem ich es zu tun habe. Ich freue mich innerlich, wenn ich von den anderen Leuten unterschätzt werde und spiele dieses Spiel so lange mit, bis ich mich sicher genug fühle, also die Leute näher kenne oder die Projekte besser einschätzen kann. Dann zeige ich, was in mir steckt. Der Vorteil ist, dass man durch die „ich bin ja so klein und un-

schuldig"-Haltung oft sehr viele Informationen und Hilfestellungen bekommt, die man mit einer „ich weiß alles"-Strategie nie bekommen würde. Ich habe jetzt schon 25 Jahre Berufserfahrung und wende diese Strategie heute noch an."

Leistungsbezogene Bescheidenheit ist nur dann karrierefördernd, solange man dies als Strategie anwendet, um absichtlich unterschätzt zu werden. Gerade Berufsanfänger tun zum Beispiel gut daran, zunächst durch gut inszeniertes Understatement Unterstützer zu gewinnen. Ab einem gewissen Zeitpunkt sollten Sie allerdings die Katze aus dem Sack lassen, und Ihre Stärken zum Glänzen bringen. Damit ist nicht gemeint, dass Sie prahlend durch die Gegend laufen sollen, vielmehr geht es darum, natürlich mit seinen eigenen Stärken umzugehen und diese nicht kleinzureden. Wer soll denn wissen, wie gut Sie sind, wenn Sie Ihre Meinungen und Stärken konsequent zurückhalten?

11.2
Die Dornröschenfalle oder wie vermarkte ich mich selbst?

Während Männer im Allgemeinen gerne zur Selbstüberschätzung tendieren, doktern Frauen lieber an Ihren Schwächen herum und vergessen dabei gerne, andere Menschen vom Erfolg der eigenen Projekte zu informieren. „Ist doch klar, dass das mein Verdienst war, das brauche ich doch nicht nochmal jedem auf die Nase zu binden." – So oder so ähnlich hören wir es von vielen Frauen, mit denen wir uns unterhalten. Üblicherweise wird unterschätzt, wie wichtig Selbstmarketing im wissenschaftlichen Umfeld ist. Sie können noch so brillante Projektergebnisse erarbeiten: Wenn Sie Ihre gute Leistung in aller Stille bringen, riskieren Sie, dass dies keiner mitbekommt. Oder glauben Sie etwa, dass irgendein Kollege zum Chef läuft und ihm erzählt, was Sie Tolles vollbracht haben? Wenn Sie darauf spekulieren, dass schon einer kommen wird, der Sie wachküsst, können sie unter Umständen lange warten, bei Dornröschen hat es immerhin 100 Jahre gedauert.

> „Ich erinnere mich an eine wissenschaftliche Konferenz für Studenten aus dem Bereich Life-Science, die ich mit fünf weiteren Frauen zusammen organisiert habe. Unser Einsatz zeigte großen Erfolg. Im Vergleich zum Vorjahr konnten wir die Zahl an Teilnehmern vervierfachen und wir warben mehr Mittel dafür ein, als in allen Jahren zuvor zur Verfügung stand. Wir planten, die Konferenz mit einer kleinen Rede zu eröffnen. Ein männlicher Kollege stellte sich hier zur Verfügung und wir waren ihm für seine Unterstützung dankbar. Ich verstand allerdings die Welt nicht mehr, als am Ende er, der ja außer eine Minute zu sprechen eigentlich gar nichts für die Konferenz beigetragen hatte, den größten Zuspruch und die meisten Hände geschüttelt bekam. Wir als Hauptorganisatoren durften uns in der Zwischenzeit den Fragen widmen, wo die Parkplätze, die Toiletten oder die Kugelschreiber waren."

„Tue Gutes und rede darüber" geben erfolgreiche Manager und Managerinnen als Antwort auf die Frage, was das Geheimnis ihres Erfolges sei. Wie aber gelingt Selbstmarketing, ohne den schmalen Grat zwischen gesunder Selbstdarstellung und Prahlerei zu übertreten?

Im Prinzip funktioniert Selbstvermarktung nicht anders als die Vermarktung eines x-beliebigen Produktes: Als Grundlage benötigt man ein gutes, funktionierendes Produkt, analysiert dessen Stärken, lotet den Markt und den Wettbewerb aus und rührt anschließend die Werbetrommel.

Wenn Sie Selbstmarketing betreiben, sind Sie selbst, also Ihre Arbeit, die Sie leisten, Ihre Fähigkeiten und Ihr Erfolg Ihr Produkt! Wie bei der Vermarktung eines herkömmlichen Produktes müssen Sie zunächst einmal von sich selbst, im übertragenen Sinne also von dem Wert des Produktes überzeugt sein. Das klingt einfach, ist es aber nicht unbedingt. Können Sie spontan drei Erfolge aufzählen, die Sie in den letzten Wochen hatten und auf die Sie stolz sind? – Die meisten Menschen geraten bei dieser Frage ins Stocken. Falls dies bei Ihnen auch der Fall ist, dann beantworten Sie für sich selbst zunächst einmal folgende Fragen: „Was genau habe ich denn gut gemacht und warum? Warum gerade ich und niemand anders? Was kann ich sogar besser als andere?" Wenn Sie sich Ihre Stärken bewusst gemacht und sich Ihre Erfolge ins Gedächtnis zurückgerufen haben, so beginnen Sie mit Ihrer ganz eigenen „Werbekampagne" mit Ihrem Chef als wichtigstem Kunden. Die Art, Erfolge zu kommunizieren, verlangt allerdings Fingerspitzengefühl. Hier hat sich bewährt, wenn Sie sich einfach offen und herzlich über Erfolge freuen und Ihre Kollegen samt Chef daran teilhaben lassen, ohne sich ins stille Kämmerlein zurückzuziehen.

> „Wenn ich ein vorzeigbares Versuchsergebnis habe und es in gewisser Weise publik machen möchte, so fällt mir dies leichter, wenn ich in der Öffentlichkeit zunächst meinen Vorgesetzten lobe, wie toll er mich bei dieser Sache unterstützt hätte oder wie dankbar ich bin, dass er mir dieses Projekt gegeben hat oder so. Im Nebensatz erzähle ich dann von meinem eigenen Erfolg. So schlage ich zwei Fliegen mit einer Klappe: mein Vorgesetzter fühlt sich geehrt und promotet mich weiter, und ich habe meinen Anteil am Erfolg „vermarktet". Dann wirkt es auch nicht so angeberisch."

11.3
Die Beliebtheitsfalle

Beliebt zu sein ist etwas Tolles, oder? Jeder ist nett zu einem, man wird geliebt, man kommt gut bei allen an, man ist Teil der Gemeinschaft. Dementsprechend empfinden Frauen es auch schon fast als „Höchststrafe", nicht geliebt und nicht beliebt zu sein und tun dementsprechend viel, um diese „Höchststrafe" zu umgehen. Nach dem Motto „Hab mich lieb, sieh, ich kümmere mich um Dich", übernehmen Sie bei Besprechungen gerne die Funktion des Laufmädchens, kümmern sich um eventuell fehlende Kopien oder um Kaffeenachschub, und wundern sich nach Jahren, dass Sie auch im Projekt selbst immer noch Mädchen für alles sind, während alle anderen Kollegen sich bereits in höheren Positionen befinden.

Nett zu sein ist zwar eine durchaus lobenswerte Grundeinstellung. Übertreibt man es aber mit der Nettigkeit, so driftet man unbemerkt in eine Position ab, die nur so nach „nutze mich aus" schreit. Dies kann Ihnen auch dann passieren, wenn Sie bereits Führungskraft sind. Versuchen Sie mit allen Mitarbeitern „Freunde" zu sein, so könnte durch Ihren „alle haben sich lieb"-Führungsstil mitunter Mitarbeiter verleitet werden, Ihnen auf der Nase herumzutanzen. Sie würden sich ja wahrscheinlich eh nicht wehren. Ganz abgesehen davon ist es als Führungskraft Ihre Aufgabe und Funktion, Kontrolle und Struktur zu schaffen und gehört zu Ihrer Arbeitsleistung dazu, die sie Ihren Mitarbeitern nicht vorenthalten dürfen.

Auch auf Kommunikationsebene kann übertriebene Nettigkeit schaden. Nehmen wir an, Sie halten einem Kollegen einen Report vor die Nase mit den Worten „Der Report ist sehr gut, ich habe ihn gerne gelesen. Diese vier Punkte könnten noch verbessert werden, aber wie bereits gesagt, ich finde ihn echt gut und die Richtung kommt schon ganz gut hin." Ein männlicher Mitarbeiter wird bei dieser Aussage garantiert keinen Grund sehen, das Dokument weiter zu bearbeiten, Frauen schon.

Der Arbeitsplatz ist kein Kindergeburtstag, wo sich alle mögen, an den Händen halten und Ringelreihe spielen! Es gehört dazu, durch unbequeme Fragen und Argumente auch einmal anzuecken oder Entscheidungen zu fällen, die anderen nicht gefallen. Wollen Sie etwa als „lieb" beschrieben werden, oder als „kompetent"? Männer sind hier ganz pragmatisch. Vielleicht weil Sie schon zu Urzeiten nicht davon abhängig waren, einen Platz am Lagerfeuer zu ergattern, oder sich lieb um die Kleinen kümmern mussten, sondern sich Ihre Anerkennung durch ihre Jagderfolge sichern mussten. Männer tendieren im Berufsalltag dazu, solche Aufgaben zu übernehmen, die Ihnen Achtung verschaffen, denn schließlich ist es im Beruf wichtiger respektiert als geliebt zu werden.

> „Mein Chef schließt glaube ich aus, dass man gleichzeitig beliebt und auch erfolgreich sein kann. Er hat einmal sogar zu mir gesagt, ich solle ein wenig mehr das Arschloch raushängen lassen, [fragender Blick … darf ich so etwas überhaupt sagen?] wenn ich im Auge hätte, einmal die Leitung der Gesamtgruppe übernehmen zu wollen."

„Wer entscheiden muss, der ist nicht immer beliebt" hören wir von Menschen in Führungspositionen. Damit sollten Sie sich möglichst früh anfreunden. Irgendwann werden Sie einmal selbst in die Situation kommen, in der sie zwischen A und B entscheiden müssen oder die Gehaltserhöhung eines Mitarbeiters ablehnen. Spätestens dann sollten Sie gelernt haben, damit umzugehen.

11.4
Die Perfektionsfalle

Sich verdient zu machen und zu zeigen, dass man es Wert war, eingestellt bzw. befördert zu werden, setzt eine gewisse Leistung und gute Arbeitsergebnisse voraus. Frauen tun dies besonders gerne, indem Sie durch Perfektion überzeugen möchten. Dinge weglassen, widerstrebt ihnen. Viele eifern danach, die beste, schnellste und effizienteste Arbeitskraft im ganzen Team zu sein, verzichten auf Weiterbildung zugunsten des Tagesgeschäfts und hoffen, sich durch Ihr „ehrenwertes Engagement" beim Chef zu empfehlen. Sie denken, dass Sie mit Ihrer Überengagiertheit den Aufstieg verdient hätten, denn Sie sind fleißig, wertvoll und unabkömmlich? Betrachten Sie dies einmal aus der anderen Perspektive! Wenn Sie Ihr eigener Chef wären: Würden Sie sich als Ihren schnellsten, besten und effektivsten Mitarbeiter (weg-)befördern? Sie ebnen sich wohl so eher den Weg für den „unentbehrlichsten" Mitarbeiter, der für höhere Aufgaben leider nicht abkömmlich ist, als für den Platz auf dem Karrieresprungbrett.

Es lohnt sich daher ab und zu das Paretoprinzip ins Gedächtnis zu rufen, welches Vilfredo Pareto, ein italienischer Volkswirt im 19. Jahrhundert postulierte. Die These besagt, dass mit 20 % der aufgewendeten Energie und Zeit bereits 80 % des Ergebnisses hervorgebracht werden können. Um schlussendlich ein 100 %iges Ergebnis zu erreichen, werden die restlichen 80 % der Zeit und Energie benötigt. Was viele nicht glauben wollen: Oft ist ein 80 %iges Ergebnis absolut ausreichend! Wenn Sie bedenken, dass Sie dieses Ergebnis in nur 20 % der Zeit erreicht haben, können Sie sich vielleicht jetzt auch vorstellen, warum andere Kollegen so viel (übrige) Zeit haben, um Selbstmarketing zu betreiben oder um die Projekte in Ruhe anzugehen, die nicht nur dringend sondern auch wichtig sind.

> „Ich bemühe mich immer, meine Dinge absolut korrekt und sehr gut ausgearbeitet abzugeben, schließlich will ich mich nicht blamieren, und außerdem möchte ich einen guten Eindruck hinterlassen. Letzte Woche hatte ich aber so viel zu tun, dass ich einfach nicht mehr dazu gekommen bin, den Statusreport meines Projektes perfekt abzuliefern. Wenn Sie so wollen, habe ich ihn nicht zu 100 % ausgearbeitet, sondern meiner Meinung nach nur zu 80 % perfekt abgeliefert. Wissen Sie was? Es ist niemandem aufgefallen. Es hat sich weder jemand beschwert, noch hat mich jemand darauf angesprochen. Keine einzige Rückmeldung habe ich bekommen, dass es schlechter war als bisher. Anscheinend hat es keiner außer mir gemerkt, dass ich das Ding nur zu 80 % fertig bearbeitet hatte."

> „Bei uns wurden gerade Wochenberichte eingeführt, bei denen jeder 5–10 Punkte notieren sollte, was die Woche über so angefallen ist, wo es Schwierigkeiten gab oder wie schlicht und einfach der Stand der Dinge ist. Ein Angestellter gab da tatsächlich einen Wochenbericht mit nicht weniger als 40 Punkten ab. Damit hat er jedem sichtbar gezeigt, wie unfähig er ist, Arbeit zu delegieren und zu priorisieren, obwohl er ja jedem zeigen wollte, wie toll er ist. Als Sachbearbeiter vielleicht, nicht aber als Führungskraft."

Praxistipp: Die Anwendung des Paretoprinzips ist nicht in allen Situationen zu empfehlen. Für interne Aufgaben, zum Beispiel zur Gestaltung von Präsentationen oder zur Vorbereitung von Meetings oder bestimmten Analysen ist das vollkommen okay. Keinesfalls sollten Sie dieses Prinzip aber auf Ihre Experimente anwenden nach dem Motto „Ich habe die Positivkontrolle weggelassen, da hätte ich eine zweite 96er-Platte nehmen müssen" oder „Bei der Negativkontrolle gebe ich keine Taq-Polymerase zu, die soll ja eh negativ bleiben; das spart mir Zeit und Geld". Das ist dann schlicht schlechte Arbeit und kann mit dem 0 %-Prinzip beschrieben werden.

11.5
Die Konkurrenzfalle: Stutenbissigkeit gibt es nicht nur unter Pferden

Frauen mögen im Allgemeinen Konkurrenzsituationen im Beruf eher nicht. Im Gegenteil, die meisten umgehen lieber Konfrontationen, als dass sie sich direkt darauf einlassen. Wenn man Frauen und Männer im Berufsleben beobachtet oder über das Konkurrenzverhalten befragt, so stellt man Folgendes fest: Männer gehen mit Konkurrenzsituationen recht spielerisch und sportlich um. Sie kämpfen und gewinnen, erleiden Niederlagen und versuchen es danach noch einmal erneut. Ein Rückschlag kommt für einen Mann ungefähr einem Gegentor beim Fußball gleich. Er ärgert sich darüber, hält aber trotzdem die Fahne hoch, denn so ein Gegentor ist nichts, was man in der zweiten Halbzeit nicht nochmal würde ausgleichen können. Eine Niederlage wird daher in der Regel nie als persönliches Versagen gesehen, sondern als Chance, es das nächste Mal besser zu machen. Dies liegt vielleicht daran, dass Männer schon von klein auf gewohnt sind, mit anderen Jungs im Wettbewerb zu stehen. Wer hat die größte Sandburg? Wer die erste Freundin? Wer den größten Wagen. Männer übertrumpfen sich gerne gegenseitig mit Leistungen und zeigen ihre Macht durch ihre Erfolge. Sie messen sich, um

sich gegenseitig wertzuschätzen. Deshalb kennen sie auch ganz offen und ehrlich die Leistung der anderen an.

Frauen ticken hier etwas anders als Männer, da sie es von klein auf meist nicht gelernt haben, mit Konkurrenzsituationen umzugehen. Frauen wird – wahrscheinlich unbewusst – ein Sozialverhalten anerzogen, das großen Wert auf gegenseitige Unterstützung, Harmonie und Solidarität legt. Das offene Austragen von Konflikten wird Frauen meist schon im Mädchenalter abgewöhnt. Sie lernen schon früh, Konflikte im Verborgenen auszutragen, indem der Konfliktpartner geschwächt wird. Dies gelingt über Sticheleien, sich über Misserfolge zu freuen und sich andere Frauen zu suchen, um gemeinsam zu lästern. Besonders beliebt ist, dies so anzustellen, dass man im Zweifelsfall alles als Missverständnis oder Überempfindlichkeit entschuldigen und abtun kann. Im Endeffekt versuchen also Frauen die vermeintlichen Rivalinnen schlecht zu machen, um deren Wert zu mindern und um gleichzeitig den eigenen Wert zu erhöhen. Genau aus diesem Grund stehen sich Frauen auf der Karriereleiter meist gegenseitig im Weg. Anstatt an einem Strang zu ziehen, sich gegenseitig zu helfen und so die Leiter nach oben zu klimmen, zeigen Frauen ein ähnliches Sozialverhalten wie in Herden lebende Pferde: Sie verhalten sich bissig wie Stuten. Sie sind hinterhältig, sticheln, mobben, werfen schiefe Blicke zu und sitzen unangenehme Situationen einfach aus, ohne sie zu klären. Andererseits verhalten Sie sich wie Bienenköniginnen: Einmal auf dem Thron angekommen, sind sie blind für die Probleme Anderer. So gibt es tatsächlich weibliche Vorgesetzte, die „keine Frau neben sich dulden", so verrieten es uns zumindest einige Managerinnen, die sich aus diesem Grund auf dem Weg nach oben extrem schwertaten. Bei Frauen geht das manchmal so weit, dass sie selbst jemanden, der ihnen nicht das Wasser reichen kann, als Konkurrenz sehen und dementsprechend behandeln.

> „Meine Chefin, eine Professorin, setzte mich nicht einmal auf cc in E-Mails, vermutlich aus Angst, ich würde zu viel Informationen mitbekommen. Sie schoss sich dadurch allerdings nur selbst ins Bein, da sie letztendlich wertvolle Arbeitszeit damit verbrachte, meine Aufgaben auch noch mit zu erledigen. Und das nur, weil sie mich nicht teilhaben lassen wollte. Ich glaube, dass Frauen Angst vor Risiken haben, die völlig irrational sind. Ich hätte ja gar nicht gewollt, noch hätte ich eine reelle Chance gehabt, an ihrem Stuhl zu rütteln oder auch nur ihre Autorität infrage zu stellen."

Männer haben schon lange gelernt: Wer zusammenhält, der kann etwas erreichen. Durch die eher sportliche Ansicht, was Konkurrenz bedeutet, vergleichen Männer Ihre Nebenbuhler im Beruf als eine Art Sparringspartner. Man joggt zusammen, mal hat der Eine, mal der Andere mehr Puste. Man sagt sich gegenseitig die Meinung, ohne ein Blatt vor den Mund zu nehmen und klopft sich auf die Schulter, wenn etwas gut gelaufen ist. Kommt der Eine als erster „oben" an, so schickt er den Fahrstuhl zurück, damit der Nächste einsteigen kann. „Eine Hand wäscht die andere" – so denken viele Manager, wenn der Kollege das Projekt zuerst zugesprochen bekommt. Sie wissen: Das nächste Mal sind sie selbst an der Reihe.

> „Ich glaube, dass wir Frauen sehr wohl den Wettbewerbsdruck der Männer aushalten können, und dies auch sportlich nehmen. Nur wenn dieser Druck von anderen Frauen kommt, ist es irgendwie ungewohnt, komisch und nicht akzeptabel."

Ein männlicher Angestellter verriet uns, wie der Zusammenhalt unter Männern funktionieren kann:

> „Ich war im zweiten Jahr meiner Doktorarbeit und in meine Laborzeile zog ein neuer Doktorand. Ein ziemlich smarter Kerl. Ohne böse Absicht ließ er mich manchmal etwas blöd dastehen, weil er in der Situation einfach etwas besser wusste. Ich sah das aber nie als persönlichen Angriff auf mich. Ich hatte dann ein „Invited Paper" und begann erst sechs Wochen vor Termin mit den Experimenten, da wir hier ein kleines Nebenprojekt verwurschteln wollten. Leider waren alle Ausgangsverbindungen im Gefrierschrank kaputt gegangen, keine Chance, das von Grund auf neu zu machen in der kurzen Zeit. Ich setzte mich mit meinem Labornachbarn zusammen, er hatte einen guten Einfall und in zwei Tagen hatte er mir schon Material hergestellt, mit dem ich arbeiten konnte. Da ich zu dem Zeitpunkt an der Hauptpublikation meiner Diss arbeitete, bot ich ihm an, Erstautor auf dem Invited Paper zu werden, ich rückte unter den Umständen gerne an Nummer zwei. Später hatten wir noch eine Kollaboration, diesmal mit umgekehrter Reihenfolge auf dem Paper, ein glücklicher Zufall für mich, da es ein renommierteres Journal war. Als ich dann einen Übersichtsartikel zum Abschluss der Diss schreiben durfte, bot ich ihm gerne an aufs Paper zu kommen und ein paar Absätze zu schreiben. Und schließlich kam drei Jahre später noch ein Paper raus, zu dem wir beide beitrugen, doch nur einer konnte mit drauf. Wir ließen die Profs entscheiden, nachdem wir beide unseren Beitrag beschrieben, er war zufälligerweise eine Woche später in meiner Stadt und wir hockten uns in den Biergarten zusammen. Ist doch alles kein Grund, sich in die Haare zu kriegen, wir haben beide grandios voneinander profitiert."

Frauen bezeichnen Ihre Konkurrenten nicht als sportliche Herausforderung, sondern als „Rivalen". Ganz nach dem Motto „Wie Du mir, so ich Dir", reagieren Frauen eher nachtragend auf Niederlagen nach Auseinandersetzungen. Anstatt die Stärken der vermeintlichen Konkurrenten für sich zu nutzen, booten Frauen die vermeintlich „leichteren" Gegner lieber erst einmal aus.

> „Eines Tages kam mein Chef ins Labor, im Schlepptau einen Kooperationspartner. Er fragte mich, ob Carla da sei. Ich verneinte und erklärte, dass sie noch Mittagessen wäre, sie aber sicher bald zurück sei. Der Chef murmelte etwas in den Bart und fragte mich dann, ob ich wüsste, wo sie die Membran-Isolate lagern würde, da der Professor gerne welche mitnehmen würde. Ich sagte, dass ich das leider nicht wüsste, falls es so dringend wäre, könne er aber gerne welche von mir mitnehmen. Als ich anschließend Carla berichtete, dass ich dem Professor Proben von mir mitgab, weil sie gerade nicht da war, flippte sie total aus. „Wenn da eine Publikation draus wird, soll da aber dann mein Name draufstehen, und nicht deiner". Um ehrlich

zu sein, hatte ich soweit überhaupt nicht gedacht, schon gar nicht an eine Publikation."

Überwinden Sie Ihre anerzogene Art und Weise, Konkurrenz als etwas „Negatives" zu sehen! Nur zusammen schaffen Sie es als Frauen, sich in die Führungspositionen gegenseitig hinein zu katapultieren! Seien Sie Vorbild und helfen Sie, eine Führungskultur in Ihrem Arbeitsumfeld zu etablieren, die nicht von Stutenbissigkeit geprägt ist!

11.6
Die Schreibtischfalle

Wussten Sie, dass auch Ihr Schreibtisch ein Karrierekiller sein kann? Wenn es nämlich darum geht, ob ein ordentlicher oder ein unordentlicher Mitarbeiter eine höhere Position angeboten bekommt, wird am Ende meist der ordentliche Mitarbeiter gewinnen. Einem unordentlichen Mitarbeiter traut man in der Regel eine Führungsposition weniger zu: „Wenn er nicht einmal seinen Schreibtisch im Griff hat, wie soll er da ein ganzes Team an Leuten effektiv führen können?" Sie denken jetzt sicher: „Dieser Tipp ist ja wirklich überflüssig in einem Buch, das speziell für Frauen geschrieben ist, Frauen sind doch im Allgemeinen ordentlicher als Männer", oder? Nicht ganz. Denn Frauen tendieren vielleicht eher zur Ordentlichkeit, haben aber ein ganz anderes Problem: Sie verfallen oft dem Irrglauben, dass ein voller Schreibtisch zeigen könnte, dass Sie bis zum Hals in Arbeit stecken. Ein stummer Hilferuf sozusagen, als ob sie sagen wollten: „Schaut her, wie viel Arbeit ich leiste". Lassen Sie sich nicht verleiten zu denken, dass Ihnen dadurch irgendwelche Arbeit abgenommen wird! Quillt Ihr Schreibtisch vor Aktenstapeln nur so über, so denkt Ihr Chef sicherlich nicht an „zu viel Arbeit", sondern daran, dass Sie Ihre Arbeit nicht im Griff haben.

Übrigens geht es nicht immer nur um den rein ästhetischen Aspekt eines ordentlichen Arbeitsplatzes: Je mehr Papier herumliegt, umso wahrscheinlicher ist es, dass vertrauliche Daten Dritten offen zugänglich gemacht werden. Ihr Arbeitgeber wird deshalb in der Regel immer daran interessiert sein, dass alle Mitarbeiter nur diejenigen Unterlagen auf dem Schreibtisch haben, an denen sie auch tatsächlich in diesem Moment arbeiten. Halten Sie Ihren Platz also immer so sauber, dass Sie ihn auch jederzeit Ihrer Schwiegermutter präsentieren könnten.

11.7
Die Netzwerkfalle

„Wenn Du schnell gehen willst, geh allein. Aber wenn Du weit gehen willst, geh mit anderen zusammen." (kenianisches Sprichwort)

Nicht jeder Frau ist bewusst, wie stark ein Netzwerk im beruflichen Kontext die Karriereoptionen zu beeinflussen vermag. Wussten Sie, dass ihr beruflicher Erfolg nur 10 % von Können und Wissen abhängt, 30 % aber der erfolgreichen Selbstvermarktung und ganze 60 % persönlichen Kontakten zuzuschreiben ist? Das Interessante daran ist, dass jeder Kontaktpartner für Sie irgendwann einmal von Bedeutung sein kann, sei es der frühere WG-Mitbewohner Ihres Bruders, der nun seit kurzem CEO eines Biotech Start-up-Unternehmens wurde oder der Professor, der aus dem gleichen Dorf stammt wie ihr Großvater. Auch wenn Sie noch so wenig gemeinsam haben: Nutzen Sie den kleinen Funken an Anknüpfungspunkten, um miteinander in Kontakt zu treten.

Auch wenn wir Frauen dies ungern hören möchten: Es geht beim sogenannten „Networking" nicht nur darum, mit allen möglichen Personen zu quatschen, und sich die Zeit zu vertreiben, sondern auch darum, Informationen auszutauschen, die für beide Seiten von Nutzen sind.

> „Bei mir haben sich viele wichtige Dinge aus alltäglichen Gesprächen ergeben, Ideen für Auslandsaufenthalte, Co-Autorenschaften wegen kleinen gegenseitigen Hilfestellungen, entscheidende Labortipps. Das geschah eigentlich immer am Rande und zufällig. Bei meinen weiblichen Kolleginnen kommt mir das oft so vor, dass die einen ganzen Nachmittag mit einer neuen Doktorandin reden können, ohne danach zu wissen, dass die auf demselben Thema arbeitet. Das ist wohl etwas überzeichnet, doch habe ich da schon Fälle erlebt."

Je mehr Kontakte Sie haben, umso interessanter werden Sie für Ihren potenziellen neuen Arbeitgeber und umso eher gelingt es Ihnen, über Ihr Kontaktnetzwerk als erste von einer vakanten Position zu erfahren, auf die Sie sich bewerben können.

Sie fragen sich, woher Sie die Leute für Ihr Kontaktnetzwerk kennenlernen sollen? Kontakte bekommen Sie so gut wie überall: auf Dienstreisen im Flugzeug oder in der Bahn, auf Tagungen und Seminaren, in Projektgruppen der Kollegen, auf Parties, Messen und in Vereinen. Jede Person kann Ihr ganz persönliches Kontaktnetzwerk bereichern: Ihr Schwager, der Frisör, der Kollege, Freunde, Nachbarn, Ihr Arzt … um nur einige zu nennen. Glauben Sie nicht? Dann fragen Sie einmal herum, wie viele Ihrer Bekannten Ihren neuen Job über Kontakte bekommen haben, wie viele Kundenbeziehungen nur über Kontakte zustande kommen und wie viele Lösungen allein durch Gespräche mit anderen Personen gefunden wurden. Die Liste ließe sich unendlich fortsetzen.

Ihr Ziel sollte daher sein, so oft es geht, den folgenden Satz aussprechen zu können: „Ich kenne da wen …". Wenn Sie Unterstützung bei Problemen brauchen, Ideen für Ihr Projekt diskutieren möchten oder Ansprechpartner für Fragen der Kinderbetreuung während der Arbeitszeit suchen: mit einem guten Netzwerk sollte es Ihnen immer gelingen sich selbst zu helfen, indem Sie jemanden kennen, der wiederum jemanden kennt, der Ihnen helfen kann. Die Welt ist endlich – und nach 7 Kontakten hat man sie ganz!

Um andere nicht nur für Ihre Leistung, sondern für Ihre Persönlichkeit zu begeistern, braucht es inoffizielle Gesprächssituationen. Die Bar oder der Sport geben gute Gelegenheiten, um locker in ein Gespräch zu kommen. Nutzen Sie unbedingt das gesellschaftliche Miteinander nach der Arbeit, um solche persönlichen Bindungen aufzubauen. Gehen Sie nach dem Seminar noch mit der Gruppe etwas trinken, auch wenn Sie hundemüde sind. Männer trifft man an der Bar nach dem Event aus rein praktischen Gründen viel häufiger als Frauen. Fragt man nach dem Grund, wird gerne schmunzelnd geantwortet, dass sie nur abwarten würden, bis die Kinder daheim ins Bett gebracht sind, die Frau sich abgeregt hat und der Hund Gassi geführt wurde.

Auch wenn Sie sich hier als Frau mitunter eher in einer Zwickmühle sehen als Männer: Seilen Sie sich trotzdem nicht in Ihr Hotelzimmer ab, weil Sie noch einmal „die Unterlagen durchgehen wollen". Sie können sich zum Beispiel ganz offen kurz entschuldigen, mit der Familie daheim telefonieren, und dann wieder zu den Kollegen dazu stoßen. Leute, die sich regelmäßig auf den sogenannten „Social Events" sehen lassen, kommen viel einfacher durch die lockere Atmosphäre mit Kollegen, Vorgesetzten oder Kunden ins Gespräch, als es im zeitlich eng abgesteckten Rahmen eines Meetings möglich wäre. Abgesehen davon, dass Sie hier durch Gespräche Ihren eigenen Horizont erweitern, haben Sie die Chance schnell Informationen auszutauschen, mit Meinungsträgern in Kontakt zu kommen oder sich einfach nur Ideen zu holen.

Das bloße Knüpfen von Kontakten hilft Ihnen zwar mit Personen in Kontakt zu treten, doch um wirklich Nutzen aus Ihrem Netzwerk ziehen zu können, sollten Sie Ihre Kontakte pflegen. Melden Sie sich ab und zu, vereinbaren Sie einen Termin, wenn Sie wissen, dass Sie beide die gleiche Veranstaltung besuchen, und antworten Sie vor allem auf E-Mails oder Telefonate! Durch Onlineplattformen wie Xing oder Facebook können Sie Ihre Bemühungen ergänzen.

11.8
Die Kommunikationsfalle

◀ „Man kann nicht nicht kommunizieren." (Paul Watzlawick)

Ohne Kommunikation kommen wir weder im Privatleben noch im Berufsleben aus. Es gibt keine Situation, in der wir nicht kommunizieren. Selbst wenn wir nichts sagen, so kommunizieren wir mit unserer Körpersprache. Ein Blick auf die Uhr, wenn der Gegenüber zu lange redet, das zur Seite Legen des Stiftes, wenn wir innerlich das Diskussionsthema abhaken, das Verdrehen der Augen, wenn wir uns innerlich aufregen. Dies sind nur einige Beispiele, die zeigen, dass Sie sehr wohl kommunizieren, auch ohne Worte.

Unsere Herausforderung ist, dass Männer und Frauen unterschiedlich kommunizieren. Im Berufsleben fällt dies besonders stark auf, wenn Sie in einer männlich geprägten Umgebung arbeiten.

„Das ist mir als Frau im Produktionsbereich aufgefallen. Dieser Bereich war sehr Männer-lastig, und ich als weibliche Führungskraft hatte oft Probleme, mich durchzusetzen. Hier fielen sehr harte Worte und ich bin oft mit den Personen zum Mittag gegangen, um herauszufinden, was hinter diesen harten Worten steckt und um mitzuteilen, dass der Umgangston mir nicht gefällt. Ich glaube, der Unterschied zwischen Männern und Frauen im Kommunikationsverhalten ist, dass Männer durch Ihre Kommunikation den Druck von oben häufiger nach unten weitergeben. Frauen behalten den Druck öfters bei sich und lassen die Mitarbeiter dies nicht spüren (zumindest nicht verbal)."

Je länger Sie in einem gemischten Team aus Frauen und Männern arbeiten, umso eher gleichen sich die Kommunikationsverhalten „typisch Mann" und „typisch Frau" gegenseitig an. Sie als Frau übernehmen also auch unbewusst männliche Attribute, während Männer auch ursprünglich weibliche Aspekte in die Kommunikation aufnehmen.

Sprechen Männer eine andere Sprache, oder warum nimmt mich mein Chef nicht ernst?

Die unterschiedlichen Kommunikationsweisen führen oft zu Missverständnissen, auf die ein handfester Streit folgt – obwohl ursprünglich nur ein Kommunikationsproblem zugrunde lag!

Frauen verpacken Ihre Argumente oder Wünsche häufig in nette, höfliche Floskeln oder formulieren den Wunsch als Frage. Wenn Frauen etwas haben möchten, formulieren sie es z. B. so: „Könnte ich das vielleicht haben?" Männer gehen Ihre Wünsche viel offensiver an. Ein Mann würde sagen: „Gib mir das bitte." Hierzu gibt es viele, viele Beispiele. Einige haben wir hier zusammengetragen:

Frauen sagen	und meinen:
„Ich friere ein wenig, Du auch?"	„Mach das Fenster zu."
„Wir brauchen …"	„Ich will!"
„Magst Du das machen?"	„Mach das!"
„Können wir einmal darüber reden?"	„Ich will mich beschweren."
„Kein Problem …"	„Wenn es wieder vorkommt, mach ich Hackfleisch aus Dir."

Ganz ehrlich, wenn wir uns die obengenannten Sätze durchlesen: Glauben wir wirklich, dass Männer wissen können, was Frauen wollen?

Wir brauchen uns also nicht zu wundern, wenn unseren „Aufforderungen" keine Taten folgen. Stellen Sie sich folgende Situation vor: Sie sitzen in einem Meeting und es geht um ein neues Projekt, das Sie sehr interessiert, und das Sie gerne übernehmen würden. Sie melden sich und sagen: „Oh, das ist aber interessant" (und meinen: „Ich will das Projekt"). – Keine Reaktion vom Chef. Sie melden sich erneut zu Wort: „Soll es demnächst begonnen werden?" (und meinen: „Mein Projekt läuft ja jetzt aus, ich hätte also Zeit!"). Da der Chef Sie immer noch nicht fragt, ob Sie denn das Projekt gerne übernehmen wollen, sagen Sie nun: „Es wäre gut, wenn jemand, der sich mit der Sache auskennt, das Projekt leitet, oder?" (und sie meinen: „Ich kenne mich damit aus! Ich will die Leitung!"). Der Chef nickt nur, denn Sie haben aus seiner Sichtweise ja nur Banalitäten gefragt und gesagt. Sie werden unruhig. „Hat der Watte in den Ohren, oder will er mich einfach nicht hören?", fragen Sie sich innerlich. Ihr Kollege meldet sich zu Wort: „Ich möchte die Projektleitung übernehmen." Der Chef lächelt und sagt: „Sehr schön! Ich dachte schon, dass keiner Interesse an dem Projekt hätte." Sie kochen innerlich vor Wut und sind die nächsten Tage sauer auf Ihren Kollegen. Der weiß allerdings bis heute nicht warum.

Lernen Sie also einerseits Ihre Wünsche so zu präzisieren, dass Sie auch als Wünsche erkannt werden. Lassen Sie die indirekten Andeutungen weg und stellen Sie keine Frage, wenn Sie eine Bitte haben. Umgekehrt gewöhnen Sie sich aber auch an, nicht eingeschnappt oder beleidigt zu sein, wenn Ihre männlichen Kollegen harsch oder fordernd auf Sie wirken. Möglicherweise haben Sie ihr Anliegen nur „einfacher" und „unverpackter" ausgedrückt! Passen Sie auf, dass Sie nicht zur „Dünnhäuterin" mutieren. Im Arbeitsleben werden Auseinandersetzungen auch mal mit harten Bandagen ausgefochten. Zeigen Sie sich nicht bei jeder Kleinigkeit persönlich betroffen, ansonsten machen Sie sich sehr unbeliebt.

Weitere Kommunikationsfallen, in die meist nur Frauen tappen

Das Lästermaul: Der Flurfunk ist zwar wichtig, da man hier unter Umständen brisante Neuigkeiten mitbekommt. Beteiligen Sie sich aber nicht an Klatsch und Tratsch. Wenn Sie über Andere lästern, werden die Zuhörer denken, sie werden genauso über diese hetzen, wenn diese nicht dabei sind. Sie kommen dadurch nicht sonderlich vertrauensvoll rüber und stehen sich außerdem auf Ihrer Karriereleiter selbst im Weg.

Die Plaudertasche: Sie können gerne ab und zu etwas über sich, Ihren Urlaub und Ihre Hobbies erzählen. Langweilen Sie Ihren Chef und Ihre Kollegen aber nicht mit ausufernden Details und bieten Sie nicht zu viel Angriffsfläche, falls Ihnen mal jemand schief kommen will.

Exkurs   Arbeiten in virtuellen Teams

In Zeiten von global tätigen Organisationen liegt das Arbeiten in sogenannten virtuellen Teams im Trend. Virtuelle Teams kommen immer dann zustande, wenn Personen zusammenarbeiten, die sich an verschiedenen Standorten befinden. Dies ist bereits der Fall, wenn ein einziges Teammitglied von daheim aus im Nachbardorf arbeitet, während der Rest des Teams sich am gleichen Platz befindet. Im Extremfall könnte es aber auch sein, dass alle Teammitglieder in verschiedenen Ländern oder gar auf verschiedenen Kontinenten verstreut sind. Aus betriebswirtschaftlicher Sicht ist die Zusammenstellung von virtuellen Teams absolut sinnvoll: Spezialisten werden zusammengefügt und Kompetenzen gebündelt. Dadurch soll die Bearbeitung eines Projektes schneller, flexibler, effektiver und unter Umständen auch kostengünstiger durchgeführt werden können. Befragt man Personen, die in virtuellen Teams arbeiten, so bekommt man genau das Gegenteil zu hören, nämlich dass die Zusammenarbeit „recht schwierig", „zäh" oder auch „ineffektiv" und „kompliziert" sei. Doch was genau macht eigentlich die Arbeit in virtuellen Teams so schwierig?

Geographische Distanz führt zur persönlichen Distanz: Nicht nur, dass man unter Umständen rein örtlich gesehen weit voneinander entfernt ist, man ist dies auch auf persönlicher Ebene. Können Sie sich vorstellen Vertrauen zu jemandem aufzubauen, den Sie noch nie gesehen haben? Wären Sie in der Lage Spitzfindigkeiten, unterschwellige Aggression oder auch freudige Erregung alleine an der Stimme herauszuhören, ohne die Gestik, Mimik auf sich wirken lassen zu können? Würden Sie jemandem sensible Informationen anvertrauen, offen von Missgeschicken, Risiken und Problemen berichten, ohne denjenigen gar nicht „wirklich" zu kennen? Wahrscheinlich wäre das für Sie, wie für viele andere auch, eine Herausforderung.

> „Ich arbeitete in Paris an einem Projekt einer schwedischen Firma. Ich war die Einzige im Team, die in Frankreich arbeitete und habe noch nie das restliche Team persönlich kennengelernt. Nach Monaten harter Arbeit (und glauben Sie mir, es war verdammt schwer sich hier selbst zu motivieren), wurde das Produkt in Frankreich gelauncht. Klar war ich froh über den Projekterfolg. Ich telefonierte auch am Tag der Markteinführung mit den restlichen Teammitgliedern in Schweden und freute mich über die Glückwünsche seitens des Teams. Doch kaum zwei Minuten nach dem Telefonat war die Freude irgendwie wieder verschwunden. Wieder saß ich alleine in meiner Wohnung an meinem Computer. Niemand, der mit mir feiern hätte können, niemand um auch nur einen Kaffee zu trinken und ein paar Gedanken zu teilen. Niemals zuvor hatte ich mich so alleine gefühlt."

Wissensnachteil führt zu Ungleichgewicht der Gruppe oder sogar zum Ausschluss aus der Gruppe: Angenommen, Sie wären in der Lage eine persönliche Bindung aufzubauen. Was würden Sie machen, wenn eine spontane Entscheidung getroffen werden sollte, Sie ein dringendes Problem haben oder auch nur Erleichterung in Form von „jemandem sein Herz ausschütten" brauchen. Würden Sie hier eine Konferenz per Telefon oder via Online-Konferenz veranstalten, die eine Terminvereinbarung aller Beteiligten voraussetzt? Nein, Sie würden entweder zum Hörer greifen und ein bestimmtes Teammitglied anrufen oder es am Standort mit jemandem besprechen, der in diesem Moment in Ihrer Nähe ist. Die Krux an der Sache ist, dass ab diesem Zeitpunkt alle anderen Teammitglieder, die diese Information nicht erhalten, einen Wissensnachteil haben und einzelne Personen sich nach und nach vom Team ausgeschlossen fühlen oder es tatsächlich werden.

Übrigens: Dies passiert auch in „persönlichen" Teams, in denen Teilzeitkräfte und Vollzeitkräfte gemeinsam arbeiten und Entscheidungen getroffen werden, während die Teilzeitkräfte nicht anwesend sind. Genauso passiert es aber auch während der Pinkelpausen in Meetings, bei denen die Männer geschlossen die Toilette aufsuchen und die Diskussion dort fortführen oder abends beim Geplauder an der Bar, wenn die die Hälfte des Teams gar nicht mehr anwesend ist.

Herausfordernd: Kommunikation ohne Gestik. Eine Telefonkonferenz wurde angesetzt, alle Teilnehmer sind eingewählt. Doch hören auch alle Teilnehmer aktiv zu, oder verbirgt sich hinter den stumm geschalteten Telefonen jemand, der gleichzeitig seine E-Mails checkt oder sich mit weiteren Kollegen unterhält? Erfahren Sie Zustimmung, wenn Sie ihr Argument vorbringen, oder verdreht am Ende der Leitung vielleicht jemand die Augen? Keiner weiß das so genau. Im Gegensatz zum persönlichen Gespräch haben Sie keine Chance Stimmungsschwankungen oder Nuancen der Zustimmung/Ablehnung herauszufinden – es sei denn, einer sagt etwas aktiv. Doch auch dies ist äußerst schwierig. Wenn Sie in einem persönlichen Gespräch beispielsweise einen Blick zuwerfen können, um zu zeigen, dass der andere lieber einmal einen Gang zurückschalten sollte, oder um dem anderen zu signalisieren, dass dieser eine unangebrachte oder falsche Information eingeworfen hat, so müssen Sie dies in einer Telefonkonferenz mit Worten offen und gut hörbar für alle kommunizieren. Dies geht dann oft weit über das Maß hinaus, welches Sie mittels „Blick" gerne erzielt hätten.

Sprach- und Zeitbarrieren werden zu unfairen Hindernissen: In virtuellen Teams kommt es unter Umständen zu Kommunikationsschwierigkeiten oder Missverständnissen, weil sich einige Teammitglieder in einer Sprache austauschen müssen, die nicht ihre Muttersprache ist. Hinzu kommt, dass einige Teilnehmer oftmals für eine Konferenz aufgrund der Zeitverschiebungen zu unüblichen Zeiten bereitstehen müssen, im schlimmsten Fall mitten in der Nacht.

Folgende Tipps helfen virtuellen Teams, diese Probleme zu überwinden: Üben Sie Verlässlichkeit. Das fängt bei einem verlässlichen Meetingformat an. Einen für alle fairen Termin finden (nachts um 3 ist zum Beispiel nicht fair!), pünktlicher Beginn und Ende, eine zuverlässige und vorher bekannte Agenda, eine klare Rollenverteilung der Teilnehmer und eine gute Zusammenfassung des Meetings für alle Teilnehmer zum Nachlesen. Je mehr die Teilnehmer sich darauf verlassen können, dass das Meeting regelmäßig stattfindet und die benannten Punkte auch zuverlässig besprochen werden, umso eher sind die Teilnehmer bereit, ihre komplette Konzentration auf das Meeting zu richten. Bedenken Sie bitte: Kommen Sie zu einem persönlichen Meeting, das zwischen zwei Kollegen mittags um 13 Uhr stattfindet 5 Minuten zu spät, ist dies womöglich leichter zu verzeihen, als dass Sie jemanden, der sich zu seiner Ortszeit spät abends in eine Telefonkonferenz einwählt, warten lassen!

Nehmen Sie sich Zeit um Persönlichkeit aufzubauen. Halten Sie Small Talk, in den Sie auch nicht-businessrelevante Punkte einfließen lassen. „Ist morgen bei Euch in Dubai eigentlich auch Feiertag?", „Was macht die Tochter? Immer noch krank?", „Ich war heute bereits joggen – mir tut jetzt noch der Knöchel weh. Gut also, dass ich zum Telefonieren nur meine Stimme brauche". So oder so ähnlich schaffen Sie Nähe zu den Teammitgliedern, auch wenn Sie geographisch gesehen gerade auf der anderen Erdhalbkugel sitzen.

Arrangieren Sie zumindest ein Kennenlern-Meeting zu Beginn der Zusammenarbeit, auch wenn hierfür Reise- und Übernachtungskosten anfallen, die vom Projektbudget abgehen. Es lohnt sich. Widmen Sie dieses Meeting auf jeden Fall nur dem Kennenlernen. Gerne können Sie eine Projektbesprechung am Rande führen. Trotzdem sollte dieses Meeting nicht primär zum Lösen von Problemen, sondern zum Aufbau Ihrer persönlichen Beziehung sein. Mit jemandem zu diskutieren, den man schon einmal von Angesicht zu Angesicht gesehen hat, und dessen Stimme man ein wenig einschätzen kann, fällt um Längen leichter, als dies bei jemandem zu tun, von dem man nur ein Foto kennt oder eine verzerrte Web-Ansicht sieht.

12
Führungseigenschaften: in den Schoß gefallen oder erlernt?

Meine Hände zittern leicht, als ich das Gespräch am Mobiltelefon beende. Ich liege im Hotelzimmer rücklings auf dem Bett, starre an die Decke und sammle meine Gedanken. Mein Chef kann also heute nicht das Kick-off Meeting für unser neues Projekt leiten. Hat er solch ein Vertrauen in mich, dass er mir zutraut, so kurzfristig einzuspringen und ihn zu ersetzen, oder hat er einfach keinen anderen „Dummen" gefunden, den er damit beauftragen konnte? Stumm überfliege ich die Meeting-Agenda. Habe ich überhaupt genügend Informationen, um das Meeting und das anschließende Projekt professionell zu leiten? Was, wenn ich etwas falsch entscheide? Was, wenn mich die anderen Teammitglieder nicht in meiner Führungsrolle ernst nehmen? Einerseits freue ich mich, dass er mir diese Verantwortung gibt. Andererseits fühle ich mich wie ein unerfahrener Dompteur auf dem Weg zur Manege mit der Tigershow. Behutsam packe ich meinen Laptop, den Pointer und meine Unterlagen zusammen, stelle mich vor den Spiegel und zwinge mich zu lächeln. „Ich schaffe das", motiviere ich mich selbst. „Jetzt kann ich zumindest einmal zeigen, was in mir steckt!"

Arbeiten Sie auf eine Führungsposition hin, bewerben sich gerade auf eine oder bekommen demnächst Ihre ersten Mitarbeiter als neue Führungskraft zugeteilt? Vielleicht hatten Sie sogar auch schon einmal das Gefühl in Ihre Führungsrolle hineinkatapultiert zu werden und nicht genügend darauf vorbereitet zu sein?

In diesem Kapitel erfahren Sie, was einen perfekten Chef ausmacht, ob Sie als Frau genauso gut führen können wie Ihr männlicher Kollege und was Sie am besten tun sollten, wenn Sie ins kalte Wasser geworfen werden. Zunächst gehen wir der Frage nach, was Führung überhaupt ist, ob Führung notwendig ist und wie Führung funktioniert.

Das Wort führen stammt vom mittelhochdeutschen Verb vüeren ab, das ursprünglich so viel wie „fahren lassen", später dann „bringen" und „leiten" bedeutete. Bis heute ist diese letzte Bedeutung erhalten geblieben, eine Führungskraft leitet also eine Gruppe. Dies kann auf ganz unterschiedliche Weise geschehen.

◄ „Wer denkt, dass Führungskräfte führen können, der denkt auch, dass Zitronenfalter Zitronen falten können."

Karriereführer für Naturwissenschaftlerinnen, 1. Aufl. Karin Bodewits, Andrea Hauk und Philipp Gramlich.
©2016 WILEY-VCH Verlag GmbH & Co. KGaA. Published 2016 by WILEY-VCH Verlag GmbH & Co. KGaA.

Falls Sie schon verschiedene Chefs im Berufsleben hatten, können Sie sich vielleicht erinnern, wie unterschiedlich die Führungsstile der einzelnen Personen waren oder was Sie daran gut und schlecht fanden. Während Sie der eine Chef ständig kontrollierte, interessierte sich Ihr anderer Chef nicht die Bohne für das, was Sie gerade machten. Oder Sie hatten bei einem Chef den Eindruck, er würde Sie fördern und unterstützen, während Sie bei dem anderen Chef das Gefühl hatten, „künstlich dumm gehalten" zu werden. Vielleicht haben Sie sich sogar gefragt, ob sich die daheim auch so aufführen. Die Art und Weise, wie jemand seine Führungsrolle wahrnimmt, hängt stark von dessen Einstellung, Lebenserfahrung und Charakter ab. Von den drei klassischen Varianten, dem sogenannten Laissez-faire-Führungsstil, dem autoritären und dem kooperativen Stil, tendieren Menschen unbewusst mehr oder weniger stark zu einem der Extreme oder mischen einzelne Komponenten davon. Schlussendlich definiert also ein Gemenge an Eigenschaften den persönlichen Führungsstil.

Exkurs   Klassische Führungsstile

Der Psychologe Kurt Lewin (1890–1947) gilt als Vater der klassischen Führungsstile. Seinen Studien zufolge werden drei Arten unterschieden, die sich in ihrer Reinform zwar selten, in der Mischform jedoch sehr häufig beobachten lassen. Falls Ihnen bei der nachfolgenden Beschreibung ein Gesicht oder ein Name einer bekannten Person in den Kopf kommt, tendiert diese Person vermutlich stark zu einem dieser Extreme.

Laissez-faire Führung: Der Vorgesetzte leitet die Gruppe, indem er diese „laufen lässt". Er greift selten in das Geschehen ein und hat großes Vertrauen in die Angestellten. Die Mitarbeiter erledigen ihre Aufgaben ohne große Kontrolle und Anleitung. Der Vorgesetzte gibt eher unklare Instruktionen, sowie weder positives noch negatives Feedback. Er hilft nicht, bestraft dafür aber auch nicht bei Fehlern. Von außen scheint es fast so, als hätte der Gruppenleiter sein Interesse an der Gruppe oder am Unternehmen verloren. Es entsteht der Eindruck von Orientierungslosigkeit und Hilflosigkeit. Ein so „geführtes" Team bringt zwar extrem kreative Ergebnisse hervor, andererseits tummeln sich hier aber auch die Meister die Disziplinlosigkeit.

Autoritäre Führung: Hier sieht sich der Vorgesetzte als eine Art Oberbefehlshaber. Er trifft Entscheidungen alleine, weist diese direkt und ohne Diskussion zu und kontrolliert sie. Er kritisiert sehr gerne, ist selbst aber nicht gerade kritikfähig. Die Mitarbeiter führen die Aufgaben aus, Fehler werden bestraft. Durch den Druck des Vorgesetzten kann die Leistung der Gruppe kurzfristig erhöht werden. Allerdings werden die Mitarbeiter zur Unselbstständigkeit erzogen und durch mangelnde Entscheidungsfreiheit demotiviert. Das Verhältnis zwischen Mitarbeitern und Vorgesetztem ist distanziert.

Kooperative Führung: Die Führungskraft sieht sich hier als Vorbild und als Teil der Gruppe. Entscheidungen werden ausschließlich gemeinsam, demokratisch und auf Augenhöhe getroffen, wodurch der Vorgesetzte seine Durchsetzungskraft abschwächt und die Prozesse zur Entscheidungsfindung mitunter sehr lange dauern. Dafür zeigen die Gruppenmitglieder Selbstständigkeit und entlasten dadurch den Vorgesetzten. Durch das Ausleben ihrer Kreativität, dem Einbringen von Ideen sind sie motiviert und identifizieren sich mit dem Unternehmen. Der Vorgesetzte bestraft keine Fehler, sondern schult vielmehr die Mitarbeiter, falls ein Fehler auftritt. Die Art und Weise der Führung ist von gegenseitigem Respekt geprägt. Auch wenn es von außen mitunter den Eindruck vermittelt: Die Kompetenz des Vorgesetzten wird von den Mitarbeitern nicht infrage gestellt.

12.1
Was macht einen perfekten Chef aus?

Um es gleich vorwegzunehmen: Einen perfekten Chef gibt es nicht. Wohl aber gibt es „gute" Chefs!

> „Ein guter Chef ist fachlich und sozial kompetent, fair zu Mitarbeitern, kann Entscheidungen treffen und steht auch zu diesen. Ich sehe keinen prinzipiellen Unterschied zwischen männlichen und weiblichen Führungskräften. Es gibt „Gute" und „Schlechte" auf beiden Seiten."

Die „Guten" haben fast immer eines gemeinsam: Man weiß bei Ihnen, woran man ist. Man weiß, wann man lieber etwas gründlich ausgearbeitet abliefert, wann etwas wirklich dringend ist, wann und wie oft man mit Problemen aufkreuzen kann und wann man lieber selbst nach einer Lösung suchen sollte. Gute Chefs fördern ihre Mitarbeiter und sind Vorbilder, an denen man sich orientieren kann: Kommen diese selbst immer erst um 10 Uhr zur Arbeit, werden die Mitarbeiter

auch nicht morgens um 7 Uhr im Büro sein. Entschuldigen die Chefs sich nicht, wenn sie krank sind, oder verraten nicht, wenn Sie schwanger sind, so werden die Mitarbeiter dies auch nicht tun. Gute Chefs kümmern sich um die Probleme und Belange Ihrer Mitarbeiter und motivieren sie.

> „In meiner 25-jährigen Berufstätigkeit hatte ich es mit verschiedenen weiblichen und männlichen Chefs zu tun. Auf beiden Seiten gab es vorbildliche Chefs, die loyal zu den Mitarbeitern waren und das Arbeiten richtige Freude gemacht hat. Ich hatte aber auch Chefs, da war das anders, und zwar unabhängig davon, ob es ein Mann oder eine Frau war. Da waren Frauen und Männer dabei, die kein Rückgrat besaßen und weich wie Toastbrot waren und umgekehrt auch welche, die alles kontrollieren mussten, jede Entscheidung selbst treffen wollten und uns Mitarbeitern nicht vertraut haben, in dem, was wir tun."

Würde man den Führungserfolg messen wollen, um zu definieren, ob ein Chef „gut" oder „schlecht" ist, so könnte man zwei unterschiedliche Kriterien analysieren: die ökonomische und die soziale Effizienz. Die ökonomische Effizienz zeigt sich durch die Produktivität des Teams, also beispielsweise wie viele Kundenanfragen pro Jahr bearbeitet werden oder wie viele Produkte auf den Markt gebracht wurden. Die soziale Effizienz könnte man anhand der Mitarbeiterzufriedenheit messen. Ein ganz einfacher Ansatz, um dies zu bewerten ist, den Krankenstand der eigenen Gruppe mit dem Krankenstand mehrerer anderer Gruppen im beruflichen Umfeld zu vergleichen.

Unser Handeln wird im beruflichen und privaten Alltag durch unsere ganz individuellen Werte beeinflusst. Dies spiegelt sich in der Art und Weise wider, wie wir uns als Führungskraft verhalten. Jemand, der viel Wert auf Ehrlichkeit legt, wird dies auch als Führungskraft vorleben und von den Mitarbeitern verlangen. Ein anderer legt vielleicht eher Wert auf Zuverlässigkeit oder auf Fleiß. Es gibt also nicht *die* Eigenschaft, die Sie zur guten Chefin macht und es gibt auch nicht *den* Führungsstil, der Sie zum Erfolg führt. Anstatt sich auf einen bestimmten Führungsstil zu versteifen, gehen Paul Hersey und Ken Blanchard sogar soweit zu empfehlen, die Art der Führung dem jeweiligen „Reifegrad" des Mitarbeiters beziehungsweise der Gruppe entsprechend anzupassen und den Führungsstil je nach Situation auszuwählen („Situatives Führungsmodell"). Einen unmotivierten Mitarbeiter mit geringem Fachwissen und geringer Erfahrung sollte man demnach durch engmaschige Kontrolle und detaillierte Anweisungen führen. Solch ein Mitarbeiter braucht einen abgesteckten, kleinen Rahmen, in dem er sich bewegen kann. Haben Sie aber einen hoch-motivierten Mitarbeiter vor sich, der jahrelange Erfahrung auf seinem Fachgebiet hat, würden Sie diesen durch solch ein Mikromanagement nur demotivieren. Dieser Mitarbeiter blüht nämlich erst dann auf, wenn Sie ihm Verantwortung und Freiraum zur Bearbeitung geben.

12.2
Führen Frauen anders als Männer?

> „Ich glaube nicht, dass es einen „weiblichen" oder „männlichen" Führungs-
> stil gibt. Allerdings könnte ich mir vorstellen, dass Frauen eine gewisse „Be-
> gabung" für Führung haben, schließlich müssen sie seit Urzeiten auch in
> der Lage sein, Kinder zu erziehen und auf das Leben vorbereiten, [lacht]
> aber das klappt ja auch nicht bei allen zur vollen Zufriedenheit ... "

Interessanterweise gruppieren Mitarbeiter ihre Chefs schon beim ersten Eindruck in eine „Führungskategorie" ein. Große Männer mit tiefer, lauter Stimme
werden automatisch in die autoritäre Schublade gesteckt, während kleine schlan-
ke Frauen mit blasser Haut und hoher Stimme gerne in die „nett und niedlich"-
Kategorie gedrängt werden. Eine sehr kleine Frau hat es also unter Umständen
erheblich schwerer, sich gegenüber den Mitarbeitern Respekt zu verschaffen, als
ein männlicher, großgewachsener Kollege.

> „Ich selbst bin 1,50 Meter groß, d. h. alleine durch meine Körpergröße wirke
> ich nicht sonderlich respekteinflößend. Das fällt mir im männlich gepräg-
> ten Umfeld bei der Arbeit auf, aber auch in Zusammenarbeit mit großen
> Frauen. In meiner Freizeit pfeife ich Handball-Spiele als Schiedsrichterin.
> Was glauben Sie, wie ich mich dort erst durchsetzen muss, wenn ich einen
> 2-Meter-Mann vor mir stehen habe? Im Laufe der Jahre habe ich mir selbst
> antrainiert, damit umzugehen. Mein Tipp an alle kleinen Frauen: Eine ver-
> bale Marke setzen. Durch Schlagfertigkeit und direkte Ansprachen bzw.
> Anweisungen bin ich heute in der Lage auch mit Leuten auf Augenhöhe
> zu reden, die fast doppelt so groß sind wie ich. Letze Woche gerade erlebt:
> Ein Hüne von Mann will mit mir eine Konfliktsituation klären und überrum-
> pelt mich mit den Worten „Du, Mädchen [...]" während er mir den Arm auf
> die Schulter legt. Da habe ich ihm klar zu verstehen gegeben, dass ich mit
> über 30 Jahren sowohl „kein Mädchen" mehr sei, und dass er gefälligst ei-
> ne Armlänge Abstand halten soll, wenn er mit mir ein klärendes Gespräch
> führen wolle. Das habe ich in einer solchen Überzeugung gesagt, dass er
> zurückwich, und sich sogar bei mir entschuldigt hat."

Unsere Kinderstube und unsere Kultur prägen uns. Frauen genießen (wenn
auch unbewusst) eine andere Erziehung als Männer und so stellt die Gesellschaft
auch andere Anforderungen an das Verhalten von Frauen als an das Verhalten
von Männern: Während es Männern dem allgemeinen Tenor nach eher peinlich
sein sollte, nach dem Weg zu fragen, findet man dies bei Frauen ganz normal.
Man wundert sich, wenn Männer bügeln können, aber nicht, wenn Frauen kochen können. Männer, die von ihren Ehefrauen geschlagen werden, bekommen
schiefe Blicke statt Hilfsangebote zugeworfen und man findet es recht befremdlich, wenn Frauen den Vergaser ihres Autos reparieren.

Ob Sie es jetzt „Vorurteil" nennen, „Erziehung" oder „kultureller Hintergrund":
Führt eine Frau exakt die gleiche Tätigkeit wie ein Mann aus, wird das Ergebnis

dieser Tätigkeit unterbewusst unterschiedlich interpretiert. So auch im Berufsleben. Der autoritäre Führungsstil einer Frau hinterlässt mitunter den Eindruck,
dass Sie „sich etwas beweisen muss", „daheim wohl nichts zu sagen hat und es hier
rauslassen muss" oder „ihre Unsicherheit überspielt". Der autoritäre Führungsstil
eines Mannes hingegen zeigt seine „Kompetenz".

Sie müssen heutzutage als Führungskraft kein „Wissenskönig" mehr sein. Aus
Erfahrung wissen wir aber, dass in der relativ neuen Rolle als Führungskraft gerade
Frauen von sich und ihrem Umfeld kritischer beäugt und deshalb auch fachlich
eher auf die Probe gestellt werden. Männer hingegen haben eine Art Gabe, bestehend aus guter Schauspielerei und Unverfrorenheit, sich relativ lange nach dem
Motto „Überzeugend Argumentieren bei völliger Ahnungslosigkeit" über Wasser
zu halten.

> „In meinen Seminaren erfahre ich das immer und immer wieder. Habe ich
> den Raum voll Männer sitzen, wird man erst einmal „auf die Probe" gestellt,
> nach dem Motto „was will *die* uns schon erzählen". Bei Frauen im Publikum
> sieht es anders aus, die sind entweder gutgläubiger oder nicht so angriffs-
> lustig. Werden die anfangs kritischen Fragen der Männer von mir gut be-
> antwortet, so sind sie den Rest des Seminars zahm wie Rehe."

12.3
Was genau unterscheidet denn einen Mitarbeiter von einem Chef?

Chef zu werden ist oft nicht schwer, ein guter Chef zu sein hingegen sehr. Als Mitarbeiter wussten Sie sicher genau, was Ihnen an Ihrem Chef „gepasst" oder „nicht
gepasst" hat. In der Chefposition sind Sie jetzt plötzlich selbst für diese Einschätzung verantwortlich. Doch nicht nur das. Während Sie als Mitarbeiter noch von
Ihrem Chef an die Hand genommen wurden und er Ihnen erklärte, welche Ver-

suchsanleitung Sie für welchen Versuch verwenden sollen, unterliegt es nun Ihnen selbst, sich die Information zu beschaffen. So fühlen Sie sich „auf der anderen Seite" vermutlich erst einmal orientierungs- und hilflos. Entscheidungen dürfen und müssen Sie nun selbst treffen, Sie erhalten mehr Selbstverantwortung, was aber gleichzeitig auch verlangt, dass Sie Ihren Tagesablauf selbständig planen und sich auch selbst motivieren können. Und nicht dass das schon genug wäre, Sie sind nun auch für Mitarbeiter verantwortlich, müssen diese anleiten, motivieren und unterstützen. Je höher Sie kommen, desto eher werden Sie sich vom operativen Geschäft entfernen, und strategischen Tätigkeiten widmen. Das heißt, Sie müssen sich von vielem Gelernten verabschieden, auf das Sie bisher bauen konnten. Anstatt eine Strukturformel auswendig aufzeichnen zu können, müssen Sie nun wissen, wieviel das Molekül kostet, wenn es synthetisiert wird. Anstatt ein einzelnes Experiment durchzuführen, müssen Sie nun ein komplettes Projekt planen. Anstatt sich über sinkende Verkaufszahlen zu wundern, müssen Sie sich nun eine Strategie überlegen, dies zu ändern.

Etwas aus der Hand zu geben, Verantwortung abzugeben und eine Sache jemandem anderem anzuvertrauen wurde nicht jedem in die Wiege gelegt. Im Gegenteil – mitunter müssen sich frischgebackene Chefs diese Fähigkeiten mühsam antrainieren. Je höher die Position, umso mehr spielen die Fähigkeit zur Delegation, Entscheidungsfreude und Kommunikation eine Rolle.

Das klingt zunächst einmal ziemlich anstrengend! Haben Sie sich jedoch erst einmal an Ihre Verantwortung gewöhnt, werden Sie feststellen, dass Chef sein gar nicht so übel ist. Ja, es ist sogar richtig toll! Neben der mit Ihrem Aufstieg verbundenen Gehaltserhöhung haben Sie auch einen großen Grad an Freiheit erlangt. Plötzlich haben Sie die Möglichkeit frei zu entscheiden, was von wem und auch wann gemacht wird. Meeting-Termine setzten nun Sie selbst fest und haben große Freiheit zu entscheiden, wie Sie Ihre Arbeit erledigen.

Mittagspause. Auf der Toilette versuche ich meine schweißnassen Achseln mit Toilettenpapier zu trocknen. Ob mir wer angemerkt hat, wie aufgeregt ich war? Ich höre, wie zwei Frauen den Vorraum betreten. Jemand beginnt die Hände zu waschen und ich höre, wie jemand anderes in der zweiten Toilettenkabine der Blase Erleichterung verschafft. „Die war gar nicht schlecht, für so ein junges Ding, oder?", ertönte eine Frage aus der Kabine in den Vorraum. „Ja, war auch überrascht, wie souverän die das gemacht hat. So weit war ich in dem Alter noch nicht", kam die prompte Antwort zurück zur Nachbarkabine. Ich kann mir ein Grinsen nicht verkneifen. Die meinen mich, denke ich stolz in mich hinein, während ich ganz leise auf die Toilettenbrille steige, damit niemand meine Füße unter der Kabinentür entdeckt. Ich kauere mich auf die Brille und überlege gerade, ob ich mich zu erkennen geben soll, als die beiden Frauen endlich ihr Geschäft beendet haben und verschwinden. Ich steige vom Klo herunter und kontrolliere nochmals meine nicht mehr ganz so nassen Achseln. Mich überkommt ein Gefühl der Genugtuung und ein Gefühl aus Stolz und Übermut macht sich in mir breit. Wenn ich dieses Projekt gut gemeistert habe, dann kann ich mich sehr gut in einer noch höheren Position vorstellen, träume ich vor mich hin. Projektleiterin eines globalen Projektes vielleicht oder noch besser internationale Marketingleiterin? Als Unternehmenschefin würde ich mich aber auch nicht dumm anstellen. Ich könnte alles selbst bestimmen, meine Mitarbeiter lägen mir zu Füßen, um mich anzuhimmeln und mich für meinen Erfolg zu loben. Am liebsten würde ich jetzt sofort mit dem Meeting weiter machen und auf das Mittagessen mit dem zugehörigen Small Talk verzichten. Ein solches Naturtalent wie ich sollte schließlich keine Zeit verplempern, sondern das machen, wofür es geboren wurde: Zeigen, was in einem steckt und auf der Karriereleiter aufsteigen, bis es nicht mehr weitergeht. Beim Verlassen der Toilette male ich mir farbenfroh aus, wie ich die Karriereleiter Richtung Himmel emporschreite, während ich leise die Melodie I'm ready *von Brian Adams summe.*

Exkurs   Das Peter Prinzip

Sie haben sich sicher schon einmal gefragt, wann eigentlich mit der Karriereleiter „Schluss" ist. Kann man unendlich weit aufsteigen? Ist überhaupt jeder x-beliebige als Chef einsetzbar? Was, wenn man aufsteigt und merkt, dass man sich in der Führungsrolle gar nicht wohlfühlt?

Diese Fragen hat sich auch der Universitätsprofessor Laurence J. Peter gestellt und eine provokante These aufgestellt, die als „Peterprinzip" in die Management-Lehrbücher einging: „In a hierarchy every employee tends to rise to his level of incompetence",[1] was meint, dass man so lange aufsteigt, bis man in einer Position angelangt ist, die einem eine Kragenweite zu groß ist. Das Bedauerliche ist, dass man den Rest seiner Karriere in dieser Position verharrt und Dinge tut, in denen man eigentlich gar nicht gut ist und die einem womöglich noch nicht einmal so richtig Spaß machen. Die eigentliche (produktive) Arbeit machen also dementsprechend diejenigen, die bisher ihre eigene Stufe der Inkompetenz noch nicht erreicht haben ...

In großen Organisationen wird dieses „Problem" damit gelöst, dass derjenige „wegbefördert" wird, also eine Position schmackhaft gemacht bekommt, die zwar repräsentativ ist, bei der man aber keinen „großen Schaden" anstellen kann, und bei der keine Mitarbeiter geleitet werden.

12.4
Plötzlich Chef – was nun?

Verabschieden Sie sich von der Meinung, zunächst alle möglichen Kompetenzen anhäufen zu wollen, bevor Sie sich eine Führungsposition zutrauen. Die meisten Führungspositionen werden nämlich besetzt, ohne dass eine bestimmte Schu-

---

1) *engl.:* In einer Hierarchie neigt jeder Mitarbeiter dazu bis auf die Stufe seiner Inkompetenz zu steigen.

lung vorausgeht. Oftmals geschieht der Erwerb der Führungskompetenzen „on the job". Folgende Tipps helfen Ihnen, damit dies gelingt:

Kontrollzwang ablegen: Lernen Sie zu akzeptieren, dass Sie nicht mehr über jedes kleine Detail informiert sein müssen. Sie sind nun nicht mehr in der Position, alles wissen zu können, vielmehr müssen Sie nun lernen Mitarbeiter anzuleiten und ihnen zu helfen, ihre Arbeit gut zu erledigen.

Perspektivenwechsel betreiben: Versuchen Sie die Welt aus Sicht des Mitarbeiters zu sehen. Hat dieser Mitarbeiter von Ihnen genügend Informationen, um zu wissen was er tun soll? Warum könnte er im Moment in einem Motivationstief festsitzen? Warum gibt es so viele Konflikte in letzter Zeit mit seinen Kollegen? Hat er vielleicht private Probleme, die sich auf den beruflichen Kontext auswirken? Welche Reaktion würden Sie sich von Ihnen als Chef wünschen, wenn Sie in ähnlicher Situation wären?

Keine Angst vor Delegation haben: Sie können nicht alles alleine schaffen. Durch Delegieren von dringenden Aufgaben helfen Sie sich selbst dreifach: Erstens, die Aufgabe wird abgearbeitet, zweitens, sie geben Ihren Mitarbeitern das Gefühl wichtig und kompetent zu sein, und drittens: Indem Sie Ihren Mitarbeitern etwas zutrauen, werden diese immer besser in dem was sie tun. Fangen Sie gleich heute damit an und überlegen Sie sich, welche Tätigkeit Sie ab morgen einem Ihrer Mitarbeiter anvertrauen können.

Organisationskompetenz stärken: Bleiben sie realistisch und priorisieren Sie, was Sie alles am kommenden Tag/ in der kommenden Woche planen zu erledigen. Welche dringenden Aufgaben müssen bis wann erledigt sein? Welche wichtigen Aufgaben gilt es zu bearbeiten? Welche dieser Tätigkeiten können Sie delegieren? Und welche Aufgaben sind so unwichtig, dass Sie diese von Ihrer „To-do-Liste" streichen können?

Interesse an den Mitarbeitern zeigen: Beginnen Sie Meetings beispielsweise mit einer Small-Talk-Einheit oder drehen Sie morgens erst einmal eine kurze Runde, um Ihre Mitarbeiter zu begrüßen und einen kleinen Plausch zu halten, bevor der berufliche Alltag losgeht.

(Selbst-)Präsentation üben: Melden Sie sich bei einer x-beliebigen Veranstaltung freiwillig als Versuchskaninchen, wenn es um einen Vortrag oder um eine Moderatorenrolle geht. Sie wissen dann schon im Vorhinein, dass Sie ins Rampenlicht gesetzt werden und können testen, wie gut Sie die Situation meistern. Treten Sie Stück für Stück aus Ihrer Komfortzone heraus. Sie werden sehen, dass Sie das besser können, als Sie vielleicht im Moment glauben.

„Nein" Sagen lernen: Kennen Sie das? Sie wissen vor lauter Arbeit nicht mehr, wo Ihnen der Kopf steht, und dann kommt auch noch ständig jemand zur Tür herein und braucht etwas von Ihnen? „Nein" zu sagen, erfordert allerdings Mut; das fällt einem am Anfang gar nicht so leicht.

Kritikfähig bleiben: Umgeben Sie sich nicht nur mit „Jasagern" – auch wenn diese zunächst angenehmer erscheinen. Ohne die Meinung von Querdenkern und Kritikern im Team werden Sie keine neuen Denkanstöße erhalten, und nur diese bringen Sie auf Dauer weiter! Schon die früheren Könige umgaben sich nicht nur gerne mit Jasagern. Die Hofnarren der Herrscher hatten den ausdrücklichen

Auftrag, Kritik zu äußern, ohne dafür bestraft zu werden. Durch diese „Narren-freiheit" erhielt der König wichtige Denkanstöße, die ihm ansonsten nie zu Oh-ren gekommen wären. Tauschen Sie also Ihre Narrenmütze gegen ein kräftiges Schulterklopfen ein, indem Sie Denkanstöße von kritischen Mitarbeitern wahr und ernst nehmen, ohne den Kritiker für dessen Meinung zu bestrafen.

Zeit zum Lernen und zur Fortbildung einplanen: Die Zeit, die Sie am Anfang in das Training stecken, wird sich hinten raus doppelt und dreifach bemerkbar machen, weil Sie bzw. Ihre Mitarbeiter die Arbeit viel schneller und effektiver be-wältigen werden.

„Vielen Dank für die detaillierte Analyse". Ich stehe von meinem Platz auf, gehe um die zur „U-Form" aufgestellten Tische des Konferenzraumes und schüttle dem Con-troller die Hand. Nachdem ich ihm noch ein wenig Honig um den Mund geschmiert habe, entlasse ich ihn von seinem Platz am Präsentationspult und will den nächs-ten Redner begrüßen. „So, wir liegen im Moment noch gut im Zeitplan, sodass sich der nächste Agenda-Punkt noch vor der Kaffeepause anschließen lässt". Ich schiele auf den Zeitplan in meinen Händen und gehe in Gedanken die einzelnen Punkte durch. Wo waren wir doch gleich? Ah, den Punkt hatten wir bereits abgehakt; der hier wurde auf später vertagt, weil der Referent noch im Stau steht. „Einen kurzen Moment", sage ich, während ich fieberhaft versuche den Ablaufplan in den Griff zu bekommen. Ich blättere die Seite um und leite den nächsten Punkt ein, indem ich die oberste Zeile der zweiten Seite auf meiner Agenda vorlese: „Zum Thema „Ge-schäftszukauf" rufe ich den nächsten Redner auf. Dr. Seltenreich kommen Sie zu mir vor? Ich helfe ihm den Rechner an den Beamer anzuschließen. Als ich anschlie-ßend um die Tische laufe, um mich zu den Zuhörern zu setzen, überlege ich, um welche Firma es sich bei dem Zukauf wohl handeln könne, schließlich müsste es ja eine sein, die dem neuen Projekt hier nutzt. Interessiert lausche ich dem Vortrag von Dr. Seltenreich und warte gespannt auf die Nennung des Firmennamens. „[...] und deshalb freue ich mich, Ihnen bekannt geben zu dürfen, dass uns ab sofort auch die Mitarbeiter des Unternehmens Molecular Science Twister in diesem Projekt tat-kräftig unterstützen werden und Ihre gesamte Expertise hier zum Tragen kommt". Ich traute meinen Ohren kaum. Molecular Science Twister? Das war genau das Start-up-Unternehmen, das mein Doktorvater letztes Jahr gegründet hatte. Mei-ne gesamten früheren Kollegen hatten den Sprung ins kalte Wasser gewagt, und in dieser neuen Firma das Glück ihrer Karriere versucht. Was war passiert? War die Idee so gut, dass unsere Firma die Lunte roch und das Unternehmen kaufte, bevor es anfing schwarze Zahlen zu schreiben? Irgendwie tut es mir Leid um den Pro-fessor. Dann überlege ich mir aber, dass es vielleicht gar nicht so schlecht für ihn ausgegangen sein mochte. Sicherlich ist eine schöne Summe Ablöse hier herausge-sprungen, die dem Professor ein Leben ohne jegliche Sorgen ermöglichen würde. Ich denke an meine ehemaligen Kollegen: Max, der Physiker mit dem täglichen „out of bed look", Silvia, die pferdenärrische Biologin, die immer noch auf der Suche nach ihrem Schönheitschirurgen war, der ihr den Hintern cellulitisfrei zaubern sollte. Heidi, die treue Spülhilfe sowie Horst, der Mann, dem die Zellen vertrauen. Ein Prachtexemplar eines Zellbiologen. Was war mit Marie, Heiner, Julchen und Fred?

Ob die auch mit an „meinem" Projekt arbeiten werden? Mich durchfährt ein leich-
ter Schauer. „Mein" Projekt! War ich jetzt also in meiner Rolle als Projektleiterin
auch für die Projektergebnisse meiner ehemaligen Kollegen und Vorgesetzten ver-
antwortlich? Wie sich das Blatt wenden kann! Gestern noch die Doktorandin, heute
die Vorgesetzte. Wenn das mal nicht schief geht ... "

Sie kennen das Unternehmen und das Team ganz genau, weil Sie schon die ganze Zeit als Teammitglied in dieser Gruppe gearbeitet haben, und nun werden Sie
die Vorgesetzte dieser Gruppe? Dies kann eine große Herausforderung sein, falls
es zu Eifersüchteleien kommt.

> „Als die Teamleiterstelle einer Nachbarabteilung vakant wurde, weil die
> Chefin die Gruppe urplötzlich aus privaten Gründen verließ, musste ein
> Ersatz her. Meine Kollegin wusste, dass sie gut auf die Stelle passen wür-
> de, traute sich aber zunächst nicht zu fragen. Was sie nicht wusste: Auch
> zwei andere Kolleginnen waren scharf auf die Stelle. Lange Rede kurzer
> Sinn, sie wurde vom Hauptabteilungsleiter gefragt, ob sie die Position ger-
> ne besetzen würde. Sie sagte natürlich sofort zu. Als das die Kolleginnen
> mitbekamen, waren sie ziemlich angefressen. Einige Tage später hörte ich
> zufällig ein Gespräch in der Kaffeeküche. Hier wurde doch tatsächlich ge-
> mutmaßt, dass diejenige, die den Job bekommen hatte, dem Chef schöne
> Augen gemacht hätte. Aus meiner Perspektive einfach lächerlich und reine
> Eifersucht."

So etwas passiert im „wahren" Leben nicht, denken Sie sich? Weit gefehlt. Die
Stutenbissigkeit von Frauen ist ein Phänomen, das vor promovierten Naturwissenschaftlerinnen nicht haltmacht. Im Gegenteil. Je weiter Sie kommen, desto un-
fairer und unlogischer scheint die Argumentationskette der Konkurrentinnen zu
werden. Am besten Sie gehen erst gar nicht darauf ein.

12.5
Herausforderungen einer Führungskraft: Motivation von Mitarbeitern

Motivierte Mitarbeiter sind der Schlüssel zum Erfolg eines Teams. Wie ist das bei
Ihnen? In welchen Situationen fühlten Sie sich motiviert, in welchen unmotiviert?

> „Mein ehemaliger Chef erledigte am liebsten alles selbst und tat sich un-
> heimlich schwer mit Lob. Er gab mir und meinen Kollegen so gut wie nie
> zu verstehen, dass er unsere Arbeit respektiert und uns vertraut, was zur
> Folge hatte, dass nicht nur ich relativ demotiviert arbeitete. Eines Tages, es
> war mitten in einem entscheidenden Meeting mit externen Kooperations-
> partnern, stand er am Flipchart und skizzierte einen Projektplanentwurf.
> Ich meldete mich zu Wort, um eine Idee einzubringen. Anstatt mich ausre-
> den zu lassen, wendete er sich zu mir und überreichte mir den Stift. Als ich
> ihn fragend ansah, nickte er mir freundlich zu. Ich ging zum Flipchart und
> vollendete für den Rest des Meetings die Skizzierung am Flipchart, wäh-

rend er sich auf einen der hinteren Plätze im Raum setzte. Die Übergabe dieses Stifts war für mich so unerwartet und ungewohnt, dass ich das bis heute nicht vergessen habe. Diese Geste ersetzte für mich tausend Worte und meine Motivation stieg von einem auf den anderen Moment auf das Hundertfache an."

Es gibt viele weitere Situationen, in denen Mitarbeiter einen Motivationsschub erleben können. Sicher fallen Ihnen selbst auch unzählige Beispiele ein, wie Sie Motivation erfahren haben. Vielleicht merken Sie sich die eine oder andere Situation, die Ihnen positiv im Gedächtnis geblieben ist. Was bei Ihnen funktioniert hat, funktioniert auch sicher bei Ihren eigenen Mitarbeitern, sollten Sie einmal in die Gelegenheit kommen, eine Führungsposition inne zu haben. Waren Sie auf der anderen Seite auch schon einmal so richtig demotiviert? Und können Sie sich noch an die zugehörigen Situationen erinnern? Prima. Merken Sie sich diese Situationen auch für Ihre nächste Führungsposition. Eine Wiederholung davon können Sie dann ja bei Ihren eigenen Mitarbeitern vermeiden.

Wussten Sie, dass nicht nur Über- sondern auch Unterforderung ein Auslöser für Frust im Job sein kann?

„Meine Arbeit in der Entwicklungsabteilung machte mir sehr viel Spaß. Ich konnte meinen Ideen freien Lauf lassen und ich widmete mich meinem interessanten Projekt mit vollem Elan. Eines Tages kam die Nachricht von der Geschäftsführung, dass meine Kollegen und ich unsere Projektarbeit in der Entwicklung urplötzlich unterbrechen und wegen Nachschubproblemen eines wichtigen Kunden in der Reagenzienabfüllung aushelfen sollten. Dort mussten wir ganze sechs Wochen lang engmaschig kontrollierte Routinetätigkeiten durchführen. Das war sowas von öde! Dies führte zu Frustration und Demotivation des gesamten Teams und ich war heilfroh, als wir nach Abschluss dieser Tätigkeit wieder selbstbestimmt und eigenverantwortlich arbeiten durften."

Antriebslose Mitarbeiter locken Sie weder durch übertriebenes Lob ("fein gemacht") hinter dem Ofen hervor, noch durch monatliche Gehaltserhöhungen oder tägliche Süßigkeiten. Trotzdem haben Sie, als Führungskraft, es in der Hand Ihre Gruppe zu motivieren und bei Laune zu halten. Wie das gelingt? Es ist gar nicht so schwer, wie es zunächst scheint. Voraussetzung ist, dass eine Umgebung herrscht, die es den Mitarbeitern überhaupt erlaubt, motiviert sein zu können. Hierzu gehört, dass zunächst einmal die Grundbedürfnisse der Mitarbeiter gedeckt sein müssen. Ein Büro, in dem man nicht friert, ein Gehalt, mit dem man über die Runden kommt, eine Arbeitsatmosphäre, sodass man gerne zur Arbeit geht. Fehlen solche elementaren Grundbedürfnisse, so reagieren Mitarbeiter meistens mit Zeichen der Demotivation. Sind die Grundbedürfnisse aber gedeckt, so können Sie als Chefin daran gehen, diese Umgebung so anzupassen, dass es zur optimalen Motivationssteigerung kommen kann. Und das geht so: Zeigen Sie Ihren Mitarbeitern das „ganze Bild". Erklären Sie Ihnen nicht nur, was heute um 14:15 Uhr zu tun ist, sondern in welchem großen Gesamtzusammenhang die

Tätigkeit steht. Welche Wichtigkeit hat das winzig kleine Projekt von Herrn Müller? Was macht Frau Maier mit den Ergebnissen von ihm? Warum interessiert sich Herr Bauer dafür, wie viele Spalten die Excel Tabelle von Frau Schulze hat? Bedenken Sie, dass Ihnen selbst diese Zusammenhänge zwar logisch erscheinen, möglicherweise aber keiner Ihrer Mitarbeiter diesen großen Überblick über das Gesamtprojekt hat, den Sie als Führungskraft haben. Wenn Sie es schaffen, den Leuten klar zu machen, dass Sie zwar ein winziges Rädchen im gesamten Räderwerk der Maschinerie sind, es aber zum Stillstand oder zum schwerwiegenden Verfahrensfehler führen würde, wenn sich dieses kleine Rädchen aufhören würde zu drehen, dann haben Sie Stufe eins der Motivation erreicht. Stufe zwei erreichen Sie, wenn Sie den Mitarbeitern auch noch vermitteln können, dass jeder auch einen Eigennutz aus dem eigenen Tun hat, sei es das Sammeln von Erfahrung, Argumente für die nächste Gehaltserhöhung, Anerkennung, Ehre oder ganz etwas anderes. Geben Sie Ihren Mitarbeitern das Handwerkszeug mit, ihre Tätigkeiten aktiv beeinflussen zu können. Wenn die Mitarbeiter nämlich nicht nur wissen, wie und wann sie etwas erledigen sollen, sondern auch warum, welches ihre Rolle dabei ist und welche Konsequenzen ihr Handeln hat, sind sie motiviert am „Großen Bild" mitzuarbeiten und müssen sich nicht blind und hilflos stupiden Anweisungen ergeben. Wenn die Mitarbeiter eine Handlung zur Zufriedenheit erfüllt haben, so loben Sie. Und auch hier ein Tipp: Ein Lob zeigt dann besondere Wirkung, wenn diese Anerkennung auch jemand mitbekommt.

Ich ziehe die Karte aus dem Türöffner und betrete den sauber hergerichteten Raum. Ich entledige mich meiner Schuhe, lasse sie genau dort liegen, wo sie mir von den Füßen fallen und werfe mich bäuchlings auf das frisch gemachte Bett. Mein Kopf tief in den Kissen versteckt atme ich erst einmal tief und geräuschvoll aus. Geschafft. Mein erstes Projektmeeting als leitende Angestellte habe ich hinter mich gebracht. Nein, ich habe es nicht nur hinter mich gebracht, ich habe es ganz schön gut gemacht. Ich drehe mich auf den Rücken und starre an die Decke. Ich muss unbedingt shoppen gehen, schießt es mir durch den Kopf. Jetzt, als Führungskraft habe ich ja schließlich eine gewisse Vorbildfunktion. Die anderen Chefs im Unternehmen laufen schließlich auch alle mit Anzug und Krawatte herum. Was kaufe ich mir am besten? Ein Kostüm fände ich gar nicht schlecht. Schicke Ohrringe und eine passende Kette? Die Handtasche sollte natürlich zu den Schuhen passen. Ob ich auch den Nagellack farblich darauf abstimmen sollte? Ich drehe mich zum Fenster und beobachte die Blätter der großen Eiche im Hof, die bis hoch zu meiner Fensterscheibe reichen. Obwohl, nicht dass es dann heißt, ich würde durch meine schönen Kleider nur etwas überspielen wollen. Am Ende schade ich mir vielleicht noch selbst? Vielleicht sollte ich eher auf etwas Gediegeneres zurückgreifen. Ein grauer Wollpulli mit einer feinen Stoffhose? Ja, dann sehe ich wirklich bald so aus, wie meine frühere Französischlehrerin. Die wurde auch immer nur Madame souris grise *genannt.*

12.6
Wie viel Weiblichkeit darf als Führungskraft sein? Eine Umfrage unter Männern und Frauen

Einerseits brauchen Führungspersönlichkeiten Härte für die Durchsetzung ihrer Projekte. Frauen gelten hingegen als unweiblich, wenn sie Härte zeigen.

Wie viel Weiblichkeit steht also einer Chefin zu? Stehen Härte und Weiblichkeit wirklich im Widerspruch? Müssen sich Frauen also entscheiden, ob sie lieber weiblich oder durchsetzungsstark wirken wollen? Hier gibt es die verschiedensten Standpunkte, einige davon haben wir für Sie zusammengetragen. Schauen Sie und überprüfen Sie für sich selbst, ob Sie sich mit der einen oder anderen Aussage identifizieren können.

„Was ist denn überhaupt weiblich? Brüste zeigen und heulen?"

„Ich als Führungskraft würde schon gerne ein wenig mehr Weiblichkeit zeigen. Traue mich aber nicht. Meinen roten Nagellack, den ich beim Ausgehen auflege, entferne ich vor dem Gang ins Büro. Komischerweise eher wegen meiner weiblichen als wegen meiner männlichen Kollegen."

„Bei uns gibt es fast nur Männer in Führungspositionen. Als dann mal eine hübsche Frau auftauchte, ging ich automatisch davon aus, es wäre eine Assistentin. Hat mich dann positiv überrascht, dass sie eine kompetente, kluge und engagierte neue Abteilungschefin war. Habe mich hinterher heimlich über meine anfängliche Meinung geschämt."

„Es gibt eine Abteilung bei uns, bei dem die Handschrift des Chefs (sprich: sein Geschmack für einen Frauentyp) eindeutig zu sehen ist. Und zwar so, dass es schon fast peinlich ist. Solch ein Verhalten wirkt abstoßend auf mich. Als Frau muss man sich gut überlegen, ob man in solch einer Abteilung arbeiten möchte, wenn es offenbar weniger um Leistung sondern mehr um das Aussehen geht, besonders als Führungskraft."

„Wenn mir eine Frau über den Weg läuft, die auf den Tisch haut, wie unser Geschäftsführer, so finde ich dies lächerlich und ich frage mich, ob sie etwas mit der Maskerade überspielen möchte."

„Mich nervt, dass mich die Männer ganz ungeniert mustern, wenn ich einmal mit einem schönen Kleid ins Büro komme."

„Die Kombination „Hart" und „weiblich" passt für mich nicht zusammen. Wenn ich mir eine weibliche Führungskraft vorstelle, die „Härte" ausstrahlt, bekomme ich Kastrationsängste."

„Mir fällt auf, dass in Seminaren Männer mit Ihren Anzügen nichts falsch machen können: Sie sehen immer gut aus. Nur wenige Frauen wirken auf mich jedoch schick. Trauen sie sich nicht, ein schickes Kostüm zu tragen?

Entweder sie haben einen langweiligen Hosenanzug an (das wäre noch positiv), oder sie kommen total leger im Pulli. Das geht gar nicht, finde ich."

„Wenn Frauen in Führungspositionen an der Tagesordnung wären, die Ihre Weiblichkeit ausleben, hätten wir Männer uns schon längst daran gewöhnt und müssten nicht jedes Mal aufs Neue das Sabbern anfangen."

Wie Sie sich am Ende auch präsentieren, es zählt einzig und alleine Ihre Authentizität. Es bringt nichts, sich künstlich „streng" zu trimmen, weder durch Kleidung, noch durch Wortwahl oder Handeln, wenn dies nicht Ihrem Naturell entspricht. Behalten Sie Ihr Lachen, Ihre Tränen im Augenwinkel, Ihre Offenheit und Ihre Vorliebe für Kleider im Sommer. Glauben Sie wirklich, dass Ihr schwarzer Hosenanzug, ihre Kurzhaarfrisur und die strenge Brille am Ende Ihre Führungskompetenz ausmacht? Wir glauben dies nicht.

Ich ertappe mich dabei, wie ich immer noch an die Decke starre. Ich gebe mir einen Ruck und zwinge mich aufzustehen. „Jetzt erst einmal frühstücken", sage ich mir. Noch bin ich ganz aufgeregt. Das erste Mal auf Geschäftsreise, das erste Mal, dass ich an der Rezeption mit „Frau Dr." begrüßt wurde. Ich ziehe mich an, begutachte mich im Spiegel und mache mich auf den Weg zum Frühstücksraum. Am Buffet treffe ich auf meinen Chef. „Guten Morgen", ruft er mir fröhlich zu. „Auch guten Morgen", entgegne ich ihm und füge ein „zum Glück sind Sie heute hier" hinzu. Verdutzt schaut er mich an. Ich unterdrückte ein Grinsen, während ich mir ein kleines Schälchen mit Beerenmarmelade nehme. „Wenn Sie wüssten, was mir heute Morgen schon alles durch den Kopf ging, bevor ich überhaupt einen Fuß aus dem Bett gesetzt hatte", erklärte ich ihm. „Bin ganz schön aufgeregt. Schließlich ist es meine erste Geschäftsreise". Fragend schaue ich ihn an. „Ich muss heute ja ausschließlich das Protokoll führen, oder?" „Ja, klar. Zum reinkommen in die Materie ist das glaube ich eine gute Chance. Beim nächsten Mal können Sie dann auch durch die Agenda führen, wenn Sie möchten." Ich nicke. „nein, alles gut", ich wollte mich nur nochmals absichern. Nicht, dass ich Sie am Ende noch kurzfristig vertreten muss oder so." Wir schauen uns an und lachen beide. „Nein", sagt er. „Sehen Sie?" Er bewegte seinen Arm hin und her. „Ich bin vollkommen fit. Keine Ausfallerscheinungen oder Sonstiges." Beruhigt setze ich mich an meinen Tisch und beginne mein Marmeladenbrot zu essen.

13
Wenn die Hormone verrückt spielen: Herausforderungen an besonderen Tagen

Freitagmorgen 6:30 Uhr. Ein schrilles Geräusch reißt mich aus meinen Träumen. Ich schaffe es gerade so, meinen Körper auf die andere Seite des Bettes zu wälzen. Mit halb geöffneten Augen taste ich in die Richtung, aus der das Geräusch kommt. Ich taste … Und taste … bis ich mein brandneues Smartphone in der Hand halte. Komisch. Dieses ohrenbetäubende Geplärre hat es bisher noch nicht von sich gegeben. Der stechende Schmerz in meinem Kopf ist unerträglich.

Gestern Abend erreichte ich nach der Arbeit gerade noch rechtzeitig vor Ladenschluss den kleinen Supermarkt um die Ecke und deckte mich mit einer Flasche Wein, einer Tüte Chips und einem Päckchen Schokoerdnüssen ein. Ich freute mich auf einen Abend daheim, nur ich mit mir. Zuhause angekommen hörte ich meine Lieblingsmusik (um ehrlich zu sein, wiederholte ich Leaving on a jet plane *von John Denver, bis ich es nicht mehr hören konnte), trank genüsslich ein Glas Wein, während mein Fuß den Takt der Musik auf dem Fenstersims mitwippte und mein anderes Bein bei mir auf der Couch ruhte. Während ich die Passanten vorbeiflanieren sah, fragte ich mich mäßig interessiert, ob sich die Nachbarn durch meine Musiklautstärke gestört fühlen würden.*

Ungefähr einmal im Monat habe ich so einen Abend. Und genau wie heute bedauere ich am nächsten Morgen, die ganze Flasche Wein anstatt des beabsichtigten Glases getrunken zu haben.

Ich wische mit dem Finger über den Handy-Bildschirm, um es zu entsperren. Die zuletzt verwendete App ist noch offen. Mein Mund formt ein schwaches Lächeln beim Blick auf den Bildschirm, „ah ja, der P-Tracker".

Kennen Sie diese Tage? Bei der Arbeit verbreiten Sie scheinbar grundlos schlechte Laune, sind mit nichts und niemandem zufrieden, suchen geradezu nach Konflikten oder suhlen sich im Selbstmitleid? Falls ja, spielen Ihnen ab und zu Ihre Hormone vielleicht einen Streich oder es liegt schlicht und ergreifend daran, dass Sie übernächtigt und mit dem falschen Fuß aufgestanden sind.

> „Ich kann momentan wirklich nicht sagen, ob ich solche emotionale Achterbahnfahrten in der Vergangenheit hatte, habe diese aber definitiv, seit ich versuche schwanger zu werden. Sobald ich merke, dass ich wieder meine Periode habe, überkommt mich ein Gefühl tiefer Traurigkeit, weil es wie-

Karriereführer für Naturwissenschaftlerinnen, 1. Aufl. Karin Bodewits, Andrea Hauk und Philipp Gramlich.
©2016 WILEY-VCH Verlag GmbH & Co. KGaA. Published 2016 by WILEY-VCH Verlag GmbH & Co. KGaA.

der nicht geklappt hat. Wenn sich dann gleichzeitig eine andere Frau in meinem Labor beschwert, zu wenig Schlaf gehabt zu haben, weil ihr Kind die Nacht über geschrien hat, so denke ich, „zumindest hast Du ein Kind". Solche Gefühle der Eifersucht und Traurigkeit machen mich fertig und ich muss mich zusammenreißen, dies nicht zu zeigen. Meistens meide ich für 1–2 Tage herausfordernde Gespräche, soweit dies geht."

Nicht nur Schwangere unterliegen je nach Hormonausschüttung ab und zu einem Wechselbad der Gefühle, sind leicht reizbar oder auch einfach nur launisch. Wir Frauen unterliegen nun mal unserem eigenen hormonellen Zyklus, und der diktiert anscheinend auch den einen oder anderen emotionalen Ausbruch.

Dumm nur, wenn uns dieser gerade im Büro unseres Chefs überkommt! Eine recht peinliche Situation, und besonders dann, wenn dabei das eine oder andere Tränchen im Spiel ist. Weinen, so haben wir schließlich gelernt, ist ein eindeutiges Zeichen von Schwäche. Schon wer im Privaten nah am Wasser gebaut ist, gilt als übertrieben emotional. Was ist dann erst, wenn die Emotionen auch im Berufsleben überquellen? So beraubt man sich natürlich aller Karrierechancen. Oder? – Anscheinend nicht! Vielen Frauen, mit denen wir im Laufe unserer Recherchen gesprochen haben, ist so etwas schon einmal passiert, selbst den „ganz Großen"! Auch Sheryl Sandberg, Geschäftsführerin (COO) bei Facebook, beschreibt in ihrem Roman „Lean in" eine Situation, in der sie in Mark Zuckerbergs Büro in Tränen ausbrach. Nicht nur das, sie schreibt auch, dass ihr das von Zeit zu Zeit immer wieder einmal passiert, auch heute noch. Ist also der weibliche Zyklus Schuld, dass nur Frauen von Gefühlsausbrüchen übermannt werden oder passiert das Männern auch?

Eine weibliche Führungskraft verriet uns Folgendes:

„Also bei mir ist es definitiv so, dass ich kurz vor meinen Tagen eine, na-ja, sagen wir mal „zartbesaitete" Phase habe. Einmal habe ich sogar allen Ernstes Tränen in die Augen bekommen, als mich der Busfahrer morgens in einem sehr schroffen Ton nach meiner Fahrkarte gefragt hatte! Im Berufsleben habe ich das momentan ziemlich gut unter Kontrolle. Ich kann mich aber noch sehr gut an eine Situation bei einer früheren Arbeitsstelle erinnern, als mir mein damaliger Chef in einem Gespräch unterbreitete, dass sich mein Tätigkeitsumfeld ändern würde und ich dabei das Gefühl hatte, er wolle mich in den Routine-Bereich abschieben. Da sind die Dämme gebrochen und ich stand heulend bei ihm im Büro, anstatt professionell mit der Situation umzugehen."

Dies erzählte uns eine männliche Führungskraft zum gleichen Thema:

„In einem Gespräch mit meiner damaligen Chefin hatte ich mich einmal ziemlich emotional über einen Vorgang mit meinem Kollegen ausgelassen. Wenn mein Anliegen auch begründet war, ich hatte ihr in diesem Moment sehr vertraut, sonst hätte ich mich nicht so sehr von meiner emotionalen Seite gezeigt. Im nächsten Feedback Gespräch griff sie dann explizit diesen Punkt auf und sagte sie fände es gut, sich mit Herzblut einzusetzen und auch emotional hinter der Arbeit zu stehen".

Dr. Peter Pack; Partner und Geschäftsführer, EMBL Ventures kennt solche Situationen auch, und zwar bei Frauen wie auch bei Männern. Wir fragten ihn, wie es sich von der „anderen Seite" aus anfühlt, in eine emotionale Ausnahmesituation verwickelt zu sein. Er verriet uns Folgendes:

> „Als „Mann" (abgesehen von der Vorgesetztenrolle) fühle ich mich hilflos, wenn Frauen nah am Wasser gebaut sind. Ich fühle deren Verzweiflung sehr intensiv und das erzeugt einen Beschützerinstinkt, Mitleid wäre das falsche Wort. Das muss man dann als Vorgesetzter unterdrücken, man darf selber eh nicht emotional werden, zudem das dann auch völlig missdeutet werden kann und es unfair gegenüber Männern in der gleichen Situation wäre. So ein Gespräch gehört zu den schwierigsten Aufgaben eines Geschäftsführers, und ich habe selber mehr darunter gelitten, als von außen (hoffentlich) sichtbar war."

Angenommen Sie sitzen im Büro des Chefs, und die Emotionen kommen aus weiß Gott welcher Eingebung einfach so über sie, dann hilft es nur, dazu zu stehen. Pampige Antworten oder fluchtartiges Verlassen des Büros erregen erst recht Aufsehen und helfen Ihnen nicht weiter. Bitten Sie eventuell um ein Taschentuch und erklären Sie offen und ehrlich, dass sie Ihre Emotionen gerade übermannt haben. Setzen sie ein (gezwungenes) Lächeln auf, während Sie aufstehen und das Taschentuch in den Müll wandern lassen. Das gibt Ihnen einige Augenblicke, um sich zu fangen.

Erwarten Sie jetzt aber nicht, dass prinzipiell jeder mit Ihnen mitfühlt und es gut wäre, immer und überall Ihren emotionalen Wallungen freien Lauf zu lassen. Mitunter weht Ihnen hier ein Gegenwind entgegen, je nachdem, welches Bild Sie sonst so im Arbeitsleben von sich vermitteln.

> „Obwohl ich selbst auch Stimmungsschwankungen habe, finde ich es sehr unprofessionell diese im Arbeitsalltag zu zeigen."

Übrigens: Keiner der uns bekannten Frauen wurde nach solch einer „Kurzkrise" das Gehalt gekürzt, noch sind sie gefeuert worden. Im Gegenteil. Man(n) entdeckte eine vielleicht noch nicht gekannte Seite an ihnen. Nicht nur die der starken, ehrgeizigen, furchtlosen Abteilungsleiterin, nein: auch die einer ganz „normalen" Frau. Sie können in solchen Situationen also durchaus Ihre Würde unter Beweis stellen. Große Gesten entstehen meist gerade aus solchen ungeplanten, emotionalen und spontanen Situationen heraus. Denken Sie einmal an den Kniefall von Willy Brandt. Glauben Sie ja nicht, er hätte diesen zuvor geplant und einstudiert. Eine geplante Aktion hätte niemals diese Tiefe, diese Wirkung entwickelt, wie diese spontan über ihn gekommene Handlung. Wer weiß also, wofür Ihr nächster spontaner Gefühlsausbruch gut sein mag?

Ein kleiner Denkanstoß für die nächsten Gefühlswallungen: Wie wäre es, wenn Sie Ihre Stimmungsschwankungen als Werkzeug einsetzen, anstatt sich vor einem Problem zu fürchten? Wenn Sie wissen, wann Ihre „schwachen" oder Ihre „starken" Tage sind, können Sie wichtige Meetings oder Gespräche gezielt auf Ihre präferierten Tage fokussieren.

„Ich benutze eine App, die meine Stimmungen zeigt. Da habe ich 3 Monate lang meine Zyklusdaten, meine Stimmungslage und noch ein paar andere Sachen eingegeben und kann da jetzt täglich schauen, wann ein „starker" Tag ist, oder ob ich das Gehaltsgespräch etc. lieber noch eine Woche verschieben sollte. Eine nette Spielerei, die ich gerne nutze. Nicht, dass das jetzt falsch verstanden wird. Ich sehe den weiblichen Zyklus keineswegs als Vorwand, um seinen Launen freien Lauf zu lassen. Meine ideale Welt würde aber so aussehen, dass der Zyklus und die Stimmungsschwankungen als solches akzeptiert werden, und dass man ganz offen darüber reden kann, in der Art, „Sorry, ich glaube nicht, dass das heute eine gute Idee ist, darüber zu diskutieren, ich habe gerade meine Tage."„

„Mir hatte einmal mein Bürokollege eine Plastik-Fernsteuerung geschenkt; ein kleines graues Kästchen aus Pappe, das irgendeiner Warensendung zu Werbezwecken bei lag. Er sagte zu mir im Scherz, dass ich die ja benutzen könne, wenn ich mal wieder meine gereizten Tage hätte und er mich nerven würde. Zum Spaß drückte ich auf „mute" und er verstummte augenblicklich, um mir zu zeigen, dass das Papp-Ding funktionieren würde. Ich fand die Idee so toll, dass ich mir diese Fernbedienung in meine Aufbewahrungsbox für meine Kugelschreiber steckte. Die Gelegenheit kam bereits am nächsten Tag, als mein Chef zu mir kam, um eine belanglose Diskussion über eine noch belanglosere Sache anzufangen, über die ich mich normalerweise fürchterlich aufgeregt hätte. Anstatt mich hineinzusteigern, was er nun schon wieder von mir wolle, und mich in Rage zu reden, fingerte ich an meiner Kulibox herum, bis ich den „mute"-Knopf fand und symbolisch darauf drückte. Mein Chef merkte von all dem nichts, er war zu sehr in seinen Monolog vertieft. Ich lächelte ihn an, nickte freundlich und stellte mir vor, wie die Worte aus seinem Mund kamen, ohne einen Laut von sich zu geben. Als er fertig mit seiner Predigt war, sagte ich nur, dass ich das genauso sehe wie er, und ganz seiner Meinung wäre, und dass ich, falls es mein Fehler war, dies natürlich das nächste Mal besser machen würde. Sie werden es nicht glauben, aber diese Fernbedienung war für mich ein Segen. Nur schade, dass sie die Putzfrau eines Tages mit dem Müll mitnahm. Klar. Wer vermutete schon, dass Frau Doktor ein Stück Pappe auf dem Schreibtisch braucht, um die Contenance während Ihrer reizbaren Tage zu behalten."

Ein männlicher Kommentar hierzu gefällig?

„Es ist doch lächerlich, über Frauenprobleme und Hormonschwankungen zu schweigen. Männer prahlen großkotzig über körperliche Schwächen wie Verletzungen vom Fußballspielen, oder wenn ihre Eingeweide schmerzen, weil sie krank sind, zu viel gegessen, getrunken oder sonstwas haben und sehen überhaupt keinen Grund das zu verheimlichen. Die „rote Zora" kann da doch dann auch direkt, vielleicht sogar humorvoll angesprochen werden, oder nicht? Zumindest würde es das Leben für alle Beteiligten einfacher machen. In welcher Zeit leben wir denn? Klar, vor Urzeiten, ohne angemessene sanitäre Ausstattung und Aufklärung war das alles auch viel-

leicht beängstigend und ekelhaft. Hey, durch meinen eigenen Testosteron-
level stinke ich auch, wenn ich mich nicht ganz akribisch dusche, außerdem
leidet mein Kopf unter Haarausfall. Mich dafür zu schämen wäre Quatsch!"

Ähnlich sieht es diese Dame:

> „Ich muss zugeben, dass ich Hormonschwankungen durchaus spüre und
> dass sie mehr oder weniger starken Einfluss darauf haben, wie ich mich
> fühle und dadurch auch darauf, wie ich reagiere.
> Während meiner Tage bin ich normalerweise müder, sensibler und emo-
> tionaler als sonst. Ich verberge meine Gefühle nicht, genau wie ich nicht
> krampfhaft versuche zu verbergen, wenn mein Knie schmerzt. Ich spreche
> einfach ganz ehrlich darüber. Wir sollten bei diesen Dingen weniger Tabus
> haben. Müde, emotional oder sensibel zu sein, macht uns ja nicht weniger
> professionell oder beeinflusst die Fähigkeit zu arbeiten, Entscheidungen zu
> treffen oder Mitarbeiter anzuleiten. Es bedeutet lediglich, dass ich ehrlich
> über meine Gefühle spreche. Wenn ein Mann Probleme mit der Schilddrüse
> hat und deswegen müde ist, wäre es derselbe Fall. Wir dürfen nicht verges-
> sen, dass wir Menschen sind und keine Maschinen. Wir werden durch die
> Umstände und unser Umfeld beeinflusst."

Sitzen Sie üblicherweise auf „der anderen Seite"? Vielleicht kommen Sie ja dann
selbst einmal in die unbequeme Situation, in der eine Ihrer Mitarbeiter(innen)
emotional übermannt vor Ihnen steht. Sie fragen sich, wie man in solch einer Situation angemessen reagiert? Hier ein Beispiel einer unserer interviewten Führungskräfte:

> „Als meine Mitarbeiterin gerade 4 Wochen da war, kam sie zu mir und ist
> tatsächlich in Tränen ausgebrochen. Grund: Sie hat sich die Arbeit völlig
> anders vorgestellt. Ihr Tränenausbruch kam damals sehr überraschend für
> mich und es war tatsächlich etwas unangenehm, aber ich hab sie getrös-
> tet und ihr versichert, dass es besser wird. Nach dem Gespräch war ihr das
> selbst sehr unangenehm und sie hat sich bei mir dafür entschuldigt (wofür
> kein Anlass bestand aus meiner Sicht). Ich glaube, die Situation entstand
> vor allem deshalb, weil Sie ihr Problem erst angesprochen hatte, als das
> Fass für sie schon am Überlaufen war. Kein Wunder, dass da dann Emotio-
> nen ins Spiel kommen. Ich denke, es hilft vielen, Dinge unmittelbar und
> direkt anzusprechen, dann staut sich nichts an und alle Beteiligten können
> besser/sachlicher damit umgehen."

14
Kennen Sie Ihr Ziel?

Als kleines Mädchen wusste sie genau, wo sie ihr Leben hinführen sollte. Sie wollte Erzieherin werden, einen Garten mit Gemüse bepflanzen, Tiere füttern, heiraten, Kinder bekommen und glücklich und zufrieden bis an ihr Lebensende den Kindern im Garten beim Spielen zuschauen. Im Teenageralter kamen ihr die ersten Zweifel, ob sie ihr Ziel jemals erreichen würde. Ein Gesicht voll Pubertätspickel lockt nun mal nicht gerade einen potenziellen Ehemann an. „Gut", dachte sie, „Erzieherin kann ich ja trotzdem werden". Am Tag ihres Schulpraktikums im örtlichen Kindergarten verabschiedete sie sich dann allerdings endgültig von ihrer rosaroten Zielvorstellung, und zwar genau zu dem Zeitpunkt, als sie die Tür zum Kindergarten öffnete. Schreiende, herumflitzende Kinder kreuz und quer. Sie wusste gar nicht, wo sie hinschauen sollte. Sie schloss die Tür, ohne auch nur einen Fuß in das Gebäude zu setzen.

Was glauben Sie, wurde aus diesem Mädchen? Hat es sich neue Ziele gesucht oder irrte es womöglich ihr Leben lang ziellos umher? Hat Sie es jemals zu „etwas" gebracht? Braucht man denn unbedingt Ziele im (Berufs-)Leben, oder stehen einem die eigenen Ziele vielleicht selbst im Weg? Vielleicht ist eine vage Zielvorstellung sogar hilfreich, weil flexibler? Setzen sich Frauen andere Ziele als Männer und sind sie vielleicht gerade deswegen weniger erfolgreich im Beruf?

14.1
Ziele können motivieren und auch lähmen

Sich Ziele setzen ist wichtig und richtig. Ob im Beruf, Freizeit oder Familie: Die Motivation steigt, wenn man weiß, wo man hin will. Wenn Sie schon einmal eine Bergwanderung gemacht haben, können Sie sich vielleicht an das Gefühl kurz vor dem Gipfel zu stehen erinnern. Auch wenn Sie nach einer langen Wanderung fix und fertig von der Strapaze waren: Das Ziel vor Augen mobilisierte Ihre letzten Kraftreserven. Oder haben Sie sich jemals kurz vor dem Gipfel auf den Heimweg gemacht? Ein Ziel zu haben ist also wichtig. Sich darauf zu versteifen lähmt allerdings.

Karriereführer für Naturwissenschaftlerinnen, 1. Aufl. Karin Bodewits, Andrea Hauk und Philipp Gramlich.
©2016 WILEY-VCH Verlag GmbH & Co. KGaA. Published 2016 by WILEY-VCH Verlag GmbH & Co. KGaA.

„Mein Ziel war von Anfang an klar: Ich wollte Patentanwältin werden. Ich fokussierte mich so dermaßen darauf, dass mir vielleicht so manche Chancen verborgen blieben, da ich überhaupt nicht offen für einen alternativen Weg war. Als sich in meiner neuen Heimat herausstellte, dass es so gut wie unmöglich war, ohne fließende deutsche Sprachkenntnisse dieses Ziel zu erreichen, war ich ziemlich frustriert. Erst im Nachhinein fand ich heraus, dass es noch so viele andere Karrieremöglichkeiten gegeben hätte, doch ich war total blind dafür. Mein Tipp an alle Frauen wäre daher, sich nicht blind an ein Ziel zu fesseln. Das trübt den Blick und frustriert, wenn man es nicht erreicht."

14.2
Augen zu und durch

Nicht alle Bergwanderer kommen dem Gipfel zum Greifen nahe. Dies könnte daran liegen, dass sie einzig und allein den direkten Weg zum großen Ziel im Blick haben, dabei aber vergessen, dass es auf dem Weg dorthin unter Umständen Hindernisse zu überwinden gilt, die plötzlich auftauchen oder die einem beim Beginn der Wanderung nicht bewusst waren. Nehmen Sie solche Hindernisse als Herausforderung an, anstatt diese als willkommene Ausrede für den Abbruch der Wanderung vorzuschieben. Gibt es also einen Fluss auf der Strecke zu überwinden, dann können Sie entweder schwimmen oder Floß bauen lernen und anschließend den Weg fortsetzen. Gibt es Steilhänge, so heißt es üben, üben, üben – ohne das Sammeln gewisser Klettererfahrungen werden Sie nicht weiter kommen. Auch wenn Sie es noch so sehr wollen: Fahrlehrer können Sie nicht ohne Führerschein werden, Informatiker nicht ohne Nullen von Einsen zu unterscheiden und Biochemiker nicht, ohne irgendwann einmal den Zitronesäurezyklus auswendig heruntergebetet zu haben. Da müssen Sie mitunter einfach in den sauren Apfel beißen und Umwege in Kauf nehmen, die Ihnen im Moment zwar nicht schmecken, die Sie für die weitere Wanderung auf Ihrem Weg zu Ihrem persönlichen Gipfel jedoch benötigen.

„Nach meiner TA Ausbildung arbeitete ich im Bereich Validierung und Qualifizierung von Diagnostika. Eine Arbeit, die ich mit Freude und Leidenschaft ausübte. Nicht zuletzt auch deswegen, weil mich das eigenverantwortliche und selbständige Arbeiten herausforderte, bewarb ich mich für die Position der Gruppenleitung, als diese vakant wurde. Meine Absage erhielt ich mit den Worten, eine TA würde für solch eine Leitungsfunktion nicht die notwendigen Anforderungen mitbringen. Anstatt meinen Kopf in den Sand zu stecken, entschied ich mich zur Kündigung und begann ein Studium, das mich für eine Gruppenleitung berechtigen sollte. Sechs harte Jahre habe ich nun hinter mir und oft habe ich mich gefragt, ob sich das nächtliche Lernen, das Kellnern am Wochenende und der ständig leere Geldbeutel jemals lohnen würden. Nicht selten betrachtete ich neidvoll meine Freunde, die

seit der Ausbildung im Job geblieben waren, ein Haus und eine Familie hatten. Nächstes Jahr werde ich meine Promotion abschließen. Bald habe ich
es geschafft! Mein persönlicher Gipfel ist zum Greifen nahe und ich freue
mich schon jetzt auf meine vielfältigen Karrierechancen, die mir als „Frau
Doktor" dann offen stehen."

Heißt das also, dass man alle Ziele erreichen kann, beißt man nur die Zähne
stark genug zusammen? Wie hoch darf man sich denn seine Ziele stecken? Kann
ein Ziel beispielsweise lauten „ich will einmal den Nobelpreis bekommen!" oder
„Ich will Firmengründer eines global tätigen Pharmakonzerns werden!"? Klar,
warum nicht nach den Sternen greifen. Solange Sie ein solch hohes Ziel eher
anspornt als demotiviert, ist kein Ziel zu hoch gesteckt. Der Grat zwischen „eine
Sache aus vollem Herzen erreichen möchten", „Naivität" und „blindem Aktionis-
mus" ist jedoch schmal und das Risiko, an zu hoch gesetzten Zielen zu zerbrechen,
ist groß. Hinter jedem Nobelpreisträger verbergen sich tausend gescheiterte Wissenschaftler, die keine Gelder für ihre Forschung einwerben konnten, deren Ideen
sich nicht umsetzen ließen oder die schlicht und ergreifend nicht einmal ihre Dissertation beenden, aus welchen Gründen auch immer. Hinter jedem erfolgreichen
Unternehmensgründer verbergen sich zig andere, die keine Kunden gewinnen,
nach einigen Jahren Bankrott gehen oder zu einem Einmannunternehmen ohne Aussicht auf Gewinn schrumpfen. Hinter jedem erfolgreichen Schriftsteller
verbergen sich Hunderte, deren Bücher sich nicht verkaufen, die keinen Verlag
finden oder die ihr Manuskript nie zu Ende schreiben werden. Hätte man also all
diesen Menschen raten sollen, sich niedrigere Ziele zu setzen? Nein! Haben Sie
sich etwa die falschen Ziele gesetzt? Nein! Es ist nur ziemlich unklug, verbissen an
Zielen festzuhalten, die offensichtlich nicht zum gewünschten Ergebnis führen.
Wenn Sie es schaffen, sich selbst einzugestehen, dass Sie gerade „den Laden an
die Wand fahren", haben Sie die Chance rechtzeitig die Notbremsung einzulegen,
ohne am Ende vor einem kompletten Scherbenhaufen zu sitzen. Haben Sie einen
Plan B in der Tasche? Die Kunst besteht nämlich darin, diesen Plan rechtzeitig
aus der Tasche zu zaubern. Prüfen Sie, ob eine komplette Neuorientierung für Sie
sinnvoll ist und lassen Sie diese zu, anstatt sich von morgens bis abends zu fragen,
wann Sie endlich Ihr Ziel erreichen mögen.

„Eine Freundin von mir lernte KFZ Mechanikerin. Wow, toll, eine Pionierin,
die Barrieren einbricht. Doch hat sie dann drei Jahre lang Leberkäse-Sem-
meln gekauft und Schrauben geordnet. Sie meinte nur: „Mein Vater hat
immer gesagt, was Du anfängst, musst Du auch zu Ende führen." Hinterher
hat sie dann eh noch ne zweite Lehre gemacht, weil ihr der Beruf nicht lag.
Das Durchkämpfen war also völliger Quatsch. Ich denke, es kommt auf die
Situation an: Mal lohnt sich das Motto „Augen zu und durch" und mal zahlt
sich Flexibilität aus."

14.3
Das Ende in Sichtweite behalten: erreichbare Zwischenziele

Zu hochgesteckte Ziele bergen die Gefahr der Frustration, falls man sie nicht erreicht, zu tief gesteckte Ziele spornen nicht an und zu schwammig gesetzte Ziele neigen dazu, im Sande zu verlaufen, sobald die Motivation nur einen kleinen Knick erleidet. Ein Tipp ist daher, sich erreichbare Zwischenziele zu setzen. Nehmen Sie sich etwas Konkretes vor, das Sie bis zu einem naheliegenden Zeitpunkt erreichen möchten, zum Beispiel: „Nach dem nächsten Seminar werde ich bereits am Tag nach dem Seminar mindestens zwei Stunden Zeit für die Nachbereitung investieren.", „Ende dieses Monats will ich das erste Kapitel der Fortbildungslektüre durchgearbeitet und mindestens fünf zugehörige Fragen beantwortet und eingeschickt haben.", „Ich werde jeden Freitagnachmittag kurz vor Feierabend mindestens einen Eintrag in mein „Erfolgstagebuch" vornehmen."

Praxistipp: Schreiben Sie Ihre (Zwischen-)Ziele auf einen Zettel und legen diesen unter Ihre Schreibtischunterlage. Holen Sie diese Notiz von Zeit zu Zeit heraus und prüfen Sie, ob Sie das gesetzte Ziel schon erreicht haben, ob Sie es aus den Augen verloren haben oder ob es mittlerweile keine Bedeutung mehr für Sie hat.

Viele kleine Schritte sind besser als ein unüberwindbar großer Schritt. Angenommen, Sie wollten einen Elefanten verspeisen: Sie würden sicherlich auch nicht versuchen, ihn in einem Stück herunterzuschlingen!

14.4
Die Strategie zum unglücklich sein: Ziele über andere definieren

„Ich will mehr Veröffentlichungen publizieren als mein Kollege.", „Ich will mindestens so gut sein wie Herr Schmitt.", „Ich will die gleiche Gehaltserhöhung, wie Herr Müller sie dieses Jahr bekommen hat." Victoria Beckham sagte einmal „I want to be as famous as persil automatic". Victoria erreichte zwar ihr Ziel, einmal so berühmt wie Persil zu sein. Was aber, wenn das Image der Waschmittelmarke zwischenzeitlich auf einen Tiefpunkt abgerutscht wäre? Wäre ihr Ziel dann immer noch erstrebenswert gewesen? Selbst, wenn also Ihre persönlichen Vorbilder oder besser gesagt Ihre Messlatten deren Ziel erreichen werden: was, wenn dieses Ziel nur mit Mitteln erreicht wurde, die Sie persönlich ablehnen? Was, wenn außer der Zielerreichung kein Platz für weitere Tätigkeiten im Leben übrig bleibt? Wenn Sie Ihre Ziele an Personen oder Dingen festmachen, laufen Sie immer Gefahr, sich an den Zielen anderer Menschen, nicht aber an Ihren eigenen Zielen zu orientieren.

14.5
Ziele zu definieren heißt gleichzeitig Pläne zu schmieden

Schließen Sie die Augen und denken Sie an einen Zeitpunkt in ein, zwei oder zehn Jahren in der Zukunft. Unter welchen Umständen wären Sie so richtig glücklich? Was müsste genau passieren, welchen Job bräuchten Sie, welche Tätigkeiten würden Ihnen Spaß machen? Gibt es Wünsche oder Ziele, die Sie vielleicht früher als unrealistisch abgetan haben, die Sie aber nie ganz vergessen konnten und eigentlich wieder aufleben lassen sollten?

Wollen Sie Ihre Wünsche in Pläne umsetzen? Falls ja, dann entscheiden Sie: Womit sollten Sie jetzt sofort beginnen? Was steht dem noch im Weg? Womit sollten Sie genau jetzt aufhören, um Ihre Wünsche zu realisieren?

Das Mädchen irrte übrigens nicht lange ziellos umher. Ihr Tatendrang, ihre blühende Fantasie und ihr Mut, neue Wege zu beschreiten, verhalfen ihr zu einem erfüllten Leben als Wissenschaftlerin, Autorin, Dozentin, Mutter und Ehefrau. Natürlich hatte sie gute und schlechte Zeiten, Zeiten der Niederlagen und Zeiten des Auftriebes. Sie hatte nie verlernt, sich Schritt für Schritt in eine Richtung zu entwickeln, die ihr gut tat und die ihr Spaß machte. Trotz Erfolg im Beruf und Geborgenheit in der Familie fällt ihr aber auch heute noch überhaupt nicht ein, sich zurückzulehnen. Nein, Ziele zu setzen ist etwas, dass sie ihr Leben lang tun wird, verrät sie mir und ihr nächstes Ziel hat sie bereits vor Augen: Sie möchte eine Finca auf Mallorca kaufen und ihren allerersten Kindheitstraum erfüllen: Im Garten sitzen, Tiere füttern und den Enkelkindern beim Spielen zuschauen. Auf die Frage, was sie im Nachhinein anders in ihrem Leben machen würde, sagt sie: „nichts. Ich war zu jedem Zeitpunkt meines Lebens genau mit dem zufrieden, was ich erreicht habe." „Und in den Durststrecken?", fragte ich erstaunt. „Augen zu und durch" war ihre knappe, aber bestimmte Antwort. Sie drehte sich zum Backofen und holte lecker duftende, selbst gebackene Müsliriegel aus dem Rohr, während sie sich mit dem Handrücken eine graue Strähne von der Stirn schob. „Sehen Sie", sagte sie zu mir, „auch das gehört dazu: einfach mal etwas zu machen, worauf man Lust hat. Ob es sinnvoll ist oder nicht, spielt in einem Moment überhaupt keine Rolle. Die Sinnhaftigkeit ergibt sich manchmal Jahre später". Sie nahm ein skizziertes Werbeprospekt vom Tisch und reichte es mir. Darauf stand in großen Lettern zu lesen „Müsliriegel und mehr – Backerlebnisseminare auf Mallorca".

Exkurs   Topmanagement

„Manager zu sein, muss ja um Längen einfacher sein als Teamleiter oder Mitarbeiter im Projekt, schließlich gibt man seine Anweisungen ja an mündige Teamleiter weiter, die die Sache dann selbst in die Hand nehmen. Man lehnt sich zurück, schaut sich in aller Ruhe das „Big Picture" an und spielt eine Runde Golf."

Einer Geschäftsführung bei der Arbeit zuzusehen ist wie Zuschauersport: Wenn die hochdotierten Profis ihre Arbeit gut machen, fällt das nicht auf oder ist schlicht normal. Wenn hingegen ein Fehler unterläuft, kann man sich herrlich in der Couch aufrichten, die Kekskrümel vom Hemd wischen und losschimpfen. Um wie viel besser man das doch selbst gemacht hätte. Nicht auszudenken, wo man dann jetzt schon stünde, ja, man müsste wohl gar nicht erst in die zweite Halbzeit!

Aufgaben werden in der Hierarchie nach unten, Verantwortung nach oben weitergegeben. Im Topmanagement befindet man sich also ganz weit „oben" in der Hierarchie und hat einen Batzen Verantwortung. Mit dem Aufstieg ins Topmanagement ist zunächst einmal ein „Wechsel der Seiten" verbunden. Man ist nun nicht mehr auf der Arbeitnehmer-, sondern auf der Arbeitgeberseite, kann also nicht mehr im Betriebsrat mitwirken und trägt auch viele weitergehende Verantwortungen. Wenn man einen Schaden verursacht, muss man das nicht nur seinem Vorgesetzten beichten, sondern muss in einigen Fällen sogar finanziell dafür geradestehen (keine Panik, die Versicherung zahlt ...). Anstatt sich mich dem operativen Geschäft und feinen Details abzugeben, überblickt man hier eher das „Große Ganze", nickt Businesspläne und Bilanzen ab und beschäftigt sich mit KPIs (Key Performance Indicators = Leistungskennzahlen) und MBOs (Management by Objectives = Zielvereinbarungen). Vom Assistenten werden wunderschöne Power Point Folien vorbereitet, mit denen man den Aufsichtsrat, Investoren und Großkunden von den eigenen Vorzügen überzeugen darf. Das alles klingt sehr verlockend.

Auf dem Gipfel der Hierarchie hat man zwar eine gute Aussicht, und man sieht kein Hinterteil von jemandem, wenn man auf der Karriereleiter nach oben blickt. Es ist aber auch verdammt einsam dort. Man ist Zielscheibe von internem und externem Unmut, bekommt keine konstruktive Kritik mehr auf Augenhöhe und braucht eine Menge diplomatisches Geschick, um Mitarbeiter, Kunden und Investoren bei Laune zu halten. An der Spitze zu stehen, ist also nicht immer einfach. Daher ist es mitunter gar nicht so ungeschickt, nicht bis „ans Ende der Leiter" zu klettern. Auf den „unteren Stufen" hat man dazu bis zum mittleren Management nämlich den Vorteil, die Geschäftsführung als gesichtsloses Ganzes wunderbar als Ausrede vorzuschieben. Das muss man dann als Geschäftsführer eben abkönnen.

◀ „Ich bedaure diese Entscheidung selbst, doch leider hat sich unsere Geschäftsführung gegen Ihren Vorschlag entschieden."

15
Chancen nutzen und neue Türen öffnen

Ein seltenes Naturschauspiel war 1963, 2009 und 2012 zu beobachten: Der Neckar in Heidelberg fror komplett zu. Genauso, wie die Heidelberger dann ganz spontan die Chance zum Schlittschuhlaufen auf der Neckarwiese nutzen, sollten Sie auch im Job zugreifen, wenn sich spontane Chancen ergeben.

Chancen kommen und gehen. Man kann auf den vorbeifahrenden Zug aufspringen, oder es sein lassen. Wenn Sie Glück haben, hält der Zug an, sodass Sie sich Ihre Entscheidung überlegen können. In den meisten Fällen dauert dieser Halt aber nicht ewig. Das Dilemma ist, dass Sie den Zug im Nachhinein in den wenigsten Fällen erneut anhalten können. Wenn Sie also feststellen, dass alle anderen aufgesprungen sind, nur Sie nicht, ist es meist zu spät den Zugführer nochmals zum zurückfahren zu überreden. Klug ist es daher, nicht nur die Augen offen zu halten, wann ein Zug gerade zum Aufspringen einlädt, sondern auch den Mut zu haben, den Sprung zu wagen! Es sieht nämlich so aus: Lassen sie die Chancen einmal links liegen, so heißt dies nicht, dass sich ähnliche Chancen wieder und wieder ergeben werden. Noch dazu hinterlassen Sie gegenüber Ihrem Umfeld den Eindruck, als „seien Sie noch nicht bereit" für was auch immer.

Karriereführer für Naturwissenschaftlerinnen, 1. Aufl. Karin Bodewits, Andrea Hauk und Philipp Gramlich.
©2016 WILEY-VCH Verlag GmbH & Co. KGaA. Published 2016 by WILEY-VCH Verlag GmbH & Co. KGaA.

Gerade Frauen stehen sich oft selbst im Weg. Könnte man in ein weibliches Gehirn eindringen, würde man eine unendlich lange „wenn-dann"-Fallanalyse verfolgen können, sobald sich auch nur eine einzige Chance eröffnet: „Bin ich überhaupt qualifiziert dafür? Warum gerade ich? Was muss ich denn dafür noch alles wissen? Bestimmt komme ich aus dem Lernen nicht mehr raus. Ich werde mich total blamieren. Am Ende verscherze ich es mir damit mit den Kollegen. Was, wenn ich bei der neuen Stelle jemanden kennenlerne, und ich in diesem Pendlerdorf gar nicht mein Leben lang bleiben möchte? Und puh, angenommen wir hätten dann Kinder. Was mache ich denn dann mit meinem Kind, wenn ich unter Umständen ab und zu auf Dienstreise gehen muss!"

Geht es Ihnen auch so? Machen Sie sich doch nicht so viele Gedanken über ungelegte Eier! Einen Schritt nach dem anderen. Wichtig ist doch nur, dass Sie überhaupt Schritte machen und dass Ihre ureigensten Wünsche, neben all Ihren Bedenken, die Hauptakteure bei Ihrer Entscheidungsfindung sind. Übrigens: Ein „Nein" ist ja genauso eine Entscheidung wie ein „Ja". Sie sagen ja bei jeder Entscheidung zu A ja und zu B nein. Verharren ist also nicht per se sicherer, als fortzuschreiten. In beiden Fällen müssen Sie ja die schmerzhafte Entscheidung treffen und eine Türe schließen, beim Verharren fühlt es sich nur weniger danach an, da Sie nur passiv bleiben müssen. Wenn Sie hinter der Entscheidung stehen, egal wie sie dann aussieht, können Sie dann auch besser mit einer Fehlentscheidung umgehen. Eine Karriere mit angezogener Handbremse ist nicht nur frustrierend, sondern auch sehr ermüdend.

> „Als ich damals meine Planstelle für eine herausfordernde Stelle mit einer 4-monatigen Befristung annahm, schlugen meine Eltern die Hände über dem Kopf zusammen. Die wagemutige Stelle entpuppte sich jedoch als wahrer Glücksgriff. Denn dort erhielt ich die großartige Gelegenheit, als erste Mitarbeiterin in ein frisch gegründetes Unternehmen einzusteigen. Ich nahm die Chance an. Neben dem Ausbau meiner fachlichen und persönlichen Kompetenzen hatte ich dort die Möglichkeit eine wunderbare Karriere zu machen. All diese Erfahrungen hätten mir im Leben gefehlt, hätte ich nicht den Sprung aus der sicheren, aber langweiligen Planstelle gewagt."

Nun müssen Sie natürlich nicht immer in derart kaltes Wasser springen, um eine Chance zu ergreifen. Die Dame, die die Planstelle aufgegeben hat, hätte genauso gut auch Pech haben können, und keine Verlängerung der Stelle oder keine Aussicht auf eine neue Anstellung erhalten können. Was wir Ihnen aber ans Herz legen möchten, ist Folgendes: Kommt Ihr Chef zu Ihnen und erwähnt, dass die Abteilung umstrukturiert wird, und er Sie in einer leitenden Position eines Fachbereichs sehen will, dann geben Sie dem Teufelchen mit den Bedenken nicht auch noch ein Megaphon in die Hand. Probieren können Sie es doch mal! Ein Aufzählen aller Gründe, warum das eventuell nicht gehen würde, ist hier fehl am Platz. Der Chef kommt nämlich nicht, um sie dazu zu überreden! Schließlich weiß er ja, wie gut Sie sind, solange seine Meinung auf der Bewertung Ihrer Fähigkeiten und nicht auf etwas Vorgegaukeltem beruht. Wenn Sie kein Interesse signalisieren, wird er den nächsten Kollegen fragen.

Denken Sie einfach so: Ihnen ist nicht verboten, einen Gang zurückzuschalten, falls Sie sich wirklich übernommen haben. Oder wenn Sie nach einiger Zeit merken, dass Ihnen eine Schulung in dem einen oder anderen Bereich gut tun würde: Was gibt's zu verlieren? Gehen Sie zum Chef und fragen ihn. Er wird Ihnen nicht den Kopf abreißen.

Chancen können sich direkt oder indirekt auf Ihren beruflichen Erfolg auswirken. Nutzen Sie daher neben den direkten Chancen wie die Annahme einer Beförderung, auch die Chancen, die Ihren indirekten Erfolg fördern. Nehmen Sie das Angebot an, als Dozentin in Lehrveranstaltungen gebucht zu werden, bei der Organisation einer Konferenz tätig zu werden oder beteiligen Sie sich an diesem Businessplan-Wettbewerb, dessen Aushang Sie am Schwarzen Brett anlacht. Durch solche Aktivitäten öffnen Sie sich indirekt neue Türen. Neben zusätzlichen Fähigkeiten, die Sie sich damit aneignen, erweitern Sie Ihr Netzwerk und machen auch so manches Vorstellungsgespräch zum Selbstläufer.

> „Während meines Praktikums in China trat ein Freund eines Kollegen an mich mit der Frage heran, ob ich gerne einen Vortrag über die westliche Kultur in einem staatlichen Energieunternehmen in Shanghai halten würde. Ich war nicht sonderlich scharf darauf, dort hinzugehen, vor allem weil ich an dem besagten Abend schon andere Pläne hatte. Ich entschied mich trotzdem dafür. Und siehe da: Nicht nur die Veranstaltung selbst entpuppte sich auch für mich als sehr interessant, die Organisatoren nahmen mich am Ende sogar zu vielen weiteren Veranstaltungen und Reisen quer durch China mit, bei denen ich einerseits als Dozentin tätig war und andererseits sehr viel über die chinesische Kultur erfahren habe. Diese zusätzliche Aktivität ziert nun meinen Lebenslauf und führt oft zu lebhaften Gesprächen während der Job-Interviews."

Um eine Chance zu bekommen bzw. das „Glück" zu haben eine Position angeboten zu bekommen, befördert zu werden oder zu einem Vortrag auf Hawaii geladen zu werden, bedarf es nicht nur der Fähigkeit im Büro zu sitzen und auf die entsprechenden Chancen zu warten.

Aktiv sein: Chancen fliegen einem nicht einfach so zu, dafür kann man aber die Häufigkeit derer beeinflussen. Stellen Sie sich vor, Sie sind auf Jobsuche und keiner weiß davon. Wer sollte Ihnen dann bitteschön „einfach so" einen Job anbieten? Kontakte knüpfen, Fragen stellen, hinhören ist hier der erste Stein zum Erfolg.

Mut haben: Es gehört schon eine Portion Mut und Entscheidungsfreude dazu, sein Glück auch in die Hand zu nehmen. Türen öffnen und schließen sich wieder. Manchmal ist vielleicht jemand da, der einem die Tür aufhält, ein andermal müssen Sie vielleicht genau darauf achten, wo sich eine Türe öffnet. Ohne den Mut einzutreten und Neues auszuprobieren, eventuell einen Sprung ins kalte Wasser zu wagen, nützt aber selbst eine sperrangelweit geöffnete Tür nichts. Die Chance nimmt dann eben ein anderer wahr, der mutig genug ist.

Am Ball bleiben: Manchmal glückt einem auch erst nach langer zäher Vorarbeit etwas. Dass Sie jahrelang Kontakte geknüpft haben, in Ihre Karriere investiert haben, viele Fehlversuche erlitten haben: Das sieht man nicht. Was man sieht, ist immer nur das Endergebnis; eben „Glück" gehabt zu haben, genau die richtige Person zu kennen, „rein zufällig" den richtigen Job zu finden oder „ganz nebenbei" eine Gehaltserhöhung zu bekommen.

Säen sie durch gute Leistung, beobachten Sie die Pflänzchen, die sich entwickeln, und nutzen Sie die Chance, als erste an der aufgehenden Blüte zu riechen, sobald sich diese öffnet. Dies ist schließlich die Ernte, der von Ihnen mit viel Geduld und Spucke eingebrachten Vorarbeit.

16
Alles hat ein Ende nur die Wurst hat zwei?

Wie endet Ihr Arbeitsverhältnis eigentlich, wenn Sie nicht wie Ihre Großeltern ein Leben lang beim selben Arbeitgeber bleiben und Ihr erster Arbeitsvertrag mit dem Renteneintritt endet?

Während der Probezeit kann man sich am einfachsten voneinander verabschieden. Mit einer Frist von typischerweise zwei Wochen können beide Seiten ohne Angabe von Gründen kündigen. Die Gefahr, bei angemessener Leistung die Probezeit nicht zu überstehen, ist meistens recht gering. Sie als Arbeitnehmerin können die Flexibilität der kurzen Kündigungsfrist ganz unproblematisch zur weiteren Stellensuche verwenden, wenn Sie auf einer „Besser-als-Nix"-Stelle gelandet sind. Aus ungekündigter Beschäftigung mit zwei Wochen Kündigungsfrist sind Sie sogar eine attraktive Partie auf dem Arbeitsmarkt. Halten Sie aber eine gute Begründung für den schnellen Wechsel parat, damit Sie nicht als taktierende Opportunistin rüberkommen.

Doch kann man einfach so kündigen? Sie können das in der Tat, Sie können sich also einfach auf andere Stellen bewerben und kündigen, wenn Sie etwas Geeignetes gefunden haben. Das ist ein völlig normaler Vorgang, Sie müssen deshalb keine Schuldgefühle Ihrem alten Arbeitgeber gegenüber haben.

Spannender wird es, wenn der Arbeitgeber Ihnen kündigen will. Wenn keine dringenden betrieblichen Gründe vorliegen, Sie brauchbare Arbeit abliefern und gerne im Betrieb bleiben möchten, kann es kompliziert werden. Die Arbeitgeber bieten in solchen Fällen oft einen Aufhebungsvertrag an: Gegen Zahlung einer Abfindung von einigen zusätzlichen Monatsgehältern sollen Sie einer Kündigung zustimmen. Die Arithmetik eines Aufhebungsvertrages ist hochgradig komplex, Sie sollten sich vor Unterzeichnung von fachkundiger Seite Rat einholen. Das Arbeitsamt beispielsweise geht bei einem Aufhebungsvertrag von einer selbst verursachten Arbeitslosigkeit aus und verrechnet die Abfindung mit Ihren Ansprüchen. Sie sollten sich auch genau überlegen, wie gut Ihre Chancen sind, wieder schnell eine angemessene Stelle zu finden.

Eine Kündigung seitens des Arbeitgebers kann aber auch aufgrund von Problemen mit Ihnen ausgesprochen werden. In Extremfällen wie gewissen Betrugsdelikten kann es zu einer fristlosen Kündigung kommen. Dann ist das Arbeitsverhältnis sofort beendet, unabhängig von der Kündigungsfrist. In den meisten Fällen von weniger gravierendem Fehlverhalten wird eine verhaltensbedingte

Karriereführer für Naturwissenschaftlerinnen, 1. Aufl. Karin Bodewits, Andrea Hauk und Philipp Gramlich.
©2016 WILEY-VCH Verlag GmbH & Co. KGaA. Published 2016 by WILEY-VCH Verlag GmbH & Co. KGaA.

fristgerechte Kündigung ausgesprochen. Hierbei muss zuerst mindestens einmal schriftlich abgemahnt werden, nur dann ist die Kündigung im Wiederholungsfall auch gültig. Wenn Sie selbst Personalverantwortung haben und überlegen, ob Sie einen Mitarbeiter abmahnen, dann sollten Sie dies nur tun, wenn Sie auch bereit sind, im Wiederholungsfall eine Kündigung auszusprechen. Mahnen Sie öfters wegen desselben Fehlverhaltens ab, verlieren Sie Ihre Glaubwürdigkeit vor der Belegschaft und können dadurch sogar eine spätere Kündigung unwirksam machen. Sie hätten dann quasi ein Gewohnheitsrecht geschaffen, dass Abmahnungen ohne Folge bleiben.

Kann Ihnen auch gekündigt werden, weil Sie einfach zu schlecht sind? Das ist sehr schwierig, das werden Sie merken, sobald Sie Personalverantwortung haben und einer Ihrer Mitarbeiter auf „Dienst nach Vorschrift" schaltet: Immer so viel tun, wie im genauen Wortlaut der Anweisungen verlangt wurde, ist in der Regel ein ausreichender Schutz vor Kündigung. „Mitarbeiter müssen das tun, was sie sollen, und zwar so gut, wie sie können", fasst es Ulf Weigelt in seiner ZEIT-Kolumne prägnant zusammen. Es ist daher im Streitfall für die Arbeitgeber fast unmöglich zu beweisen, dass sich der Mitarbeiter absichtlich querstellt.

Eine Kündigung aufgrund von Krankheit ist möglich, sogar ohne vorherige Abmahnung. Wenn die Prognose aufgrund einer Krankheit so negativ ist, dass eine weitere Beschäftigung für den Arbeitgeber nicht mehr zumutbar ist, dann darf gekündigt werden. Das ist allerdings den wirklich schlimmen Fällen vorbehalten.

Teil IV
Sackgasse Mutter? Chancen und Herausforderungen
unserer Zeit

17
Die (politische) Lage

Wir sind Frauen, die Frauen der Zukunft! In Deutschland dürfen wir seit 1919 wählen und müssen seit 1977 auch nicht mehr die Ehemänner um Arbeiterlaubnis bitten. Die meisten von uns haben auch die freie Wahl, ob und was sie studieren möchten. Die traditionelle Frauenrolle zwischen Herd und Wickeltisch stirbt in unserer Gesellschaft langsam aus und Frauen werden als eigenständige Personen gesehen. Es ist eine spannende Zeit für beide Geschlechter. Von den Frauen wird zusehends erwartet, nach dem Kinderkriegen wieder zum Arbeitsmarkt zurückzukehren, während von den Männern eine größere Teilhabe bei der Kindererziehung und im Haushalt gefordert wird. Somit ist es heute auf der einen Seite keine unumstößliche Konstante mehr im Leben, dass der Mann aus der Arbeit heimkommt und die dampfenden Suppentöpfe auf dem Mittagstisch vorfindet. Auf der anderen Seite wird jedoch für die Frau auch das allumspannende Kontrollmandat über sämtliche Dinge des Haushaltes infrage gestellt.

Nicht jeder ist mit diesem tiefgreifenden Wandel unserer Gesellschaft zufrieden. Man erkennt zwei verhärtete Fronten an den Extremen des Spektrums: Die einen sehen die Rolle der Frau zu Hause mit Familie und Haushalt als nahezu ausschließliche Aufgaben, so wie es in Westdeutschland bis in die Sechzigerjahre hinein der einzig akzeptierte Lebensentwurf war. Falls die Frau doch etwas au-

Karriereführer für Naturwissenschaftlerinnen, 1. Aufl. Karin Bodewits, Andrea Hauk und Philipp Gramlich.
©2016 WILEY-VCH Verlag GmbH & Co. KGaA. Published 2016 by WILEY-VCH Verlag GmbH & Co. KGaA.

ßerhalb des Haushaltes tun will, kann sie ja beispielsweise ein paar Stunden pro Woche auf 450 € Basis Socken häkeln oder etwas Gemeinnütziges tun. Die andere Front in dieser Debatte möchte die Frau in der Rolle sehen, sich beruflich zu etablieren und weiter zu entwickeln. Sie sehen die reinen Hausfrauen als Verschwendung menschlichen Talentes und möchten von ihnen ihren Beitrag zur Wirtschaft durch Steuerzahlungen und Arbeitsleistungen einfordern. Die Frau soll also beim Familieneinkommen eine wichtige, wenn nicht sogar die primäre Rolle spielen und auf eigenen Füßen stehen.

Wie können wir Frauen es der Gesellschaft bei so einem uneinheitlichen Idealbild überhaupt noch recht machen? Wollen wir das überhaupt?

Offensichtlich befinden wir uns in einer bequemen Position. Wir können frei wählen, wie wir leben möchten. Ob wir uns nun für die Karriere oder das Hausfrauendasein entscheiden: Es gibt mittlerweile Gesetze und Maßnahmen, die beide Lebensentwürfe unterstützen, sei es die Herdprämie oder Initiativen um Frauen in Spitzenpositionen zu hieven. Die Vielzahl der Subventionen nach dem Gießkannenprinzip ist für den Staat allerdings teuer und für die Familien nur teilweise hilfreich, denn bis jetzt wurden damit weder das Problem der extrem geringen Geburtenrate noch die Geschlechterunterschiede auf dem Arbeitsmarkt behoben.

17.1
Hausfrauen der Zukunft?

Jetzt mal zur Sache! Zuhause bleiben mit Kindern. Geht das noch? Ja, das geht! Es geht sogar noch ganz gut. So wurde zwar im Juli 2015 ein Urteil vom Bundesverfassungsgericht gefällt, dass das Ende 2012 beschlossene Betreuungsgeld gegen das Grundgesetz verstoße. Trotzdem profitieren zumindest momentan noch viele Familien davon, die die staatlichen Betreuungsangebote nicht in Anspruch nehmen. Und natürlich gibt es noch viele alte Gesetze, die diesen Lebensentwurf subventionieren, allen voran das Ehegattensplitting. Übrigens: Es wurde sogar vom Internationalen Währungsfonds angemahnt, dass die wenigen verbleibenden Länder mit solchen Regeln davon Abstand nehmen sollten, da die Erwerbstätigkeit der „Zuverdiener" dadurch unattraktiv gemacht wird. Ganz allgemein gesehen geht daher so eine „splitting taxation" wie das deutsche Ehegattensplitting in den betreffenden Ländern mit einer Benachteiligung arbeitender Frauen einher.

Wenn man nur die mittelfristige Einkommenssituation betrachtet, ist das klassische Modell des männlichen Alleinernährers nach wie vor für die meisten Paare am einfachsten und gewinnbringendsten: Die Frau kann steuerfrei ihr Taschengeld dazuverdienen, man spart sich die Krippengebühren und der Mann kann uneingeschränkt an seiner Karriere basteln.

Aber ganz ohne finanzielles Risiko ist das zu Hause bleiben nicht mehr. In Zeiten, wo mehr als jede dritte Ehe im Laufe der Jahre geschieden wird, kann sich die Frau nicht mehr darauf verlassen, dass sie bis ans Lebensende vom Mann versorgt wird. Vernachlässigt sie Ihre Karriere aufgrund der Erziehungszeiten zu Hause, kann Sie die Gehaltssprünge der früheren Kollegen sogar womöglich nie mehr aufholen.

Die Mehrheitsmeinung der Gesellschaft bewegt sich daher immer mehr in die Richtung eines Idealbildes von arbeitenden Müttern. Die gut ausgebildeten Frauen verspüren ihrerseits diesen sozialen Druck, um nach der Geburt der Kinder schnell wieder in den Beruf einzusteigen.

> „Ich habe nach der Geburt meiner Tochter ganz deutlich gemerkt, dass ein Jahr zu Hause zu bleiben in der Großstadt völlig normal ist und sogar „fast erwartet wird", aber länger als ein Jahr sozial nicht mehr so akzeptiert ist. Als meine Tochter so etwa 10 Monate alt war, wurde ich immer wieder gefragt, ob sie schon einen Kitaplatz hat und wann die Eingewöhnung denn anfängt. Nach meiner Antwort, dass ich es noch nicht so eilig habe, kam dann jedes Mal direkt die schneidende Frage: „Möchtest du dann gar nicht mehr arbeiten?""

> „Ich habe meinen 2-jährigen Sohn aus der Kita genommen, weil ich sowieso wieder wegen unserer kleinen Tochter in Elternzeit war. Ich dachte, das sei für ihn und für mich schön. Aber es ist ganz schön schwierig, denn in unserem Stadtviertel gibt es tagsüber gar keine anderen Kinder mehr, mit denen er auf den Spielplätzen spielen könnte! Die meisten Kinder in seinem Alter sind mindestens vormittags entweder bei der Tagesmutter oder in der Kita."

Exkurs	**Warum muss ich auf eigenen Füßen stehen, meine Mutter musste das nicht**

„Frau Dr. sucht neuen Lebenspartner ..." Man kann solche klassischen Kontaktanzeigen mit etwas Glück noch finden. Eine meist ältere Dame sucht nach einer neuen Beziehung. Sie selbst hat zwar keinen akademischen Titel erlangt, doch war sie mit einem Herrn Dr. verheiratet, wodurch sie in sehr altmodischen Kreisen diese Anrede erwarb. Es handelt sich um eine Generation Frauen, die nach dem adenauerschen Frauenbild von Kinder-Kirche-Küche lebten und nie einer bezahlten Arbeit nachgegangen sind. Im Falle einer Scheidung mussten sie vielleicht umziehen, doch erhielten sie in ihren Kreisen noch stets den Respekt des angeheirateten Titels. Und auch finanziell war diese Frau Dr. gut abgesichert, nachdem sie ihrem Mann die Haustüre vor der Nase zugeschlagen hat. Heute allerdings würde es dieser Frau Dr. anders ergehen, da nicht nur die Gesellschaft, sondern vielmehr noch die Gesetzeslage reformiert wurde. Es gab 2008 eine wichtige Änderung im Scheidungsrecht. Es wird seitdem von Frauen im Falle einer Scheidung erwartet, auf eigenen Füßen zu stehen.

Die finanzielle Absicherung, die so eine Frau Dr. heutzutage erhalten würde, hat sich von einer flauschigen, mit Samt bezogenen Matratze zu einem simplen Sprungtuch der Feuerwehr gewandelt. Auf Vermögen, das der Mann bereits vor der Ehe besaß, hat die Frau keinerlei Anspruch. Unterhalt bekommt sie nur, wenn sie Kinder unter drei Jahren aus dieser Ehe versorgt. Nach dieser Zeit wird von ihr mindestens eine Teilzeittätigkeit erwartet, Unterhaltszahlungen beziehen sich dann in der Regel nur noch auf die Versorgung der Kinder.

> „Ich hatte erst kürzlich mit einer Dame gesprochen, die mir ihre Geschichte erzählte. Sie entschied mit ihrem Mann, dass ihre Hauptrolle zu Hause sein würde. Sie sorgte also für den Haushalt und jeden Abend dafür, dass Essen auf dem Tisch stehen würde. Sie waren beide glücklich mit dieser Situation. Als sie Mitte 40 war, nach zehn Jahren als Hausfrau, ließen sie sich scheiden. Die Welt stand auf einmal Kopf. Es stellte sich heraus, dass sie außer der Hälfte der Dinge, die sie während der Ehe angeschafft hatten, mit leeren Händen aus der Scheidung gehen würde. Er konnte also seine erfolgreiche Karriere weiterführen, während sie ihm zehn Jahre lang die Unterhosen gewaschen hatte und jetzt durch das riesige Loch in ihrem Lebenslauf ihre beruflichen Aussichten betrachten konnte. Ein Blick auf eine Karriere, die nun nicht mehr nur Selbsterfüllung sein würde, sondern in erster Linie Lebensunterhalt."

Dieses Zitat handelt von einer Dame, die den Wiedereinstieg in den Arbeitsmarkt geschafft hat. Durch ihre Motivation und Stärke, zusammen mit einem immer noch intakten Netzwerk aus der Vergangenheit, konnte sie sich wieder aufrappeln. Allerdings hätte sie genauso gut auch einer der vielen Fälle von einem steilen sozialen Abstieg durch Scheidung werden können.

Die Quintessenz dieser Geschichte, die diese Frau Ihnen gerne mit auf den Weg geben möchte: Ihr Mann, Ihre Eltern oder Ihre Schwiegereltern mögen es sehr wichtig finden, dass Sie jeden Tag ein ausgefeiltes Menu auf den Tisch zaubern können, wenn Ihre Kinder aus der Schule kommen. Dennoch sollten Sie sich der Risiken bewusst sein, falls Sie Ihre berufliche Perspektive aufgeben.

Aber was interessiert Sie schon so ein trockenes juristisches Detail, diese Änderung im Scheidungsrecht? Ihr eigener Mann wird Sie ja sicherlich nie verlassen, oder?

> **Praxistipp:** Sollten Sie gewollt oder ungewollt den Arbeitsmarkt verlassen, so können Sie dennoch „am Ball bleiben." Es gibt viele Aktivitäten, die sich mit Ihren häuslichen oder familiären Verpflichtungen in Einklang bringen lassen und Ihr Netzwerk, Ihre Fähigkeiten und Ihre berufliche Leidenschaft am Leben halten. Sie können Kurse belegen, Vorträge halten, freiberuflich von zu Hause aus arbeiten oder sich in Vereinen oder Gesellschaften einbringen. Die Liste ließe sich endlos fortsetzen, in jeder Lebenslage gibt es Möglichkeiten, um Ihren Interessen und Ambitionen zumindest einen gewissen Raum einzuräumen. Falls Sie dann doch wieder einstiegen müssen oder wollen, wird es ihnen bestimmt leichter fallen wieder ein Job zu finden. Ganz zu schweigen von der Befriedigung und Bestätigung, die Sie durch solche Aktivitäten erfahren.

17.2
Karrieremütter – die Frauen der Zukunft?

Karriere machen mit Kind, geht das denn? Ganz klar, es geht! Es verlangt zwar ein großes Organisationstalent und Durchsetzungsvermögen, doch verbessert sich die Infrastruktur für arbeitende Mütter stets. Es gibt jetzt Krippenplätze für Kinder unter drei Jahren und Schulen bieten vermehrt Nachmittagsbetreuung an. Einige Bausteine dieses komplexen Infrastrukturprojektes sind noch nicht fertig. So ist es zumindest noch recht ungewöhnlich, Kinder unter einem Jahr in angemessene Krippenplätze zu bringen. Leider ist es dadurch aber speziell für Naturwissenschaftlerinnen schwierig, Schwangerschaft, Elternzeit und Rückkehr in den Beruf so zu planen, dass sie trotz der häufigen befristeten Verträge nicht aus dem Berufsleben katapultiert werden. Zumal man gewisse Dinge des Lebens, wie eine Schwangerschaft, nur in begrenztem Maße planen kann. Schwanger zu werden, während Sie befristet angestellt sind, kann also einen ungewollten Ausstieg aus dem Berufsleben bedeuten. Um dies zu verhindern, müssten Sie die Elternzeit sehr kurz halten oder beim Wiedereinstieg viel Kreativität und Willensstärke zeigen, um gegen die Konkurrenz bestehen zu können. Hilfreich ist, dass auch Väter mittlerweile das Recht auf Elterngeld haben und in Elternzeit gehen können. Ihr Partner könnte also einen Teil der Kinderbetreuung im ersten Lebensjahr übernehmen, damit Sie wieder frühzeitig in Ihren Beruf einsteigen können.

Wenn Sie dann im zweiten Lebensjahr ihres Kindes einen bezahlbaren Kitaplatz von städtischen Trägern bekommen haben, erhalten Sie wieder viel Freiraum zum Arbeiten. Allerdings sind Sie nun an die Buchungs- und Urlaubszeiten der Einrichtungen gebunden und müssen ihre eigenen Arbeitszeiten entsprechend anpassen. Lassen Sie sich nicht von den offiziellen Formulierungen der Verträge und Schreiben einschüchtern. Die Einrichtungen sind zwar an gewisse Rahmenbedingungen zu Themen wie den Buchungszeiten gebunden, diese werden aber immer noch von Menschen ausgeführt. In vielen Fällen kann und will man Ihnen entgegenkommen, wenn bei Ihnen mal Not am Mann ist.

> „Wir haben die Kita von 7:15 bis 14:30 gebucht. Es kommt aber vor, dass wir Termine später am Nachmittag haben, die sich nicht verschieben lassen, oder dass einer von uns auf eine Konferenz muss. Mit einer Ausnahme, als zwei der Erzieherinnen krank waren und die Personaldecke schlicht zu dünn war, konnten wir unsere Kinder dann länger in der Kita lassen. Auf der anderen Seite dürfen wir sie auch vor dem Mittagsschlaf abholen, wenn wir von zu Hause aus arbeiten. Wenn man nur daran denkt, was alles schiefgehen kann, sollte man besser gleich aufgeben."

Die Infrastruktur, die arbeitende Mütter benötigen, ist im Großen und Ganzen da. Das ist also kein Grund, daheimzubleiben, oder? Wieso ist es aber trotzdem so schwer, beruflich am Ball zu bleiben? Obwohl heutzutage die Beteiligung von deutschen Frauen am Arbeitsmarkt insgesamt recht hoch ist, klappt es mit Kind immer noch nicht wirklich, die Karriereleiter auch tatsächlich aufzusteigen und mehr als ein paar knappe Stunden in Teilzeit zu arbeiten. Was ist der Grund dafür? Diese Frage wird sehr oft gestellt, eindeutige Antworten gibt es leider nur wenige.

Es gibt eine ganze Reihe an Bestrebungen, um Frauen bei der Verwirklichung ihrer beruflichen Träume zu unterstützen. Quotenregelungen werden in vielen Bereichen des Arbeitslebens diskutiert und teilweise schon umgesetzt. Es gibt eine Reihe an Mentorinnen- und Coaching-Programmen für Frauen in frühen Phasen des Berufslebens. Dann sind da noch bestimmte Fördertöpfe, die Frauen oder speziell Müttern in der Wissenschaft zustehen.

> „Ich habe selbst ein kleines Kind und versuche mein Glück in der Wissenschaft, ich wäre sehr gerne eines Tages eine Chemieprofessorin. Man muss schon sagen, dass die Bestrebungen der Universitäten, ihre Zahlen bezüglich des Geschlechterverhältnisses in Führungspositionen aufzubessern wirklich dabei helfen, die Spitze des Elfenbeinturmes zu erklimmen. Es gibt eine Menge Möglichkeiten, um an Unterstützung und Drittmittel zu kommen. Genau diese Unterstützung ist es aber auch, die es fast unmöglich macht, ein zweites Kind zu bekommen. Viele Stipendien und Drittmittel für junge Gruppenleiter haben eine Altersgrenze oder müssen spätestens x Jahre nach der Promotion angetreten werden. Für mich wäre es sportlich, wenn nicht gar unmöglich, in diesen Zeitplan noch ein zweites Kind unterzubringen. Manche Fristen werden für Mütter verlängert, doch bei der hiesigen Situation mit Krippenplätzen reicht das einfach nicht."

Flexible Arbeitsformen wie Jobsharing oder Homeoffice, die insbesondere arbeitenden Müttern zugutekommen können, werden zunehmend akzeptiert. Aber trotz aller Initiativen ist der Frauenanteil in Spitzenpositionen niedrig. Warum? Aller Wahrscheinlichkeit nach spielen hier eine Reihe von Faktoren hinein: Auf der einen Seite gibt es äußere Hemmnisse wie Diskriminierung, sozialen Druck und unkooperative Lebenspartner oder Arbeitgeber. Auf der anderen Seite stehen eine Reihe interner Faktoren: übertriebener Perfektionismus, Hormonschwankungen und die Angst vor dem Delegieren.

> „Morgens macht mein Partner die Kinder fertig für die Kita und bringt sie
> dann auf dem Weg zu seiner Arbeit dort vorbei. Anfangs habe ich ihnen
> noch die Kleidung getauscht, wenn er schon fertig war, um loszugehen.
> Mal waren sie falsch herum an, passten nicht zusammen oder waren nicht
> ganz sauber. Ich fand aber schnell heraus: Wenn ich selbst arbeiten will,
> sollte ich mich nicht über solche Dinge aufregen, das kostet nur Energie,
> die man besser in etwas anderes investieren sollte. Die Anfangsphase war
> natürlich auch für meinen Partner frustrierend, wenn „Mami der Kontroll-
> Freak" wieder alles rückgängig machte, was er gerade getan hatte. Und für
> die Hauptpersonen in diesem Spiel, die Kinder, ist es völlig egal, ob nun
> beide Socken grün sind oder einer grün und der andere blau. Solange sie
> Socken anhaben, aber das hat mein Partner ja schon von Anfang an hinbe-
> kommen."

> „Wir haben recht oft Babysitter im Haus, die nachmittags oder übers Wo-
> chenende auf die Kinder aufpassen. Natürlich tun sie dabei andere Dinge,
> als ich mit ihnen tun würde, aber insgesamt denke ich, dass sie eine Men-
> ge Freude in unseren Haushalt bringen. Wir hatten in den letzten Jahren
> hauptsächlich verschiedene Studentinnen, von denen jede ihre eigenen
> Stärken einbrachte. Die eine war sehr kreativ beim Malen und bei allen
> gestalterischen Spielen, während unsere derzeitige Babysitterin viel mit
> den Kindern tanzt und singt. Ich denke, Mütter sollten solche Einflüsse po-
> sitiv bewerten, anstatt sich an Mängeln festzubeißen. Sie tragen alle zur
> Entwicklung der Kinder bei und haben Stärken, die einem selbst vielleicht
> fehlen."

Ein hemmender Faktor für die Karrieren von Müttern ist leider das Geld. Auf vielen Stellen für Naturwissenschaftler sind die Gehälter nicht so hoch, dass es sich als junge Mutter finanziell lohnen würde zu arbeiten. Zu Hause zu bleiben und den Beruf (erstmal) an den Nagel zu hängen führt für viele Mütter kaum zu großen Einbußen.

Solche Berechnungen greifen aber zu kurz. Die Frage danach, ob Sie arbeiten wollen oder nicht, sollten Sie nicht nur mit einem Blick in den Geldbeutel beantworten, sondern mit einem Blick darauf, welche Aufgaben Sie jetzt und in Zukunft befriedigen werden.

> „In der Regel denken wir zu kurzfristig, wenn es darum geht, wie wir Beruf
> und Familie ausbalancieren. Ich möchte dazu anregen, sich vorzustellen,
> wie das Leben in zehn oder 20 Jahren aussehen wird. Das Leben mit Kin-
> dern ist ganz anders, wenn sie erstmal zehn Jahre alt sind und wieder kom-
> plett anders, wenn sie 20 sind. Auch wenn wir an die Kinder selbst denken,
> haben wir zu sehr die unmittelbare Zukunft vor Augen, außerdem wer-
> den den Kindern oft Dinge in den Mund gelegt, die sie gar nicht so denken
> und empfinden. Jedes Mal wenn ich mit einem Kind von zwei arbeiten-

den Eltern spreche, widerspricht die Antwort der traditionellen Lehrmeinung über Kindererziehung. Man hört dann Dinge wie: „Ich erinnere mich gar nicht daran, dass ich meine Eltern nie gesehen hätte. Ich erinnere mich an die gemeinsamen Mahlzeiten und unsere Ausflüge und Urlaube." oder „Die Arbeit meiner Mutter mitzuerleben, war immer eine beeindruckende Erfahrung für mich. Es hat mich sehr inspiriert, was sie alles erreicht hat und durch die interessanten Leute, die ich treffen konnte, habe ich die Welt durch andere Augen gesehen.""

Exkurs   Mindestens haltbar bis …

Die Nachkriegsgeneration war in vielerlei Hinsicht eine goldene Generation. Wenn man zu diesen Jahrgängen zählt, und insbesondere wenn man es auch noch an die Universität oder gar bis zur Promotion schaffte, war man beruflich und finanziell auf der sicheren Seite. Wir, die Kinder dieser Boom-Generation, finden zwar leichter den Zugang zu höherer Bildung, Sicherheit erlangen wir allerdings nicht mehr so leicht wie unsere Eltern. Wenn man heute an einer Universität oder Fachhochschule studiert hat, bedeutet das noch lange keine Anstellung für den Rest des Lebens. Das trifft für Absolventen der Biologie in besonderem Maße zu, in der Chemie ist es etwas entspannter. Für uns als Arbeitnehmerinnen hat sich das „21. Jahrhundert, das Jahrhundert der Biotechnologie" noch nicht materialisiert, die Anzahl der verfügbaren Stellen bleibt weit hinter den Absolventenzahlen zurück. Der große Überschuss an (Promotions-)Absolventen führt zu einem starken Konkurrenzkampf. Die lange und intensive Zeit an der Uni bringt Ihnen also keinen garantierten Erfolg auf dem Arbeitsmarkt ein. Das ist ein Gegensatz zu den Gebieten wie IT oder den Ingenieurswissenschaften, bei denen es einen chronischen Mangel an Absolventen gibt.

Wenn Sie diese Tatsachen betrachten, wie lange denken Sie, können Sie den Arbeitsmarkt verlassen, ohne beruflich abzusteigen?

17.3
Teilzeitarbeit: das Beste von beiden Welten?

Viele deutsche Mütter versuchen das Beste aus den beiden Welten „Beruf" und „Familie" rauszubekommen: Mit Teilzeitarbeit, die noch genügend Zeit für die Familie lässt. Aber bekommt man wirklich das Beste aus beiden Welten? In manchen Fällen ist es vielleicht so, in vielen anderen leider nicht. Wenn Sie sich aus einem interessanten Beruf in Elternzeit verabschieden, in den Sie danach wieder mit verringerter Stundenzahl einsteigen, kann diese Teilzeittätigkeit sehr befriedigend sein. Ihre Möglichkeiten sich weiterzuentwickeln sind dann zwar etwas geringer als auf einer Vollzeitstelle, doch hängt das stark vom Arbeitgeber ab. Wenn Sie sich allerdings noch nicht beruflich etabliert haben oder gar im Anschluss an die Elternzeit nach einer ganz neuen Stelle suchen müssen, kann das Arbeiten in Teilzeit sehr unbefriedigend sein. Der Arbeitsmarkt für Naturwissenschaftler ist ein relativ traditionell geprägter, sodass es nur wenige intellektuell anspruchsvolle Teilzeitstellen gibt.

> „Meiner Erfahrung nach ist es sehr, sehr schwierig, sich als Hochqualifizierte auf eine Halbtagsstelle zu bewerben, wenn man nicht zuvor schon ganztags im Unternehmen war. Nach unzähligen Bewerbungen habe ich mich entschieden, wieder Vollzeit einzusteigen. Und wie ich von Gesprächen mit anderen Frauen in derselben Situation weiß, bin ich nicht die einzige, der es so ergeht."

Es herrscht zudem leider noch eine starke Anwesenheitskultur vor, in der Ihre körperliche Präsenz mehr zu zählen scheint, als Ihre eigentlichen Leistungen. Wenn Sie Teilzeit arbeiten möchten, ist es somit wahrscheinlicher, dass Sie in puncto berufliche Zufriedenheit kleinere Brötchen backen müssen.

Aber nichts ist unmöglich! Es gibt auch viele Wege zum beruflichen Glück auf Teilzeitstellen:

> „Wenn Sie Teilzeit arbeiten wollen und dennoch intellektuell gefordert werden möchten, sind Ihre Chancen an den Hochschulen am höchsten. Ich möchte damit keinesfalls sagen, dass eine akademische Karriere einfach ist, es ist in der Tat sogar sehr stressig. Sie haben aber gute Chancen, für gewisse Zeit Teilzeit zu arbeiten und dennoch einige Schritte in Ihrer Karriere zu machen. Das geht natürlich nur, wenn Sie Hilfe bekommen, Sie haben bereits eine gut organisierte Gruppe oder Ihnen wird eine helfende Hand bezahlt. Wenn Sie über lange Zeit nur 20 Stunden die Woche arbeiten können, werden Sie es wohl nicht schaffen. Aber ich denke auch nicht, dass es unbedingt erforderlich ist, sein ganzes Leben lang 60 Stunden in der Woche zu arbeiten, um eine erfolgreiche Wissenschaftlerin zu sein. Die Flexibilität, etwa viele Dinge von zu Hause aus erledigen zu können, ist ein fast automatischer Bestandteil der akademischen Arbeit und bei anderen Arbeitgebern wohl kaum so anzutreffen. Ich kann ein paar Stunden am Nachmittag mit meiner Tochter verbringen und meinen Laptop am Abend wieder aufmachen."

17.4
Naturwissenschaftlerinnen in Deutschland – eine spezielle Situation

Trotz aller Bemühungen gibt es in Deutschland noch einigen Sand im Getriebe, der eine reibungslose Vereinbarkeit von Beruf und Familie erschwert. Man sieht das an der sehr geringen Geburtenrate hierzulande. Deutschland wird familienpolitisch mit den Mittelmeerstaaten Griechenland, Italien, Portugal und Spanien in die Reihe der traditionell geprägten Länder gestellt, die allesamt eine sehr geringe Geburtenrate ($\leq$ 1,43, Stand 2012) aufweisen. Das ist ein eindeutiges Zeichen dafür, dass es in diesen Ländern nach wie vor schwierig ist, Beruf und Familie zu vereinbaren. Es gibt eine klar etablierte Korrelation zwischen der Geburtenrate und der politischen Unterstützung für arbeitende Mütter. Länder in denen arbeitende Mütter gute Bedingungen vorfinden, haben eine deutlich höhere Geburtenrate als Länder, in denen das nicht der Fall ist: In den Niederlanden, Frankreich und den skandinavischen Ländern liegt sie zwischen 1,72 und 2,08[1]. Es wird deutlich: Wenn man Frauen vor die Entscheidung „Beruf oder Familie" stellt, dann treffen sie diese Entscheidung auch und wenden entweder dem Beruf oder der Familie den Rücken zu. Mit der Konsequenz, dass in den traditionellen Ländern Frauen weniger arbeiten und deutlich weniger Kinder bekommen als im progressiven Norden Europas, wo Frauen nicht vor diese Entscheidung gestellt werden.

Und noch eine interessante Beobachtung: Während in den anderen europäischen Ländern die Geburtenrate bei den Naturwissenschaftlerinnen höher liegt als beim Durchschnitt der Bevölkerung, ist es in Deutschland umgekehrt. Warum ist das so? Funktionieren die Abzüge in unseren Laboren nicht richtig und wurden wir allesamt durch die giftigen Dämpfe unfruchtbar? Oder ist es schlicht immer noch zu schwierig, Mutterschaft und Karriere unter einen Hut zu bringen? Nach der Erfahrung, die wir durch unsere Arbeit, die Interviews für dieses Buch und unsere alltäglichen Beobachtungen gesammelt haben, liegt der Hauptgrund für den ausbleibenden Kindersegen im hohen und unkalkulierbaren Risiko, das arbeitende Mütter eingehen müssen. Mit Kindern beruflich nicht mehr angemessen Fuß fassen zu können, oder gar gänzlich aus dem Arbeitsmarkt zu fallen, ist leider eine sehr reale Gefahr. Und Naturwissenschaftlerinnen müssen, anders als in vielen anderen Disziplinen, einige besondere Schwierigkeiten überwinden: Studium und Promotion dauern zusammen im Schnitt knapp zehn Jahre. Die Kollision zwischen dem Etablieren einer Laufbahn und dem Kinderwunsch ist also härter als in Disziplinen, wo man bereits mit Mitte zwanzig voll im Beruf stehen kann. Zudem sind befristete Verträge zum Berufseinstieg zunehmend die Regel. Und zu guter Letzt: Schutzvorschriften, die Schwangeren das Arbeiten im Labor untersagen, verlängern die Auszeiten um die Geburt herum in vielen Fällen.

Natürlich befürworten wir hier nicht, dass man sich sterilisieren lassen sollte, sobald man ein naturwissenschaftliches Studium aufnimmt. Und wir empfehlen nicht, von vornherein erst gar kein solches Studium zu beginnen. Allerdings möchten wir Sie davor warnen, ein Opfer der eigenen Naivität zu werden und in

---

1) Quelle: Eurostat.

unserer nach wie vor traditionell geprägten Gesellschaft und den durch die Politik vorgegebenen Rahmenbedingungen unterzugehen. Sie wären nicht die erste Naturwissenschaftlerin, die gegen ihren Willen eine Vollzeit-Mutter geworden ist oder die mangels Alternativen eine unbefriedigende Position annehmen musste. Das kann durchaus passieren, wenn die Herausforderungen der Mutterschaft nicht vorausgesehen und überwunden werden. Von der positiven Seite her betrachtet: Sie wären auch nicht die erste hochqualifizierte Frau, die eine befriedigende Balance zwischen Beruf und Familie gefunden hat. Sie können von den Geschichten und Fehlern anderer lernen, und durch ihre Stärken und Erfolge Mut schöpfen, um dann Ihren eigenen Weg beschreiten zu können.

18
Gibt es einen perfekten Moment, um Kinder zu bekommen?

Wir haben in den Interviews zu diesem Buch vielen Frauen die Frage gestellt, ob es einen perfekten Moment für Kinder gibt. Hier eine kleine Auswahl der Antworten:

„Drei Dinge kommen nie zur rechten Zeit: Kinder, Tod und Steuern."

„Ich glaube nicht, dass es den richtigen Moment gibt, um Familie zu bekommen, ich denke, dass jede Lebensphase Vor- und Nachteile hat. Für mich ist die „richtige Zeit", wenn Sie und Ihr Partner sich dafür bereit fühlen, alles andere drum herum muss man dann sowieso regeln, egal wann."

„Auf jeden Fall bevor man Personalverantwortung hat. Mit Personalverantwortung kann man schlecht in Elternzeit gehen und auch in Teilzeit zu arbeiten ist schwierig. So kommt man zwangsläufig in die Zwickmühle zwischen seinen Verpflichtungen in der Arbeit und denen zu Hause."

„Gibt es denn jemals den perfekten Zeitpunkt für irgendetwas? Meiner Meinung nach nicht! Es gibt immer Dinge, die im Moment wichtiger erscheinen, aber nicht alles lässt sich problemlos vertagen."

„Ich bin mir nicht sicher, ob es die „perfekte Zeit" gibt, aber im Nachhinein betrachtet würde ich sagen, dass die schwierigste Zeit für Kinder gleich nach der Promotion ist. Ganz einfach, weil Arbeitgeber wenig Vertrauen in Mütter haben und Sie zu dem Zeitpunkt beruflich noch nicht etabliert sind. In meinem Fall hatte ich noch nicht einmal eine Stelle. Auf der anderen Seite ist es aber auch wunderbar, eine junge Mutter zu sein und abends, wenn die Kinder im Bett sind, noch genug Energie zu haben, um meinen Laptop nochmal aufmachen zu können."

„Nein den perfekten Zeitpunkt gibt es nie. Zumal die Chance auf einen unbefristeten Arbeitsvertrag und somit die „problemlose" Rückkehr in den Job als Naturwissenschaftler relativ gering ist."

„Nein, sicherlich nicht. Aber das ist nicht nur in den Naturwissenschaften so, sondern in allen Berufsfeldern. Es macht keinen Unterschied, ob Sie eine Wissenschaftlerkarriere verfolgen oder im Marketing oder im Finanzsektor

Karriereführer für Naturwissenschaftlerinnen, 1. Aufl. Karin Bodewits, Andrea Hauk und Philipp Gramlich.
©2016 WILEY-VCH Verlag GmbH & Co. KGaA. Published 2016 by WILEY-VCH Verlag GmbH & Co. KGaA.

arbeiten. Um beruflich erfolgreich zu sein, muss man manchmal schlicht die „extra mile" gehen, was mit Familie besonders hart kollidiert. Die Überstunden in Büro und Labor sind schwer mit Babysittern zu organisieren und außerdem will man ja auch Zeit mit seinen Kindern verbringen."

„Um hier einen Lebensabschnitt zu empfehlen, muss man definitiv erstmal die Persönlichkeit der Frau betrachten. Wenn sie stark, selbstsicher und gut organisiert ist und Hilfe zur Hand hat, dann ist keine Zeit richtig oder falsch. Finanzielle Sicherheit ist aber in jedem Fall ein großer Pluspunkt."

Haben diese Damen recht? Gibt es womöglich keinen perfekten Zeitpunkt für Kinder? In der Tat gibt es den nicht, schlicht und ergreifend. Studien weisen darauf hin, dass der Karriereknick einen Hauch geringer ausfällt, wenn man sich zuerst beruflich etabliert und dann Kinder bekommt als andersherum. Rein körperlich allerdings ist eine Geburt im frühen Alter, idealerweise vor dem 30. Geburtstag, für Sie und Ihr Kind am besten. Aber da studieren Sie ja noch! Lassen Sie uns anhand von zwei Beispielen ansehen, wie es diesen jungen Müttern ergeht.

„Ich wurde während meiner Abschlussarbeit in Biologie schwanger. Ich denke, es war sogar ein recht guter Zeitpunkt, um Kinder so früh zu bekommen. Das Gute daran, während dem Studium schwanger zu werden ist, dass man wieder genau da einsteigen kann, wo man aufgehört hat. Klar, mein Abschluss verzögerte sich dadurch. Aber danach begann ich eine Promotion und konnte weiterhin von der großen Flexibilität in diesem Arbeitsumfeld profitieren."

„Ich war zur Geburt meines ersten Kindes 22. Ich war also sehr jung und die Schwangerschaft war sicherlich nicht geplant. Ich konnte mein Vordiplom gerade noch vier Wochen vor der Geburt abschließen und wollte danach unbedingt weiter studieren. Ich blieb für neun Monate zu Hause und nahm mein Studium dann wieder auf. Ich bemerkte sehr schnell, dass ich nicht so intensiv und breitgefächert studieren konnte, wie meine Kommilitonen, was mir noch heute nachhängt. Aber ich war effektiver als andere. Als mein Sohn drei war, begann ich meine Diplomarbeit, die viel experimentelle Arbeit beinhaltete. Zu der Zeit hatte ich nur ein Ziel: Eine hervorragende Arbeit abzuliefern. Ich hatte die Freiheit, meine Zeit so einzuteilen, wie ich wollte. Doch während einer stressigen Phase sagte mein Mann etwas zu mir, das mich zutiefst verletzte: „Sogar wenn Du bei Deinem Sohn bist, bist Du nicht wirklich da, in Deinen Gedanken bist Du im Labor und siehst nicht die Dinge, die für ihn wichtig sind." Wenn ich meine Familie nochmal planen könnte, hätte ich wohl keine Kinder oder erst mit Mitte dreißig, wenn ich bereits die ersten Schritte auf der Karriereleiter hinter mir hätte. Ich würde das damit begründen, dass ich dann mehr Zeit für meine Kinder hätte, ich könnte ihre Entwicklung mehr genießen. Ich sehe, wie meine Bekannten jetzt erst Eltern werden und wie sie sich über die Fortschritte ihrer Kleinen freuen können. Das macht schon ein wenig eifersüchtig. Ich konnte mich nicht so auf die Kinder konzentrieren, weil ich Beruf und Familie damals noch nicht trennen konnte."

In dieser frühen Lebensphase sind Sie zeitlich flexibel und es ist in der Regel recht einfach, während Studium oder Promotion eine Weile auszusetzen. Das Risiko, aus dem Arbeitsmarkt gedrängt zu werden, besteht praktisch nicht, da Sie es in der Hand haben, ob und wie Sie weiter studieren wollen. Finanziell ist es sicherlich oftmals schwieriger als in späteren Lebensphasen. Und dann kommt da noch etwas hinzu: Können Sie schon so früh sicher sein, dass Ihr Partner wirklich Mr. Perfect ist?

Die meisten Frauen fühlen das beginnende Ticken der biologischen Uhr mit Ende zwanzig. Meist wird der Ruf der Hormone noch unterdrückt, bis die Uhr dann in der Startphase der Karriere immer lauter tickt. Durch die langen Zeiten an der Universität, oftmals bis zur Promotion, sind die Frauen dann Anfang dreißig. Wenn Sie einen Frauenarzt fragen, würde er Ihnen sicherlich dazu raten, nicht mehr allzu lange zu warten. Also, wenn Mr. Perfect gefunden ist, sollte man loslegen! Allerdings haben Frauen in dieser Lebensphase noch wenig Berufserfahrung und oftmals noch keine unbefristete Stelle, auf die sie nach der Elternzeit zurückkehren können. Mütter in dieser Lebensphase laufen also Gefahr, unfreiwillig aus dem Arbeitsmarkt zu fallen oder größere berufliche Zugeständnisse machen zu müssen. Dies ist also wahrscheinlich die Lebensphase, in der Frauen am kreativsten und proaktivsten sein müssen, um beruflich am Ball bleiben zu können. Hier berichtet eine Mutter, die Ihr Kind während der Promotion bekam:

„Ein Kind zu bekommen ist immer ein besonderes Erlebnis, noch dazu in einer Lebensphase in der es nicht viele Leute erwartet haben. Insbesondere der Doktorvater nicht! Es wäre gelogen, wenn ich jetzt behaupte, es sei einfach gewesen. Man muss viele Kommentare und Blicke von Kollegen aushalten, die diese Entscheidung nicht nachvollziehen können. Und die Arbeit und das Lernen werden ja deswegen auch nicht weniger. Ich würde es aber wieder so machen, man beginnt seine Prioritäten neu festzulegen und sieht die Doktorarbeit auch mal mit etwas anderen Augen. Wer allerdings sofort die große Karriere nach der Uni plant und aber auch noch einige Zeit mit seinem Kind verbringen will, der wird es nicht leicht haben. Meiner Erfahrung nach wird man nicht beidem gleich gerecht werden. Leider muss man hier auch immer noch den Unterschied zwischen Frau und Mann machen. Für Männer mag dies wohl beides funktionieren, für Frauen sehe ich es in den ersten Jahren ein wenig anders. Denn eine Berufsanfängerin mit kleinem Kind und eventuell auch noch mit dem Anspruch auf einen Teilzeitjob wird nicht händeringend gesucht. Wer allerdings wie ich auf familiäre Unterstützung zählen kann und offen ist, was seine Jobauswahl betrifft, der wird genau wie ich, mit der Entscheidung während der Doktorarbeit Mutter zu werden, sehr glücklich sein."

Prof. Dr. Thomas Carell, selbst Vater von drei Kindern, empfiehlt eine klar definierte Phase als goldene Zeit zum Kinderkriegen:

„Der perfekte Moment für Naturwissenschaftlerinnen, um schwanger zu werden, ist gegen Ende der Promotion, direkt nach dem Ende der Laborarbeit. Man kann dann während der Schwangerschaft zusammenschreiben, verteidigen und sich im Anschluss daran bewerben, wenn man sich dazu bereit fühlt. Kinder kommen nie gelegen. Sie kommen und dann wird man damit fertig."

„Da für mich persönlich nach meiner Doktorarbeit klar war, nicht mehr in die Forschung zurückzugehen, war die Familiengründung direkt im Anschluss an den PhD die richtige Wahl. So konnte ich die Familienplanung als „Block" einlegen und mich danach, als das jüngere Kind 1,5 Jahre alt war, beruflich wieder neu orientieren. Ich würde bei mehreren Kindern den Altersabstand unter 2 Jahren halten, denn dann ist man relativ schnell aus „dem gröbsten" raus."

Und dann gibt es die Blumen, die spät blühen. Sie warten bis Ende dreißig oder gar Anfang vierzig. Beruflich ist das wohl die attraktivste Option. Diese Damen haben reichlich Berufserfahrung und sehnen sich vielleicht sowieso nach einem Jahr Auszeit und können währenddessen geduldig auf den Krippenplatz warten. Beruflich eine sehr gute Zeit, Sie können meist einfach auf Ihre alte unbefristete Stelle zurückkehren. Allerdings sind späte Schwangerschaften rein körperlich betrachtet durchaus belastender, weiß Dr. med. Omar Qattawi, ein Frauenarzt:

„Wenn Sie Mütter um die Dreißig mit solchen Ende dreißig oder Anfang vierzig vergleichen, können Sie einen klaren Unterschied in der Eigenwahrnehmung der Schwangerschaft und der Erholung nach der Geburt sehen. Die jüngeren Frauen sind in der Regel während der gesamten Schwangerschaft fitter und haben auch weniger körperliche Probleme nach der Geburt."

Dazu gibt es aber auch andere Stimmen. So erzählte uns eine Frau, die mit Ende dreißig Mutter wurde Folgendes:

„Ich würde wieder so spät Kinder bekommen. Ich fand es im Nachhinein gut, dass ich erst „alles machen konnte, was ich wollte", ein finanzielles Polster hatte und danach im Kopf frei für Kinder war. Ich konnte diese Phase dann auch genießen, ohne zu denken, dass man es jetzt zu nichts mehr bringen würde. Und noch ein Vorteil: Die Haut ist Ende 30 schon so ausgeleiert, dass man keine Schwangerschaftsstreifen mehr bekommt. Man erleidet in dieser Hinsicht also keinerlei Einbußen."

Finanziell ist es viel einfacher, Kinder zu bekommen, wenn man schon etwas älter ist. Es ist ein großer Vorteil, wenn man sich Kinderbetreuung und Haushaltshilfe leisten kann. Auf diese Weise lässt sich Mutterschaft und Karriere einfacher verbinden und man hat viele Optionen zur Hand, die jüngeren Müttern nicht offenstehen.

Bei unserer Suche nach dem perfekten Moment, um Kinder zu bekommen, gibt es ein Kopf-an-Kopf-Rennen aller Lebensphasen, ein Gewinner zeichnet sich nicht ab. Entscheiden Sie nach Geschmack oder Lebenslage für sich selbst. Vielleicht wird Ihnen diese Entscheidung aber sowieso von der Biologie abgenommen?

Gedankenspiele zur Familienplanung

Gerade weil die Mutterschaft so schwer planbar ist und all die Vor- und Nachteile so schwer greifbar sind, ergibt es Sinn, sich einige Gedanken darüber zu machen.

Ihre aktuelle Stelle

Schauen Sie während der Arbeit alle halbe Stunde auf die Uhr und wünschen sich, dass die Zeit schneller vergeht? Verlassen Sie jeden Tag um kurz vor fünf Uhr die Arbeit, ohne dass Sie dringende Termine zu Hause haben? Haben Sie schlicht keine Lust mehr darauf, sich auf dem Fachgebiet Ihrer Arbeit fit zu halten, Literatur zu lesen und auf Netzwerk-Veranstaltungen zu gehen? Wenn Sie solche Fragen mit „Ja!" beantworten, liegt doch die Frage nahe, ob das nicht der richtige Zeitpunkt für Kinder sein könnte, oder? Auf den ersten Blick haben Sie wenig dabei zu verlieren, Ihre ungeliebte Arbeit eine Weile ruhen zu lassen. Ihr Arbeitgeber würde Sie zwar für eine Weile verlieren, doch als demotivierte Arbeitnehmerin gelten Sie ja eh nicht als Leistungsträgerin, Ihr Weggang wäre für diesen also durchaus zu verkraften. Es gibt allerdings ein großes Problem dabei, wenn Sie ein berufliches Tief als Auslöser einer Schwangerschaft verwenden: Nach Ihrer Erziehungspause werden Sie keine Lust mehr haben in einen Beruf zurückzukehren, der Sie nicht ausfüllt. Schließlich freut man sich doch nur auf die Rückkehr, wenn man weiß, dass man zur Arbeit zurückkehrt, die man engagiert und gerne ausfüllt und wo man respektiert wird.

> „Nach meiner Promotion unterschrieb ich einen Vertrag für eine administrative Teilzeitstelle an der Universität. Ich wusste, dass mich diese Stelle intellektuell nicht ausfüllen würde, doch sah ich darin eine perfekte Basis, um eine Familie zu gründen. Im Nachhinein kann ich sagen, dass ich glücklicherweise wie geplant schwanger wurde. Ich muss aber eingestehen, dass dieser Schritt meine Karriereoptionen durchaus stark einschränkte. Es ist sehr schwierig, sich auf Stellen zu bewerben, wenn die eigene Arbeitserfahrung zu keinen neuen Fähigkeiten führt. Wenn ich jetzt nochmal die Zeit zurückdrehen könnte, würde ich definitiv zuerst eine befriedigende Stelle suchen, bevor ich überhaupt erst über Kinder nachdenken würde. Um mich herum sehe ich viele Frauen, die es schaffen, einen anspruchsvollen Beruf mit Familie zu vereinbaren. Bei allen war es möglich, zeitweise einen Schritt zurückzutreten, wenn es nötig war."

Jede Stelle hat Aspekte die weniger gut gefallen, das ist schlicht die Realität des Arbeitslebens. Nicht alle Tätigkeiten sind schön oder bieten Entwicklungspotenzial. Insgesamt sollte Ihnen die Arbeit aber zumindest überwiegend gefallen. Da Mütter auf dem deutschen Arbeitsmarkt nicht allzu beliebt sind, könnte es Ihnen durchaus passieren, dass Sie durch eine Mutterschaft für einige Jahre auf einer ungeliebten Position festsitzen, ohne realistische Aussicht auf eine bessere Alternative zu bekommen. Das Leben ist schlicht zu kurz, um auf so einer Stelle zu darben.

> „Mein Arbeitgeber hat mich während meiner beiden Schwangerschaften hervorragend unterstützt. Ich glaube, dass sich mittlerweile viele große Firmen Sorgen darüber machen, die weiblichen Arbeitskräfte zu halten und gerne ihre Führungsriege diversifizieren würden. Sie erkennen, dass eine Schwangerschaft ein Schlüsselerlebnis im Arbeitsleben einer Frau ist. Je nachdem wie sie in dieser Zeit behandelt wird, bleibt sie bei dem Arbeitgeber oder wechselt zu einem anderen. Ich konnte mich für lokale Projekte melden und erhielt weiterhin dieselben Entwicklungsmöglichkeiten wie davor. Es wurde immer mir selbst überlassen, wie ich das handhaben möchte."

Ihr Arbeitgeber

Arbeitgeber können das Leben von vielen Eltern viel leichter machen, indem sie die nötige Flexibilität gewähren. Muss Ihre gesamte Arbeitszeit im Büro stattfinden oder können Sie auch eine Stunde früher gehen und dann abends, wenn die Kinder im Bett sind, nochmal den Laptop aufmachen? Und was ist während der Schulferien, auch hier ist Kreativität und Flexibilität von beiden Seiten gefragt, um diese 14 Wochen mit nur sechs Wochen Urlaub abzudecken.

Manche Arbeitgeber versuchen zu etablieren, dass Meetings nicht mehr am späten Nachmittag abgehalten werden, damit Eltern einfacher am Ball bleiben können. Dies ist eine recht simple Maßnahme, die dazu führt, dass Teilzeit- und Homeoffice nicht automatisch zu einer Verschlechterung der beruflichen Perspektive führen.

Bietet der Arbeitgeber Unterstützung bei der Kinderbetreuung an, entweder durch Zuschüsse zu den Gebühren oder mit einer eigenen Einrichtung? Arbeiten viele Mitarbeiter in Teilzeit? Wie ergeht es Eltern von kleinen Kindern? Was passiert mit Schwangeren auf befristeten Verträgen, erfahren die Unterstützung, setzt man sich für Nachfolgeverträge ein oder ist man froh, sie loszubekommen? Hinterfragen Sie (zukünftige) Arbeitgeber nach solchen Aspekten: bei der Stellensuche, beim Vorstellungsgespräch und bei Vertragsverhandlungen.

Exkurs   Männer in Elternzeit

Haben Sie schon einmal darüber nachgedacht, dass nicht nur Ihr eigener Arbeitgeber, sondern auch der Ihres Partners Ihre Karriere beeinflusst?

◀ „Frauen kommen mit einem Rückstand aus der Elternzeit, Männer mit einem Buch."

schreibt Susan Pinker in ihrem Buch „Das Geschlechterparadox". Natürlich wollen Sie Ihrem Partner die Chance geben, ein großer Schriftsteller zu werden, oder etwa nicht? Wird Ihr hauseigener Goethe jedoch auch von seinem Arbeitgeber grünes Licht bekommen, um eine aktive Rolle in der Erziehung der Kinder spielen zu können?

Genau wie Frauen dürfen Männer Elternzeit, Elterngeld und Kinderbetreuungstage für kranke Kinder in Anspruch nehmen. Das sind gesetzliche Ansprüche. Anstatt als Bittsteller aufzutreten, könnte man sie einfach geltend machen. Der reine „Anspruch" meint allerdings nicht automatisch auch „Unterstützung" durch den Arbeitgeber. In Deutschland ist es sogar so, dass Männer nach Geburt ihres Kindes mehr arbeiten als davor. Von dem Elterngeld werden in fast allen Fällen nur die zwei „Partnermonate" in Anspruch genommen. Den Vätern werden dabei oft Kommentare entgegengeschleudert, wie: „Ich hoffe, Sie wissen, wo Ihre Prioritäten liegen.", oder „Sie sind sich hoffentlich im Klaren darüber, dass sich das auf Ihre Chancen auswirken kann, ob Sie bei der nächsten Beförderungsrunde berücksichtigt werden."

Gibt es am Arbeitsplatz Ihres Partners bereits Fälle von Vätern, die eine Erziehungspause genommen haben? Falls ja, kann es einen riesigen Unterschied machen, weil Ihr Mann dann nicht mehr als Erster einen ungewohnten Pfad beschreiten will. Die Arbeitgeber verlieren irgendwann ihren Aberglauben, dass ihnen der Himmel auf den Kopf fällt, sobald ein Mann in Elternzeit geht. Es gibt aber auch ermutigende Berichte von Männern, die sich als Erste aufs Eis wagen:

> „Ich war bei 250 Mitarbeitern am Standort der erste Mann, der in Elternzeit ging. Ein Jahr lang reduzierte ich meine Arbeitszeit auf 75 %, sodass ich einen Tag in der Woche zu Hause bleiben konnte und gelegentlich auch an den anderen Tagen Termine mit den Kindern wahrnehmen konnte. Die erste Reaktion meines Chefs war überraschend kritisch, obwohl er selbst zwei Kinder hatte. Doch als ich erklärte, dass meine Frau, ebenfalls eine promovierte Wissenschaftlerin, ein genauso großes Recht darauf hätte, sich beruflich zu entwickeln, wurde das respektiert. Während dieser Phase in Teilzeit erhielt ich die Beförderung, für die ich zuvor schon „grob perspektivisch" vorgesehen war. Und als dann mein zweites Kind im Anmarsch war, ließ mir mein Vorgesetzter freie Hand darin, Elternzeit oder Homeoffice in Anspruch zu nehmen."

Im Privatleben gehen Männer in der Regel mehr Risiken ein als Frauen, das wird auf den Unfallstationen der Krankenhäuser eindrucksvoll demonstriert. Wenn es um Geldverdienen und Beruf geht, ist es allerdings umgekehrt. Welcher Mann würde sich denn in so ein beruflich-finanzielles Selbstmordkommando abberufen lassen und Altorientalistik studieren? Das unterschiedliche Verhalten in der Studienwahl spiegeln die immer noch tief verwurzelten Geschlechterrollen wider: Der Mann verdient das Einkommen, und wenn da was schiefgeht ist die ganze Familie gefährdet. Doch etwas mehr Risikofreude der Herren würde den Damen auf dem Arbeitsmarkt ungemein helfen. Fragen Sie Ihren Nachwuchs-John-Wayne doch, ob er nicht als Krönung der Motorradtour gleich am Montag den Chef mit seinen Wünschen nach Elternzeit konfrontieren möchte.

„Mein Arbeitgeber hat sehr überrascht reagiert, als ich mitgeteilt habe, dass ich als Mann in Elternzeit gehe, um meiner Frau den Traum-Post-doc zu ermöglichen. Er hat dann sogar freiwillig angeboten, diese Zeit um ein Jahr zu verlängern, als mein Sohn älter als drei Jahre war, was er ja nicht hätte machen müssen. Allerdings habe ich bei meiner Rückkehr in den Job schon gemerkt, dass die Kollegen zwar einerseits beeindruckt waren, auch weil ich meine Elternzeit in Vancouver verbracht habe. Andererseits dachten die meisten, es handelt sich quasi um „Urlaub". Meine Karriere hat es weder positiv noch negativ beeinflusst, würde ich sagen. Das Verständnis bei meinem Arbeitgeber war eher neutral. Ich habe formal die gleiche Stellung wie vor der Elternzeit."

Wenn man hoch in den Norden Europas schaut, in die skandinavischen Länder, dann sieht man Kulturen, in denen arbeitende Frauen als etwas völlig normales angesehen werden. Es scheint so natürlich und tief verwurzelt zu sein in diesen Gesellschaften, dass man meinen könnte, es sei hier schon immer die Norm gewesen, dass beide Geschlechter sich um Beruf und Familie kümmern können, sollen und wollen. Doch vom Himmel fällt nichts, auch die Vorzeigeländer haben eine Entwicklung hinter sich. Als ein entscheidender Schritt für die Gleichheit der Geschlechter am Arbeitsmarkt wird dabei die männliche Elternzeit angesehen. Jeder muss ersetzbar sein, egal ob Mann oder Frau, eine Auszeit trägt dann kein Stigma mehr.

Ihr Wohnort

Als Studentin wohnte ich noch in dieser schnuckeligen Altbauwohnung. Hohe, verzierte Decken und ein knarzender, vermutlich hundert Jahre alter Holzfußboden. Diese Wohnung hatte Atmosphäre und war gemütlich, und dass im Winter die Heizung manchmal streikte und das Balkongeländer zu wacklig war, um einen Blumentopf dranzuhängen, war egal. Jetzt, mit Kindern, wäre so eine Wohnung der Alptraum, die Prioritäten verschieben sich einfach. Beruf, Familie und Haushalt sind meine drei Hauptbetätigungsfelder, da brauche ich nicht „Meine Wohnung als Hindernisparcours" als viertes.

Wenn Sie sich als junge oder zukünftige Familie nach einem Wohnort umsehen, dann müssen Sie im Gegensatz zum Studentendasein zwei Faktoren viel stärker in die Bewertung mit aufnehmen: Infrastruktur und sozialer Druck. Bei beiden Aspekten gibt es auf regionaler, nationaler und internationaler Ebene große Unterschiede, nach denen Sie sich erkundigen sollten. Da wir hier weder den europäischen noch den deutschen Flickenteppich im Detail erklären wollen oder können, einige Fragen, die Sie selbst recherchieren sollten.

- Gibt es ein angemessenes Angebot an Kinderbetreuung? Wie sind die Wartezeiten für einen Platz, wie flexibel können Sie buchen und umbuchen? Gibt es Ganztagesangebote der Kindergärten und Schulen? Sind Betreuungsangebote gewachsene Strukturen mit geschultem Personal oder wurden sie unter politischem Druck hastig aus dem Boden gestampft?
- Wie ist der soziale Status von arbeitenden Müttern und von Hausfrauen? Mit anderen Worten, wird mehr über Rabenmütter oder über faule Hausfrauen geschimpft?
- Sind flexible Arbeitsformen bereits in der Gesellschaft akzeptiert und verankert?

Erkundigen Sie sich also auf allen Kanälen, insbesondere durch persönliche Erzählungen, nach diesen Aspekten. Krippenplätze kann ein statistisches Amt zählen, jedoch nicht, wie eine Gesellschaft wirklich tickt.

Ihr soziales Netzwerk

Wenn Sie neben Ihrem Beruf noch Kinder haben wollen, kommt es nicht nur darauf an, wo Sie wohnen, sondern auch wen Sie dort kennen.

Heutzutage ziehen hochqualifizierte Arbeitnehmer für eine Stelle deutschlandweit oder gar international um, sie sind enorm mobil. Für Naturwissenschaftler trifft das in besonderem Maße zu, denn für akademische Stellen wird diese Flexibilität oftmals erwartet oder ist gar feste Voraussetzung für gewisse Stipendien. Das reduziert natürlich Ihre Chancen, dass Sie in der Nähe Ihrer Eltern oder Schwiegereltern wohnen, wenn Sie Mutter werden. Es gibt viele einleuchtende Gründe dafür, sich aktiv dafür zu entscheiden, in die Ferne zu schweifen: „Zum Glück wohnen unsere Eltern oder Schwiegereltern nicht in der Nähe, so können wir tun und lassen was wir wollen", hört man Studenten und junge Paare gerne sagen. Mit Kindern allerdings hat die Nähe zur Familie viele Vorteile, insbesondere wenn es darum geht, Sie bei der Kinderbetreuung zu unterstützen. Großeltern in der Nähe zu haben, kann Gold wert sein, etwa um einzuspringen, wenn Sie Verpflichtungen außerhalb der Betreuungszeiten haben, wenn Ihr krankes Kind zu Hause bleiben muss oder einfach um Ihnen das Gefühl zu geben, dass Sie nicht alleine sind. Insbesondere dann, wenn Sie nicht die finanziellen Mittel haben, um solche Hilfe aus eigener Tasche zu bezahlen, ist dies ein großer Pluspunkt. Zunächst erscheint der Gedanke, dass Ihre Schwiegermutter ständig durch Ihren Garten watschelt, um Ihnen Pflanzentipps zu geben, wahrscheinlich sehr unattraktiv. Wenn Sie dadurch allerdings die Möglichkeit erhalten, Ihre beruflichen Vorstellungen umzusetzen, wird es auf einmal ein Leichtes, die Ratschläge zur Bewässerung positiv zu verarbeiten.

„Wir leben weit weg von zu Hause. Das ist ein riesiger Nachteil. Ich bekam mein erstes Kind in meiner Heimatstadt, wo ich von Freunden und Familie umgeben war. Das Zweite bekam ich, als wir im Ausland lebten, wo wir nichts von dieser Unterstützung zur Hand hatten. Es war ein völlig anderes Erlebnis, sowohl logistisch als auch von der emotionalen Unterstützung her."

„Es leben keine Großeltern in der Nähe und es kann ein Nachteil sein. Allerdings denke ich auch, dass ich ein Problem damit hätte, die eigenen Eltern oder Schwiegereltern täglich oder wöchentlich um uns herum zu haben. Wir haben immer zwei Babysitter in der Hinterhand und denken ernsthaft darüber nach, ein Au-pair ins Haus zu holen. Der Vorteil daran ist, dass man Babysitter bucht, wann man sie braucht. Zu den Großeltern kann man schlecht sagen: „Ich kann morgen gar nicht arbeiten, also ist Euer Besuch auch hinfällig."

Wenn Sie als Mutter beruflich aktiv sein wollen, benötigen Sie eigentlich immer Unterstützung. In einigen Fällen ist Ihr Partner in der Lage und gewillt diese

Unterstützung vollständig aus eigenen Kräften zu leisten. In allen anderen Fällen benötigen Sie darüber hinaus Unterstützung aus Ihrem sozialen Umfeld oder müssen solche Unterstützung zukaufen.

Es gibt also eine Menge Dinge, die Sie bedenken können, wenn es um die Frage geht, wann die richtige Zeit für ein Kind ist.

Können Sie aber auch *zu viel* planen? Im nächsten Kapitel erfahren Sie Details über den feinen Unterschied zwischen guter und übertriebener Vorbereitung.

„Wenn Sie warten, bis alles perfekt ist, werden Sie nie ein Kind haben."

19
Über Unfruchtbarkeit im familienfreundlichen Langweiler-Job

Würden Sie es komisch finden, dass sich jemand Fahrradreifen kauft, ohne ein Fahrrad zu haben? Oder wenn sich jemand einen Wäschetrockner besorgt, ohne das Geld für eine Waschmaschine zu haben? In beiden Fällen kommt es einem so vor, als wäre da jemand einen Schritt zu weit, oder? Aber würden Sie es auch seltsam finden, wenn eine Freundin, Mitte dreißig, kinderlos, in eine besonders familienfreundliche Gegend zieht? Nein, oder? Man würde es eher merkwürdig finden, wenn sie mit Ihrem Freund in eine schicke Zweizimmerwohnung in der Innenstadt ziehen würde. Warum aber finden wir es komisch, Reifen für ein Rad zu kaufen, das wir gar nicht besitzen, während wir es überhaupt nicht seltsam finden, wenn sich eine kinderlose Frau schon weit vor der Geburt voll auf Kinder einstellt?

Wir finden es als völlig normal, dass Frauen Beförderungen ausschlagen oder sich aktiv gegen bestimmte Karrierepfade entscheiden, weil diese mit geplanten Kindern nicht vereinbar sein könnten. Und wenn die Frauen solche Beförderungen trotz möglichem Kinderwunsch annehmen, dann kann man in ihrem Umfeld manchmal die Gedanken förmlich von den Blicken ablesen: „Geht sie schon wieder ins Ausland? Wann denkt sie denn endlich daran, sesshaft zu werden?" oder „Ein internationales Trainee-Programm? Das klingt aber nicht nach einem Job, der gut mit Familie zusammenpasst."

> „Eine Bekannte von uns erhielt diese tolle Beförderung in der pharmazeutischen Industrie. Sie ist promovierte Chemikerin, 34 Jahre und seit Langem in einer stabilen Beziehung. In dem Moment, als sie uns erzählte, dass ihre neue Stelle mit globalen Aufgaben einhergeht, ertappte ich mich dabei zu denken: „Wow, das ist aber nicht gerade kompatibel mit Kindern. Ich hoffe, sie wartet nicht so lange, bis es zu spät für sie ist." Solche Gedanken wären mir nie in den Sinn gekommen, wenn mir ein Mann, der sich in ähnlicher Situation befindet, von seiner Beförderung erzählt hätte."

Was andere Leute denken, beeinflusst oftmals unsere Entscheidungen. Mit dem nötigen Selbstbewusstsein könnten Sie das zwar beiseiteschieben, was Sie selbst in sich hineinprojizieren, kann jedoch einen enormen Einfluss auf Ihre Karriere haben. Alles fängt oftmals schon bei der Berufswahl an. So streichen Frauen von vornherein gewisse Berufschancen wegen familiärer Argumente von der

Wunschliste. „So eine Stelle würde ich nie nehmen, da muss man sehr viel reisen und das ist nun wirklich nicht mit Familie vereinbar." „Eine Patentanwaltsausbildung! Das sind dann schon wieder mindestens drei Jahre, in denen ich keine Kinder bekommen kann, dabei habe ich doch schon drei Jahre für die Promotion verloren." „In die Wissenschaft? Das würde dann ja bedeuten, dass ich sehr viel arbeiten muss und kaum Zeit für meine Kinder haben werde."

Welche Stellen mit einer Familie vereinbar sind, kann man nicht pauschalisieren, da dies stark von der eigenen Einstellung abhängt. Manche Leute können um die Welt reisen, wenn sie die Kinder zu Hause in guten Händen wissen, während andere bereits Bauchschmerzen bekommen, wenn sie die Kinder für eine Nacht bei den Großeltern lassen müssen. Was man aber schon sagen kann: Es ist eine einschneidende Entscheidung, in Ihrem Leben Platz für Kinder zu machen, die es noch gar nicht gibt! Zwei Fragen, die Sie sich selbst stellen sollten:

- Was kann dabei schiefgehen, wenn ich eine Chance ergreife, auch wenn es sich erst einmal nicht allzu familienfreundlich anhört?
- Gibt es Hindernisse, die man sogar in neun Monaten, bis das Kind dann auch wirklich da ist, nicht überwinden kann?

Wieso wir es so wichtig finden, dass Sie sich diese Fragen stellen? Damit Sie nicht bereuen, Ihr Potenzial frühzeitig verschenkt zu haben.

> „Ich möchte allen künftigen Müttern empfehlen, erst über Kinder nachzudenken, wenn sie eine schöne Stelle haben, auf die sie gerne zurückkehren möchten. Für mich war es ein schwieriger Zeitpunkt, ein Kind zu bekommen, während ich auf einer Stelle war, die ich nicht mochte. Für mich war es unglaublich schwer, nach der Elternzeit zur Arbeit zurückzukehren. Arbeiten wollte ich schon sehr gerne, aber eben nicht auf dieser Langweiler-Stelle."

Ist eine Stelle mit viel Reisetätigkeit ein Ausschlusskriterium für Frauen in der Familienplanungsphase?

Nehmen wir klinische Monitore als Extrembeispiel. Sie müssen in so einer Position von einem Studienort zum nächsten reisen und leben typischerweise vier Nächte pro Woche in einem Hotel. Wenn es also einen Beruf gibt, der nicht familienfreundlich ist, dann dieser. Aber sollte das ein Grund sein, so eine Stelle erst gar nicht anzutreten? Nein, das sollte es nicht. In vielen Fällen hat Ihr Arbeitgeber auch eine Reihe von hausinternen Stellen, in denen Sie wenig oder gar nicht reisen müssen. Und meistens gibt es noch Möglichkeiten, die Abteilung zu wechseln, falls sich in der eigenen nichts auftut. Dasselbe können Sie auch auf andere Stellen anwenden, so kann man vom Verkauf im Außendienst dann ins Marketing oder Business Development wechseln.

> „Mein Ziel war, eine leitende Funktion in einem Unternehmen innerhalb der pharmazeutischen Industrie zu übernehmen. Mein Ziel hat sich dahingehend geändert, dass ich es nicht auf Kosten meiner Familie

mache, sondern eine Balance suche. Ich werde für eine kleine CRO[1] als CRA[2]/Studienmanagerin im Homeoffice arbeiten. Fast ausschließlich Arbeit über Internet. Fünfmal im Jahr bin ich ein paar Tage in Europa unterwegs. Alle Mitarbeiter haben ihre festen Tätigkeitsfelder, können einander jedoch auch aushelfen. Da ich daheim arbeite und die Firma in einer anderen Stadt ihren Sitz hat, werde ich ausschließlich über Telefon und Internet Kontakt zu meinen Kollegen und zu meiner Chefin haben."

Und dann, wenn Sie Ihre Wahl einmal getroffen haben, bieten sich bestimmt manchmal noch neue Chancen für die berufliche Weiterentwicklung oder einen Wechsel an. Diese Chancen können Sie nutzen oder liegen lassen. Das entscheiden Sie!

Die nächste Geschichte könnte Ihnen Mut geben, trotz Kinderwunsch Chancen zu ergreifen, wenn sie sich bieten.

„Nach zwei Jahren in meinem Postdoc erhielt ich das Angebot, meinen ersten Doktoranden zu betreuen. Eine tolle Chance für mich, da ich sehr gerne eine eigene Gruppe leiten und eines Tages Professorin werden wollte. In derselben Woche, in der ich über die Betreuung des Doktoranden diskutierte, sah ich zu meiner Freude endlich den ersehnten Streifen auf dem Schwangerschaftstest. Natürlich war der erste Gedanke, der mir durch den Kopf ging, dass ich auf gar keinen Fall einen Doktoranden betreuen könnte, während ich in Mutterschaftsurlaub sein werde, aber ich nahm die Chance dennoch an. Und es lief perfekt! Während der Auszeit konnte der Doktorand die Laborarbeit des Projektes erledigen und ich konnte ihn von zu Hause aus betreuen. Keine giftigen Gase für mein Kind und ich konnte in der Zeit sogar publizieren. Ohne den Doktoranden hätte ich ein komplettes Jahr verloren, doch so lernte ich sogar noch viele wichtige Führungseigenschaften."

Höhere Positionen gehen zwar mit mehr Verantwortung und Arbeit einher, doch auch mit mehr Autonomie darin, Termine und Arbeitspakete zu planen. Daher ist ein Aufstieg nicht immer mit familienunfreundlichen Zeiten verbunden. Als Teamleiter können Sie die Meetings selbst ansetzen, als Teammitglied müssen Sie sich nach den Vorgaben Ihres Vorgesetzten richten. Natürlich können Sie immer einen Schritt zurückgehen, wenn es Ihnen doch nicht gefällt, wie diese Dame berichtet:

„Ich war lange Zeit Teamleiterin auf einer Teilzeitstelle. Einerseits ist es schön, dass man mir diese Verantwortung zugetraut hat, andererseits hat man dann fast nur noch mit Administrativem und Besprechungen zu tun und kann sich nicht mehr wirklich in die Projekte einbringen, wie ich es als Vollzeit-Teamleiterin könnte. Es war für mich unbefriedigend, sodass ich jetzt auf eigenen Wunsch auf eine Position als Senior Scientist gewechselt

1) Contract Research Organization
2) Clinical Research Associate

habe. Ich durfte mir den Nachfolger sogar selbst raussuchen, sprich meinen neuen Chef!"

Und schließlich spricht gegen übertriebenen Nestbau vor der Schwangerschaft, dass Sie vielleicht nie schwanger werden. Ihnen als Naturwissenschaftlerinnen muss man ja nicht explizit sagen, dass Sie oder Ihr Partner unfruchtbar sein könnten. Oder der Kinderwunsch verflüchtigt sich? Oder der Partner?

> „Eine Bekannte hatte eigentlich sehr gut und schlüssig geplant, doch ging das leider nicht auf. Nach ihrer Promotion wollte sie endlich mit ihrem Partner zusammenziehen, der bis dahin in einer anderen Stadt gelebt hatte. Sie heirateten und ihre erste Stelle war auch gleich eine, die genug Raum für Kinder lassen würde. Es handelte sich dabei um eine administrative Position in einem ruhigen Arbeitsumfeld. Es war sehr schön dort zu arbeiten, eine angenehme, freundliche Atmosphäre, doch war es intellektuell nicht anspruchsvoll. Sie kauften sich ein schönes Haus auf dem Land, eine halbe Stunde mit dem Auto von der nächsten Stadt entfernt, alles schien perfekt zu sein. Nachdem sie zwei Jahre versuchten ein Kind zu bekommen, erhielt sie die Hiobsbotschaft vom Frauenarzt, dass sie gar nicht schwanger werden kann. Ihre Welt stürzte in sich ein. Da stand sie also, lebte in diesem schrecklichen Kaff in einem stinklangweiligen Beruf und hatte noch nicht einmal ein Kind! Sie wollen gar nicht wissen, wie sie sich fühlte. Es dauerte eine ganze Weile, bis sie wieder Boden unter den Füssen hatte. Sie kann jetzt mit der Situation umgehen und hat auch beruflich das Steuer herumgerissen. Die größte Schwierigkeit dabei, eine „richtige" Stelle zu bekommen, war die Frage: „Warum haben Sie sich so lange unter Ihrem Qualifikationsniveau verkauft?"

Und die Moral von der Geschicht'? Für uns lautet sie: Lassen Sie sich nicht durch Reisetätigkeit oder Personalverantwortung davor abschrecken, eine interessante Stelle anzutreten. Es ist Ihre Entscheidung, was Sie tun, das kann Ihnen niemand abnehmen. Wenn Sie gewisse Möglichkeiten gerne wahrnehmen wollen, dann trauen Sie sich diese auch zu. Wenn es dann doch nicht klappen sollte, können Sie immer noch einen Schritt zurücktreten.

20
Wie sage ich's dem Chef? Schwangerschaft, Kinder und Karrierewunsch

Hurra Sie sind schwanger! Damit Ihr Arbeitsumfeld genauso glücklich über die Neuigkeiten sein kann, sollten Sie sich ein paar Gedanken machen, bevor Sie Ihrem Chef um den Hals fallen.

20.1
Die frohe Botschaft verkünden

Viele Frauen haben Angst, ihrem Chef von der Schwangerschaft zu erzählen. Sie machen sich viele Gedanken wie sie es am besten sagen können und wie darauf reagiert werden wird. In den meisten Fällen ist es nicht so schlimm, wie sie es sich vorgestellt haben. Es fühlt sich sogar oft wie eine große Befreiung an, dem Kellner nicht mehr „alkoholfrei" zuraunen zu müssen, wenn Sie mit Kollegen abends unterwegs sind. Man muss nicht mehr so tun, als würde man die Konferenz im Sommer besuchen, obwohl schon klar ist, dass man genau diesen Termin wohl im Kreißsaal verbringen wird.

Überlegen Sie sich, wie Sie diese Information verbreiten, bevor Sie es im Kaffeeraum rausposaunen.

Die erste Person Ihrer Arbeitsstelle, die von Ihrer Schwangerschaft erfahren muss, ist Ihr Chef. Falls Sie das nicht tun, laufen Sie immer Gefahr, dass die Information über den Flurfunk transportiert wird, was sich bei so einer wichtigen Sache für den Chef wie ein Vertrauensbruch anfühlen muss. Auch wenn Sie es fast nicht aushalten vor Vorfreude, die Nachricht Ihrer liebsten Kollegin erzählen zu wollen und so sehr Sie auch glauben, dieser einen Kollegin trauen zu können. Diese denkt ganz genauso, nämlich dass ihre eigene beste Freundin sicherlich auch dichthalten wird. Bevor Sie sich umsehen, gratuliert Ihnen jemand auf Facebook oder während der nächsten Besprechung, ahnungslos, dass es geheim sein sollte, weil es ja sowieso schon jeder wusste.

Sie müssen sich entscheiden, wann Sie Ihrem Chef davon erzählen. Die meisten Leute warten bis zum Ende des ersten Trimesters, wenn das Risiko einer Fehlgeburt deutlich geringer wird. Wenn Sie allerdings mit Gefahrstoffen arbeiten, müssen Sie Ihren Arbeitgeber informieren, sobald Sie selbst von der Schwangerschaft

Karriereführer für Naturwissenschaftlerinnen, 1. Aufl. Karin Bodewits, Andrea Hauk und Philipp Gramlich.
©2016 WILEY-VCH Verlag GmbH & Co. KGaA. Published 2016 by WILEY-VCH Verlag GmbH & Co. KGaA.

wissen. Dieser ist dann verpflichtet, Ihnen einen Arbeitsplatz zuzuteilen, bei dem eine Gefährdung des Ungeborenen ausgeschlossen werden kann.

Wenn Ihnen morgens schlecht ist oder Sie sich so schlapp fühlen, sodass Sie Angst haben in Besprechungen einzuschlafen, dann kann es angenehmer sein, die Schwangerschaft schon früher anzusprechen. Sie müssen dann nicht drei Monate wie ein Sack Kartoffeln herumlaufen und gleichzeitig so tun als wäre nichts geschehen.

Wenn Sie sich bereit dazu fühlen, mit Ihrem Chef zu sprechen, dann machen Sie einen Termin für ein Vieraugengespräch. Rufen Sie sich in Erinnerung, dass Ihren Chef bei diesem Gespräch in erster Linie interessieren wird, was dies für sein Geschäft und die Arbeitsabläufe bedeuten wird. Des Weiteren sollten Sie sich auf einige Fragen vorbereiten, unabhängig davon, ob Sie sie bereits zu diesem Zeitpunkt besprechen möchten oder müssen. Wie und ob es für Sie nach der Elternzeit weitergehen soll, beziehungsweise ob Sie überhaupt zurückkommen wollen. Weitere Fragen werden im Raum stehen, wie „Welche Projekte können Sie noch abschließen?", „Wo könnten Sie Hilfe gebrauchen?", „Wird Ersatz für Sie während Ihrer Abwesenheit benötigt?", „Falls ja, wann sollte diese Person anfangen zu arbeiten, sodass Sie noch eine vernünftige Übergabe machen können?", „Werden Sie in Ihrer Abwesenheit gar nicht arbeiten oder von zu Hause aus?". Wenn Sie einen befristeten Vertrag haben, sollten Sie das auch ansprechen: „Ich weiß, dass mein Vertrag kurz nach der Geburt ausläuft. Ich würde aber sehr gerne x Monate nach der Geburt wieder einsteigen. Sehen Sie eine Chance, dass mein Vertrag verlängert werden kann?"

Sie müssen nicht alle Antworten auf diese Fragen bereit haben. Viele Fragen müssen Sie gar nicht beantworten oder können sich Zeit lassen bis wenige Wochen vor der Geburt. Es kann allerdings im beiderseitigen Interesse sein, die Karten auf den Tisch zu legen und offen über Möglichkeiten zu sprechen, von denen beide Seiten profitieren.

Ihre Antworten müssen nicht definitiv sein, das geht oftmals auch gar nicht oder ist taktisch unsinnig. Doch sollten Sie es offen kommunizieren, wenn Sie Ihre Meinung ändern. Es ist völlig in Ordnung, wenn Sie früher wieder einsteigen wollen, weil Ihnen die Decke auf den Kopf fällt oder dass Sie die Stundenzahl doch reduzieren müssen, weil das Kind nach einem Jahr immer noch so unruhig schläft.

Allerdings ist es kein guter Stil, wenn Sie alle Rechte voll ausnutzen, die Ihnen das Gesetz zuschreibt. Im Extremfall könnte man beispielsweise drei Jahre in Elternzeit gehen und erst kurz vor Ende dem Arbeitgeber mitteilen, dass man gar nicht zurückkehren will. Ehrliche und vertrauensvolle Zusammenarbeit sieht anders aus.

Was für Reaktionen werden kommen, wenn Sie von Ihrer Schwangerschaft erzählen? Das können wir nicht vorhersehen.

20.2
Gleichbehandlung

Sie sind schwanger oder schon Mutter und machen sich Sorgen, dass Sie dadurch anders behandelt werden könnten, oder Sie werden es gar bereits? Wir wären unehrlich zu Ihnen, wenn wir sagen würden, dass Sie sicherlich genauso wie zuvor behandelt werden, dass Sie immer noch dieselben langfristigen Perspektiven und Projekte bekommen werden. Das ist recht unwahrscheinlich. In den meisten Fällen werden Sie anders behandelt, außer Sie tun aktiv etwas dagegen. Wenn Sie weiterhin eingebunden sein wollen, dann müssen Sie Ihren Chef und Ihr Umfeld davon überzeugen, dass Sie immer noch dieselbe Mitarbeiterin mit denselben Stärken und derselben Motivation sind. Sie fragen sich jetzt, warum Sie da auch nach einiger Zeit als Kollegin immer noch Überzeugungsarbeit leisten müssen? Man sollte Sie doch mittlerweile kennen, oder?

Ihr Chef ist wie jede andere Person auch geprägt von seiner eigenen Erziehung, Erfahrung und dem familiären Hintergrund, in dem er aufgewachsen ist. Viele Chefs werden Ihnen keine anspruchsvollen Aufgaben mehr geben, da Sie mit der Gleichung „Mutter = Hausfrau" aufgewachsen sind. Das ist vielleicht gar nicht böse oder wertend gemeint, sondern das, was in seinem eigenen Umfeld geschehen ist, was seine eigene Mutter, Frau oder Ihre Vorgängerinnen am Arbeitsplatz vorgelebt haben. Wenn Sie also gerne weiterarbeiten wollen, dann vermeiden Sie es, in die „Mami-Kiste" gesteckt zu werden. Dafür müssen Sie Ihrem Chef erklären was Sie wollen und auf diese Ansage auch Handlungen folgen lassen. Es kann sogar sein, dass Sie ihn dazu bringen müssen, die eigene Denkweise infrage zu stellen, vielleicht müssen Sie Ihren Chef sogar hirnwaschen!

Wie kann man so etwas anstellen? Ein guter Zeitpunkt um das zu beginnen ist wahrscheinlich die Besprechung, in der Sie von Ihrer Schwangerschaft erzählen. Kommen Sie schon mit möglichen Lösungen zu den vorhersehbaren Aufgaben und vergessen Sie nicht, sich selbst in die Gleichung mit aufzunehmen: „Im Januar haben wir ja unser jährliches R&D Treffen, das ich normalerweise organisiere und moderiere. Zu der Zeit werde ich dieses Mal im Mutterschaftsurlaub sein. Ich denke, dass Günther am besten geeignet ist, das zu übernehmen und das Jahr darauf kann ich es gerne wieder tun." Wenn Sie für eine neue Position oder Beförderung vorgesehen waren, erklären Sie, wie Sie dazu stehen: „Wir hatten ja darüber geredet, ob ich das Team von Alfons übernehmen kann, wenn er in Rente geht. Ich traue es mir nach wie vor zu, wir müssten dann aber den Termin der Übergabe ein halbes Jahr nach hinten verlegen. Alfons hatte neulich erwähnt, dass er die Modelle zur Altersteilzeit sehr ansprechend findet, man könnte einen fließenden Übergang machen." Und in manchen Fällen kann man die Not zur Tugend machen: „Sie hatten doch von dem Buchkapitel gesprochen, das Prof. Miller gerne von Ihnen haben will. In der letzten Gruppenbesprechung hat sich dafür keiner freiwillig gemeldet, was man verstehen kann, da es sicherlich ein großer Zeitfresser ist und jeder seine Laborprojekte fertig bekommen möchte. Ich möchte gerne nachträglich die Hand heben: Da ich während der Schwangerschaft sowieso nicht ins Labor kann, wäre das Buchkapitel toll für mich und Sie hätten eine unliebsame Aufgabe los."

Sie müssen in jedem Fall Ihren Mund öffnen und sagen was Sie wollen, denn die wenigsten Chefs haben telepathische Fähigkeiten und können Ihre Gedanken lesen.

Menschen kommen besser durchs Leben, wenn sie deutlich sagen, was sie wollen, anstatt lediglich auf bessere Zeiten zu hoffen. Außerdem sind die meisten schlecht darin, die eigene Unzufriedenheit zu verbergen, zumindest auf lange Sicht. Auf die eine oder andere Weise würde es auch bei Ihnen durchscheinen, dass Sie unglücklich mit der Situation sind. Ihr Umfeld kann dann nicht wissen, warum Sie negativ reagieren, Sie werden schlechter arbeiten und unzufriedener mit sich und Ihren Leistungen sein.

Gibt es abgesehen von Worten etwas, das Ihren Chef davon überzeugen könnte, Sie nicht in die „Mami"-Kiste zu stecken? Ja, und die Antwort liegt in Ihren Handlungen. Sie sind wahrscheinlich überglücklich, die Mutter der allertollsten Kinder auf der Welt zu werden. Selbstverständlich müssen Sie sich nicht für diese Gefühle schämen, doch sollten Sie sie genauso wenig die ganze Zeit vor sich hertragen. Wenn Sie in der Arbeit sind, dann konzentrieren Sie sich darauf und machen Sie Ihr Online-Shopping für Babysachen am Abend zu Hause. Reden Sie über Kinder, wenn Ihre Kollegen das tun, daran ist nichts verkehrt, es ist dann Ihr gemeinsames Interesse. Wenn Sie das Thema allerdings zu oft selbst anschneiden, dann klingen Sie unweigerlich wie eine „Mami". Auch daran ist per se nichts verkehrt, aber seien Sie sich bewusst, dass dies Ihnen nicht gerade dabei behilflich sein wird, Ihren Ruf als zukünftige Abteilungsleiterin beizubehalten.

Sie können während der Elternzeit mit Ihrem Arbeitgeber in Kontakt bleiben. Vielleicht haben Sie die Möglichkeit weiterhin Ihre E-Mails zu lesen, bei den wichtigsten Besprechungen oder an geselligen Anlässen teilzunehmen. Solches Verhalten zeigt dem Arbeitgeber nicht nur, dass Ihnen die Organisation am Herzen liegt und dass Sie am Ball bleiben möchten. Sie können damit zudem Ihre Rückkehr nach einer langen Auszeit reibungsloser gestalten. Wenn Sie nicht persönlich vorbeikommen können, schadet ein gelegentlicher Gruß per E-Mail oder Telefon nicht. Schnell getan und kommt gut an.

Vielleicht denken Sie jetzt: Wird denn von mir verlangt, dass ich auch im Kreißsaal mit meinem Laptop sitze? Nein, das wäre sinnlos und würde Ihnen und Ihrem Umfeld ein schreckliches Signal sein. Die meisten Mütter berichten aber, dass sie die Elternzeit nach ein paar Wochen oder Monaten recht einseitig finden und gerne wieder andere Leute und vor allem über andere Themen sprechen würden. Sie tun also auch sich selbst einen Gefallen. Auch Fortbildungen können als solch ein geistiger Tapetenwechsel dienen und sie können oft so organisiert werden, dass es kaum zu Kollisionen mit Ihren familiären Verpflichtungen kommt.

20.3
Ihr Comeback

Es ist schon fast albern: Sie können in den letzten Jahren die tollste Mitarbeiterin gewesen sein, haben keine Fristen verpasst, doch jetzt müssen Sie sich nochmal beweisen. Sie haben Ihrem Chef mehrfach erzählt was Sie wollen und wie Sie das alles hinbekommen werden, doch jetzt ist es an der Zeit, auch zu zeigen, dass Sie das schaffen. Und Sie können das! Sie müssen Hilfe bei der Kinderbetreuung organisieren, Familie, Kitas, Tagesmütter oder eine Nanny. Es schadet nicht, Ihrem Arbeitgeber zu erzählen, wie Sie sich in dieser Hinsicht organisieren. Sie zeigen damit, dass Sie die Dinge im Griff haben und dass Sie motiviert sind, um wieder zurückzukehren.

Auch das engste Netz an Betreuung und Ersatzlösungen ist nicht zu 100 % perfekt. Um Frustration bei Ihnen und Ihrem Arbeitgeber zu vermeiden, müssen Sie, wie so oft, offen kommunizieren. Wie gedenken Sie mit den Schulferien umzugehen und was geschieht, wenn Ihr Kind krank ist? Kann Ihr Partner Sie unterstützen, besonders wenn es um Geschäftsreisen geht? Wann genau müssen Sie spätestens los, um Ihre Kinder abzuholen und wie oft können Sie hier Ausnahmen machen? Wie viel Vorlauf benötigen Sie, wenn Sie für Aktivitäten außerhalb Ihrer normalen Zeiten gebraucht werden? Wenn sich Ihr Umfeld dieser Rahmenbedingungen bewusst ist, versteht man auch Ihr Verhalten und kann sich organisatorisch auf Ihre Pläne einstellen.

Die Infrastruktur zu organisieren und kommunizieren ist die eine Seite der Medaille. Die andere Seite ist, dass Sie immer noch gute Arbeit abliefern müssen. Und das ist nicht immer einfach nach ein paar schlaflosen Nächten und den Sorgen ums Wohlergehen der Kleinen im Hinterkopf. Aber es ist möglich! Viele Mütter berichten, dass sie nach der Geburt viel effektiver arbeiteten als vorher. Diese Effizienz wird allerdings leider hierzulande noch nicht voll erkannt, und die familiären Verpflichtungen arbeitender Mütter werden eher als Problem gesehen denn als Pluspunkt.

> „In den Niederlanden stellt man anstelle einer Vollzeitkraft sehr gerne zwei Mütter auf Teilzeit ein. Sie gehen nie in Rauchpausen, sehr selten in Kaffeepausen und machen nur gelegentlich mal ein Büroschwätzchen. Mir erzählte mal ein Vertreter einer großen Pharmafirma, dass Daten zur effektiven Arbeitsleistung der Mitarbeiter erhoben wurden. Ich las zwischen den Zeilen heraus, dass es wohl eine recht verdeckte Aktion war, die „Probanden" wussten jedenfalls nichts von ihrem Glück. Aber das Ergebnis war schockierend: Im Durchschnitt arbeitet ein Mitarbeiter während gebuchter acht Stunden Arbeit in Vollzeit nur 3,5 Stunden am Tag. Dann könnte man für dasselbe Geld auch zwei Teilzeitmütter einstellen, ich kann mir nicht vorstellen, dass dabei nur 2 × 1,75 Stunden Arbeit herauskommen würden!"

Soviel also dazu was Sie selbst tun können, um Ihre Karrierewünsche mit Kind weiterhin zu verfolgen. Jetzt hoffen wir, dass auch Ihr Arbeitgeber seinen Teil dazu beitragen wird und Sie in Ihren Plänen unterstützt!

21
Frauen, Mütter, Arbeitgeber: von schiefen Blicken und Vorurteilen

Es ist ein wunderschöner Sommertag. Mit Tränen in den Augen setze ich meinen Sohn in den Fahrradanhänger. In einer halben Stunde möchte ich in der Kita erscheinen, dort wird heute der zweite Tag seiner Eingewöhnung stattfinden. Gestern ging es mir damit noch gut, aber heute trifft mich die Realität mit voller Härte. Es ist nun einmal verdammt hart, sein Baby zum ersten Mal aus den Händen zu geben! Gerade als ich losfahren möchte, sehe ich die teigige, obere Hälfte meines Nachbarn, wie sie halb aus seinem Fenster hängt. Er ist einer dieser Leute, die immer dann einen Smalltalk anfangen, wenn es gerade überhaupt nicht passt. Während mein Sohn langsam ungeduldig wird und im Anhänger zu protestieren beginnt, fragt der Teigige: „Und, was macht der Kleine denn so alles?" Ich erzähle ihm, dass er gerade mit der Kita anfängt, und sehe seinen angewiderten Gesichtsausdruck: „Jetzt schon in die Kita! Lass das Würmchen doch zuerst mal ruhig ankommen!" Ich sage nichts.

Während der Fahrt erinnere ich mich an eine Unterhaltung, die ich vor einigen Monaten mit einer Freundin aus den Niederlanden hatte. Sie fragte mich, wann ich wieder arbeiten möchte und ich erzählte ihr, dass ich nach der Geburt gerne sechs Monate zu Hause bleiben möchte. Sie sagte halbernst: „Das ist aber schon recht faul, oder?"

Die deutsche Wirtschaft ist stark, die Arbeitslosigkeit niedrig. Ausländer sind oft beeindruckt von der Kompetenz und Zuverlässigkeit der deutschen Arbeitnehmer und selbst der Humor ist nicht so schlecht, wie man es im Ausland oftmals hört. Arbeitende Mütter allerdings treffen auf große soziale Barrieren, was in einem so hochentwickelten Land verwundern mag. Die Meinungen der Deutschen gehen über den Themenblock „Frauen, Karriere und Kinder" weit auseinander. Und das nicht nur bei Nachbarn, Freunden und Familie, sondern auch bei den Arbeitgebern.

Karriereführer für Naturwissenschaftlerinnen, 1. Aufl. Karin Bodewits, Andrea Hauk und Philipp Gramlich.
©2016 WILEY-VCH Verlag GmbH & Co. KGaA. Published 2016 by WILEY-VCH Verlag GmbH & Co. KGaA.

21.1
Karrieremutter versus Hausfrau: ein Kulturkampf

Der Eiserne Vorhang zwischen Ost- und Westdeutschland hat familienpolitisch zu einer scharfen Trennung zwischen zwei entgegengesetzten Gesellschaftssystemen geführt. Im Kommunismus waren die Krippen normaler Teil des Lebens und Frauen gingen zur Arbeit. In Westdeutschland entwickelte sich dagegen eine Kultur, in der arbeitende Mütter gerne als „Rabenmütter" geschmäht wurden. Deshalb haben die jungen Erwachsenen von heute auch völlig unterschiedliche Kindheiten verbracht, sind mit völlig verschiedenen Stereotypen aufgewachsen. Im Osten waren sie Kinder von Doppelverdiener-Ehen und gingen in Krippen, während sie im Westen unter den Fittichen der Mutter aufwuchsen. Egal welches Leben die Eltern den Kindern vorgelebt haben: Es dient unweigerlich als Vorbild, egal ob es als Positives angenommen oder als Negatives verdammt wird.

Exkurs   Rabenmutter: Etymologie eines furchtbar(en) deutschen Begriffes

Der Begriff Rabenmutter hat seinen Ursprung in einem alten Volksglauben, dass sich Raben nicht um Ihre Jungen kümmern, sie gar aus dem Nest stoßen sobald sie keine Lust mehr darauf haben, sie zu füttern. Wie so oft ist daran ein Hauch Wahrheit, die Jungen werden in der Tat aus dem Nest geworfen, wenn sie flügge sind, doch ist das unter Vögeln ein normales Verhalten. Sie sind deswegen aber keine lieblosen Eltern, denn auch am Boden füttern und beschützen sie die Jungen noch. Es ist eher ein Verhalten, das die natürliche Entwicklung fördert und sollte von manchen Müttern kopiert werden, deren 32-jährige Söhne aus Bequemlichkeit immer noch nicht ausgezogen sind.
Gemäß dem Duden wird der Begriff „Rabenmutter" abwertend gebraucht und bedeutet so viel wie „lieblose, hartherzige Mutter, die ihre Kinder vernachlässigt." Heutzutage wird der Begriff hauptsächlich verwendet, um Mütter zu schmähen, die ihre Kinder in eine „Fremdbetreuung" „abschieben". Der Begriff strotzt nur so von Gallensaft und aus gutem Grund findet man in anderen Sprachen auch keine Entsprechung.

Das soziale Stigma, das eine „Rabenmutter" erfahren kann, ist beträchtlich, die schiere Gehässigkeit kann erdrückend wirken. Wie soll man mit solchen Beschimpfungen umgehen? Ignorieren scheint die beste Option zu sein. Und vielleicht können Ihnen die Ornithologen Trost spenden: Raben paaren sich fürs Leben, umsorgen Ihren Nachwuchs liebevoll und gehören zu den schlauesten Kreaturen auf diesem Planeten.

„Unsere Familien haben die Karrieren von uns beiden immer voll unterstützt. Ich denke manchmal, dass sowohl meine Mutter als auch meine Schwiegermutter in Paaren wie uns die Erfüllung dessen sehen, wofür sie gekämpft haben."

„Sowohl seine als auch meine Familie finden die Organisation unseres Alltagslebens in Ordnung und versuchen uns zu unterstützen, besonders bei der Überbrückung von Ferienzeiten. Ich glaube schon, dass sie auch damit einverstanden wären, wenn ich Vollzeit statt Teilzeit arbeiten würde – solange es ihren Enkelkindern und uns weiterhin gut geht. Sie hätten auch nichts dagegen, wenn wir uns durch ein Au-pair unterstützen lassen würden. Da meine Eltern selbstständig sind und trotz 4 Kindern immer beide Vollzeit gearbeitet haben, könnte ich da auf Verständnis bauen."

„Meine Mutter und meine Schwiegermutter blieben beide zu Hause, bis die Kinder vier Jahre alt waren. Sie waren beide nicht die größten Fans davon, dass ihre Enkelkinder in eine Kita gehen würden. Und wenn schon, dann, Gott bewahre, keine fünf Tage in der Woche! Bei Familienanlässen wurde das Thema nur mit abwertend gestellten Fragen angeschnitten: „So, wieviele Stunden muss der Kleine gleich nochmal da hin?" Jetzt wo unser ältester Sohn drei Jahre alt ist, scheinen sie ihre Meinung langsam zu ändern. Meine Schwiegermutter sagte sogar einmal: „Ich dachte immer, dass Kitas schlecht seien, doch jetzt wurde bei uns im Ort auch eine gebaut. Ich sehe, dass die Kinder dort richtig Spaß haben." Es wird langsam besser, es war aber nicht immer einfach, den skeptischen Unterton zu ertragen."

„Gott sei Dank können wir uns auf unsere Familie verlassen, die sich über den Nachwuchs sehr gefreut hat. Allerdings gibt es nicht gerade wenige Menschen, die die Frau immer noch hinter dem Herd sehen. Hier heißt es einfach auf Durchzug schalten. Das Einzige was zählt ist, dass die Eltern des Kindes mit ihrem Leben, so wie sie es organisiert haben zufrieden sind."

Wir erfuhren von vielen Müttern, dass die schrägen Kommentare nach dem Krippenalter nicht unbedingt aufhören. Kinder im Grundschulalter werden als „Schlüsselkinder" gebrandmarkt, wenn ihre Mutter zum Schulschluss noch nicht zu Hause sein kann. Laut Duden ist ein Schlüsselkind ein „tagsüber (nach dem Schulunterricht oder Kindergarten) weitgehend sich selbst überlassenes Kind berufstätiger Eltern." Der Begriff wird zwar als „Jargon" und nicht als abwertend klassifiziert, doch fühlen sich arbeitende Mütter durch ihn durchaus in eine Ecke gestellt. Ist es etwas Schlechtes, wenn Ihr Kind seinen eigenen Schlüssel hat und nach der Schule einige Zeit alleine verbringt?

Eine 39-jährige Akademikerin erzählte uns hierzu Folgendes:

> „Als ich noch in die Grundschule ging, war ein sogenanntes Schlüsselkind in meiner Klasse. Sie wuchs bei ihrer alleinerziehenden Mutter auf. Ich fand es schön, dass sie einen eigenen Schlüssel hatte. Als ich meine Mutter fragte, ob ich nicht auch so ein Band mit einem Schlüssel um den Hals bekommen könnte, sagte sie entschlossen: „Nein, am Ende denken die Leute noch Du wärst ein Schlüsselkind."

Wir Erwachsenen haben also alle unterschiedliche Meinungen, aber sollten wir nicht einfach tun, was am besten für unsere Kinder ist? Ja, das sollten wir wahrscheinlich tun! Was also ist gut für unsere Kinder? Können sie in die Kita gehen oder ist es besser, wenn sie zu Hause bleiben? Und wenn sie dann in die Kita gehen, wieviel Stunden sind gut für sie? Um diese Fragen zu beantworten, würden wir Sie gerne auf einen Ausflug durch unsere Nachbarländer mitnehmen.

Beginnen wir unsere Reise in Österreich und der Schweiz, wo die Situation recht ähnlich ist wie in Westdeutschland. Die meisten Mütter bleiben das erste Jahr nach der Geburt zu Hause, manchmal aber auch die vollen drei Jahre der gesetzlichen Elternzeit. Viele Mütter von Kindern zwischen einem und drei Jahren arbeiten Teilzeit, während das Kind in eine Krippe geht. Weiter westlich liegt Frankreich, wo sich das Bild auf einmal dramatisch ändert. Französische Mütter fangen in der Regel drei Monate nach der Geburt wieder an, Vollzeit zu arbeiten, die Kinder gehen währenddessen in eine Kita. Wenn wir von hier aus im Uhrzeigersinn weitergehen, sinken wir bald unter den Meeresspiegel und kommen in den Niederlanden an, der ersten Teilzeit-Wirtschaft der Welt. Wie in Frankreich arbeiten auch hier die Mütter in der Regel drei Monate nach der Geburt schon wieder, allerdings im Gegensatz zu Frankreich meist in Teilzeit. Fahren Sie doch einmal unter der Woche am Nachmittag durch eine holländische Stadt. Sie werden viele Lastenfahrräder sehen, auf denen Väter mit ihren Kindern spazieren fahren.

Professor Sonja-Verena Albers arbeitet heute in Deutschland, startete ihre Karriere jedoch in den Niederlanden. Sie ließ uns daran teilhaben, wie dort eine Karriere von beiden Elternpaaren trotz Kinder möglich und üblich ist:

> „Ich habe meine beiden Kinder während meiner PostDoc Zeit an der Rijksuniversiteit Groningen bekommen. In den Niederlanden ist es gesellschaftlich akzeptiert und vollkommen normal seine Kinder schon im Alter von 4–6 Monaten in eine Betreuungseinrichtung zu geben, dementsprechend gut sind diese auch auf Kleinkinder ausgerichtet. Ich selbst habe meine beiden Söhne jeweils im Alter von vier Monaten in die Kita gegeben, vier Tage die Woche. Während meiner fünfmonatigen Laborpause liefen die Projekte weiter und durch die Möglichkeit der Vollzeitbetreuung meiner Kinder konnte ich meine Doktoranden weiter betreuen. Die Unterstützung meines Partners war hier allerdings enorm wichtig, um die Wissenschaft auf voller Kraft weiter betreiben zu können. Wir haben aktiv daran gearbeitet, glei-

chermaßen viel Zeit in unsere Berufe zu investieren. Nur so war es möglich, beide Karrieren erfolgreich auszubauen."

Hier wird es als normal angesehen, dass beide Partner Teilzeit arbeiten und auch zur Kindererziehung beitragen. Die Kinder gehen zwei bis vier Tage in der Woche in die Kita. Weiter geht unsere Tour in den Norden, wo die Nachkommen der Wikinger schier verrückt nach Geschlechtergleichheit zu sein scheinen. Neben einer hervorragenden Betreuungs-Infrastruktur gibt es finanzielle Anreize, damit auch die Männer bei der Kindererziehung mitwirken. Den Kreis können wir schließen, indem wir die beiden ehemals kommunistischen Länder Polen und Tschechien besuchen. Hier, wie in Ostdeutschland, besteht eine gute Betreuungs-Infrastruktur, die den Müttern das Arbeiten ermöglicht.

Jetzt haben wir einmal fast alle unsere Nachbarländer besucht und konnten sehen, dass unsere Nachbarn sehr unterschiedlich an die Thematik Kindererziehung und arbeitende Mütter herangehen. Die naheliegenden Fragen wären dann jetzt also, in welchem Land die Kinder nun am glücklichsten sind und wo die Eltern die stärkste Bindung zu ihren Kindern haben. Wissen Sie die Antworten? Wir nicht. Andere Fragen können wir dagegen beantworten:

- „Kommen die Franzosen dann überhaupt an Weihnachten nach Hause, haben die genug Bindung aufgebaut, wenn sie schon selbst so früh in eine Kita gegangen sind?" „Klar tun sie das!"
- „Sind die Schweizer komplette Soziopathen, weil ihnen die Kontakte aus der Kita fehlen?" „Nein, sind sie nicht!"
- „Und was ist mit den Holländern, den Skandinaviern, Polen und Österreichern? Das sind doch auch ganz normale Leute, oder?" „Ja, stimmt. So ist es."

Die Frage „Kita oder daheim" scheint nicht entscheidend zu sein für die Entwicklung des Kindes. Wie auch immer es aufwächst, alle Methoden scheinen zu funktionieren. Auch groß angelegte Studien zu dem Thema können keinen „schlechten" oder „guten" Weg identifizieren. Die Debatte ist von Instinkten und Emotionen getrieben und nicht durch Fakten.

Dadurch wird die Sache einfacher für die Eltern. Jetzt müssen Sie sich also nur den Weg heraussuchen, der Ihnen und Ihren Kindern gefällt. Und egal wie Sie sich entscheiden, Sie werden sich Gemurre von Leuten anhören müssen, die an Ihrem Weg etwas auszusetzen haben. Die Vorurteile von Menschen, die anderer Meinung sind, können Sie schier überwältigen.

> „Eigentlich möchte ich mit dem Thema erst gar nicht anfangen, ich könnte allein über den sozialen Druck ein ganzes Buch schreiben. Jeder scheint eine Meinung zu dem Thema zu haben und denkt leider auch das Recht zu haben, diese immer und überall kundzutun. Darüber ob Sie arbeiten, wieviel Sie arbeiten, aber auch darüber, ob und wann Ihr Kind einen Schal tragen sollte oder ob Babyschwimmen gut oder schlecht für Ihr Kind ist. Es ist sehr ermüdend."

Leider können solche Entscheidungen und Grabenkämpfe viel Energie kosten. Energie, die in Beruf oder Familie besser investiert wäre. Daher empfehlen wir Ihnen: Suchen Sie sich Gleichgesinnte, die ähnliche Herausforderungen wie Sie meistern und Ihre Situation verstehen. Bauen Sie sich ein Netzwerk im Privaten auf, in dem Sie mit Unterstützung rechnen können. Übrigens: Unterstützung bedeutet auch, Gespräche führen zu können, ohne ein schlechtes Gewissen eingeredet zu bekommen. Denn wie wir in Erfahrung bringen konnten: Unter Müttern ist die Stutenbissigkeit im Privatleben genauso groß wie unter Karrierefrauen im Berufsleben.

Wir haben verschiedenen Müttern die Frage gestellt: Können Karrieremütter und Hausfrauen im gleichen Raum sitzen? Hier eine Auswahl der Antworten, die wir bekommen haben.

> „Ja im selben Raum sitzen ist möglich, nur geht der Gesprächsstoff ziemlich schnell aus – es sei denn, man möchte sich ausschließlich über Windeln, Schnuller, Saubermachen, Kaffeetrinken, „Tratsch", Kindererziehung im Allgemeinen und im Detail unterhalten … "

> „Klar geht das, solange man gegenseitigen Respekt zeigt, ist das gar kein Problem. Natürlich sollte man nicht zu lange über die Arbeit reden, wenn man mit einer Hausfrau zusammensitzt. Aber solange man sich über allgemeine Themen und die Entwicklung der Kinder unterhält, gibt es eigentlich keinerlei Probleme."

> „Wenn sie nicht über die Arbeit und die Kinder reden schon!"

> „Sehr schwierig."

> „Hier gibt es wieder beide Meinungen, die einen die Dich verurteilen und das Gefühl geben eine Rabenmutter zu sein und die anderen, die Dich unterstützen. Hier wäre es mal wünschenswert, wenn alle nach dem Motto: „Leben und leben lassen!" handeln würden, dann wäre es für alle einfacher. Mein Tipp: Wenn's Euch mal wieder zu bunt wird, dann hört euch das Lied der Ärzte „Lasse reden" an. Danach geht's gleich wieder besser."

So komisch es auch klingen mag: Frauen egal welchen Alters und Bildungsgrades scheinen Gefallen daran zu finden, Alternativen zum selbst gewählten Weg schlecht zu machen und sich gegenseitig ins Gewissen zu reden. Das gilt besonders bei Fragen zur Vereinbarkeit von Kind, Partner und Beruf. Da gönnt keine der anderen etwas. Warum das so ist, bleibt für uns rätselhaft. Von Männern – so zumindest berichtet es der überwiegende Teil der interviewten Mütter – kommen so gut wie keine Sticheleien oder Vorwürfe zu diesen Themen. Wir können Ihnen nur einen gut gemeinten Tipp mit auf den Weg geben, wenn Sie selbst Kinder haben oder planen welche zu bekommen: Bilden Sie sich Ihre eigene Meinung und lassen Sie sich nicht verunsichern von Sprüchen wie: „17 Uhr finde ich etwas spät, ich hole mein Kind immer schon um 14 Uhr", „Ich fahre meine Tochter gerne zum Flötenunterricht und warte, bis sie fertig ist", „Warum bekommt man Kinder, wenn man sich nicht darum kümmert?", „Den ganzen Tag bubu und bi-

bi, das würde mich geistig nicht auslasten, ich will doch keinen Horizont von der Größe eines Sandkastens!", „Die hat doch Zeit, die ist doch daheim." Ob Sie nun Vollzeitmutter, Karrierefrau oder Mutter mit Teilzeitstelle sind: Seien Sie immun gegen das Geschwätz, dessen einziger Zweck es ist, dass Sie sich schlecht fühlen.

> „Viele meiner Freunde und Nachbarn haben aktuell ein ähnliches Lebenskonzept wie wir, wo die Frau arbeitet und die Kinder in die Kita gehen. Daher ist von dieser Seite her wenig Druck vorhanden. Allerdings herrscht im Süden von Deutschland noch ein „traditionelles" Verständnis vom Rollenbild der Frau, und wenn man es zulässt, kann man dort durchaus sozialen Druck spüren, der sich natürlich auf die Kinder überträgt („Mama, ich möchte auch um halb eins abgeholt werden"). Dem entgegenzutreten fällt nicht immer leicht, aber ich habe in den letzten drei Jahren ganz gut gelernt damit umzugehen, zumal auch hier durch die vielen Zuzüge und finanziellen Belastungen ein Wandel stattfindet. In Bayern dauert das alles eben ein bisschen länger …"

21.2
Der soziale Druck am Arbeitsplatz

> „Ich muss sagen, dass ich während der Schwangerschaft am meisten über die Kommentare meiner direkten Kollegen gestolpert bin. Ich wurde unzählige Male gefragt, ob ich mir eine weniger intensive Stelle suchen will oder ob ich Teilzeit arbeiten möchte. Dabei waren es weniger die Fragen an sich, die mich überraschten, das Leben einer Managementberaterin ist doch ziemlich intensiv, sondern dass meine männlichen Kollegen und mein eigener Mann keine solchen Fragen gestellt bekamen, als sie Väter wurden."

Auch Ihre Kollegen und Vorgesetzten haben eine Meinung, wenn es um das Thema Kinder geht. Allerdings können Sie vor denen nicht weglaufen und müssen sich zudem noch professionell verhalten.

> „Ich werde ständig von meinen Kollegen gefragt, wann ich denn ein zweites Kind haben möchte, selbst mein Chef kommt damit an. Das ist doch nicht normal! Ich fühle mich bei der Frage unwohl und denke, dass es niemanden was angeht."

> „Ich hatte einmal in einer Runde von Kollegen gesagt, dass mein zweijähriger Sohn jetzt schon richtig gut sprechen kann und heute Morgen „Mama auf Geschäftsreise" gesagt hat. Ich bekam als Antwort, dass ich mir mal überlegen sollte, ob da nicht was schiefgelaufen ist."

Bei Kollegen ist es wie bei Freunden am einfachsten, sich mit Gleichgesinnten zu umgeben. Da Sie dies bei der Arbeit aber weniger gut beeinflussen können als im privaten Umfeld, können wir Ihnen an dieser Stelle nur einen Tipp an die Hand geben, wie Sie solche Kommentare verarbeiten können. Entgegnen Sie einfach ganz neutral: „Ich diskutiere solche Dinge ungern bei der Arbeit." Das reicht in aller Regel, um das Thema zu wechseln, ohne Ihrem Kollegen gleich die Schamesröte ins Gesicht zu treiben. Bedenken Sie, dass viele Dinge, die Sie zwischen den Zeilen herauslesen, gar nicht so beabsichtigt waren. Vielleicht wurde es nur so rausgeplappert, ohne Sie in die Ecke drängen zu wollen. Eine Schelte oder deutlichere Zurückweisung Ihrerseits ist dann weder nötig noch angebracht. Und falls Sie die Kollegin sind, die kommentiert oder neugierige Fragen stellen will, bedenken Sie immer: Es ist unangemessen, wenn Sie am Arbeitsplatz wertende Fragen stellen, lästern oder sich zu deutlich über Religion, Sex oder andere hochgradig private Dinge auslassen. Es hilft weder Ihrer Beziehung zu den Kollegen noch Ihrer Arbeit.

An Lillis 21. Geburtstag erkenne ich einmal mehr, wie schnell die Zeit verstrichen ist. Meine drei Kinder sind jetzt alle erwachsen. Die Jungs haben vor ein paar Jahren das Haus verlassen und Lilli packt gerade ihre Sachen für ihr Auslandssemester zusammen. Wir dekorieren gemeinsam einen Geburtstagskuchen, die 21 Kerzen werden ziellos auf der Oberseite verteilt. Ich streiche über ihr Haar und sage: „Du hast Dich von meinem kleinen Mädchen in eine wunderschöne Frau entwickelt." Ich spüre, wie die Gefühle in mir hochkommen und sich der Druck auf meinen Augen erhöht. Lilli bemerkt, dass ich verkrampft bin, und sagt lächelnd: „Was ist los, Mama?" Ich antworte: „Wenn ich nur die Zeit zurückdrehen könnte, würde ich wahrscheinlich mehr Zeit mit Euch verbringen." Sie blickt mir in die Augen und sagt: „Aber Mama, Du hast doch sehr viel Zeit mit uns verbracht! Wenn ich an meine Kindheit denke, dann kommen sofort Bilder von gemeinsamen Frühstücken, Zoobesuchen, Einkaufstrips und Familienurlauben. Wärst Du den ganzen Tag zu Hause gewesen, hättest Du uns nur verrückt gemacht und Dich selbst unglücklich." Sie hat vermutlich recht, ich wäre nicht glücklich dabei gewesen, mehr Zeit zu Hause zu verbringen. Ich stelle den Kuchen auf den Esstisch und sage zu ihr: „Ich bin froh, dass Du das gesagt hast, Lilli. Ich hoffe aufrichtig, dass auch Du es schaffen wirst, Deine Träume zu verwirklichen." Sie lacht und sagt: „Na zum Glück können wir uns eine Scheibe von Dir abschneiden."

22
Organisation von Arbeit und Familie

Es ist Herbst, drei Monate nachdem die Eingewöhnung meines kleinen Sohnes begonnen hat. Ich schiebe mein Fahrrad mit den beiden Jungs im Anhänger aus der Tiefgarage heraus. Der Ältere hat noch Quarkflecken auf seiner Hose, weil er es nach dem Umziehen doch noch irgendwie geschafft hat, seine Finger in das Schälchen zu tunken. Und der Kleinere sitzt mit einem derart roten Gesicht neben ihm, dass er wohl bei Ankunft in der Kita mindestens noch eine frische Windel brauchen wird. Hoffentlich bleibt wenigstens sein Sitz sauber, dann bekomme ich das schon hin, man muss ja immer einen Satz Wechselwäsche in der Kita lassen, wird schon nicht so schlimm werden.

Ich sehe in der Kita morgens meistens dieselben Eltern, wenn ich meine Kinder dort hinbringe. Eine davon ist eine Frau, die dort ihre hübschen Jungs mit strahlendblonden Locken vorbeibringt. Sie ist immer freundlich, wirkt sehr sportlich, hat niemals Essensreste an ihrer perfekt sitzenden Kleidung und fährt dann weiter zu ihrer anspruchsvollen Arbeit. Auch nachmittags sehe ich sie öfters. Sie grinst dann jedes Mal, als wäre sie gerade befördert worden, witzelt angeregt mit ihren Kindern, erledigt im Vorbeigehen ein paar Kleinigkeiten für den Elternbeirat, bei dem Sie die Vorsitzende ist, und fährt dann wieder mit ihrem Wagen ab: Familienauto, aber dennoch elegant und sportlich. Ich bemerke, wie sich eine gesunde Eifersucht mit einer Prise Hass vermischt, sobald ich sie sehe. Ich beneide sie.

Heute ist sie wieder da, sie verlässt gerade das Gebäude als ich mit einem stinkenden Kind auf dem Arm und einem quarkverschmierten an der Hand das Gebäude betrete. Ich lächle sie an und raune „grad eben gekackt." Sie lächelt zurück, setzt ein mitfühlendes Gesicht auf, zieht die Augenbraue hoch und sagt knapp: „Echt Pech." Ich gehe zur Garderobe unserer Söhne und sehe das Schild „Bitte Wechselkleidung mitbringen." Ich presse die Lippen aufeinander und muss unweigerlich den Kopf schütteln. Ein Gedanke, der mir beim Anblick der großen Vorsitzenden immer wieder durch den Kopf geht, dröhnt jetzt unerträglich laut zwischen meinen Ohren: „Wie um alles in der Welt bekommt sie das hin?"

Karriere, Familie, Freunde … Nicht nur im Beruf soll man glänzen, kämpfen und funktionieren. Zu Hause wartet der Haushalt, die Kinder wollen versorgt werden, Häppchen machen für den 80. Geburtstag der Nachbarin, Kuchen backen für die Kita, Treffen mit Freunden und Verwandten und zu guter Letzt soll man noch

Karriereführer für Naturwissenschaftlerinnen, 1. Aufl. Karin Bodewits, Andrea Hauk und Philipp Gramlich.
©2016 WILEY-VCH Verlag GmbH & Co. KGaA. Published 2016 by WILEY-VCH Verlag GmbH & Co. KGaA.

die gutaussehende, junggebliebene, charmante und erotische Sexgöttin sein. Eine Gratwanderung, die viele Frauen an Ihre Grenzen bringt.

Müssen Sie denn eine Superwoman sein, um alles unter einen Hut zu bekommen? Nein, das müssen Sie nicht. Aber was sind die Faktoren, die endscheiden, ob Sie alles hinbekommen? Den ersten Platz in dieser Liste bekommt sicherlich Ihr Partner. Der zweite Platz geht an Ihre eigene Bereitschaft, sich von „unwichtigen Sachen" zu verabschieden und einen Teil Ihrer Tätigkeiten weiterzureichen oder Hilfe einzukaufen. Der geteilte dritte Platz geht an Ihr Organisationstalent, Ihre Flexibilität und Ihr Durchsetzungsvermögen.

Wie machen das also Frauen, die es bis zur Spitze geschafft haben und zudem auch noch eine Familie versorgt haben? Haben es Frauen automatisch schwerer als Männer? Frau Dr. Ursula Redeker, Sprecherin der Geschäftsführung der Roche Diagnostics GmbH und Mitglied der Geschäftsführung der Roche Deutschland Holding GmbH, verriet uns Folgendes über ihren Karriereerfolg und wie Sie den Spagat zwischen Familie und Beruf stemmte. Uns interessierte vor allem, ob Sie es womöglich schwerer hatte als Männer?

> „Ich glaube nicht, dass ich es unbedingt schwerer hatte als Männer. Als Frau muss man sich in einem mehrheitlich männlichen Umfeld manchmal auch anderen Herausforderungen stellen, z. B. einen Abend mit Gesprächen über Sport, Fußball, Baseball oder Formel I. Da ist es gut, wenn man imstande ist, das Thema auf ein Gebiet zu lenken, das für einen selbst auch interessant ist. Wenn ich an meine eigene Karriere denke, hatte ich Glück, dass verschiedene Grundvoraussetzungen erfüllt waren: Den richtigen Partner zu haben, der meine Berufstätigkeit akzeptiert und unterstützt, ein wenig Organisationstalent und das Glück gesunder Kinder. Wichtig war aber auch die Grundüberzeugung, dass dieses „Doppelleben" für mich das Richtige ist, und die Familie für mich ein ganz wichtiger Erdungs- und Kontrapunkt war, auch und gerade für meine berufliche Karriere."

Lesley Yellowlees, Professorin für anorganische Chemie an der University of Edinburgh, ehemalige Dekanin der dortigen School of Chemistry sowie die erste weibliche Präsidentin der Royal Society of Chemistry, erzählte uns ebenfalls davon, wie sie Familie und Karriere unter einen Hut brachte:

> „Meine doppelte Rolle als Mutter und als Akademikerin war enorm belohnend und sehr fordernd. Ich empfinde es als großes Privileg, dass ich durch die riesige Unterstützung aus beiden Familien, von Freunden und Kollegen beides gleichzeitig genießen konnte. So habe ich zwei fröhliche, gesunde Kinder und immer noch beträchtliche Reserven an Energie. Kinder in einem Haushalt mit zwei ehrgeizigen Eltern großzuziehen erfordert Liebe, Lachen, Geduld und Kompromisse und jemanden, der einem das Bügeln abnimmt."

22.1
Platz eins und zwei: Ihr Partner und andere Helfer

Sie arbeiten und haben Kinder? Verabschieden Sie sich von dem Anspruch an sich selbst, als Superwoman durchs Leben gehen zu wollen. Sie müssen nicht alles alleine schaffen! Suchen Sie sich Unterstützung. Keiner verlangt von Ihnen, neben Ihrer Berufstätigkeit auch noch die perfekte Hausfrau und Mutter sein zu müssen. Suchen Sie sich Entlastung in Form einer Haushaltshilfe, Putzfrau, au pair Mädchen oder (Ersatz-)Oma und delegieren Sie einige Ihrer Aufgaben. Zeigen Sie ruhig auch einmal Ihrem Mann, wie die Waschmaschine funktioniert und trauen Sie ihm zu, das Abendessen zu kochen. Akzeptieren Sie dann aber auch, dass Dinge eventuell anders gemacht werden, als Sie es gewohnt sind. Sie schneiden sich ins eigene Fleisch, wenn Sie alles selbst machen, nur weil Sie denken jemand anderes könnte es nicht genauso gut erledigen wie Sie.

> „Als mein Mann seinen Teil der Elternzeit in Anspruch nahm und ich wieder voll einstieg, nutzte er die Zeit zu Hause unter anderem, um die Küchenschränke neu zu ordnen. Dies führte zu einem handfesten Streit, da er damit in meinem Hoheitsbereich, der Küche, herumfuhrwerkte und ich dort nichts mehr finden konnte. Sogar mein Gewürzregal hatte er umsortiert, sodass das Salz nicht mehr vorne, sondern links hinten stand. Als ich mich beruhigt hatte, begriff ich, dass er es einfach nur anders machte als ich, was ja nicht hieß, dass er es schlechter machte. Somit akzeptierte ich die „neue Ordnung" zu Hause. Er kochte übrigens wunderbar abgeschmeckte Gerichte, trotz eines komplett unsinnig sortierten Gewürzregals."

Partnerwahl

Wer macht die Wäsche, das Geschirr und bringt den Müll raus? Wer macht das Frühstück und wer hilft den Kindern bei ihren Hausaufgaben? Machen Sie alles, macht Ihr Partner alles oder teilen Sie sich die Aufgaben gerecht auf? Einen Partner zu haben, der zur gemeinsamen Arbeit beiträgt, ist eine unerlässliche Zutat zu Ihrem Erfolg. Es ist nahezu unmöglich, eine Karriere zu haben, frisch gekochtes Essen auf den Tisch zu bringen und dann noch genügend Zeit zu haben, Ihren Kindern die Gutenachtgeschichte vorzulesen, wenn Sie dabei keine Unterstützung erhalten. Sie brauchen jemand, der auch einmal in der Nacht aufsteht, der mit einem kranken Kind zu Hause bleibt und der weiß, wie man das Bügeleisen bedient. Alle beruflich erfolgreichen Mütter sagen, dass sie einen Partner haben, der sie sehr unterstützt oder der zumindest fremde Hilfe im Haushalt akzeptiert.

Glücklicherweise bringen sich die meisten Männer heutzutage in Haushalt und Kindererziehung ein, oder haben Sie einen Ring an Ihrem Finger von einer der traurigen Ausnahmen?

Wenn Sie denken, dass Ihr Partner nicht genügend beiträgt, sei es in Form von bezahlter oder unbezahlter Arbeit, oder wenn er Sie in Ihrer gewünschten Rolle nicht ausreichend unterstützt, dann ist es Zeit für ein Gespräch: Beginnen Sie eine ernsthafte aber offene Diskussion mit ihm. Fragen Sie ihn, was er im Leben für sich selbst und Sie will und wie er sich denkt, dass seine Vorstellungen in die Tat umgesetzt werden. Sieht er Sie arbeitend oder als Hausfrau? Wie soll die bezahlte und unbezahlte Arbeit innerhalb der Familie verteilt werden? Er wird kaum so dreist sein und in diesem Moment sagen: „Ich ziehe meinen entspannten 38-Stunden-Job durch und lege den Rest der Zeit die Füße hoch." Oder: „Ich weiß, dass Du auch 10 Jahre an der Uni warst, doch finde ich meine Karriere schlicht wichtiger als Deine." Wenn er in dieser Diskussion ein etwas aufgeklärteres Weltbild darstellt, dann nehmen Sie ihn beim Wort. Sagen Sie ihm als nächstes, dass Sie nur dann arbeiten können, wenn er auch zu den unbezahlten Aufgaben beiträgt. Übergeben Sie ihm Aufgaben, gegen die er keine extreme Abneigung hat. Und falls alles nicht hilft, sollte er zumindest genügend Geld heimbringen, dass externe Hilfe bezahlt werden kann.

> „Ich bin eine alleinerziehende Mutter und kann sagen, dass ich eine erfolgreiche Karriere ohne Partner habe. Ich war bereits Mutter, als ich promovierte, absolvierte dann einen Postdoc und stieg ins Forschungsmanagement ein. Ich lebe glücklicherweise in der Nähe meiner Schwester, die mir vieles ermöglicht. Im Anschluss an Krippe, Kindergarten und Schule war mein Sohn dadurch immer in den Händen von einer Person aus dem engsten Familienkreis. Das hilft sehr."

Mein, dein, unser oder ihr Problem: die Hausarbeit

„Grundsätzlich habe ich zu wenig Zeit, aber sonst geht's mir gut", hört man von vielen Müttern. Und es stimmt, für die meisten Mütter reichen die 24 Stunden am Tag nicht für alles aus, was sie gerne tun würden. Als Mutter bekommen Sie das Gefühl, dass Sie immer einem Zeitplan hinterherhecheln müssen und dabei viele Dinge vernachlässigen. Aber was vernachlässigen Sie dabei eigentlich? Ist es nicht völlig normal, dass ein Haus mit kleinen Kindern aussieht wie ein lebendig bewohntes Haus und nicht wie ein OP-Saal? Müssen Sie Ihr Kind wirklich ständig zum Lesen animieren oder ist es vielleicht gar nicht so schlecht, wenn es den Eltern dabei hilft, die Wäsche zu machen? Zeitmangel schützt davor, dass man sich in sinnlose und nervenaufreibende Tätigkeiten stürzt. Messen Sie sich nicht mit „Profi-Müttern", die sich zu 100 % der Hausarbeit und Kindererziehung widmen können. Sie werden als berufstätige Frau plus Kinder plus Haushalt plus Partner niemals so einen „perfekten" Haushalt hinbekommen. Messen Sie sich daher an vernünftigen Maßstäben und überlegen Sie sich, was wirklich wichtig für Sie und Ihre Familie ist und was nur Luxus. Verabschieden Sie sich bewusst von allen Tätigkeiten, die nicht wirklich relevant oder schön sind!

Zurück zur Diskussion mit Ihrem Partner über die Verteilung der Aufgaben. Sie haben sich also jetzt überlegt, wieviel Stunden Sie beide für bezahlte Arbeit investieren, wieviel Zeit mit den Kindern verbracht wird und wieviel Zeit in den Haushalt fließt. Jetzt sollen diese Aufgaben gerecht verteilt werden. Zum Glück müssen Sie für diese Aufgaben keine Mathematikerin sein. Um die Arbeit aufzuteilen, können Sie sich einer simplen Formel bedienen, die für jedes Lebensmodell anwendbar ist. Zählen Sie einfach alle Stunden bezahlter und unbezahlter Arbeit zusammen und teilen Sie die Summe durch zwei. Sobald Sie das erledigt haben, müssen Sie nur noch so lange Aufgaben umverteilen, bis die Gleichung aufgeht. Wenn Sie das ein paar Wochen probieren und merken, dass er jeden Tag eine Stunde vor Ihnen die Füße hochlegen kann, dann geben Sie ihm mehr Aufgaben. Falls es andersherum ist, dann halten Sie still und hoffen, dass er nichts mitbekommt …

Exkurs   Lebensmodelle

Wenn man die Verteilung der Aufgaben bei Paaren betrachtet, dann kristallisieren sich vier Modelle heraus. Es gibt das klassische „Hausfrauen/Alleinverdiener-Modell". Alle Arbeit seitens der Frau ist unbezahlte Arbeit, die Hauptverantwortung liegt im Haushalt und in der Kindererziehung. Das in Deutschland ebenfalls beliebte „Teilzeitmodell" bedeutet meist, dass die Frau eine halbe, ihr Partner eine ganze Stelle hat. Die Frauen arbeiten dann vormittags und kümmern sich am Nachmittag um Haushalt und Kinder. Dann gibt es noch die Doppelkarrieren: Beide Partner arbeiten Vollzeit und tragen entsprechend gleichermaßen zum Haushaltseinkommen bei, an den Wochentagen wird die Kinderbetreuung größtenteils an Dritte weitergegeben. Und schließlich gibt es ein Modell, das in Deutschland nur selten gelebt wird, man könnte es als „ausgeglichenes Teilzeitmodell" bezeichnen. Beide Partner arbeiten beispielsweise 80 % und tragen gleichermaßen zum Haushalt bei.

Wenn Sie bei Ihrer Berechnung sehen, dass Sie insgesamt zu viele Aufgaben auf der Liste haben, damit Sie beide noch etwas Freizeit haben können, dann sollten Sie Hilfe zukaufen oder Ihre Verpflichtungen zurückfahren. Wenn Sie immer alles wollen und nirgends zurückstecken können, riskieren Sie womöglich alles, dann kann das ganze Familienkonstrukt in sich zusammenfallen wie ein Kartenhaus.

> „Stellen Sie eine Putzkraft oder ein Kindermädchen ein, die Sie im Haushalt unterstützen. Ich finde viele dieser Tätigkeiten sowieso todlangweilig, und obwohl mir viele Ideen für wissenschaftliche Projekte durch den Kopf gehen, habe ich zu wenig Zeit, sie umzusetzen. Dadurch dass ich Kinder habe, stehe ich natürlich in der Verantwortung für sie da zu sein. Ich finde es aber sehr frustrierend, wenn ich mich im alltäglichen Klein-Klein aufreiben muss. Ich gehe davon aus, dass das für alle Mütter zutrifft und nicht nur für Akademikerinnen."

> „Ich denke, wenn beide Partner nur wenige Stunden zu Hause sind, sollte man sich externe Hilfe für die Hausarbeit dazukaufen. Seit wir Doktoranden waren, hatten wir zwei Stunden wöchentlich jemanden, der uns im Haushalt half. Das war damals zwar ziemlich teuer für uns, doch war es die beste

Investition, an die wir uns erinnern können. Meiner Erfahrung nach holen sich die meisten von uns diese Hilfe nicht, weil sie denken, alles alleine hinbekommen zu müssen, nicht weil sie es sich nicht leisten können. Ein wenig Hilfe, und seien es nur zwei Stunden in der Woche, kann einen großen Unterschied machen und Zeit für Vater und Mutter freisetzen, damit diese ausgeruhter sind und mehr Mußestunden mit ihren Kindern verbringen können."

22.2
Der dritte Platz: Organisationstalent, Flexibilität und Durchsetzungsfähigkeit

Sie wollen sich beruflich verwirklichen und sich gleichzeitig gut um Ihre Kinder kümmern? Das Zauberwort heißt „Organisation". Sie müssen in der Arbeit organisiert sein, Sie müssen zu Hause organisiert sein und Sie müssen organisiert sein, wenn Sie mit Ihren Kindern unterwegs sind. Bei Doppelkarrierefamilien können Sie erleben, dass beinahe jede Minute verplant ist und dafür gibt es einen guten Grund. Es ist schlicht nicht anders möglich. Hierzu müssen Sie meist weit im Voraus planen. Ihre Kinder müssen geimpft werden oder zur Kontrolle zum Zahnarzt gehen? Dann wollen Sie den Termin nicht erst auf den letzten Drücker ausmachen und dabei riskieren, dass Sie nur noch um 11:30 kommen können, was Sie einen Urlaubstag kosten würde. Sie haben am Freitag eine Deadline in der Arbeit? Dann sollte Ihre eigene Deadline schon Tage zuvor liegen. „Falls nötig kann ich mich selbst mit Kopfschmerztabletten, Kaffee und Cola durchboxen, wenn es mir in solchen Situationen schlecht geht, aber meine Kinder … die kann ich ja nicht einfach vollpumpen, damit ich sie noch irgendwie in die Kita bekomme!" Und Sie müssen Ihre Tage so planen, dass Sie das Büro pünktlich verlassen können.

Wenn Sie von sich denken, eine unorganisierte Person zu sein, dann machen Sie sich keine Sorgen: Sie werden es mit kleinen Kindern sehr schnell sein. Windeln mitzunehmen, vergessen Sie sicherlich nur einmal. Das Risiko eingehen, einen Bus zu verpassen und mit einem quengelnden Kleinkind im Regen zu stehen, passiert Ihnen vielleicht zweimal. Und sollte es Ihnen schon einmal passiert sein, dass Sie in der Nacht keine Milch im Haus hatten, dann werden Sie sich überlegen, ob es sich nicht lohnen würde, eine Kuh auf dem Balkon zu halten. Achja, und noch aus eigener Erfahrung: Ein Sechsmonatiger mag keine pürierte Pizza Margarita vom Italiener ums Eck, wenn Sie im Supermarkt mit den Gedanken woanders waren.

Abgesehen von guter Organisation wird ihnen eine flexible Grundhaltung helfen. Und das bedeutet nicht nur, dass Sie bereit sind, gelegentlich abends und an den Wochenenden zu arbeiten. Sie sollten auch alternative Karrierepfade und Projekte sehen und bereit sein, diese zu beschreiten, wenn sich diese als familienfreundlich herausstellen. Studien an einer Pflanze, die nur während der Schulferien blüht, sind für Eltern sehr schwierig durchzuführen. Eine Dame, die eine akademische Laufbahn verfolgt, erzählte uns:

„Ich erhielt zwischen den Geburten meiner beiden Söhne eine Drittmittel-
zusage. Ich sammelte also im sechsten Monat Schwangerschaft im australi-
schen Outback Proben bei 44 °C. Ich hatte dieses Projekt aber ganz absichtlich so entworfen, da es mir erlauben würde, einiges von zu Hause aus zu
erledigen. So konnte ich die Proben abends bearbeiten, sobald mein Mann
nach Hause kam. Ich konnte an einem Organismus arbeiten, den man „par-
ken" kann, ohne die Ergebnisse zu beeinflussen. Zellkulturen benötigen in
der Regel sehr stringente Wachstumsbedingungen, um aussagekräftige Re-
sultate zu erzielen, meine Bakterien konnte ich problemlos monatelang auf
Agar liegen lassen. Das hatte ich in der Tat auch ausprobiert."

Als letzte Eigenschaft müssen Sie eine Durchsetzerin sein, sie benötigen viel
Energie, um als Mutter kleiner Kinder an Ihrer Karriere arbeiten zu können. Sie
sollten es nicht unterschätzen, wieviel Arbeit es ist, eine Familie zu haben. Kinder
kosten viel Zeit und so unfair es klingen mag: Sie müssen diesen „Zeitverlust" zumindest teilweise wettmachen, während Andere sich zurücklehnen können. Natürlich gibt es einige Teilzeitstellen, auf denen Sie tatsächlich mit 20 Stunden in
der Woche auskommen und abends nicht mehr Ihren Laptop aufmachen müssen.
Solche Stellen sind allerdings leider oft wenig herausfordernd. In den meisten anderen Fällen müssen Sie daher, nach ein paar Stunden Da-du-da und La-la-la, die
Reste Milchbrei vom Tisch kratzen und Ihre Dokumente herausholen!

„In jedem freien Augenblick, der sich mir bot, habe ich, und tue es noch
immer, den Rechner angemacht um Papers zu suchen, Ergebnisse zu analysieren und Anträge zu schreiben … während mein in Vollzeit arbeitender
Mann sich vor dem Fernseher entspannt! Ich missgönne ihm das nicht, aber
es scheint mir doch unangemessen, dass Frauen all ihre Freizeit aufgeben
müssen, wenn sie eine wissenschaftliche Karriere verfolgen … und Männer
schlicht keine Klos sauber machen, eine Tatsache, die ich leider akzeptieren
musste."

22.3
Work-Life-Balance

Work-Life-Balance ist ein Modebegriff in unserer Gesellschaft, aber was bedeutet er eigentlich? Es geht um die Balance zwischen der Zeit, die Sie in der Arbeit
verbringen und der Zeit, die Sie mit allen anderen Dingen verbringen, mit der
Familie, Ihren Hobbies oder auch, wenn Sie etwas Gemeinnütziges tun. Warum
aber ist es ein modischer, neuer Begriff? Haben unsere Großeltern nicht auch
schon Zeit mit Arbeit und „Leben" verbracht? Ja, klar haben sie das! Allerdings
ist seit der digitalen Revolution die Unterscheidung zwischen den beiden Welten
viel schwerer geworden. Unsere Großeltern, von den Bauern abgesehen, hatten
genau festgelegte Arbeitsstunden außerhalb des Hauses. Heutzutage können wir
E-Mails von überall empfangen und Telefonate von überall aus erledigen, sodass
manche Arbeitgeber zu erwarten scheinen, dass wir 24 Stunden am Tag erreich-

bar sind. Oder vielleicht sind es nicht die Arbeitgeber, bei denen man die Schuld suchen sollte, sondern wir Arbeitnehmer? Vielleicht haben wir nur das Gefühl, dass wir immer sofort antworten sollten, nur weil die technische Möglichkeit dazu gegeben ist. Wir lesen unsere E-Mails auf dem Spielplatz, an Weihnachten, an Krankheitstagen und während der Familienurlaube. Manchmal schwirren uns noch Gedanken an die Arbeit durch den Kopf, wenn wir kochen, duschen und schließlich ins Bett gehen.

> „Einer der ersten vollen Sätze von meinem zweieinhalbjährigen Sohn war:
> „Bitte Telefon auf Tisch legen Mama.""

Wir bringen also unsere Arbeit mit nach Hause! Es ist aber keine Einbahnstraße, wir bringen auch unser „Leben" mit in die Arbeit. Die digitale Revolution hat uns auch Facebook, WhatsApp, Twitter und Co gebracht, sodass wir jederzeit mit der Welt außerhalb der Arbeit in Kontakt bleiben können. Unser Partner kann seine Schlüssel nicht finden? Er fragt. Max hat heute Mittag nicht gut geschlafen und noch dazu einen trockenen Husten? Wir wissen Bescheid. Unsere beste Freundin hat ein neues Profilbild? Wir haben es bereits gesehen. Ein alter Kollege hat Geburtstag? Zum Glück werden wir daran erinnert, obwohl wir ihn seit acht Jahren nicht mehr persönlich treffen konnten. Wir werden jederzeit darüber informiert, was gerade geschieht. Das Ergebnis davon ist, dass wir weder die Arbeit noch unser „Leben" jemals aus unseren Gedanken verjagen können. Und in gewisser Weise gibt uns das ein gutes Gefühl. Menschen blühen auf, wenn sie das Gefühl haben, gebraucht zu werden. Die Fragen und Anfragen von Familie, Freunden oder Kollegen zu beantworten ist etwas, das wir gerne tun. Dass aber diese hohe Erreichbarkeit rund um die Uhr eine Menge Stress verursacht, ist schon seit Langem bekannt. Arbeitgeber haben diese Problematik bereits erkannt und es gibt erste Versuche die beiden Sphären wieder besser zu trennen, etwa E-Mails nach einer gewissen Uhrzeit nicht mehr weiterzuleiten. Es gibt aber auch eine ganze Menge Dinge, die Sie selbst tun können, um Stress zu vermeiden. Ein erster wichtiger Schritt ist es, Grenzen zu setzen.

> „Facebook und Co habe ich für mich während der Arbeitszeit verbannt, und auch mein E-Mail-Programm auf dem Smartphone öffne ich nicht mehr, während ich mit meinen Kindern spiele."

> „Ich kann mich noch gut an eine Aussage eines Professors erinnern. Er sagte immer, dass man sich 100 % auf das Lernen konzentrieren soll, dann aber auch anschließend 100 % auf's Feiern. Während man das Eine macht, solle man nicht an das Andere denken. Das hat mir nicht nur im Studium, sondern auch im gesamten Leben als Leitsatz geholfen."

Bei der Work-Life Balance geht es allerdings um viel mehr als um die Flut an Informationen, denen wir begegnen. Es geht natürlich auch darum, wieviel Zeit wir wo verbringen und was wir währenddessen tun. Wie lange sind wir im Büro, wieviel Zeit verbringen wir mit der Familie oder tun etwas für uns selbst? Welche Balance ist überhaupt richtig und wichtig? Auf diese Frage gibt es keine klare Antwort, sie hängt sehr von den Einzelpersonen ab. Eine gute Balance verschiebt sich auch immer wieder und kann in jeder Lebensphase anders aussehen. Sind Sie Single, in einer Beziehung, sind Sie Mutter, beruflich aktiv? Die Balance wird sogar am Montag anders sein als am Dienstag. Die meisten Menschen berichten, dass sie die Balance sehr gut im Griff hatten, bis sie Eltern wurden. Insbesondere Frauen sind mit der Verteilung zwischen Arbeit, Familie, anderen Verpflichtungen und eigener Freizeit unzufrieden, sobald sie Kinder haben. Sie haben das Gefühl, für alle Bereiche zu wenig Zeit zu haben, insbesondere für sich selbst.

> „Ich denke, das wichtigste ist zu erkennen, dass man nicht alles haben kann. Mußestunden mit Kindern und Partner verbringen, ein aktives soziales Leben, körperlich topfit sein, täglich Zeitung lesen, die Lieblingsprogramme im Fernsehen verfolgen und zu guter Letzt eine erfolgreiche Karriere haben … das ist einfach nicht sehr realistisch!"

Es ist ganz klar, der Tag hat nur 24 Stunden und die Woche nur sieben Tage. Nein, Sie können nicht alles tun, was Sie sich wünschen. Es gibt aber verschiedene Dinge, die Sie tun können, um sich mehr auf die Dinge des Lebens zu konzentrieren, die Ihnen wirklich wichtig sind, ob das jetzt Ihre Karriere, die Familie, Ihre Freunde oder Zeit für sich selbst ist.

Priorisieren

Es gibt zu viele Dinge im Leben, für die Sie Ihre Zeit verwenden können, aber nur wenige führen zu irgendeiner Art von Befriedigung. Gehen Sie durch alle Dinge, die Sie normalerweise während Ihrer „Lebens"-Zeit tun und fragen sich, ob Sie davon wirklich glücklich werden oder ob sie wichtig für Sie sind. Machen Sie eine Liste mit Leuten, die Sie gerne treffen. Richten Sie Ihre Energie auf alles, was es auf Ihre Liste schafft und schränken Sie anderes ein. Backen Sie gerne einen Kuchen für den Geburtstag Ihres Vaters? Dann machen Sie das auch weiterhin. Wenn Sie es aber nur tun, weil Sie das Gefühl haben, es tun zu müssen, dann gehen Sie in eine Bäckerei und kaufen einen Kuchen. Treffen Sie sich regelmäßig mit Leuten, die Sie nur Energie kosten? Dann treffen Sie sich weniger oft mit diesen Leuten und konzentrieren sich auf die Leute, von denen Sie Energie bekommen. Ihre Liste sagt Ihnen, für was und für wen Sie Ihre Zeit erübrigen sollten. Reicht Ihre Zeit immer noch nicht? Dann priorisieren Sie die Punkte auf Ihrer Liste und konzentrieren sich auf die wichtigsten.

Zeitfresser und Perfektionismus vermeiden

Surfen Sie während der Arbeitsstunden ziellos im Internet? Schauen Sie sich die Urlaubsbilder von „Freunden" auf Facebook an, die Sie seit Jahren nicht mehr gesehen haben? Räumen Sie die Spielsachen Ihrer Kinder auf, während diese noch spielen, und entfernen Sie jeden Klecks immer sofort? Geben Sie nur absolut perfekte Berichte ab, die Sie vor Versenden mindestens dreimal korrekturgelesen haben? Oder haben Sie Kollegen, die zu viel Zeit zu haben scheinen und die zu viele unstrukturierte Meetings einberufen? Das alles sind Aktivitäten, die Sie nicht befriedigen und Ihnen weder im Beruf noch im Privatleben etwas bringen. Vermeiden Sie sie. Erlauben Sie sich während der Arbeitszeit nicht, ohne klares Ziel im Internet zu surfen. Entfernen oder ignorieren Sie Apps, die nur Zeit kosten. Entwickeln Sie ein gesundes Vertrauen in Ihre eigene Arbeit und beschränken Sie sich auf eine einzige Korrekturlesung, dann schaffen Sie in derselben Zeit mehr Arbeit. Und setzen Sie sich für Meetings ein, die ein striktes Zeitlimit, eine Agenda und ein klar definiertes Ziel haben.

Bewegen Sie sich

Wenn Ihr Tag voller Arbeit, Kinder, Haushalt und sozialer Kontakte ist, ist es nicht einfach, auch noch Zeit für Sport freizuhalten. Körperliche Aktivitäten werden bei einem vollen Zeitplan leider oft als Erstes gestrichen. Allerdings würden Sie sehr von etwas Bewegung profitieren, Sie haben dann mehr Energie, können sich besser konzentrieren und sind letztendlich produktiver. Es gibt verschiedene Wege zu mehr Bewegung, die einen bevorzugen, wenn sie durch festgelegte Zeitpläne zur Aktivität gezwungen werden, andere ersetzen bewusst motorisierte Helfer wie das Auto durch Muskelkraft und wieder andere richten sich eine Fitness-Ecke im eigenen Haus ein, um auch kleine Zeitfenster nutzen zu können. Sie müssen also nicht unbedingt viel Zeit aufwenden, um sich bewegen zu können.

Gewohnheiten ändern und Arbeit delegieren

Verbringen Sie Stunden damit, im Supermarkt nach Ihrem Essen zu suchen? Kochen Sie jede Mahlzeit frisch? Gehen Sie für jedes Geburtstagsgeschenk extra einkaufen? Putzen Sie Ihre Wohnung selbst? All das sind Dinge, bei denen Sie möglicherweise Zeit sparen können, wenn Ihnen diese Aktivitäten nicht wichtig sind oder als Ausgleich dienen. Gehen Sie die Dinge unkomplizierter an oder holen Sie sich Hilfe. Viele Dinge können Sie einfach bestellen. Eine Haushaltshilfe kann für Sie bügeln, einkaufen und zur Post gehen. Auch in der Arbeit sollten Sie Ihren Kollegen vertrauen, dass Sie Ihnen Dinge abnehmen können. Und wenn Sie wirklich keine Tätigkeiten weitergeben können, aber Sie mit der Menge an Arbeit nicht zurechtkommen, dann müssen Sie einfach zu manchen Aktivitäten *Nein* sagen. Das bekommen Sie meist nicht von einem auf den anderen Tag hin. Sie müssen den helfenden Händen zeigen, was Sie genau wollen. Das ist eine Investition, doch zahlt sie sich fast immer aus.

Tanken Sie Ihre Batterien auf

Nicht alles im Leben muss ein Ziel haben oder Anderen gefallen. Sie sollten sich Auszeiten gönnen, in denen nur Sie selbst zählen. Genau wie jeder andere Mensch auch. Ein Schaumbad, ein spannendes Buch, ein Spaziergang im Wald. Lassen Sie sich nicht einreden, Sie würden Ihre Familie im Stich lassen, nur weil Sie Ihre eigenen Batterien auftanken, um gestärkt in eine Woche aus vielen Herausforderungen zu gehen.

Trainieren Sie Ihre Achtsamkeit

Wann haben Sie das letzte Mal eine Rosine genüsslich im Mund zergehen lassen und jede Feinheit des sich entfaltenden Geschmacks ganz langsam die Geschmacksnerven emporsteigen lassen? Wann haben Sie sich die Zeit genommen, darauf zu warten, bis sich der Geschmack voll ausgebreitet hat, eine Wahrnehmung, die sich nur einstellt, wenn man alles um sich herum vergisst und nur einzig und allein bei dieser einen Rosine weilt? Wahrscheinlich haben Sie dieses Gefühl schon vergessen, denn die meisten Leute hatten dieses Erlebnis in solcher Intensität nur als kleine Kinder. Achtsamkeit zu haben bedeutet ganz bei sich zu sein, den Stress um sich herum abzuschütteln und sich ganz und gar auf eine einzige Sache zu konzentrieren. Das hat auch viel mit Dankbarkeit zu tun. Dankbar zu sein, auch sich selbst gegenüber. Können Sie das (noch)? Es lohnt sich, diese Fähigkeit wieder ins Bewusstsein zu rücken und zu trainieren. Lassen Sie sich überraschen, wie intensiv das Leben sein kann, wenn man, anstatt auf die Wettervorhersage der iPhone-App zu schauen, einfach mal nach draußen geht und sich den Himmel mitsamt den vielen Tausend Details betrachtet, die wir in der Hektik des Lebens nur allzu oft übersehen.

Haben Sie bereits erste Ideen, wie Sie die Gratwanderung zwischen Job, Familie, Freunden und sich selbst anpacken? Setzen Sie sich erreichbare Ziele, um zu einer Balance zu finden und vergessen Sie nicht: Wenn Sie als Mutter arbeiten, dann bleibt eben nicht viel Zeit übrig. Versuchen Sie also die wundervollen Momente zu genießen, die Sie haben und denken Sie nicht zu sehr daran, was Sie verpassen und gerade nicht haben können.

23
(Erfolgs-)Geschichten

Samstagmorgen, zehn Uhr, Zeit das Gästezimmer aufzuräumen. Ich öffne den Karton mit einigen alten Andenken: Postkarten, lose Fotos und eine ganze Reihe Studentenausweise aus verschiedenen Jahren, alle mit demselben Bild und derselben Immatrikulationsnummer, s1305336. Diese Zahl erinnert mich daran, wie ich durch die Gänge der Universität lief, mit abgeschlossenen Glasvitrinen an den Wänden. In manchen befanden sich Urkunden und Auszeichnungen, in anderen wurden Vorlesungen angekündigt oder Klausurresultate veröffentlicht. Letztere waren immer durch unsere Immatrikulationsnummer „anonymisiert" s1276417 … 2,7, s1286819… 1,0, s1305336… 1,3. Natürlich wussten wir am Ende der Studienzeit genau, wer sich im Einzelnen dahinter verbarg, insbesondere die Nummer des allseits bekannten Strebers, der sie nie verraten wollte. Wieder die …819 mit 'ner 1,0.

Was für ein gemischter Haufen wir doch waren. Frauen und Männer, Introvertierte und Extrovertierte, Nerds und „die Coolen", schöne und hässliche, weltfremde und modische, Hippies und geradlinige Typen. Man konnte sie in drei Hauptgruppen unterteilen, was Fans der Zoologie oder der Abstammungslehre natürlich immer gerne tun. Die erste Gruppe liebte die klassische Biologie. Ich stellte mir vor, wie sie überfahrene Tiere mit nach Hause nahmen, um sie am Küchentisch zu sezieren. Sie waren schlicht von ihrem Fachgebiet fasziniert. Sie konnten stundenlang über brütende Vögel, molekulare Wechselwirkungen oder den biologischen Abbau von Schadstoffen sprechen. Die zweite Gruppe bestand aus „eher normalen" Biologiestudenten, die zum größten Teil in die Bereiche medizinische oder molekulare Biologie oder in die Neurologie gehen würden. Einige von ihnen studierten Biologie aus Mangel an Alternativen. Eigentlich wären sie gerne Ärzte geworden, schafften aber den Numerus clausus nicht. In der dritten Gruppe schließlich befanden sich die Leute mit einem generellen Desinteresse an so ziemlich allem. Ich stellte mir vor, wie sie Biologie ankreuzten, weil es recht weit oben im Alphabet steht und sie nicht motiviert genug waren, bis nach ganz unten zu lesen. Früher oder später hörten die meisten von ihnen ohne Abschluss auf. Ein Kommilitone von mir brachte es einem Vertreter dieser Gruppe gegenüber mal auf den Punkt: „Wenn ich Du wäre, ohne jedwedes Interesse an so ziemlich allem, hätte ich was in Richtung Finanzbuchhaltung gemacht. Wenn sowieso alles Scheiße ist, dann kann ich doch wenigstens ordentlich Geld verdienen, oder?" Mit dieser letzten Gruppe hatte ich nie viel Kon-

Karriereführer für Naturwissenschaftlerinnen, 1. Aufl. Karin Bodewits, Andrea Hauk und Philipp Gramlich.
©2016 WILEY-VCH Verlag GmbH & Co. KGaA. Published 2016 by WILEY-VCH Verlag GmbH & Co. KGaA.

takt, ich wollte nicht, dass mein Enthusiasmus an Naturwissenschaften durch ihre negative Einstellung verdorben würde, doch mit den anderen beiden Gruppen kam ich sehr gut aus.

Viele meiner Kommilitonen begannen nach dem Studium eine Promotion. Es hatten aber bei Weitem nicht alle Doktoranden eine Karriere in der Wissenschaft im Auge. Schon gar nicht hatten sie eine genaue Ahnung davon, wie man den Fuß in eine Managementberatung, eine Industrieposition, Wissenschaftsjournalismus oder irgendeine andere alternative Karriere bekam. Ich weiß nicht, ob sie heute alle zufrieden sind. Mit vielen habe ich den Kontakt verloren, abgesehen von der sehr losen Verbindung durch soziale Netzwerke, doch soweit ich es beurteilen kann, sind alle auf ihren Füßen gelandet, beruflich zumindest.

So sitze ich hier herum und träume vor mich hin, tief in Gedanken über die Studienzeit und all die Leute, die ich in den fünf Jahren getroffen habe. Ich mache kaum Fortschritte dabei, das Gästezimmer für unser kleines Töchterchen herzurichten. Morgen ist sie schon sechs Monate alt und hat ihre Augen schon fast den ganzen Tag weit offen, um die Welt um sie herum zu erkunden.

Ich betrachte ein Foto an der Wand, auf dem ich zwischen meinen Kommilitonen stehe, jeder hat seine Abschlussurkunde und einen Blumenstrauß auf der Treppe des Hauptgebäudes in Händen. Ich denke: „Konnte sich eine von ihnen an diesem schönen Tag vorstellen, ihre Studien und die Liebe zur Wissenschaft zu vergessen, um eine Zukunft als Hausfrau zu beginnen?"

Was passierte mit ihren Kommilitonen? Haben sie Kinder? Und falls ja, was passierte nach der Geburt mit ihren Berufswünschen? Wir möchten Sie gerne in die Haushalte von jungen Familien in Deutschland mitnehmen. Sie werden Ihnen über ihre aktuelle Situation erzählen und wie sie dazu gekommen sind. Karin und Andrea, beides Autorinnen dieses Buches, erzählen Ihnen hier genauso ihre persönliche Geschichte wie weitere Frauen, deren Namen zum Schutz der Persönlichkeit jedoch geändert wurden.

Andrea (39 Jahre, ein 2 jähriges Kind)

„Momentan sieht mein Leben rosig aus. Noch vor wenigen Monaten war das allerdings nicht so klar. Noch während meiner Elternzeit wurde die Forschungsabteilung der Firma, für die ich arbeitete, in ein anderes Land verlegt. Dorthin mitzuziehen war für mich und meine Familie keine Option. Ich entschloss gemeinsam mit meinem Mann, dass ich bei der Stellensuche die „Führung" übernehmen und mir eine neue Position suchen würde, er war bereit mir gegebenenfalls zu folgen. Und es funktionierte, ich habe gerade eine neue Stelle bei einer großen Pharmafirma begonnen. Ich habe einen gesunden, zweijährigen Sohn, für den wir einen Vollzeit Krippenplatz haben. Mein Mann ist noch in Elternzeit und ich erhalte viel Unterstützung aus meiner Familie. Klingt für den Moment nach einer perfekten Situation, oder? Dennoch, wenn ich daran denke, dass mein Mann in wenigen Mona-

ten ebenfalls wieder Vollzeit arbeitet, wird mir ganz mulmig. Wie werden
wir all das hinbekommen?"

Andrea begann ihre Karriere als Technische Assistentin. Sie holte ihr Abitur
auf dem zweiten Bildungsweg nach, studierte Biotechnologie und promovierte.
Anschließend sammelte sie fünf Jahre Berufserfahrung als promovierte Projekt-
bzw. Gruppenleiterin, bevor sie schwanger wurde. Nebenher arbeitete sie regelmäßig freiberuflich als Wissenschaftsautorin und gab Kurse in Mikro- und Mo-
lekularbiologie. Sie musste ihre Stelle als Entwicklungsleiterin einer Biotechfirma
aufgrund eines unglücklichen Zufalls aufgeben und war überrascht, wie schwierig es für sie war, trotz ihrer beruflichen Expertise nun mit einem Kind wieder ins
Berufsleben zurückzukehren. Während ihrer einjährigen Elternzeit blieb sie unter
anderem durch ihre Dozententätigkeit beruflich am Ball.

Mit einem Partner, der sie sehr unterstützte, der das Kind für einige Monate alleine versorgte und ihr auch die Möglichkeit einräumte, in anderen Städten nach
Stellen zu suchen, konnte sie sich überall bewerben und hatte einen guten Start
im neuen Job. Dennoch wird es schwierig werden, wenn auch er wieder arbeitet.
Die Krippe in der Nähe ihres Hauses schließt um fünf Uhr. Um diese Zeit kann ihr
Mann den Sohn in seiner neuen Position sicherlich noch nicht abholen. Und Andrea selbst? Theoretisch wäre das mit einigen Regelungen zu flexibler Arbeitszeit
und etwas Homeoffice möglich. Allerdings hat sie selbst ihre neue Stelle gerade
erst begonnen und ist daher noch nicht in so einer starken Position, um nach solchen Dingen zu fragen. Zumindest denkt sie selbst nicht, dass sie schon fest genug
im Sattel sitzt, um das zu tun. „Ist es denn wirklich möglich, ein Doppelkarrie-
repaar mit Kind zu sein?" In ihrer Situation hatte es Andrea mit den folgenden
Herausforderungen zu tun:

- „Alles perfekt und dann die böse Überraschung... und mit Kind wird's doppelt
  schwierig."
  Erklärung: Auch wenn Sie ihre Karriere perfekt geplant haben und gut auf die
  Mutterschaft vorbereitet sind, ergeben sich doch immer wieder unvorhergese-
  hene Schwierigkeiten. Selbst Ihr Arbeitgeber kann auf einmal verschwinden!
  Das sind allerdings Dinge jenseits Ihrer Kontrolle, sie können in manchen Fäl-
  len noch nicht einmal vorhergesehen werden. In diesen Fällen müssen Sie ein-
  fach schauen, wie sie mit der Situation umgehen können, Kompromisse einge-
  hen und Einfallsreichtum zeigen.
- Vorurteile in Deutschland, Mütter einzustellen: „Ich wurde einfach nicht zu
  Vorstellungsgesprächen eingeladen."
  Erklärung: Obwohl Mütter oftmals eine hohe Motivation, Produktivität und
  Loyalität gegenüber dem Arbeitgeber besitzen, wird dies oft so nicht erkannt.
  Es scheint automatisierte Assoziationen zu geben, gleichsam mitschwingende
  Obertöne, die in den Köpfen sitzen. Man müsste ja jemanden einstellen, die
  ständig mit kranken Kindern zu kämpfen hat und nie lange bleiben kann, weil
  sie nach der Arbeit zur Kita rennen muss. Dieses Stigma macht es sehr schwer,
  eine Stelle zu bekommen, zumal man ja mit Männern und kinderlosen Frauen
  im Wettstreit steht.

Andrea musste herausfinden, dass Mütter auf dem Arbeitsmarkt in Deutschland nicht allzu beliebt sind. Anfangs gab sie Familienstand und Kind auf dem Lebenslauf an, später ließ sie diese Information einfach weg. Das war der Wendepunkt, sie wurde auf einmal für viel mehr Vorstellungsgespräche eingeladen als zuvor. Sie hat ihren Weg zurück ins Arbeitsleben gefunden, ihr hat dabei geholfen, dass sie schon einige Berufserfahrung hatte und auch während der einjährigen Erziehungspause Eigeninitiative unter anderem durch Weiterbildung zeigte.

- Es fehlen nur wenige Stunden Kinderbetreuung pro Woche... wie machen wir das zwischen 17:00 und 18:00?

  Erklärung: Um Karriere und Familie unter einen Hut zu bringen, würde Andrea stark von einer flexiblen Arbeitsumgebung profitieren. In Deutschland etablieren sich Regelungen wie Homeoffice oder flexible Arbeitszeiten gerade erst. Nach wie vor existiert eine Anwesenheitskultur, man zeigt lange Stunden sein Gesicht am Arbeitsplatz. Die Quantität dieser Anwesenheitszeit scheint manchmal mehr zu zählen als die eigentlichen Ergebnisse, die man präsentiert. Und wenn flexible Arrangements nicht gleich beim Vorstellungsgespräch ausgehandelt wurden, dann fällt es vielen schwer, später danach zu fragen.

  Als Eltern muss man natürlich auch noch die Öffnungszeiten und die angebotenen Buchungszeiten der Krippen in die Rechnung einbeziehen. Im Kindergartenalter sind die Öffnungszeiten oftmals sogar noch kürzer als in den Krippen. Und in der Schulzeit müssen freie Nachmittage und die Schulferien von insgesamt 14 Wochen überbrückt werden. „Noch vor drei Jahren konnte ich mir nicht vorstellen, so nahe bei meinen Schwiegereltern zu wohnen. Meine Vorstellungskraft hat sich in dieser Hinsicht schlagartig erweitert!"

Praxistipp: Diskutieren Sie mit Ihrem Partner, ob es Sinn macht, dass Sie bei der Stellensuche „in Führung" gehen und ob ein Umzug für Sie und Ihre Familie infrage kommt. Für die meisten Männer ist es viel einfacher, eine Stelle zu finden, wenn sie mit Ihnen mitziehen. Sie wissen schon, die Angst davor, Mütter einzustellen. Er war dann halt ein paar Monate arbeitslos, es werden aber beim Arbeitgeber keine Alarmglocken schellen, dass er gleich wieder schwanger werden könnte. Desto mehr Freiheitsgrade Sie bei der Suche haben, desto einfacher wird es natürlich. Selbst wenn Sie auf lange Sicht gesehen nicht die Hauptverdienerin sein werden, könnte diese Strategie Sinn machen, denn auch eine ansprechende Teilzeitstelle müssen Sie erstmal bekommen können. Und es geht hier nicht nur um Ihre Selbstverwirklichung. Wenn die beruflichen Perspektiven in einer Beziehung ausgeglichener verteilt sind, dann machen Sie Ihre Familie widerstandsfähiger gegen die Wirren des Lebens. Denn wer garantiert Ihnen, dass Ihr Partner sein Leben lang arbeiten kann? Oder dass es nicht zur Scheidung kommt?

Der Erfolg von so einem „Führungswechsel" innerhalb Ihrer Beziehung hängt natürlich stark von Berufsfeld und Persönlichkeit Ihres Partners ab.

Elisabeth (41 Jahre, ein 16-jähriges Kind)

„Ich hätte wohl eine Karriere an der Hochschule verfolgt, wenn ich keinen
Sohn bekommen hätte. Allerdings denke ich, dass das Leben zu kurz ist,
um sich einen Kopf darüber zu machen, was alles hätte passieren können
… konzentrieren Sie sich lieber darauf, was Sie tatsächlich tun konnten und
was Sie aus der jeweiligen Situation gemacht haben.
Das Gefühl, mein Kind und mich selbst ernähren zu können, ist sehr wichtig
für mich. Ich würde meinen Beruf niemals aufgeben, selbst wenn ich es
finanziell tun könnte."

Elisabeth wurde während einer Forschungsreise im Rahmen ihrer Diplomarbeit schwanger. Bis der Sohn fünf Jahre alt war, lebte der Vater noch bei ihnen,
wenngleich sie bereits während dieser Zeit die Hauptverantwortung übernahm.
Seitdem zieht sie ihren heute 16 Jahre alten Sohn mit der Hilfe ihres Netzwerkes
aus engen Freunden und Familie groß.

Wegen ihrer Schwangerschaft benötigte sie etwas länger um ihr Studium anzuschließen, doch klappte es letztendlich. Mit der Diplomarbeit in der Tasche entschloss sie zu promovieren. Diese Entscheidung war nicht nur gut für ihre Karriere, sondern gab ihr auch die Flexibilität, die nötig ist, wenn man ein junges
Kind im Haus hat. Nach ihrer Promotion schloss sie einen Postdoc an, doch hatte
sie das starke Gefühl, dass ein Auslandsaufenthalt für eine akademische Karriere unerlässlich ist. „Ich überlegte mir, einen Postdoc in Leeds zu machen, doch
entschied ich mich dagegen." Da sie für die Kinderbetreuung so stark auf ihr soziales Umfeld angewiesen war, empfand sie das nicht als gangbare Option. Sie gab
allerdings nicht auf: „Sie sollten nicht verzweifeln, es gibt immer etwas Interessantes, was Sie tun können." Sie erzählte ihrem Umfeld am Department, dass sie sich
nach beruflichen Alternativen umsah. Sobald sich eine Stelle als Wissenschafts-
managerin auftat, wurde sie gefragt, ob sie es tun wolle. Sie konnte dadurch ihre
Arbeit an der Universität fortsetzen, allerdings nicht in der Forschung, sondern
in der Administration. „Ich genieße die Arbeit sehr, sie ist auf ihre eigene Weise
anspruchsvoll und ich denke, es ist eines der besten Berufsfelder, um als Mutter
auf einer Vollzeitstelle zu arbeiten."

Teilzeit zu arbeiten war aus finanziellen Gründen für Elisabeth nie eine Option.
„Ich weiß nicht, ob ich Teilzeit gearbeitet hätte, wenn es möglich gewesen wäre.
Ich ziehe große Befriedigung aus meiner Arbeit und arbeite in der Regel viel mehr
als in meinem Vertrag steht. Ich denke, ich hätte mich dann zur selben Leistung
verpflichtet, aber für weniger Geld … kein gutes Geschäft!" Ihr Sohn kam mit seiner arbeitenden Mutter immer gut zurecht. Die schwierigsten Zeiten, um Mutterschaft mit einer Karriere zu verbinden waren der Übergang von der Grundschule
ins Gymnasium. In dieser Zeit fühlte Elisabeth, dass ihr Sohn ihre emotionale Unterstützung mehr denn je benötigen würde. Der Arbeitsplatz von Elisabeth liegt
recht nahe bei der Schule ihres Sohnes. Dadurch kann er nach Schulschluss auf
eine Tasse Tee vorbeischauen, wenn ihm danach ist. Und ihre Familienzeit an den
Abenden, Wochenenden und in den Ferien genießen beide sehr.

Was können wir von Elisabeth lernen?

- Seien Sie nicht zu sehr betrübt über Dinge, die Sie nicht haben, sondern konzentrieren Sie sich lieber auf die Dinge, die Sie haben können.
  Erklärung: Es ist einfach, in eine negative Spirale zu geraten, wenn man sich nur über die Dinge Gedanken macht, die man gerne hätte, die aber mit Kindern nahezu unmöglich sind. Bleiben Sie positiv und Sie werden alternative Karrierewege sehen, die genau wie Ihre erste Wahl attraktiv sind. Wenn Sie Ihrem Umfeld gegenüber eine positive Ausstrahlung haben, dann ist es auch wahrscheinlicher, dass Sie solche Möglichkeiten erhalten. Im Fall von Elisabeth wurde sie aktiv gefragt, ob sie die Stelle als Managerin haben will. Und das, weil sie zu erkennen gab, dass sie hochmotiviert war, aber sich aus privaten Gründen nach alternativen Stellen umsehen musste.
- Im Vorhinein kann man nicht sagen, wann die Kinder ihre Eltern am meisten benötigen.
  Erklärung: Jedes Kind ist ein Individuum und benötigt die Eltern mal mehr, mal weniger intensiv. Es scheint der Intuition zu widersprechen, doch berichten recht viele Eltern, dass die Kita- und Kindergartenzeit recht gut mit ihrer Arbeit kompatibel war, dann allerdings die Schulzeit schwierig wurde.
- Denken Sie darüber nach, ob „Teilzeit" auch wirklich weniger Arbeit bedeutet oder ob Sie nur weniger Lohn für dieselbe Arbeit erhalten.
  Erklärung: Es gibt viele Arbeitgeber, die sich sagen: Warum sollte ich jemanden voll bezahlen, wenn ich dieselbe Leistung auch aus einem 80 %-Vertrag herausbekomme. Und sie haben damit nicht unrecht, man spricht gerne von der „Teilzeitfalle". Die Argumentation von Elisabeth baut auf dieser Erkenntnis auf, von der Arbeitnehmerseite: „Warum sollte ich weniger Lohn für dieselbe Arbeit erhalten, da kann ich doch gleich einen Vollzeitvertrag unterschreiben." Stimmen ihre Argumente? Sie liegt damit sicherlich nicht zu weit daneben. Es ist zumindest ein gewichtiges Argument, das man sich durch den Kopf gehen lassen sollte, bevor man eine so gewaltige Gehaltseinbuße hinnimmt.

Karin (31 Jahre, 2 Kinder: 10 Monate und 2 Jahre alt)

„Nach der Geburt meines ersten Sohnes fühlte ich mich gefangen. Ich war beruflich auf einem Weg, von dem ich wusste, dass ich ihn nicht verfolgen wollte. Ich sah generell auf dem deutschen Arbeitsmarkt wenige Möglichkeiten, die mir gleichzeitig viel Flexibilität und intellektuelle Befriedigung gegeben hätten. Und ich musste auf die harte Tour lernen, wie wenig kompatibel die deutsche Betreuungsinfrastruktur mit den üblichen befristeten Verträgen an der Hochschule sind. Mit anderen Worten: Ich bekam erst einen Kitaplatz, als mein Vertrag schon ausgelaufen wäre. Ich hatte das Gefühl, dass ich nicht viel verlieren konnte, und nahm die Krise als Chance, meine eigene Firma zu gründen. Heute habe ich das Gefühl, das Beste von allem mitnehmen zu können: Ich habe einen sehr flexiblen, bereichernden und herausfordernden Beruf und kann darüber hinaus sogar noch viel Zeit mit meinen Kindern verbringen! Die Kehrseite davon ist, dass ich abends lange arbeite und gedanklich nie wirklich Feierabend habe."

Karin promovierte in Großbritannien, wo sie ihren Partner kennenlernte, mit dem sie im Anschluss nach Deutschland zog. Ihre Deutschkenntnisse waren zu dem Zeitpunkt noch eingeschränkt, sie wollte sehr gerne eine Stelle ohne Laborarbeit und war zudem während der Bewerbungsphase ungeduldig. Aus diesen Gründen unterschrieb sie einen auf zwei Jahre befristeten Vertrag für eine Teilzeitstelle als Koordinatorin an der Universität. Die Arbeit befriedigte sie nicht, sodass sie beschloss, dass jetzt die richtige Zeit sei, um Deutsch zu lernen und Kinder zu bekommen.

Sie wusste aber, dass sie nicht die richtige Person dafür wäre, sieben Tage in der Woche auf die Kinder aufzupassen. Sie plante daher, drei Monate nach der Geburt wieder zu arbeiten, idealerweise auf einer anderen Position. Sie stellte sich vor, dass sowohl sie als auch ihr Partner je 80 % arbeiten würden und das Kind für drei Tage in der Woche eine Kita besuchen würde. Nachdem sie sich bei über 30 Kitas angemeldet hatte, lernte sie, dass es beinahe unmöglich war, für ein Kind unter einem Jahr bezahlbare Betreuung zu finden. Sie konnte also drei Monate nach der Geburt nicht wieder einsteigen und ihr Vertrag an der Uni wäre bald danach ausgelaufen.

Schon während der Schwangerschaft wurde ihr klar, dass Mütter bei den Arbeitgebern nicht hoch im Kurs stehen, was ihre Chancen verringerte, nach der Geburt eine befriedigende Stelle zu finden. Und interessante Teilzeitstellen schien es überhaupt nicht zu geben.

> „Ich sah mich schon selbst darin, wie ich das Leben führen würde, vor dem ich schon immer schreckliche Angst hatte. Mutter und Hausfrau, die Kinder halbtags in Krippe oder Kindergarten und ich mit aller Zeit der Welt, um die Bettwäsche zu bügeln und mit dem Hund Gassi zu gehen. Meine Freundinnen würden schon wieder arbeiten, die meisten sogar Vollzeit, sodass ich sie in der vielen Zeit, die ich übrig haben würde, nicht treffen könnte. Mein Partner würde gute Fortschritte in seiner Karriere machen, dafür wäre er dann natürlich auch viel unterwegs. Für die meisten Teilzeitstellen würde ich überqualifiziert sein, doch wäre ich irgendwann zu lange aus dem Job, um eine Vollzeitstelle zu bekommen, die meiner Qualifikation entspricht. Ein Alptraum!"

Sie fand letztendlich doch noch einen Krippenplatz, eine teure Privatkrippe, die nur noch für 3,5 Stunden am Nachmittag zwischen 14:00 und 17:30 einen Platz freihatte. „Allein die einfache Fahrt zur Arbeit war eine Stunde, sodass ich nur eineinhalb Stunden im Büro gehabt hätte. Viel Kosten und Aufwand, wovon man nichts hat, außer dass man immer mit dem schrecklichen Gefühl herumläuft, nie dort zu sein, wo man sein sollte. Ich wusste, dass diese Situation sowohl mich als auch meinen Chef sehr unglücklich machen würde. Und wofür? Ich mochte die Stelle noch nicht einmal!" Karin kündigte und gründete mit ihrem Partner eine Firma, für die sie die wertvolle Krippenzeit, die Abende und die Schlafzeiten der Kinder verwenden können.

Als der ältere Sohn 14 Monate alt war, erhielten sie einen städtischen Krippenplatz, wodurch sie jetzt mehr Stunden für weniger Geld buchen können. Jetzt sind die Kinder knapp ein Jahr beziehungsweise zweieinhalb Jahre alt und gehen beide je 30 Stunden in die Kita. Wegen der „Geschwisterregelung" konnte sie mit ihrem zweiten Sohn bereits mit sechs Monaten die Eingewöhnung beginnen. Die ganze Zeit hindurch konnte sie an ihrer Firma arbeiten, die mittlerweile ebenfalls aufblüht.

- Es gibt keinen perfekten, dafür aber ziemlich schlechte Zeitpunkte, um ein Kind zu bekommen.
  Erklärung: Viele Mütter berichten, dass sie Schwierigkeiten dabei haben, wieder zu arbeiten, nachdem sie ein Kind bekommen haben. Das ist oftmals nicht, weil sie nicht wieder arbeiten wollen, sondern weil sie mit der Stelle unzufrieden sind, die sie innehaben. Man hört von Frauen in solchen unbefriedigenden Positionen oftmals Sätze wie: „Ich suche mir jetzt eine neue Stelle oder werde schwanger." Es ist allerdings oftmals schwierig, auf eine Stelle zurückzukehren, mit der man innerlich abgeschlossen hat.
- Man kann es sich nicht immer frei heraussuchen, wann man nach einer Geburt wieder arbeiten möchte.
  Erklärung: Dieser Punkt ist für alle Mütter wichtig, besonders aber für Naturwissenschaftlerinnen auf befristeten Verträgen. Karins Geschichte zeigt uns, welche Einschränkungen man dabei erleben kann, wenn man wieder einsteigen will. Sie sind stark von der Betreuungsinfrastruktur abhängig. Vielleicht müssen Sie sogar viel Geld für private Betreuung bezahlen und selbst dann ist es nicht gesagt, dass alles klappt und Sie wieder arbeiten können.
  Ihre Geschichte zeigt auch das Risiko auf, wenn man Kinder bekommt, während man auf einem befristeten Vertrag arbeitet. Viele der Verträge für Berufseinsteiger laufen nur ein bis drei Jahre. Um in so eine Vertragslaufzeit eine ganze Schwangerschaft bis hin zur erfolgreichen Eingewöhnung in der Kita hinein zu bekommen, brauchen Sie Glück und gutes Timing. Wenn's schief geht, können Sie schnell an den Rand des Arbeitsmarktes gedrängt werden.
- Ein Mangel an ansprechenden Teilzeitstellen.
  Erklärung: Der Arbeitsmarkt für Naturwissenschaftler ist recht traditionell geprägt. Vollzeitstellen sind die Norm für die anspruchsvollen Tätigkeiten, die Vielzahl an Teilzeitstellen ist in den meisten Fällen auf Tätigkeiten mit weniger Verantwortung und Entwicklungspotenzial beschränkt. Wenn Sie aus einer Festanstellung heraus in Elternzeit gegangen sind, haben Sie sehr gute Möglichkeiten, mit Ihrem Arbeitgeber zusammen eine ansprechende und für beide Seiten tragbare Teilzeitlösung zu finden. Die Gesetzeslage unterstützt die Mütter hier stark. Falls Sie als Mutter bei der Stellensuche von Null anfangen müssen, steht ihnen gerade der hohe Schutz für arbeitende Mütter im Weg, Sie sind dadurch ein höheres Risiko für den Arbeitgeber.
- Mit Kreativität und Willenskraft gibt es immer einen Weg, um am Ball zu bleiben.
  Erklärung: Aus jeder Situation kann man versuchen das Beste herauszuholen. Auch wenn Sie den Arbeitsmarkt verlassen müssen und erstmal kein Glück beim Wiedereinstieg haben, gibt es immer Wege, um wieder Fuß zu fassen.

Ob Sie jetzt Ihre eigene Firma gründen, als Freiberuflerin arbeiten oder für eine gemeinnützige Organisation arbeiten: Wenn Sie wirklich wollen, können Sie immer etwas tun und müssen nicht gegen Ihren eigenen Willen zu Hause sitzen.

Tina (44 Jahre, ein achtjähriger Sohn)

„Ich habe immer einen Weg gesucht, auf dem ich in der jeweiligen Situation meinen Interessen folgen konnte und der für alle beteiligten Personen in Ordnung war. Dass ich diesen Weg als Frau beschritt, fiel mir nie als besonders auf, auch als arbeitende Mutter wurde ich nie in Schubladen gesteckt, weder in der Arbeit noch privat."

Tina ist Mutter eines achtjährigen Sohnes, arbeitet in Teilzeit als Senior Scientist R&D bei einem Biotechnologie-Unternehmen. Sie studierte Chemie promovierte und schloss danach einen Postdoc an.

„Nicht weil ich eine akademische Karriere vor Augen hatte, schlicht weil es mich interessierte und ich gerne auf mehr als einem Gebiet spezialisiert sein wollte."

Ihre Lust auf Neues war es dann auch, die sie nach ihrem Postdoc zu einer Stelle für die Organisation eines Managementsymposiums an einer Fachhochschule motivierte. Auch hier war es von vorneherein klar, dass es nur eine Station, ein Abstecher sein würde.

Ihre erste unbefristete Stelle fand sie schließlich bei der Firma, bei der Sie noch heute tätig ist. Sie fing dort als Teamleiterin in der Produktion an:

„Weder in dieser noch in anderen Positionen war es jemals ein Thema, dass ich als Frau Vorgesetzte von Männern war. Auch schien sich niemand Sorgen zu machen, dass ich mit Anfang 30 schwanger werden könnte."

Und tatsächlich, es war nicht nur Tinas eigene Wahrnehmung: Man sah sie tatsächlich als wertvolle Expertin und nicht als tickende, biologisch-hormonelle Zeitbombe, die die Firma jederzeit durch eine Schwangerschaft in den Ruin treiben könnte. Der Arbeitgeber schenkte ihr sein Vertrauen und hatte keine Bedenken dabei, ihr wenige Jahre später die Leitung der gesamten Produktion zu übertragen. In einem Betrieb mit Schicht- und Wochenendarbeit sowie eng getakteten Arbeitsschritten ist das eine Position mit hoher Verantwortung und Belastung. Zur selben Zeit, mit Mitte dreißig, meldete sich bei ihr der Kinderwunsch immer stärker. Sie beschloss, sich aber erst dann von Familie und Familienplanung beeinflussen zu lassen, wenn es auch tatsächlich so weit sein würde.

„Als ich dann schwanger war, erzählte ich meinem Chef sehr bald davon. Ja, ich wollte schnell wieder einsteigen, doch nicht auf derselben Position, das wäre für mich, die Familie und den Betrieb nicht gut gewesen."

Sie einigte sich mit ihrem Vorgesetzten darauf, nach der Elternzeit auf eine für sie geschaffene Teilzeitstelle als Senior Scientist ins Entwicklungsteam zu gehen.

Sie konnte dadurch Projekte selbständig planen und ihre Arbeitszeiten weitgehend flexibel einteilen. Sie hatte zudem die Möglichkeit, gelegentlich von zu Hause aus zu arbeiten. Ihr Partner konnte darüber hinaus in vielen Fällen die Kinderbetreuung übernehmen, wenn etwas Unerwartetes dazwischen kam.

Als ihr Vorgesetzter die Firma verließ, übernahm sie, immer noch in Teilzeit, die Leitung des Entwicklungsteams von ihm.

> „Führen in Teilzeit geht schon, zumindest wenn es sich um projektbasierte Arbeit handelt und nicht um die Produktionsleitung in einem 24-Stunden Betrieb. Allerdings verbringt man nahezu die gesamte Arbeitszeit in Meetings und mit administrativen Dingen, man kann nicht mehr tiefer in die Materie einsteigen."

Das waren die Gründe für Tina, die Interims-Lösung nicht zu einer permanenten werden zu lassen. Es wurde lange Zeit nach einer geeigneten Person gesucht, die zuerst als Senior Scientist in ihrem Team arbeiten würde, um dann einen Rollenwechsel mit ihr durchzuführen. Sie durfte bei dem Auswahlprozess sogar ihren eigenen zukünftigen Vorgesetzten auswählen.

Was können wir von Tina lernen?

- Trauen Sie sich Herausforderungen zu, auch wenn vielleicht bald ein Kind kommt.
  Bis ein Kind da ist, dauert es mindestens neun Monate, genügend Zeit, sich und sein Umfeld darauf einzustellen. Eine offene Kommunikation stellt sicher, dass alle Seiten auf ihre Kosten kommen: Der Arbeitgeber konnte sich in aller Ruhe um eine Nachfolge für die Produktionsleiterin Tina umsehen und mit ihr zusammen nach einer gangbaren und befriedigenden Konstellation für ihre Rückkehr suchen.
- Verantwortung ist keine Einbahnstraße, sie kann auch reduziert werden.
  Wenn man in einer Position arbeitet, die zeitweise nicht ausgefüllt werden kann, ist es durchaus möglich, einen Schritt zurückzutreten. Und dabei ist selbst eine Rochade innerhalb eines Teams möglich, wenngleich sich beide Spieler in ihre neue Rolle einfinden müssen. Tina nahm sich bewusst vor, ihre Nachfolger nicht in ihren Rollen einzuschränken und mit guten Ratschlägen zu ersticken. Gleichzeitig will sie ihren Erfahrungsschatz einbringen und ihre Nachfolger unterstützen. Diese wiederum dürfen sich nicht hinter Tinas Rücken verstecken und müssen lernen, eigene Entscheidungen zu treffen.
- Weibliche Vorgesetzte und arbeitende Mütter, kein Thema!
  Es war für Tina nie ein Thema, Männer anzuleiten oder als Mutter zu arbeiten. Für ihr Umfeld auch nicht. Zwei Gründe spielen mit hinein, dass es bei ihr so problemlos verlief. Zum einen gab es in ihrer Firma seit jeher viele Frauen bis hinauf in die Geschäftsführung, wo derzeit drei von sieben Positionen weiblich besetzt sind. Zum anderen betrachtet Tina die Themen Gleichberechtigung und Vereinbarkeit entspannt und unverkrampft, sie wurde dafür nie sonderlich sensibilisiert. Vielleicht weil es nie nötig war, vielleicht hat ihr aber gerade diese Einstellung weitergeholfen. Das sind sicherlich wertvolle Eigenschaften, die in

den teils hitzigen und unsachlichen Debatten um Vereinbarkeit und Gleichberechtigung oftmals fehlen.

Michaela (41 Jahre, ein Sohn (7 Jahre) und eine Tochter (4 Jahre))

„Masochismus" ist die halbernste Antwort auf die Frage, wie ihr Beruf mit Kindern zusammengeht. „Leidenschaft" hingegen schwingt bei vielen ihrer Antworten unausgesprochen mit. Wie ergeht es Michaela, die als Privatdozentin an einer Universität arbeitet, in ihrer Doppelrolle als Mutter von zwei Kindern im Rotznasenalter? Ihr Tag scheint auf jeden Fall gut ausgefüllt zu sein – zum Glück gibt es ja noch die Nacht!

> „5:30 aufstehen, Frühstück richten, Pausenbrote, Kinder fertigmachen.
> 7:30 der „Große" läuft zur Schule, die Kleine wird ins Auto verfrachtet.
> 8:00 Kita.
> 8:10 Schreibtisch; Post; Diskussionen; Anträge; Manuskripte, Mittagspause fällt meistens aus …
> 16:15 Kita.
> 16:45 zu Hause.
> 17:00 der Große kommt heim. Hausaufgaben/Üben.
> 18:00 Abendessen, bis 19:00 Haushalt;
> 19–20:00 Kinder fürs Bett fertigmachen; vorlesen; zu Bett bringen.
> Ab 20:00 restlichen Haushalt erledigen, gegen
> 21:00 wieder Schreibtisch. Meistens Manuskripte bearbeiten, Vorträge vorbereiten …
> 23–00:00 Feierabend …"

Michaela weiß, dass sie in einem herausfordernden Umfeld arbeitet, doch sieht sie als arbeitende Mutter definitive Vorteile in der akademischen Welt. Es wird zwar viel Leistung verlangt, doch zählt meist wirklich nur diese. Wie sie erbracht wird, ist zweitrangig.

> „Ich glaube, dass es in meinem beruflichen Umfeld noch mit am einfachsten ist, beides unter den berühmten einen Hut zu bringen. Was ist dabei wichtig? Man kann seinen Arbeitsalltag weitestgehend selber bestimmen. Es gibt verhältnismäßig wenige Vorgaben, solange der Output stimmt, das macht die Sache recht flexibel. Ich kann viel von zu Hause aus machen, das ist fast am wichtigsten."

Flexibilität und Leistungsdruck sind also das Zuckerbrot und die Peitsche, die Michaela an ihrem Arbeitsplatz erlebt. Das Projekt „Familie und Beruf" benötigt noch einige Menschen, die Michaela den Rücken freihalten:

> „Mein Partner hat eine wichtige Rolle in meinem Lebensmodell. Wir haben das Glück, beide zusammenzuarbeiten (zwar unabhängig, aber beim gleichen Arbeitgeber). Das schafft sehr viel Flexibilität, wenn z. B. mal ein Kind krank wird, oder die Schule/Kita ausfällt.

Ich habe zudem seit vielen Jahren ein großes Glück mit meinem Chef, der mich quasi überall „mitschleppt". Warum? Weil er meine Arbeitsweise schätzt, und weiß was ich leisten kann. Weil ich mittlerweile seine Marotten kenne und ihm auch mal ganz klar die Meinung sage. Dieses Team hat über die Jahre sehr gut funktioniert. Persönliche Beziehungen sind ganz allgemein wichtig, wenn nicht das Wichtigste. Das gilt für Frauen und Männer gleichermaßen. Man braucht Fürsprecher, denn auf dem Papier sehen wir alle sehr ähnlich aus. Außerdem hat mein Chef bislang immer Verständnis gezeigt, wenn ich mal wieder einfach schnell los muss, bzw. nicht kommen kann, weil mal wieder jemand krank ist.

Apropos krank: Ich habe das Glück, zwei sehr gesunde Kinder zu haben, die selten erkranken. Wenn das anders wäre, hätte ich definitiv ein Problem."

Was können wir von Michaela lernen?

- „It's the people, stupid"
  So könnte man frei nach Bill Clinton formulieren. Als arbeitende Mutter mit Unikarriere gilt das wohl noch mehr als in anderen Konstellationen. Das berufliche Netzwerk eröffnet Möglichkeiten und die engeren Kollegen und Vorgesetzten können Probleme abpuffern, solange eine gute Arbeitsbeziehung besteht. Der Partner muss mit anpacken und dafür in seinem (Arbeits-)Leben auch den nötigen Platz einräumen. Und schließlich die Kinder: Die kann man sich zwar nicht raussuchen, doch können deren Gesundheit und Wesensart viele Kartenhäuser einstürzen lassen – oder eben nicht.
- Die Uni als Arbeitsumfeld ist ein ganz Besonderes
  Besonders hart in der Selektion, wenn es um die ganz hohen Positionen geht; besonders knauserig, wenn es um unbefristete Verträge geht; und schließlich ganz besonders flexibel, wenn es darum geht, wie, wann und wo das Gros der Arbeit erbracht wird. Ist die Summe dessen nun ein besonders gutes oder schlechtes Umfeld für arbeitende Mütter? Dazu haben wir sehr unterschiedliche Meinungen gehört, doch haben Sie mittlerweile genügend Anhaltspunkte erhalten, um diese Frage für sich selbst zu beantworten.

Stichwortverzeichnis